KB060561

모성 혁명

모성 혁명

아기를 지키기 위해
모성은 무엇을 해야 하는가?

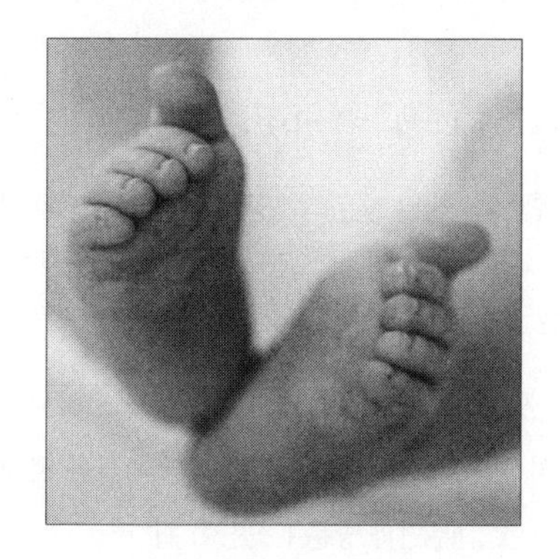

산드라 스타인그래버 지음 | 김정은 옮김 | 궁미경·이승헌 감수

바다출판사

차례

시작하는 글 _ 엄마의 몸은 아기의 첫 번째 환경이다 7

1부 임신

첫 번째 달 _ 내가 임신한 걸까? 13

첫눈 | 자가 임신 진단 | 오래된 질문 | 자궁의 운행 | 생명의 시작

두 번째 달 _ 새로운 정체성을 찾아서 23

두 개의 달력 | 출산 예정일 | 배아에서 태아로 | 세포 오디세이아
멀미와 구토 | 입덧의 역사 | 왜 입덧을 할까 | 세상의 모든 냄새
독소 제거 메커니즘 | 첫 산부인과 방문 | 심장이 뛴다

세 번째 달 _ 난파선을 향한 잠수 49

사탕단풍나무 | 두 사람의 집 | 태반에 대한 지나친 믿음
풍진 바이러스와 안과 의사 | 위험한 입덧 약 탈리도마이드 | 비 오는 날
유진 스미스의 피에타 | 미나마타의 물고기 | 미나마타병의 교훈
3월의 아이즈 | DES와 내밀한 손실 | 신성한 의무

네 번째 달 _ 넌 누구니? 87

새들이 이동하는 소리를 듣는다 | 양수검사의 딜레마
내가 양수검사를 받아들인 이유 | 시험관 속의 세상 | 불순한 탐지기
철새의 수가 줄어들고 있다 | 유전자 검사 | 정상이에요

다섯 번째 달 _ 생명의 신호 117

폭풍 속의 산책 | 선천성 기형에 대해 우리가 알고 있는 것들 | 할머니의 선물
빈약한 데이터 | 생명의 느낌 | 숨어있던 숫자 | 태아 독극물
손길 | 유전이냐 환경이냐 | 엄마의 환경과 기형 | 내가 아닌 나
아빠의 직업과 기형 | 강물이 헐벗은 채 흘러간다 | 살충제와 선천성 기형
생수 배달 | 태동

여섯 번째 달 _ 물고기와 뇌 153

침묵하는 사람들 | 가장 좋은 시절 | 뇌의 미스터리 | 손상되기 쉬운 뇌
하나에서 둘로 | 인간 뇌의 파괴자, 납 | 산업이 과학을 억압하다
결국 사업을 접기로 결심하다 | 먹이 사슬에 침입한 메틸수은
참치를 좋아하는 임산부들은 어떻게 하나? | 안 먹으면 그만인가? | 작은 소망

일곱 번째 달 _ 아기, 어머니, 대지 193

아기가 우리를 보호했어 | 위태로운 알래스카 | 소박한 검진
PCB의 부정적 효과 | 이곳 이외의 세계는 없다 | PCB와 갑상선호르몬
기계 속의 아기

2부 출산

여덟 번째 달 _ 너무 겁낼 필요는 없다! 221

다른 임산부들과의 만남 | 한여름 밤 | 난 다 알고 있다고 | 출산의 여정
출산 교육에 대한 불만들 | 자연분만 옹호자들의 견해 | 산모는 환자가 아니다
대안은 너무 멀다 | 산부인과의 역사 1-고통에 반대한다
산부인과의 역사 2-산모는 없고 의사는 있다 | 두 친구와 함께

아홉 번째 달 _ 두 개의 검은 눈동자 253

늦여름 단풍 | 분만 시계 | 아기 맞을 준비 | 조산과 저체중의 환경적 요인
물보다 치명적인 공기 | 두 번의 신호 | 호모 사피엔스의 출산
임신과 출산 사이 | 진통의 느낌 | 나를 통과하는 거대한 힘

3부 수유

맘마, 엄마를 먹인다 287

가슴 크기 | 누구나 젖을 먹일 수 있다 | 아기 몸무게가 줄다니
가슴의 발달 | 수유도 배워야 한다 | 젖의 변화 | 젖이 흐른다
얼얼하고, 따뜻하고, 화려하다 | 엄마를 먹는다 | 젖먹이동물
아기 엄마는 어디 있어요? | 아기 냄새 | 집 안에 갇히다 | 수유의 그늘

모유의 기적 315

빵과 물고기의 기적 | 병을 치료하는 능력 | 만찬에서 젖먹이는 방법
엄마의 백혈구 | 엄마와 나 | 젖당과 올리고당 | 친밀한 관계
모유 수유와 지능 | 다시 세상 속으로 | 분유를 권장하는 사회 | 우유병

용기와 대화 349

먹이 사슬의 마지막 고리 | 모유의 딜레마 | 통나무집 | 오염된 달걀
다이옥신 미스터리 | 누나부트의 엄마들 | 모유 오염의 지리적 요인
UN 회의장의 젖병 | 또 다른 변수들 | 디디와 매
모유 모니터링 프로그램 | 모두가 잠든 밤에 | 모유는 해로운가?
4H클럽 품평회 | 모유는 안전한가? | 수유의 권리를 지키기 위하여
더 큰 어머니 품으로

덧붙이는 글 _ 예방 조치에 대한 요구 397

추천의 글 _ 한 생태학자의 임신과 출산 여정 402

옮긴이의 글 _ 건강한 아기를 위하여 404

찾아보기 408

시작하는 글

엄마의 몸은 아기의 첫 번째 환경이다

임신한 여성은 누구나 여러 가지 정체성을 경험하게 됩니다. 저는 생태학자입니다. 대부분의 시간을 생명체가 주위 환경과 어떻게 상호 작용하며 살아가는지를 생각하며 보냅니다. 그런데도 저는 서른여덟 나이에 임신을 하고 나서야 제 자신이 아기의 서식 환경이 된다는 사실을 깨달았습니다. 저의 자궁은 한 생명이 거주하는 육지 속의 바다였던 것이지요.

그래서 저는 제 신체 내부를 과학자의 시선으로 바라보게 되었습니다. 외부에서 여성의 몸속으로 흘러 들어온 공기, 음식, 물에 의해 이루어지는 새 생명의 드라마를 진지하게 연구하기 시작했습니다. 그리고 임신을 하고 젖을 먹이는 엄마의 몸에 가해지는 환경적 위협에 대해 조사했습니다. 어떻게 독성 화합물들이 견고한 태반 조직을 통과할까? 어떻게 이들이 양수로 흘러 들어갈까? 어떻게 이들이 젖을 만드는 가슴 조직까지 침투할까? 태아가 임신 초기에 합성물질에 노출되면 어떤 일이 일어날까? 저는 예비 엄마로서 이런 의문을 해결할 책임이 있었습니다. 그 결과 저는 확실한 해답을 찾았습니다. '내 몸 안의 생태계를 보호하려면 바깥 생태계를 먼저 보호해야 한다' 는 것입니다.

이 책은 이런 지극히 개인적인 생태학적 조사의 결과물입니다. 1부에서는 태아가 성장함에 따라 일어나는 사건들을 다루었습니다. 그러면서 저는 다양한 일을 겪고 다양한 주제에 대해 공부했습니다. 아침에 겪는 당혹스런 구역질, 태아를 위협하는 어마어마한 독소들을 밝혀내지 못했던 역사적 실패, 제 양수가 들어 있는 시험관을 직접 잡아본 경험, 선천성 기형의 원인과 화학물질 오염으로 인한 태아의 뇌 발달 지체 등이 그런 것들입니다.

2부에서는 출산 과정 자체의 생태학에 주의를 돌렸습니다. 현재 병원에서 이루어지고 있는 출산에 대해 연구하는 과정에서 산모를 고려하지 않고 의사들과 병원 시설의 편의 위주로 진화한 산부인과의 역사를 알게 되었습니다. 하지만 '암에서 살아남은 자' 라는 또 다른 제 정체성이 제가 큰 대학병원에서 자연분만하는 것을 선택하게 만들었습니다.

3부에서는 모유 수유의 공생 관계에 대해 살펴보았습니다. 이는 아기 양육이 태반에서 가슴으로 넘어가면서 형성되는 엄마와 아기 사이의 생물학적 관계의 재정립에서 출발하고 있습니다. 아울러 여기서는 모유 수유의 기원과 진화 과정, 그리고 모유를 먹이면 아기가 튼튼해지고 뇌 발달이 향상된다는 사실을 자세히 다루었습니다. 이와 함께 인간의 먹이 사슬에 존재하는 독성 화합물들이 모유의 장점, 정확하게는 젖을 만들어내는 엄마들의 능력을 어떻게 감소시키는지 알아보았습니다.

이 모든 연구들은 실제로는 아주 간단한 문장으로 요약될 수 있을 듯합니다. 유명한 인디언 산파였던 캐시 쿡의 말처럼, "엄마의 몸은 아기의 첫 번째 환경이다"라는 것이지요. 세상의 환경이 오염되면 엄마 몸도 오염됩니다. 엄마 몸이 오염되면, 거기에 거주하는 아기도 오염되겠지요. 이것은 어머니, 아버지, 할머니, 할아버지, 의사, 산파, 그리고 미래의 세대를 걱정하는 모두에게 행동에 나설 것을 촉구하고 있습니다.

뉴욕 이타카에서

산드라 스타인그래버

1부

임신

임신한다는 것은 널빤지와 밧줄만으로 만들어진 다리를 건너는 것과 같다. 다리 뒤쪽 둑에는 엄마가 아닌 여성 종족이 있다. 이들은 와인을 마시고, 밤을 새우고, 식사를 거르고, 연인을 바꾸고, 산스크리트어를 공부하고, 열대우림에 대한 5개년 연구 계획을 짠다. 내 앞쪽 둑에는 엄마라는 종족이 있다. 그들은 모임에 늦게 나타나서 일찍 떠나고, 미장원에 거의 가지 않고, 늘 지금 전화를 끊어야 된다고 한다. 내 뒤쪽은 익숙한 곳이다. 앞쪽은 미지의 영역이다. 그러나 지금은 어느 쪽도 아니다. 나는 흔들리는 다리 위에 있다. 「내가 아닌 나」 중에서

첫 번째 달

내가 임신한 걸까?

첫눈

일리노이 웨슬리안 대학의 교직원 화장실에서 임신 진단 시약으로 소변 검사를 하려는 참이다. 밖에는 올 겨울 첫눈이 많이도 내리고 있다. 5분 뒤 아래층에서 세미나를 해야 하는 나에게는 반가운 일이다. 학생들이 신발과 목도리에 묻은 눈을 터느라 수업이 잠시 지연될 것이기 때문이다.

20년 전 학생으로 이 대학에 다닐 때, 나는 늘 교수들의 사적인 공간에서 무슨 일이 일어나는지 궁금했었다. 미술학과 객원교수인 남편과 함께 한 학기 동안 논문지도교수 자격으로 모교에 돌아온 나는 익숙하고 오래된 건물들을 거닐면서 예전에는 그곳에 있는 줄도 몰랐던 많은 문들을 열어보았다. 가령 학장실의 안쪽 공간이나 교직원 식당 같은 곳, 그리고 경사진 바닥에 특대형 자기 세면기가 놓여 있고 검은 창틀에 큰 창문이 달려 있는 이 화장실.

나는 라디에이터에서 나는 소리에 귀를 기울인다. 소변이 손가락에 튀고, 검사용 시약 스틱이 점치는 막대기처럼 느껴진다.

몇 분 전 연구실에서 동창회지 기자와 인터뷰를 하는 동안, 내 머릿속에서는 임신에 대한 생각이 떠나지 않고 있었다. 생리 예정일은 아직 이틀 남았지만, 임신한 것 같은 예감이 들었다. 기자가 돌아가자마자 대학시절에 피임 기구를 사던 약국으로 갔다. 그 시절엔 콘돔과 살정제를 가득 들고 계산대 앞에 서 있는 모습을 교수님에게 들킬까 전전긍긍했었는데……. 오늘도 마찬가지다. 아무렇지도 않은 척 가정용 임신 진단 시약이 있는 판매대로 슬며시 다가갔으나, 내 학생들 중 누군가가 들어오기 전에 점원이 시약이 든 진분홍색 상자를 얼른 봉투에 넣어주었으면 했다.

소변에 젖은 시약 스틱을 차가운 세면대 위에 놓았다. 흰색 세면대 위에 놓인 흰색 스틱은 눈에 잘 띄지 않는다.

자가 임신 진단

그렇게 빨리 임신 진단 결과를 알 수 있으리라고 생각하지 않았다. 임신 진단 시약 상자 뒷면의 사용 설명서를 읽고서, 진단이 너무 간단하고 신속하게 이루어진다는 사실에 놀랐다. 3분 후면 결과를 알 수 있다니! 도저히 믿을 수가 없었다.

1986년 〈디트로이트프리프레스〉지의 과학 기자였던 나는 가정용 임신 진단 시약을 조사하면서 책상 위에 수북하게 쌓인 임신 진단 기구를 보며 눈살을 찌푸린 적이 있었다. 그때만 해도 여성이 자신의 임신 여부를 자가 진단한다는 아이디어는 당혹스러운 것이었다. 진단 기구 자체가 작은 실험실이나 다름없었다. 임신 여부를 알기 위해서는 아침 첫 소변을 사용해야 했고, 복잡한 지시를 고분고분 따른 후에도 30분이나 기다려야 했다. 여성들은 작은 화학 실험 세트에게 "내가 아이를 가진 거니?"라고 물어 보았다. 시험관 아래 달린 거울에 흐릿한 갈색 고리가 나타나면 대답은 "그렇다"였다. 마치 찻잎으로 점을 치는 것 같았다(서양에는 차를 다 마신 후 찻잔에 남아 있는 잎파리의 형태로 점을 치는 관습이 있다—옮긴이 주).

가정용 진단 세트가 출현하기 전에는 임신 여부를 알려면 병원 임상 실험실로 소변을 가지고 가야 했다. 여기서 사용된 아쉬하임 존덱 방법은 1927년에 베를린의 자선 병원에서 개발되었다. 이 방법은 임신 가능성이 있는 여성의 소변을 교미한 적이 없는 암컷 쥐(나중에는 토끼나 두꺼비로 바뀌었다)에 주사한 뒤 해부해서 배란 여부를 확인하는 것이다. 만약 배란이 됐으면 테스트 결과는 양성이다. 그 여성은 임신한 것이다. 이런 방법은 경우에 따라 몇 달이 걸리기도 했다. 현재의 임신 여부는 칫솔질하는 것보다 더 짧은 시간 안에 플라스틱 스틱에 한 줄, 또는 두 줄의 선이 나타나는 것으로 판별된다.

오래된 질문

시계를 보고 시간을 확인하고는 천천히 창문 밖을 내다본다. 주차장 건너엔 내가 첫 경험을 했던 기숙사가 있다. 기숙사 너머에는 깨어 있는 시간의 대부분을 무척추동물을 공부하는 데 보냈던 오래된 과학관이 있다. 그 건물 어디엔가 내가 닭 배아의 날개 돌기를 성공적으로 이식했던 발생학 실험실이 있다. 생식생물학이라는 지적 활동에 몰두하기 시작했던 와중에 성생활을 시작했다는 사실이 묘한 느낌으로 다가왔다. 낮에는 태아 분할면의 아름다움에 완전히 빠져서 현미경에 눈을 파묻고 지냈고, 밤에는 기숙사에서 적극적으로 피임을 하면서 관계를 가졌다. 이 모든 일이 너무나 빨리 지나가버려 지금은 그런 시절이 정말 있었는지 의아하기도 하다. 로에 대 웨이드 재판(임신 24주 이내의 낙태를 법적으로 허용한 유명한 판례 — 옮긴이 주)이 있었던 1973년부터 에이즈가 출현한 1980년대 초까지의 길지 않은 시기에는 섹스가 파멸이나 죽음을 의미하지 않았다. 나는 지금 닭 태아 수술에 반쯤 숙달되었던 시절의 두 배의 나이가 돼서 이곳에 돌아왔다.

눈이 더 많이 쏟아진다. 교정의 갈색 잔디가 이미 눈에 덮였다.

'내가 임신한 걸까?' 이건 정말이지 오래된 질문이다. 얼마나 많은 여성들이 나보다 먼저 이런 질문을 했을까? 얼마나 많은 여성들이 지금 창가에 서서 소변에 적신 임신 진단 스틱에 선이 나타나기를 기다리고 있을까? 어떤 이는 한 줄만 나타나기를 기원할 것이고, 어떤 이는 두 줄이 나타나기를 간절하게 고대할 것이다.

'내가 임신한 걸까?' 이 특별한 순간, 나는 내가 어느 쪽 결과를 원하는지 확신할 수 없다. 예전에는 동물의 희생이나 최소한 어려운 조작이 필요했을 존귀하면서도 끔찍한 질문이었을 텐데, 나는 현재의 너무나 간편한 진단 때문에 오히려 이 질문에 대해 무감각해진 듯하다. 설명서를 다시 읽는다. 플라스틱 스틱을 '막대기'라고 지칭한 것이 눈에 띈다.

1분 정도 지난 것 같다. 2분 더 기다려야 한다. 시계를 쳐다보지 않으려고 생리주기에 대해 생각한다. 사람의 신체 내부를 떠올리는 습관은 내가 가진 개인적 명상법 중 하나이다. 예전에 런던에 있는 동안 내가 머무르던 호텔이 우연히 테러리스트의 공격을 받은 적이 있었다. 손님을 만나고 있었는데 호텔 정원 맞은편 방에서 폭탄이 터져 폭탄 제조자와 그 옆방에서 자고 있던 여성이 죽었다. 그 일이 있고 난 후 며칠간, 나는 심장을 통해 피가 흐르는 광경을 계속 떠올렸다. 그렇게 하면 심장 박동이 가라앉고, 창문이 산산이 부서졌던 장면이 더 이상 떠오르지 않았다.

자궁의 운행

생리가 끝난 뒤 자궁벽은 홍수가 휩쓸고 지나간 후 남겨진 진흙층처럼 얇다. 난소 역시 매끄럽고 차분하다. 그러면 뇌의 위쪽에 자리 잡은 뇌하수체가 난포자극호르몬이라 불리는 화학물질을 혈액 중에 흘려보내기 시작한다. 그 이름에 걸맞게 이 호르몬은 한쪽 난소의 난포들을 깨운다. 그러면 난포들은 기포가 생기듯 난소 표면 위로 떠오른다. 난포는 난자를 하나씩 갖고 있는 주머니이다. 이중 단 하나의 난포만이 난자를 배출하지만, 이들 모두가 테스토스테론을 에스트로겐으로 바꾸는 작업에 참여하며, 이런 집단적인 노력에 의해 다음 단계가 진행된다.

여기서 만들어진 에스트로겐이 모여서 난포가 박혀 있는 난소 표면에서 혈액 속으로 퍼져간다. 일부 에스트로겐이 뇌에 도달하면 뇌하수체가 황체화호르몬이라 불리는 물질을 혈액으로 방출한다. 난포자극호르몬처럼 이들 역시 난소에 도달해서, 부풀어 오른 난포 중 하나가 난소 표면을 뚫고 터지게 만든다. 이때 생긴 난자는 나팔관 상류로 이동한다. 배란이다. 이 모든 일이 2주일 내에 일어난다.

수도꼭지에서 물이 떨어진다. 라디에이터가 쉿 소리를 내면서 작동하기 시작한다. 또 1분이 지난 것 같다. 시계를 보면 '막대기'까지 보게 될 것 같아서 내리는 눈에 시선을 고정시키고 있다.

흔히 난자를 나팔관이라는 베네치아의 수로를 따라 고요하게 흐르는 작은 곤돌라처럼 생각하기 쉽지만 사실은 그렇지 않다. 난소와 나팔관을 하나씩 잃은 젊은 여성의 케이스가 교재에 실렸던 것이 생각난다. 불운하게도, 그녀에게 남아 있는 난소와 나팔관은 서로 반대편에 자리하고 있었다. 그러나 놀랍게도 그녀는 임신을 했다. 에스트로겐의 작용을 받으면 나팔관이 이동한다. 쭉 펴지기도 하고 구부러지기도 하는 나팔관은 난자가 뿜어져 나오는 난포 쪽으로 끌어당겨진다. 나팔관은 골반 반대편의 난자에까지 닿을 수 있을 듯하다. 게다가 나팔관에는 포획된 난자를 앞으로 나아가게 만드는 근육과 섬모가 있다. 그러나 나팔관이 난자라는 배의 노를 젓는다고 해서 난자가 움직일 수 있는 것은 아니다. 외부 코팅이 벗겨진 난자는 움직이지 않는다. 나팔관 내에서 난자의 이동은 나팔관과 난자의 상호 작용으로 이루어지며, 난자 자체가 이 여행을 돕는다. 하지만 정확하게 어떤 작용이 일어나는지는 아무도 모른다.

몇 시인지 궁금하다. 아래쪽 주차장에서는 내 수업을 듣는 마지막 학생이 자동차 사이를 빠져나가고 있다. 그러나 나는 아직 세면대 위의 플라스틱 신탁에 대해 논할 준비가 되지 않았다.

그 다음 3~4일 동안 자궁의 범람원은 완전히 달라진다. 평평했던 자궁내막이 부풀어 오르면서 두꺼워진다. 나선형의 동맥이 뱀처럼 자궁내막을 휘감는다. 안쪽 층은 피가 몰려 생기는 울혈들로 부풀어 오르고, 표면에는 면역세포들이 기어 다닌다. 이 같은 풍요로운 성장을 만들어내는 묘약은 난자를 방출한 난포가 혈액으로 내보내는 호르몬인 프로게스테론이다. 비워진 난포는 단독 연주가 끝난 뒤 나머지 난포 합창대 속으로 주저앉는 것이 아니다. 오히려 둥글게 뭉쳐져서 황색으로 변하며, 호르몬을 분비하기 시작한다. 황체라 불리는 이 호르몬샘이 황폐한 자궁 내부를 풀이 무성한 습지로 변화시키는 새로운 샘이 된다.

이제, 교차로에 도착하였다. 배란이 되었지만 수정을 못한 인간 난자의 수명은 단지 12~24시간이다. 아무리 길어도 48시간이다. 난자가 처녀인 채로 죽으면 여정은 끝난다. 노란 달 같은 황체는 곧 이지러진다. 프로게스테론 수치가 떨어짐에 따라 나선형 동맥의 뿌리 끝 부분이 수축되어 자궁내막 전체의 혈류가 감소한다. 울혈들도 사라진다. 나선형 동맥의 구불구불한 줄기가 시든다. 백혈구가 들어온다. 남은 것은 월경이라는 대단원의 막뿐이다. 즉, 나선형 동맥의 기부가 다시 열리고, 여기서 쏟아진 신선한 혈액의 파도가 죽어가는 조직을 흘려보낸다.

지난 25년 동안 나는 이미 수백 번이나 이런 홍수와 부활을 경험했다. 자궁의 운행은 한결같다.

생명의 시작

한편, 난자가 나팔관을 따라 내려가는 동안, 19세 미만 관람불가 영화와 신학 논쟁의 중심 주제가 되곤 하는 모종의 사건이 벌어진다면 이야기가 달라진다. 만약, 나팔관 끝에서 살아 있는 난자와 정자의 결합체가 탄생한다면 삶이 매우 달라질 것이다.

난자가 나팔관 위쪽에 도착한 정자에 의해 수정되면, 약 12시간 이내에 첫 번째 세포분열이 일어난다. 나흘쯤 지나서 수정란이 자궁의 내부로 빠져나올 때는 58개의 세포가 오디처럼 뭉쳐진 상태다. 이때 증식하는 뭉쳐진 세포의 한쪽을 액체 기포가 덮기 시작하고, 다른 쪽의 가장 바깥쪽 세포는 서로 융합한다. 이들 사이에 있는 눈물방울만 한 세포가 장차 배아가 된다. 이 기포가 바로 태반의 일부인 양막이다. 난자가 성공적으로 정자를 만난 지 일주일이 지난 세포 덩어리는 자궁내막에 자리를 잡게 되는데, 이 과정을 착상이라고 한다. 융합된 세포들은 길고 아메바 같이 생긴 돌기들을 자궁내막으로 깊이 밀어 넣어서 착상을 돕는 효소를 분비한다. 이에 반응해서 나선형 동맥의 끝이 열리면서 솟구치는 샘처럼 혈액이 쏟아져 나온다. 이리하여, 혈액으로 가득 찬 풀장에서 생명이 시작된다.

임신한 지 12일이 지나면(내가 정말 임신이라면, 지금의 내 상태다), 자궁내막은 이미 착상된 지점을 덮을 정도로 자라 있고, 배아의 태반은 아래쪽 혈액 호수에 빨대를 꽂고 있다. 이때 HCG(인융모막생식선자극호르몬)이라 불리는 호르몬이 만들어져 엄마의 모세혈관으로 흘러 들어가 자궁에 도착할 때까지 순환한다. HCG는 생리주기의 반복을 중단시킨다. 이는 황체에게 매달 내려지던 사형선고를 면해줌으로써 이뤄진다. 이리하여 에스트로겐과 프로게스테론이 그 어느 때보다도 많이 자궁에서 흘러나온다. 자궁 내층이 떨어져 나가지 않고 보다 더 많이 성장한다. 그 속에 묻혀 있는 새로운 생명체를 부양하기 위해서 더욱더 많은 나선형 동맥이 생겨나서 펼쳐진다. 면역세포가 이를 둘러싸서 보호한다.

임신 진단 시약이 포착하려는 것이 바로 HCG이다. 혈액 중에 이 호르몬이 존재한다면 소변 속에도 존재할 것이다. 소변에 존재한다면 플라스틱 스틱에 묻혀진 항체 위로 부어질 것이다. 결합된 호르몬과 결합된 항체는 색깔이 변해서 임신 사실을 눈으로 보여줄 것이다. 내가 임신했다면 이것을 볼 수 있어야만 한다.

시계를 보았다. 5분이나 지났다! 아래를 내려다보았다. 두 줄의 자주색 선. 확실했다. 이제 나는 둘이 된 것이다. 아차! 수업에 늦었다.

두 번째 달

새로운 정체성을 찾아서

두 개의 달력

이번 겨울에 내린 유일한 눈이 녹아서 몇 주째 빙판을 이루고 있다. 따뜻하게 몸을 감싼 나는 비밀을 간직한 채, 붉은 카펫에서 삐져나온 자주색 실을 물끄러미 바라보면서 아기(아기라니!)를 상상하고 있다. 임신이 사실이 아닌 것만 같았다. 예전과 똑같은 외모에 똑같은 느낌에 똑같이 먹고 자고 생각한다. 교실, 도서관, 집을 오가는 반복적인 일상 속에서 나는 조심스럽지만 임신 전과 다름없이 생활한다. 단지 새롭게 등장한 어떤 초조함에 맥을 못 추고 있다는 것만 빼고는 말이다. 나는 발생학 교과서를 다시 보기 시작했다. 임신한 여성들을 위한 안내 책자도 몇 권 모았다.

서로 다른 용어를 쓰는 발생학 연구자들과 산부인과 의사들은 임신 기간 동안 펼쳐질 일들을 기록하는 데에도 서로 다른 임신력을 사용한다. 산부인과 임신력이 2주 더 빨랐다. 발생학자들의 시간표는 수정된 순간부터 시작한다. 이것이 합리적으로 보였고, 내게 익숙한 시스템이기도 하다. 발생학자의 계산에 따르면 인간의 임신 기간은 38주이다. 이보다 약간 길기도 하고 짧기도 하다.

그러나 산부인과 의사들은 임신을 마지막 생리의 첫째 날부터 계산한다. 의사들의 방법에 따르면 임신 기간은 40주가 된다. 언제 수정되었는지는 정확하게 알 수 없지만 지난번 생리가 시작된 날자는 정확히 알 수 있기 때문에 의사들은 임신 전 2주를 덧붙인다. 여자들은 생리일을 수첩에 살짝 기록해두거나, 그렇지 않더라도 대략 기억할 수 있다. '어디 보자. 지하철 플랫폼으로 내려가던 중에 생리가 시작된 걸 알아차렸지. 그날이 크리스마스 쇼핑하러 나간 날이었으니까 월요일인 21일이었어' 하는 식으로. 평균적으로는 생리가 배란, 즉 임신 가능한 날보다 14일 빠른 것으로 여겨진다. 이런 계산 시스템 또한 합리적이며, 실제로 매우 편리하다. 산부인과의 달력을 이용하면, 마지막 생리가 시작된 달에서 석 달을 빼고 7일을 더하여 쉽게 분만 예정일을 예측할 수 있다.

산부인과 방법의 문제점은 난자라는 배가 자궁이라는 선착장으로 떠나기 2주 전에 임신한 것으로 가정한다는 데 있다. 즉, 예정 생리일에서 단지 한 주가 지났을 뿐인데 벌써 임신 5주가 되는 것이다.

잠시 방안을 서성거리면서 산부인과식 임신 달력을 내게 익숙한 발생학 임신 달력으로 바꿔서 생각해본다. 전화번호부에서 선택한 산부인과 의사는 첫 통화에서 내가 임신한 지 약 8주가 되었을 때, 그러니까 실제로 임신한 지 6주가 지났을 때 진찰을 받으러 오라고 했다. 임신 안내서에서는 아침의 헛구역질이 종종 6주째, 즉 실제로 임신된 지 4주째에 시작된다고 했다. 결국, 나는 발생학 임신 달력을 포기하고 새로운 방식을 받아들였다.

임신했다는 것을 아는 것은 날짜 변경선을 넘는 것과 비슷하다. 순간 갑자기 2주의 시간을 건너뛰는 것이다.

출산 예정일

남편 제프 역시 새로운 시간 감각을 느끼고 있었다. 내가 두 줄의 선이 나타난 작은 막대기를 건네준 2주 전 오후부터. 그는 자신의 조각 작업실에서 이것을 받아들고는 천천히 뒤집었다.

"온도계야?"

나는 고개를 저었다.

"그럼, ……시계인가?"

이건 내가 예상치 못했던 반응이었다.

"그래. 한편으로는 그렇지."

나는 웃으면서 그를 속였다. 그러나 그는 속지 않았다. 그는 다시 막대기를 들여다보았다.

"자기 임신했어? 이게 임신했다고 알려주는 거야?"

나는 연신 고개를 끄덕였고, 우리는 서로 껴안고 웃었다. 그런 다음 나는 울어버렸고, 남편은 내 머리를 쓰다듬었다. 우리는 눈을 맞으며 집으로 걸어갔다. 차들이 천천히 우리를 스쳐 지나갔다. 이미 어두워진 부엌에서 저녁 식사를 만들었고, 저녁을 다 먹었을 때에는 어둠이 짙어졌다. 우리는 짧은 겨울의 하루가 우리를 스쳐가면서 동시에 우리에게 무겁게 내려앉는 것을 느끼며 오랫동안 함께 말없이 앉아 있었다.

2주 후, 우리는 일정표를 넘기면서 전시회 · 출판 기획 · 여행 · 교습 같은 다양한 계획들을 검토하였다. 출산 예정일은 10월 2일이다. 우리는 보조금 신청 마감일이라도 되는 양 그 날짜를 연필로 표시했다.

"자기도 알겠지만, 예정일은 그냥 추정일 뿐이야. 4주 빠를 수도 있고, 2주 늦을 수도 있어."

"나도 알아."

"실제로 임산부의 20퍼센트만 예정일에 출산한대."

"정말?"

"……."

"한 번에 한 가지씩만 하자고, 그게 당신이 항상 말하던 거잖아. 그렇지?"

"알았어."

"토론토 여행은 취소해야 할까?"

"왜? 몇 주밖에 안 남았잖아."

"비싸서."

앞으로의 시간이 석탄이나 알루미늄 광산 같은 어떤 유한한 자원인 듯, 조사하고 처리하고 할당하고 공급해야 할 대상으로 여겨졌다. 이런 종류의 상황은 우리에게는 낯설었다. 부모가 되는 모든 이들이 이렇게 생각하는지 궁금했다.

우리가 머무르는 교직원용 숙소 창문 밖에 있는 은단풍나무로 관심을 돌렸다. 이 나무는 성장이 빠르다. 집에 그늘을 서둘러 만들려는 집주인들이 이 나무를 심는데, 폭풍이 불면 약한 나무 꼭대기 부분이 금방 떨어진다. 2월의 잿빛 하늘을 배경으로 놓여 있는 헐벗은 뾰족한 가지들은 연필 스케치 같았다. 이른 봄이 되면, 봉우리를 틔운 작은 꽃들이 연두색 가루처럼 보도와 자동차 유리창에 떨어질 것이다. 그다음에는 곧 은색이 도는 흰 이파리가 펼쳐질 것이다. 그런 다음 헬리콥터 같은 날개가 달린 씨앗들이 빙빙 돌아 여름날의 잔디밭으로 떨어지리라. 마지막으로, 말라버린 이파리가 돌돌 말려 떨어지면 갈퀴로 긁어모아 회색 낙엽 더미를 만들 것이다. 만사가 순조롭다면 아기는 이파리가 떨어지기 전에 나올 것이다. 예정일은 10월 2일이다.

가지를 따라 쌍을 이루며 부풀어 오른, 겨우 보이는 싹을 더욱 자세히 들여다보았다. 10월은 오지 않을 것만 같다. 2월에는 2월을 제외하고는 가능한 일이라고는 없는 것 같다. 꽃가루가 바람에 날리지도 않고, 꽃술에서 씨앗이 만들어지지도 않고, 차가운 가지에서 멋진 잎이 돋아나지도 않고, 생리혈에서 아기가 만들어지지도 않고…….

배아에서 태아로

기관형성이란 신체 부분들이 만들어지는 것을 말한다. 이는 산부인과 의사들의 임신 달력에 따르면 6주에서 10주 사이에 일어난다. 이 시기가 끝나면 배아는 클립만 한 길이가 되고, 모든 기관과 신체 구조가 '총제적으로 인식할 수 있는 형태' 로 존재하게 된다. 임신 11주가 되면, 거의 모든 신체 기관이 형성된다. 배아는 비로소 태아의 작위를 부여받게 되고, 3.7킬로그램 정도의 체중을 갖고 태어날 때까지 단지 크기가 더 커질 뿐이다.

기관형성은 내가 이제까지 공부한 생물학 과정을 통틀어서 가장 환상적인 것이다. 이는 종종 마술쇼처럼 보인다. 어떤 때에는 평면인 종이를 접어서 정교한 구조물을 만드는 종이접기처럼 여겨진다. 여기에는 오디세이아라고 일컬을 만한 세포들의 방랑도 포함된다. 어떤 말로도 이를 온전하게 설명할 수 없다. 확실히, 진흙 한 덩어리를 집어서 한쪽에서 작은 머리를 만들고, 다른 쪽에서 다리를, 다른 쪽에서는 발을 만드는 것과는 다르다.

임신 4~5주째에는 배아가 자신의 길을 준비하기 시작한다(여기서부터 인간의 임신 과정을 언급할 때에는 산부인과 임신 달력을 사용하겠다). 여전히 자궁 내막에 파묻혀 있던 세포 덩어리들은 납작해져서 두 개 층으로 된 배자원반을 형성한다. 그리고 그 가장자리 부분이 자라나 반대쪽을 따라 곡선을 그리며, 두 개의 다소 납작한 공으로 둘러싸인 모양을 형성한다. 그런 다음은 좀 더 복잡해진다. 불투명한 선이 원반의 꼭대기 층의 가운데서 아래쪽으로 형성되기 시작한다. 이 선의 한쪽 끝에서 꼭대기에 작은 분화구가 있는 화산을 축소한 것 같은 혹이 솟아오른다. 이 선을 원시선, 이 혹을 원시결절, 이 분화구를 원시오목이라고 부른다. 이들은 앞으로 펼쳐질 복잡한 과정의 방향을 잡아주는 일시적인 경계표와 같다. 이들 세 가지 구조물의 과제는 세포를 올바른 방향으로 이동시키는 것이다. 원시선은 두 개의 세포층 사이의 숨겨진 공간을 향해 열려진 일종의 동굴 입구와 같다. 대이동이 시작되면 맨 위층 세포가 원시선을 통과해서 흘러내려와 펼쳐진다. 이제 세 개 층이 되었다. 5주 말기면 이 작업이 끝나고, 원시선은 이미 시야에서 사라진다. 이와 함께 기관형성이 시작된다.

원반의 세 층은 이스라엘의 초기 부족들 같다. 모든 신체 부분이 이들 중 하나에서 만들어지지만, 어떤 기관이 어디에서 나왔는지가 항상 분명한 것은 아니다. 예를 들면, 머리카락이 바깥층(외배엽)에서, 근육이 가운데층(중배엽)에서, 대장이 안층(내배엽)에서 나오는 것은 어느 정도 이해가 된다. 그러나 여성의 질은 중배엽에서 나오는데 이보다 바깥쪽에 위치한 방광은 왜 내배엽에서 생겨나는 것일까? 왜 뇌는 피부와 같이 외배엽에서 발생하는 것일까? 한때 나는 이런 발생학의 난제들로 인해서 좌절감을 맛보았다.

이들 모두의 형성을 이해하는 비결은 각 층의 발생 계통을 처음부터 끝까지 따라가는 것이다. 이것은 「마태복음」의 가계도를 배우는 것과 비슷하다. 외배엽은 원시상피를 낳고, 원시상피는 항문관 상피를 낳고, 항문관 상피는 위 상피를 낳고, 위 상피는 치아의 에나멜질을 낳는다. 각 부분의 발생과 함께 태아의 신체 구조는 형태를 바꾸면서 정교함을 더해간다. 평평한 판 끝 부분이 자라면서 원통 모양이 만들어진다. 어느 순간, 배아 전체가 접히기 시작한다. 세 개의 평평한 층에서 시작한 기관 발생은 일주일이 지나 계단 난간 끝의 장식물처럼 보이는, 코일처럼 감기고 분할된 물체를 생성한다. 3주가 더 지나면 '총제적으로 인식할 수 있는' 인간이 자궁의 습지에 거주하게 된다.

세포 오디세이아

이런 요술처럼 보이는 현상은 실제로는 두 가지 주요한 발생학 원리의 지배를 받는다. 하나는 이동이고, 다른 하나는 유도이다.

이동은 발생 중인 배아의 세포가 단순히 성장해서 분할하는 것이 아니라는 사실을 뜻한다. 이들 세포는 실제로 종종 멀리 떨어진 어느 곳에 정착하기 전 단계에서, 자신이 생겨난 곳으로부터 도망쳐서 달팽이처럼 움직이며 이웃한 세포 위를 걸어 다닌다. 원시선을 따라 걷는 순례는 여러 가지 이동 가운데 첫 번째일 뿐이다. 남자 아기가 될 배아의 경우, 원시정자세포는 난황 바깥에서 만들어진 뒤 내장을 통과하는 산책 후 마침내 고환이 될 곳에 정착한다.

중요한 여행은 여행자를 심오하게 변화시키기 마련이다. 유도가 이러한 변화에 해당된다. 이것은 미성숙한 세포, 소위 말하는 줄기세포가 길을 따라 이동하다가 서로 만났을 때 일어난다. 이들의 다양한 만남을 통해서 줄기세포는 분화된다. 이들은 특화되지 않은 세포에서 진화하여 명확한 기관과 구조물이 된다. 이동하는 세포들이 다시 정착할 때쯤 그들은 정체성을 획득한다. 방황하는 젊은이들처럼 결국 그들 자신의 참모습을 발견하는 것이다. 예를 들면, 삼 층짜리 원반의 위쪽 층에 있는 특정한 세포가 원시선을 따라 아래로 흘러가는 경우, 그들은 바닥 층의 세포들을 스치고 지나가게 된다. 이 접촉으로 인해 중간층의 세포가 혈관으로 유도된다. 두 개의 층이 접촉하지 않으면, 결코 이들 혈관이 만들어지지 않는다.

이런 종류의 변형은 비싼 대가를 치러야 한다. 일단 세포의 운명이 정해지면 다른 역할을 할 수 있는 능력을 잃어버리게 된다. 이후에는 인대나 림프관이 되도록 유도하는 세포와 접촉하더라도 혈관세포가 인대나 림프관이 될 수는 없다. 발생학자들은 배아의 줄기세포가 이동하는 동안 세포주기가 지났다고 이야기한다. 이 순간에 세포 내 전체 유전자의 빛은 사라지고, 삶에 필요한 몇 가지 특정한 유전자만 남는다. 이런 특정한 유전자는 일련의 화학적 신호를 통해 다른 세포에서는 발현되지 않도록 소등이 이루어진다. 이 작업의 대부분에 관여하는 한 가지 주된 유전자는 '음속 고슴도치'라는 재미있는 이름으로 불린다. 음속 고슴도치는 원시결절 근처의 세포에서 뇌, 내장, 팔, 다리 같은 신체 일부의 발달을 지시한다.

유도의 작용이 무언가 잘못되면 그 결과는 알기 쉽게 드러난다. 먼저 디조지증후군에 대해 살펴보자. 이 증후군을 앓고 있는 아이들은 심장 기형을 갖고 태어난다. 이들은 또한 면역력이 결핍되어 있고, 혈중 칼슘 농도가 낮고,

머리 모양이 이상하고, 윗입술이 찢어져 우리가 흔히 언청이라고 부르는 구개열口蓋裂을 갖고 있다.

이런 문제들은 서로 아무 연관이 없는 것처럼 보이지만, 실제로 이 모든 결함들은 심장신경능선세포로 알려진 하나의 원인에서 유발된다. 여러 기관형성 중, 이 세포들이 신경조직층에서 빠져나와 심장에서 나오는 큰 혈관을 형성한다. 다른 신경능선세포가 다양한 아치 모양으로 심장 위를 헤매고, 여기서 이들 세포는 얼굴뼈의 형성과 목에 있는 두 개의 샘인 부갑상선과 흉선 형성에 참여한다. 갑상선에서는 칼슘 농도를 조절하고, 흉선에서는 미성숙한 면역세포들이 잘 통제된 군인이 되도록 만드는 책임을 지고 있다. 심장신경능선세포의 정처 없는 행로는 궁극적으로는 22번 염색체에 위치한 DNA에 의해 지시된다. 이 부분이 없어지면 그 결과, 앞서 이야기한 여러 이상 현상을 보이는 디조지증후군이 생겨난다. 못 하나가 없어서 공든 탑이 무너진 형국이다.

희귀한 이상 현상이 정상 발육에 대한 중요한 단서를 제공하는 경우가 많아서, 발생학 교과서에는 임산부가 보지 말아야만 할 사진이 가득하다. 하지만 내가 그 사진들을 보는 것은 임신 초기 상태를 실감할 수 있는 이미지를 찾고 싶어서이고, 발생학의 언어에는 영웅 서사시 같은 울림이 있기 때문이기도 하다. 오랫동안 임신을 갈망했지만 지금은 내 자신이 방황하는 배아세포가 된 기분이 든다. 나 스스로 전혀 선택할 수도 통제할 수도 없는 여행을 떠난 듯하다. 나는 임신으로 인해 변화될 것이다. 어떤 새로운 정체성이 다가오고 있다. 새로운 세포주기가 펼쳐질 것이다.

멀미와 구토

임신 6주 말이 되자 다른 임산부들이 겪는 모든 임신 증후들이 나타나기 시작했다. 속이 메슥거려 잠에서 깼다. 이달 말까지 내내 나는 어린시절의 상태에 머물 것이다.

모든 것이 칫솔질을 할 때 시작됐다. 갑자기 칫솔이 입에 비해 너무 크게 느껴졌고 목이 막힐 것 같았다. 나는 반짝이는 꽃무늬에 만화 주인공이 그려진 어린이용 소형 칫솔을 샀다. 며칠 동안은 문제가 해결된 듯싶었다. 그러나 입안에 침이 너무 많이 고인다는 사실을 깨달았다. 과다한 침 분비는 공식적인 임신 증후이다. 이를 타액과다라고 부른다. 나는 이것을 발생학 교과서가 아니라 임산부들을 위한 대중 잡지에서 알게 되었다. 이 주간지들은 의학적인 설명이 조악하고 끔찍한 데다 지나치게 안도감을 주려는 어조가 많아 짜증이 나서 가급적 피하던 것이었다.

침을 삼키면 속이 메스꺼워져서, 아침에 학교 가는 길에 침을 뱉을 만한 은밀한 장소를 찾게 된다. 학교 정원 담장 너머, 영국관 근처의 얼어붙은 화단 같은 곳. 나는 초등학교 3학년 이후로 공공장소에서 침을 뱉은 적이 없다. 나의 어린시절 목표는 더 착해지는 것이었다.

임신 7주가 되자 메스꺼움은 구토로 바뀌었다. 나는 어렸을 적부터 멀미가 심했다. 특히 공립학교 선생님이셨던 엄마를 따라 국립공원에서 다른 국립공원으로 이동하는 견학 차량 안에서 여름을 보내야 했기에 나는 유년기의 많은 시간을 구토로 보냈다.

체육 시간의 굴욕감도 욕지기가 나올 만했다. 학창 시절, 나는 반질반질한 체육관 바닥에 토하곤 했다. 그때마다 호루라기가 울리면서 경기는 비참하게 중단되었고, 관리인들이 내가 토해놓은 거품 나는 토사물 위에 분홍색 과일향 톱밥을 뿌렸다.

우수한 학생이었기에 교실에서는 덜 토하는 편이었음에도 불구하고, 한번은 바로 앞자리 남자아이에게 토한 적이 있다. 독감에 걸렸던 나는 조퇴를 해야만 했다. 자라서 그 아이는 인기 있는 고등학교 남학생이 되었다. 4년 동안 그는 복도에서 나와 마주칠 때마다 토하는 시늉을 내며 경고했다. "너, 토하지 마."

집으로 돌아가는 길에는 침을 뱉는 것으로 토하는 것을 참았다. 대학 캠퍼스 화단에 침을 뱉는 것은 그리 이상한 일이 아니다. 하지만 토하는 것은 다른 이야기다. 보통은 집에 돌아가서 맘껏 토한다. 화장실의 변기를 보면 곧바로 구토가 올라온다. 이런 행동은 조건반사가 되어버렸다. 침대에 드러누워 화장실에 가는 것을 피하면 구토가 나지 않는다. 그런데 문제는 시도 때도 없이 소변이 마렵다는 것이다. 이런 현상은 프로게스테론 농도가 증가해 골반 근육이 부드러워짐에 따라 자궁이 방광을 누르기 때문에 일어난다. 소변을 봐야만 하고, 자연히 먹은 것을 토해야만 한다.

좀 더 어린시절로 돌아간 것 같다. 프로게스테론은 물질대사 속도를 늦춰 쉽게 피로를 느끼게 한다. 나는 9시면 잠자리에 들고, 낮잠도 잔다. 간신히 일어나 발을 질질 끌면서 저녁을 먹으러 가면 남편이 나를 위해 치즈 샌드위치를 만들어준다. 그러면 나는 내가 부탁한 샌드위치를 의심스런 눈초리로 바라본다. "빵을 잘못 잘랐잖아, 게다가 빵도 다르고."

내게 무슨 일이 벌어지고 있는지 설명할 수 없다. 갑자기 음식의 모양과 상태에 따라 삼킬 수 있는 것과 토하는 것이 결정된다. 다음과 같은 규칙들이 있었다. 찬 바나나는 먹을 수 있지만 실온에서 저장한 바나나는 먹을 수 없다. 아침에는 삶은 달걀을 먹지만 매우 뜨거워야 하고 완숙된 깨지지 않은 것이어야만 한다. 식사와 식사 사이에는 물을 마실 수 있지만 식사

중에는 마실 수 없다. 내가 가장 좋아하는 콩, 샐러드, 야채 같은 음식 대부분이 지독하게 맛이 없어졌다. 나는 세 살 때 그랬던 것처럼 우울한 표정으로 접시를 바라본다. 당시 부모님은 "그래도 아가야, 야채볶음면은 좋아하잖니! 우리 아가 잘 먹을 수 있지"라며 나를 달래곤 하셨다.

입덧의 역사

나는 발생학이라는 고상한 학문의 세계를 떠나 아침 구토증에 대해 찾아보기 시작했다. 내게는 훌륭한 동지들이 있었다. 미국 여성의 4분의 3 이상이 임신 두 달째에 접어들면 입덧으로 괴로워하고, 약 절반 이상이 실제로 토한다. 나는 매일 토하는 25퍼센트의 소수에 속했다. 임신 중 입덧은 지역이나 생활 스타일, 종족이나 계층과 무관했다. 보츠와나에서 생계를 위해 수렵과 채집 활동을 하는 여성들도 일본, 아랍, 유럽, 미국 여성들과 똑같은 불평을 했다. 남아프리카에서 조사한 결과, 백인과 흑인이 비슷한 비율로 입덧을 하는 것으로 나타났다. 토착 사회에서의 자료에 따르면 입덧과 농업 관례, 일하는 습관, 사회 구조, 공동체 크기나 정착 패턴 사이에는 아무런 연관성이 없었다.

또한 입덧은 최근에 나타난 현상이 아니다. 가장 오랜 기록은 파피루스에 남겨진 4,000년 전으로 거슬러 올라간다. 아리스토텔레스가 이에 대해 언급했으며, 로마의 의사 소라누스는 입덧에 대해 마른 음식, 약한 포도주, 마사지, 그리고 고통이 덜 느껴지는 탈 것을 추천하였다. 고대인들이 입덧으로 괴로워하는 이들에게 연민을 보인 데 깊은 감명을 받았다(그런데 입덧은 아침에만 느끼는 것이 아니고 종종 잠에서 깨어나는 순간 가장 강하게 느낀다).

20세기 초에는 입덧하는 임산부들을 가차 없이 대했다. 입덧을 설명하는 적절한 의학적 이론은 없었고, 오히려 입덧을 거의 경험하지 않는 임산부들의 원인에 대한 심리적 이론이 번창했다. 입덧으로 괴로워하는 이들에 대한 연민은 약해졌다. 1930년대에 한 병원에서는 입덧이 심한 임산부들을 증세가 나아질 때까지 침대에 묶어두었고, 방문객과 구토용 위생통을 금하였다. 이들을 돌보는 간호사들에게는 시트를 너무 자주 갈아주지 말라는 지시를 내렸다. 20세기 동안 입덧은 노이로제, 유산에 대한 무의식적 갈망, 모성에 대한 거부, 집안 살림을 회피하려는 꼼수, 성기능 장애 등으로 다양하게 비난받았다.

내가 본 가장 놀라운 기사는 1946년에 스코틀랜드의 의사가 발표한 것인데, 그는 입덧이 '엄마와의 과도한 애착 관계'와 연관되어 있다고 주장하였다. 이 발견으로 인해 또 다른 결론이 나왔다. "입덧 환자들의 감정 상태를 연구한 결과, ……남편과의 성관계에서 혐오감을 느낀다는 공통적인 특징이 드러났다. ……나는 이런 현상을 수백 명의 여성들에게서 확인했다. 조사 과정 중 나는 이들 대부분이 결혼 후에도 그들의 모친과 과도하게 가깝다는 점에 주목했다."

임산부를 그들의 모친과 격리시키는 것이 치료법으로 제안되었다. 나는 이 이론을 성공적으로 베껴서 작성한, 심한 임신 증세를 가진 여성에 대한 다음의 최근 기사를 간호 잡지에서 볼 때까지, 도대체 누가 이런 가설을 날조할 수 있을까 궁금했다. "대부분의 여성은 임신 초기에 사회 활동을 줄이고, 식사 준비와 아이 양육에 대한 도움을 받기 위해 가까운 친구들과 어머니에게 훨씬 더 의존하게 된다."

심하게 입덧을 하는 임산부들은 엄마의 도움을 원한다. 엄마의 도움을 받으려고 일부러 입덧을 하는 것이 아니다. 아마도 의사는 원인과 결과를 혼동한 것이리라. 여성이 성생활에 대해 느끼는 방식과 욕지기, 구토의 빈도 사이에 어떤 연관성이 있음을 밝힌 연구 결과는 더 이상 나오지 않았다. 입덧이 얼마나 심한지는 결혼 상태, 이전의 임신 횟수, 직업 유무, 거주지에 따라 달라지지 않았다. 비록 시골 임산부보다는 도시 임산부의 경우가 증상이 좀더 심하고, 산모의 어머니가 입덧으로 고생한 경험이 있는 경우에 더 흔하다고는 하지만, 그렇기 때문에 엄마에게 전화를 걸게 되는 것이다.

왜 입덧을 할까

그런데 입덧은 왜 생기는 것일까? 임산부를 안심시키는 어조로 일관하는 임신 안내 책자에서는 비록 아무도 그 원인을 알지 못하지만 욕지기는 건강한 아기의 징조이니 입덧으로 괴로워하는 이들은 용기를 가져야 한다며 긍정적으로 이야기하고 있다. 실제로 맞는 얘기인 것 같다. 심하게 입덧하는 임산부는 유산이나 사산 · 조산하는 경우가 적고, 그녀들의 아기도 심장에 결함이 생길 위험이 적다. 입덧의 불쾌함을 둘러싼 의혹들로 인해 괴롭기는 하지만, 내 상태에 대해서는 안심이 된다. 그런데 왜 전 세계 여성 대부분이 겪는 일이 의학적으로 설명되지 않고 있는 것일까?

그 이유는 부분적으로는 이를 밝히는 데 헌신한 연구자들이 불행히도 적었기 때문이다. 입덧에 관한 파일들을 긁어모은 결과, 입덧 관련서와 의학 관련 논문은 책상 하나를 채울 정도에 불과했다.

우리가 확실히 아는 사실은 입덧하는 임산부의 경우, 비정상적인 전기 패턴이 위 표면을 가로지르고 있다는 것이다. 보통 위에서는 느린 파동의 전기 진동이 발생하는데 이는 부드러운 수축을 만들어낸다. 이 익숙한 느린 파동의 속도가 방해를 받으면 욕지기와 구토가 일어나는 것으로 알려져 있다.

최근 연구 결과 입덧으로 괴로워하는 이들의 파동은 정상보다 더 빠르거나 더 느린 리듬을 갖고 있는 것으로 밝혀졌다. 어떤 경우든 수축은 중단되는데 식사는 이 현상을 재발시킬 위험이 있다.

그러나 왜 느린 파동이 방해를 받는 것일까? 대부분의 연구자들은 호르몬 때문일 것으로 믿고 있다. 태반에서 나온 HCG가 공통적인 용의자 중 하나이다. 여러 정황 증거가 이를 뒷받침한다. 높은 혈중 HCG 농도로 인해 메슥거림이 일어나는 것으로 알려져 있다. 쌍둥이 임신으로 HCG의 농도가 더 높은 여성들의 경우, 종종 입덧을 더 심하게 한다. 가장 결정적인 증거는 혈중 HCG 농도의 상승과 하락이 임신 기간 동안의 메슥거림과 구토가 일어나는 궤도를 충실히 따른다는 사실이다. HCG 농도는 임신 6주에 시작하여 9주에 정점을 이루고 대략 14주쯤에 약해진다. 그런데 HCG를 매우 높은 농도로 증가시키는 것으로 알려진 특정한 종류의 암의 경우에는 메슥거림과 구토 현상이 없다.

이런 모순 때문에 어떤 연구자들은 프로게스테론이나 에스트로겐을 유력한 용의자로 지목한다. 임신 기간 동안 이 두 호르몬의 혈액 내 수치는 태반이 배아를 넘겨받을 준비가 될 때까지 임신 기간을 감독하는 난소의 호르몬샘인 황체에 의해서 전례 없이 증가한다. 더욱이 에스트로겐과 프로게스테론이 혼합된 경구 피임약을 복용하면 욕지기를 느끼는 여성의 대부분이 임신 중에도 욕지기를 느낀다. 또한 임신하지 않은 여성이 프로게스테론과 에스트로겐을 함께 복용하면 위의 느린 파동이 변화되어 메슥거림이 일어난다. 한편, 에스트로겐과 프로게스테론의 수준은 임신 기간 내내 높게 유지되지만, 욕지기는 거의 대부분 넉 달째에 접어들면 가라앉는다. 게다가 이들 호르몬의 혈중 농도와 입덧의 정도는 비례하지 않는다. 이것은 임신한 여성이 높아진 호르몬 수치에 적응하는 것일까? 단순히 임산부 개개인이 서로 각각 다른 반응 체계를 갖기 때문일까? 아니면 또 다른 확인되지 않은 물질의 작용 때문일까?

범인을 잡기란 쉽지 않다. 용의자가 많은 편이다. 임신 초기는 갑상선의 기능 변화와 관련이 있다. 따라서 여기서 분비되는 티록신이 입덧 유발에 어느 정도 역할을 할 수 있다. 유방이 젖을 만들어내게 하는 호르몬 또한 이 기간에 극적으로 증가한다. 액티빈이나 인히빈 같은 이름을 가진 일련의 성장 인자도 그렇다. 아마도 이들 중 하나가 입덧의 진짜 원인 물질일 것이다. 호르몬이 혈액 안에서 이동하는 방법(일부는 단백질의 에스코트를 받고, 나머지는 자유롭게 여행한다) 또한 임신 기간 동안 변화한다.

아마도 어느 한 호르몬이 원인이 아니라 이동 방법의 변화가 원인일 것이다. 그리고 뇌가 관련되어 있을 것이다. 두 명의 연구자는 입덧의 범인을 찾아볼 만한 곳으로 뇌간의 뒤쪽에 있는 최후영역이라 불리는 곳을 지목했다. 이 최후영역에 매달려 있는 혹이 일종의 독물 검출기로 작용해서 맛이 있고 없다는 결정을 내린다고 한다. 이를 모두 종합한 한 통합 이론은 호르몬이 다음과 같이 작용하는 것으로 가정한다. HCG가 장의 근육 수축을 방해하는 동안 에스트로겐과 프로게스테론이 최후영역에서 작용해서 이미 메슥거림에 노출된 소화계에 구토 신호를 내보낸다고.

세상의 모든 냄새

이렇게 여러 가지 설들이 있지만 입덧의 정확한 원인은 아무도 모른다. 이는 연구자들이 너무 적고, 기껏 조사한 연구자들도 모호한 답을 남기고 곧 손을 들어버렸기 때문이다. 그 가운데 서로 다른 목적으로 이 문제를 연구한 두 명의 여성 연구자를 발견할 수 있어서 너무 기뻤다. 한 사람은 식이요법 전문가이고, 다른 사람은 진화생물학자이다. 나는 그들의 연구 결과를 입덧을 다룬 많은 인쇄물들 중 단 두 권의 책에서만 발견할 수 있었다.

식이요법 전문가인 미리암 에릭은 보스턴에서 임신 과다구토증으로 입원한 임산부를 보살폈다(쌍둥이와 같은 다태임신의 경우, 임신 과다구토증 발생 빈도가 높다. 이 때문에 일부 연구자들은 HCG를 입덧의 원인으로 추정하고 있다. 최근 스웨덴에서는 임신 초기에 임신 과다구토증으로 입원한 임산부들이 딸을 낳는 확률이 높다는 보고가 있었다). 극단적인 형태의 입덧 증상은 드문 경우지만 생명을 위협할 수도 있다(과다구토증, 혹은 장기적이고 격렬한 구토가 『제인에어』의 작가인 샬럿 브론테의 사망 원인이라는 설이 있다). 에릭의 일은 이런 여성들이 먹을 수 있는 음식을 찾는 것이었다. 그녀의 출발점은 다양한 음식 목록이었다.

에릭은 추가 조사가 필요한 여러 가지 관찰 결과들을 조심스럽게 수집하였다. 먼저 그녀는 임산부들의 욕지기를 멈추게 하는 공통적인 음식은 없다는 점에 주목하였다. 개인차가 너무 심했다. 하지만 익숙하고 부드러운 음식보다는 새롭고 향이 강한 음식이 편안함을 줄 가능성이 많았다. 토마토는 입덧하는 임산부들이 매우 좋아한 단 하나의 공통 먹을거리였다.

나는 이걸 읽으면서 안심이 되었다. 크래커를 먹고, 진저에일을 마시고,

맛이 강하지 않은 음식을 찾으라는 상식적인 충고는 나에게 아무 소용이 없었다. 입덧은 독감이나 숙취로 위가 시달리는 것과는 다른 차원의 문제다. 입덧은 허기와 깊이 연관되어 있다. 아무것도 못 먹거나, 환자들이 먹는 음식을 조금씩 깔짝거리고 있노라면 더욱 비참해진다. 음식을 생각하면 비위가 상하지만 음식만이 이런 극도의 불쾌감을 잠재울 수 있는 힘을 가지고 있다.

내가 먹고 싶은 것은 평소에 먹던 통밀이나 현미 같은 채식주의자 식단이 아니라, 20년 넘게 반긴 적 없는 돈가스와 양배추 샐러드다. 그렇다고 해서 내가 이런 요리를 갈망하는 것은 아니다. 이들은 단지 씹어 삼킬 수 있을 것 같은 몇 안 되는 음식 중 하나일 뿐이다. 호밀죽을 잔뜩 게워낸 뒤, 마요네즈를 뿌린 생 양배추 한 접시를 꾸역꾸역 삼키고 나서야 좀 살 것 같았다. 피자 또한 매우 먹고 싶은 음식이다. 아마 토마토소스 때문일 것이다. 에릭의 관찰기를 읽으면서, 왜 어떤 조사에서는 입덧하는 임산부들이 고기류를 회피한다고 하고 다른 조사에서는 열심히 고기류를 먹는다고 보고하는지 알 수 있었다.

에릭은 또 다른 흥미로운 패턴을 상세히 기록하였다. 임산부의 욕지기는 맛보다는 냄새에 의해 유발된다. 아마도 내가 냉장고에 들어 있던 바나나는 먹을 수 있지만 과일 바구니에 담긴 향이 많이 나는 바나나를 먹지 못하는 원인이 거기에 있을 것이다. 임신하게 되면 후각 기능이 강화된다. 에스트로겐이 그 원인이라고 보는 증거가 일부 밝혀져 있다. 더욱이 우주 프로그램(우주에서는 욕지기가 매우 비싼 임무의 성공을 크게 위협할 수 있다)에서 이뤄진 연구에 따르면, 후각 결절을 전기로 자극하면 구토가 유발될 수 있다고 한다. 입덧의 원인에 대한 연구에서 이는 매우 중요한 단서가 될 수 있다.

나에게 세상은 정말로 심하게 냄새나는 곳이 되어버렸다. 나는 늘 감각이 인간보다 더 날카로운 동물에 대해 경탄해왔다. 이제 내가 그렇게 되었다. 이건 반드시 즐거운 경험은 아니다. 인간 세상의 대부분이 매우 불쾌한 냄새를 풍긴다. 부엌의 식기장 안에서는 페인트 냄새가 났다. 늪지대 악취 같은 냄새가 욕조에서 올라왔다. 길거리에서는 사람들이 지나가면서 탈취제와 애프터셰이브 냄새를 퍼뜨렸다. 자동차의 배기가스는 말할 필요도 없었다. 결국 집에서 가장 냄새가 덜 나는 침실에서 저녁을 먹게 되었고, 덕분에 식사를 화장실 변기에 버리는 횟수가 줄어들었다. 요리사가 된 남편은 안도의 한숨을 내쉬었다.

독소 제거 메커니즘

마기 프로핏은 하버드와 버클리라는 고상한 상아탑 안에서 열심히 연구해서 맥아더 상을 수상한 학자로서 침대 곁의 구토용 위생통과는 거리가 먼 여성이었다. 프로핏의 접근 방식은 개념적인 것으로 그녀의 출발점은 다윈이었다. 미리암 에릭의 업적은 비교적 쉽게 파악할 수 있지만 마기 프로핏의 업적은 깊게 살펴봐야 한다. 프로핏은 생물학자들이 직접적이라고 지적한 원인보다는 궁극적인 원인에 더욱 관심을 가졌기 때문이다. 말하자면 직접적으로 구토를 유발하는 모든 원인은 한쪽으로 제쳐두고 애초부터 왜 소화계가 호르몬에 반응하도록 진화했는지에 대해 연구한 것이다. 그녀는 입덧이 기관형성 기간 동안 배아를 보호하기 위한 적응이라는 가설을 세웠다. 프로핏은 기관형성이라는 가장 정교한 인간 생명의 오페라가 연주되는 동안에는 욕지기와 구토로 인해 음식물의 독소가 자궁에 이르지 못한다고 확신했다. 정말 과감한 주장이었다.

그녀가 가장 관심을 가진 독소는 식물에서 발견되는 천연 독소였다. 식물들은 원래 곤충이나 다른 초식동물들이 다가오는 것을 막기 위해 독소를 만들어내어 큰 효과를 본다. 소량이기는 하지만 식용으로 쓰이는 야채와 양념, 예를 들면 감자나 양배추, 겨자나 고추 등에서도 이런 독소들이 발견된다. 이들 독소가 배아를 해칠 수 있다는 주장을 증명하기 위해 프로핏은 여러 증거를 제시했다.

먼저 입덧 기간이 기관형성 기간과 거의 정확하게 겹치는데, 이 기간은 출산 전 독소의 위협에 가장 취약한 시기이다. 둘째, 앞서 언급했던 것처럼 입덧하는 여성의 출산 결과가 더 좋다. 셋째, 그녀는 임산부들이 가장 싫어하는 음식들이 향이 강한 야채, 매우 매운 음식, 그리고 커피나 콩과 같은 화학적 구충제로 가득 찬 식품들이라고 주장했다. 넷째, 오래전부터 구토는 독성에 대한 대응 메커니즘으로 알려져왔다.

이중에서 마지막 주장에 대해서는 프로핏이 옳았다. 그렇기 때문에 암 환자들이 화학 치료와 방사선 치료를 받으면 구토 증세를 보이는 것이다. 신체는 독소의 존재를 파악하게 되면 이들을 제거하는 유일하지만 부적절한 수단을 동원한다. 한 구토 전문가는 연구 주제인 구토를 '실수의 만회'라고 정의하였다. 하지만 프로핏의 가설에서 나온 여러 예언들은 실제로 확증되지 못했다. 자연적으로 만들어지는 독성을 많이 함유한 야채들은 케일이나 양배추처럼 맛이 강하고 쓰다. 그런데 이들 야채는 암이나 일부 선천성 기형과 같은 건강상의 문제점을 예방하는 것으로 보인다. 이들이 갖고 있는 비타민, 미네랄, 기타 유용한 화합물이 독소의 효과를 능가하기 때문인지 우리가 이들 독소를 무력화시키는 효과적인 해독 작용을 발전시켜왔기 때문인지는 아직 명확하지 않다.

프로핏의 가설을 시험한 최근 연구에 따르면, 쓴 야채를 섭취하는 것과 갓 임신한 여성의 구토 사이에는 아무런 연관성이 없다는 사실이 밝혀졌다. 달리 말하자면 입덧하는 여성이 입덧하지 않는 여성보다 이들 야채를 기피하지 않았고, 먹는다 하더라도 아기에게는 해가 없는 것으로 여겨졌다. 그러나 이것은 프로핏의 제안을 시험한 첫 번째 연구일 뿐이다. 아직 완전한 결론이 난 것은 아니다.

이밖에도 다른 문제가 있다. 임산부가 향이 강한 식물과 양념을 싫어하는 경향이 있다는 프로핏의 두 번째 주장은 에릭의 관찰과 일치하지 않는다. 예를 들면 임산부들이 가장 잘 참고 먹을 수 있는 채소인 토마토는 치명적인 독을 함유하고 있는 식물들이 속한 가지과에 속한다. 그리고 양배추 샐러드에 대한 나의 선호는 어떻게 설명할 수 있을까? 또한 구토가 식물 독소를 피하기 위한 수단이라면, 다른 임신한 동물들에서도 구토 현상을 볼 수 있어야 하며 육식동물보다 초식동물에서 더 빈번하게 일어나야만 한다. 그러나 다른 종의 동물이 입덧을 한다는 증거는 아직 없다. 말은 구토를 할 수 없는 것으로 알려져 있고, 쥐와 토끼 또한 그러하다. 그나마 구토를 하는 영장류, 고양이, 개, 족제비, 뾰족뒤쥐 등은 거의가 육식동물이다.

따라서 프로핏은 최신 이론에서 비록 입덧이 실제로 진화론적 기능을 하기는 하지만 그 목적은 식물 독소를 피하기 위한 것만 아니라 병원균과 기생충이 우글거리는 상한 식품을 피하도록 만드는 것이라고 가정하고 있다. 이런 종류의 위험은 냉장고가 널리 보급되기 전에는 치명적인 것이었다. 임산부가 고기, 집에서 기르는 날짐승, 달걀에 대한 혐오감을 나타내는 이야기는 야채에 대한 혐오감 못지 않게 흔하다. 이들 연구자들은 입덧이 거의 보고되지 않는 몇 안 되는 지역을 조사하였다. 이들 지역 식단에서는 입덧이 흔한 다른 지역에서 보다 동물성 제품이 상당히 적게 발견되었다.

결국 구토가 독소 제거 메커니즘이라는 점은 의심의 여지가 없지만, 인간은 다른 종류의 문제점에 대한 반응으로도 구토를 경험한다. 구토를 일으키는 것으로 알려진 인자들의 목록에는 초조, 무서운 광경, 극도의 통증 등이 있다. 또한 음식 혐오는 임신 중 욕지기를 유발시키는 여러 원인 중 한 가지일 뿐이다. 연구자들은 밝은 색깔, 움직임, 불쾌한 소음 같은 유형의 감각 자극도 메슥거림을 유발할 수 있음을 증명했다.

첫 산부인과 방문

두 번째 달 말경이 되어서야 처음으로 산부인과 의사를 찾았다. 수납처 너머의 벽 전체가 신생아들 사진으로 도배되어 있다. 그 사진을 보고서야 내가 아직까지 임신을 아기의 출생과 연관시켜 생각해본 적이 없었음을 깨닫고 놀랐다. 대기실에서 나는 많은 의학적 질문들을 준비했다. 소변 샘플 때문에 화장실에 갔다가, 체중을 재거나 혈압 체크를 받고 검사실로 돌아오는 다른 임신부들을 지켜보았다. 이제 내 차례다.

입덧에도 불구하고, 아마도 입덧을 견디기 위해 먹어치운 것들 때문에 체중이 2킬로그램 가까이 늘었다. 내가 검사대 위에 깔린 파삭파삭한 종이 위에 자리 잡는 동안, 남편은 문 근처 의자에 앉았다. 등이 드러난 가운 외에는 아무것도 입지 않고 있어 추위를 느낄 만도 한데 오히려 축축함과 열기가 느껴졌다.

의사가 들어온다. 경찰 후보생을 연상케 하는 인상 좋고 덩치 큰 남자다. 그는 말하는 것이 우선이고 듣는 것은 나중이다. 다리를 쫙 벌리고 앉은 그는 워낙 큰 체격인데다 동작도 커서 많은 공간을 필요로 했다. 간호사와 다른 환자들은 그를 댄 박사님이라고 불렀다. 나는 자신을 산드라 박사라고 소개할까 했지만 참았다. 그는 모든 것을 충분히 설명해주는 타입이다. 그래서 그를 담당 의사로 결정하였다. 하지만 우리는 임신 여섯 달째가 되면 보스턴으로 돌아가야 하기 때문에 댄 박사가 분만을 담당할 것 같지는 않다.

방문이 끝날 즈음 하이라이트가 펼쳐졌다. 그는 내 배 아래쪽에 초음파 도플러 변환기를 대고 자기 허리띠에 달린 증폭기의 다이얼을 켰다.

"마른 편이시네요. 태아의 심장 박동을 잡아낼 수 있을 거예요."

그는 탐침을 피부 위로 서서히 움직이며, 멀리 있는 라디오 방송국과 다이얼을 맞추는 것처럼 머리를 한쪽으로 기울였다. 우리는 숨을 죽인 채 귀를 기울이고, 내 혈액이 흐르는 소리라는 깊은 맥박 소리를 들었다. 다음 순간은 정적뿐이었다. 남편과 나는 서로 쳐다봤다. 심장이 두근거리는 소리 뒤로 갑자기 더 빠르고 더 높은 소리가 들렸다.

"이거예요."

우리 모두 들었다. 그 소리는 누군가가 물밑에서 박수치는 것처럼 들렸다. 심장은 제일 먼저 발생하는 기관이다. 심장은 착상된 지 22일 후, 산부인과 달력으로는 5주째에 혈액을 펌프질하기 시작한다. 우리는 3주 전부터 박동하기 시작한 아기의 심장 소리를 듣고 있다.

"심장 소리가 남자애 같군요."

댄 박사가 말했다.

"농담인가요? 아니면 저희가 모르는 뭔가를 알고 계신 건가요?"

"글쎄요, 맞을 확률은 50퍼센트잖아요. 안 그래요?"

나는 사실 건강 진단을 받을 때 이런 식으로 농담하는 것을 달갑지 않게 여긴다. 그러나 이런 농담은 거의가 좋은 징조다. 의사가 조용히 입술을 꽉 다물고 있는 편이 걱정스러운 일이다.

심장이 뛴다

집으로 돌아온 나는 그대로 침대로 기어들어갔다. 제프가 뒤따라오고, 우리는 이불 밑에 파묻혔다. 방안이 서늘하도록 창을 열어 둔 덕분에 냄새 없는 공기가 가득하다.

"봐, 석양이 골목 너머에 있는 교회 창문에 반사되고 있어."

제프가 먼저 입을 열었다.

"해가 점점 길어지고 있네."

이번 주 초, 제프는 주위 환경이 조화를 이루면 내 몸 안의 불균형이 잠잠해지리라는 꽤나 진지한 희망으로 중국의 풍수 원리를 응용한 침실용 가구를 주문했다. 이 새로운 느낌을 주는 인테리어만으로도 제 값을 하고도 남았다. 나는 전에는 예상하지 못했던 방식으로 점점 남편에게 의존하고 있다.

"당신 체취가 느껴져."

"오, 이런."

"아냐, 괜찮아. 알잖아, 난 이제 못된 블러드하운드(사람보다 300만 배 이상 뛰어난 후각 능력을 가진 개로 최고의 추적견으로 꼽힌다—옮긴이 주)야. 당신이 도망가도 당신 체취로 추적할 수 있어."

"느낌이 어때?"

"지금은 괜찮은걸. 어쨌든 뭘 먹어야겠어."

"아니. 내 말은 임신한 게 어떤 느낌이냐고?"

"난 당신이 입덧이 어떤지 궁금해하는 줄 알았지. 음 ……동면이라도 하고 싶은 기분이야."

바지 지퍼를 내려 제프의 손을 내 배에 갖다 댔다. 아기의 심장 박동 소리가 제프의 손바닥을 통해 갑자기 다시 들릴 것처럼 귀를 기울인다.

"소리가 강했지, 그렇지?"

"단호한 느낌이었어."

그는 직관적인 사람이다. 그의 직관은 내가 진지하게 배울 만하다.

"난 좀더 부드럽게 느꼈어. 내 몸 맨 바깥쪽에서 가늘게 울리는 것처럼."

"당신 피부가 달라지고 있어. 더 탄력이 생긴 것 같아."

그의 손이 내 골반을 지나 엉덩이와 갈비뼈 사이로 옮겨간다. 이럴 때면 나는 조각가와 결혼했다는 사실을 실감한다. 나는 침대 너머로 손을 뻗어 바닥에 놓여 있는 발생학 도해서를 들고 기관 발생 부분을 찾는다. 함께 그림들과 전자 현미경 사진들을 살펴보았다. 심장이 뛰기 시작한 지 이틀 뒤면 눈이 만들어지기 시작한다. 그후 이틀이 지나면 어깨에서 팔의 싹이 돋아난다. 그다음 날에는 신경관이 닫혀서 척수를 형성한다. 그리고 그다음 날에는 다리와 발의 싹이 보이기 시작한다.

"당신이 바깥세상이 고요하고 조용하길 바라는 게 당연해."

제프가 말했다.

"이런 사진들을 보면 무슨 생각이 들어?"

"내가 케임브리지 강 축제에서 열었던 공연 예술이 생각나. 수자 밴드가 행진 연주를 했던 것 말이야."

교회 창문에 물든 석양빛이 사라질 때까지 우리는 함께 누워 있었다. 남편은 저녁 준비를 위해 일어났다. 깜박 잠들었을 때, 일련의 영상이 스쳐 지나갔다. 경기장에 고적대가 있다. 연주자들 중 몇몇은 서 있고, 나머지는 서로 다른 방향으로 돌아서서 걸어갔다. 뱀이 혀를 날름거리면서 나타났다. 그다음, 뱀이 사라지고 한 무리의 새들이 등장했다. 그다음, 새들이 떨어지는 단풍나무 잎으로 변했다. 10월이었다.

세 번째 달

난파선을 향한 잠수

사탕단풍나무

계절 속의 무언가가 느슨해지기 시작했다. 거의 변화를 알아차리기 힘들다. 갈색 그루터기와 바람에 흔들리는 검은 나뭇가지가 내다보이는 풍경은 변함없지만 그 빛이 달라졌다. 좀 덜 반짝거리고, 좀 더 진해졌다. 그 신호는 바람이다.

임신 11주가 되자 기분이 좀 나아진 것 같다. 어쩌면 이런 종류의 고난에 적응해가고 있는지도 모른다. 덜컥거리는 창문 때문에 안절부절못하던 나는 구역질 방지용으로 가지고 다니는 치즈를 주머니 가득 채우고 오래된 66번 도로를 따라 남서쪽으로 9마일을 운전해서 펑크스그로브로 갔다. 면적이 200만 평에 달하는 이곳은 중부 일리노이에서 벌목되지 않은 재목이 가장 넓게 분포하는 지역이다. 펑크스그로브란 말에는 오래된 봉건시대의 느낌이 남아 있다. 150년 전에 최초의 펑크 가문의 가장이 지방 농부들에게 종자를 팔아 돈을 벌었고, 그들은 전원생활을 위한 땅을 제외한 나머지 대지에 씨앗을 뿌렸다. 그들의 후손들은 시민들이 숲에 들어오는 것을 너그러이 허용했다. 많은 생물학과 학생들이 여기 와서 나무의 종류나 숲의 생태를 관찰하면서 한두 가지씩 배워갔다. 나도 그들 중 하나였다.

대학 4학년 때, 새로 부임한 열정적인 생태학 교수가 나를 실험실 밖으로 불러냈다. 야외 실험은 그날의 흐름과 날씨에 의해 좌우된다. 나의 첫 번째 연구는 속눈썹이 얼어붙을 정도의 눈보라 때문에 중단되었다. 다른 날에는 노트가 부들이 자란 늪에 빠지는 바람에 끝나버렸다. 이런 불확실성에도 불구하고, 아니 이런 불확실성 때문에 나는 야외 실험에 매료되었다. 나는 고전적인 기술에 의존하는 자료 수집 방식을 좋아했다. 여기에는 어둠 속에서 올가미를 놓는 방법, 빗속에서 매듭을 묶는 방법, 나무껍질만으로 어떤 나무인지 확인하는 방법, 흔적으로 어떤 포유동물인지 알아내는 방법, 노랫소리로 새를 확인하는 방법 등이 포함된다.

나는 이 커다란 쉼터 안에서, 두껍고 넓은 가지의 떡갈나무가 태초의 거인처럼 바람에 날리는 잔디밭 한가운데 우뚝 서 있는 대평원을 가장 좋아한다. 그러나 이곳을 산책하기에 오늘은 날씨가 너무 으스스하다. 그래서 나는 팀버 천 근처에 모여 있는 단풍나무 숲으로 향한다. 지금은 수액을 채취하는 시즌이다. 큰 나무에는 수액 채취를 위해 홈이 파져 있다. 어떤 나무에는 오래된 방식대로 금속 깡통이 매달려 있고, 다른 나무에는 플라스틱 봉투와 튜브로 이뤄진 복잡한 장치가 달려 있다. 나는 수액이 똑똑 떨어지는 소리를 들으면서 잠시 산책한다.

아직까지도 식물생리학자들은 왜 사탕단풍나무가 봄에 수액을 생산하는지 설명하지 못한다. 이것은 나를 즐겁게 하는 미스터리다. 모든 나무들은 겨울에 당분을 축적한다. 그리고 대부분의 나무들은 초봄에 단순한 모세관 현상에 의해 당을 뿌리에서 가지까지 끌어올릴 수 있다. 모세관 현상으로 한 방울의 물이 종이 냅킨 전체를 적실 만큼의 흡인력이 생긴다. 그러나 이런 원리만으로는 사탕단풍나무가 3월 한 달 간 38~45리터나 되는 4퍼센트 설탕물을 몸통으로 끌어올려 깡통으로 쏟아 붓는 현상을 설명할 수 없다. 다른 나무의 경우 상처를 내면 수액이 겨우 스며 나올 뿐이다. 그러나 단풍나무의 복잡한 수력학은 어떤 방식으로든 외부의 공기압을 초과하는 내부의 힘을 발생시킨다. 그래서 단풍나무의 모든 상처와 부러진 가지에서는 수액이 뿜어져 나온다.

나는 금이 새겨지지 않은 작은 나무에 기대어 치즈 조각을 씹으면서, 나무껍질 안에서 무슨 일이 벌어지고 있을지 상상해보았다. 머리 위, 나무 꼭대기에서는 지나는 바람이 거대한 송풍기 소리를 내지만, 아래쪽 공기는 고요하다. 해가 잠시 얼굴을 내밀었다가 다른 구름에 가려지기 전까지, 흔들거리는 나뭇가지의 그림자가 주름이 가득한 몸통과 매끄러운 이파리 위에서 춤춘다.

두 사람의 집

나의 식물학적 상상은 곧 산부인과적 상상으로 바뀌었다. 실제로 인간의 태반 내부의 해부학은 단풍나무 숲의 그것과 매우 유사하다. 임신 기간 첫 몇 주 동안은 배아가 자궁 내층으로 뻗어 낸 긴 나무기둥 같은 세포들이 신속하게 가지를 친다. 임신 3개월이 되면 전체 숲의 나무 꼭대기가 자궁의 가장 깊은 층을 누르게 된다. 그동안 자궁의 나선형 동맥은 열려진

꼭지로 이들 나무 구조물 사이에 혈액을 공급하는 데 박차를 가한다.

엄마의 혈액이 자궁 깊은 층을 덮은 태반 가지를 통해서 흘러드는 동안, 모든 중요한 업무가 일어난다. 가장 주목할 만한 것은 이산화탄소와 대사 노폐물이 산소, 물, 미네랄, 항체, 영양분과 교환되는 것이다. 자신의 모세혈관에서 피가 정화되고 연료를 다시 공급받는 것과 동일한 과정이지만, 한 가지 중요한 차이점이 있다. 태반에서는 확산에만 의존하는 것이 아니라 엄마의 혈액을 여과하여 필요한 성분을 능동적으로 펌프질하는 작용이 일어난다. 이런 방식으로 태아는 칼슘이나 요오드와 같은 성분들을 엄마의 혈중 농도에 무관하게 안정적으로 공급받을 수 있다. 그러나 산소 공급의 경우 태반은 수동적인 확산에 의존한다. 그렇기 때문에 임산부가 담배 연기에 노출되면 탯줄 혈관의 산소 수준이 떨어지게 된다. 큰 분자들이 태반으로 이동하려면 엄마와 아기 사이에 가로놓인 장벽을 통과하기 전에 분리되어야만 한다. 예를 들면 일부 단백질은 분해되어 아미노산 상태로 장벽을 통과해서 이동된 뒤, 장벽 반대편에서 재조합된다.

이렇게 영양분과 산소를 재공급받은 태반 가지 내의 태아 혈액은 탯줄을 통해 태아의 복부로 흘러들어간다. 태반은 반대 방향으로 태아의 노폐물을 내보내지만 이것이 전부는 아니다. 태반은 여러 가지 호르몬과 그밖의 다른 화학 신호를 엄마의 혈액으로 자유롭게 흘려보낸다. 이들은 엄마의 체내로 흘러 들어간다. 이로 인해 임신 3개월이 되면 뚜렷하지는 않지만 중요한 변화가 시작된다. 엄마의 물질대사와 심장 기능에 변화가 생기는 것도 이에 포함된다. 태반은 조용히 엄마의 혈액 흐름을 바꾸어놓기도 한다(결국 자궁에는 임신 전에 비해 50배나 많은 혈액이 유입되고, 임산부의 총 혈액양은 1/3정도 증가한다). 태반 호르몬 중 하나는 젖을 먹일 수 있도록 엄마의 가슴을 준비시키기 시작하고, 다른 호르몬은 난소의 황체 생성을 중단시킨다. 3개월째에 들어서면 태반이 프로게스테론 생산 임무를 넘겨받는다. 또 다른 태반 호르몬은 엄마의 호르몬 구조를 변화시켜 약간 다른 목적을 수행하도록 만든다. 어떠한 경우든 임산부는 자기 몸속 침입자인 태아를 돕고 지원한다. 태반이 다양한 스테로이드 호르몬을 만들 수 있도록 콜레스테롤 원료를 제공하는 존재는 바로 엄마 자신이다. 이렇게 태아에게서 생성된 호르몬은 다시 엄마의 혈액으로 들어가서 위에서 말한 변화들을 일으킨다.

이런 걸 생각하니 나는 묘하게도 납치당한 듯한 기분이 든다. 몇 가지 눈에 보이는 변화가 생겼다. 자궁은 여전히 골반 골격 안에 자리잡고 있지만, 마치 내가 코코넛과 아보카도로 된 음식만 먹고 산 것처럼 복부가 더 두툼해지고 더 부드러워졌다. 젖꼭지는 더 검어지고 도드라져서 건드리면 감전된 것처럼 느껴진다. 보이지 않는 변화에 대해서도 살펴보면, 숨쉬는 속도와 깊이가 달라진 것이 느껴진다. 그리고 마치 심장이 약간 다른 주파수의 메시지를 받고 있는 것처럼 내가 일어나면 맥박이 뛰는 속도가 변하는 것을 알 수 있다. 내 몸의 균형이 깨어졌다. 이 모든 변화는 여러 가지 태반 호르몬으로 설명될 수 있다. 이들 중 어떤 호르몬은 출산을 대비해 관절을 느슨하게 만든다. 아마도 그래서 걸을 때 엉덩이가 약간 삐걱거리는 것처럼 느껴지나 보다.

아직도 많은 작용들이 설명되지 못한 상태다. 그중 하나는 엄마의 면역계가 침입자의 존재를 느낄 때 울리는 조용한 경고음을 태반은 어떻게 피할 수 있는가 하는 것이다. 태반은 두 사람의 세포로 구성되어 있다. 태반은 이런 특징을 가진 유일한 포유동물의 기관이다. 그런 면에서 태반은 나무껍질의 주름에서 자라나고 있는 이끼와 닮았다. 일부는 진균이고 일부는 조류인 이끼는 너무나 완벽하게 공생하여 두 개의 생명체가 하나의 생명체로 보인다. 이와 비슷하게 태반은 엄마와 아이가 생물학적으로 공존 가능한 조합으로 서로 엉켜서 포옹하고 있는 상태이다.

그러나 태반에서 아기 부분은 엄마와는 유전적으로 다른 세포로 이뤄져 있기 때문에 자신이 아님을 확인한 엄마의 몸이 이를 다른 이식 조직들을 거부하듯이 거부해야 한다. 그런데 왜 이런 거부 반응이 일어나지 않는지 의문이다. 암 연구자와 장기 기증 감독자들 모두가 이 해답을 갈망하고 있다. 체내에 침입한 암세포 또한 면역세포에게 발각되지 않는다. 우리는 암이 면역세포에 의해 탐지되길 바란다. 이식 조직이나 다른 이식물들은 면역세포의 감시망을 피할 수 없다. 태반과 엄마의 면역계와의 관계를 밝혀내면 이런 문제점을 해결할 수 있을 것이다.

또 다른 미스터리는 다른 포유동물의 태반은 왜 그렇게 다르게 생겼는가 하는 것이다. 비교해부학을 연구하는 사람들은 태반의 다양성에 경탄한다. 비록 매우 비슷한 종의 포유동물이라 할지라도 해부학적 관점에서 본 태반 구조는 매우 다르다. 질풍노도와 같은 자연선택 속에서, 생존에 결정적인 대부분의 조직들은 매우 천천히 조절되기 때문에 이런 현상은 뜻밖이다. 태반이 진화된 것이라면 그 기본적인 형태는 어느 정도 보존되었어야 한다. 그러나 사람처럼 28일의 생리주기를 갖는 붉은 털 원숭이의 경우, 사람과는 달리 태반이 자궁내층의 표면에 가볍게 자리잡고 있을 뿐 조직 아래로 깊이 파고들지 않는다. 게다가 심장 모양을 하고 있다. 다른 종류의 원숭이는 말, 돼지, 나무늘보처럼 원형 극장식으로 퍼진 자궁벽에 흩어져 붙은 모양의 태반을 갖고 있다. 이와는 대조적으로, 임신한 고양이, 개, 코끼리는 임신낭을 안전벨트처럼 둘러싸고 있는 띠를 이용하여 아기를 키운다. 양과 소는 모세혈관 다발로 된 태반을 갖고 있다. 인간은 접착 지점이 자궁 안쪽의 한 영역으로 제한된 단순한 둥근 태반을 갖고 있다. 영장류, 아르마딜로, 햄스터, 흡혈박쥐도 그러한 태반을 갖고 있다.

임신 3개월이 되면 사람 태반의 직경은 5센티미터가 된다. 부착된 탯줄의 길이는 약 10센티미터이다. 시간이 지나면 탯줄은 돌돌 말린 길이가 56센티미터이고 너비가 1.3센티미터인 로프가 된다. 태반은 폭 20센티미터, 두께 2.5센티미터, 무게 약 0.5킬로그램의 원반으로 커질 것이다. 이는 대략 한 단짜리 케이크와 크기와 형태가 유사하다. 모든 종에서 태반은 출산 시에 태아와 함께 배출된다. 인간은 태반을 먹지 않는 유일한 포유동물이다.

태반은 생물학적 미스터리다. 태반은 다재다능하다. 태반은 면역학적으로 태아를 보호하면서 엄마의 면역체계를 살짝 피한다. 우리 모두를 키운 것은 이 납작한 케이크 모양의 태반이다. 태반은 나를 서서히 잠식하는 또 다른 뇌이다. 태반은 피가 뚝뚝 떨어지는 숲이다.

태반에 대한 지나친 믿음

사람의 몸 중 적어도 세 곳, 뇌와 고환과 태반에서는 유해물질이 독소에 민감한 지역으로 들어가는 것을 차단할 수 있다. 뇌와 고환과 태반에 존재하는 차단벽은 특별한 해부학적 조직이 아니라 보통 세포에 차단 기능이 추가된 형태다. 예를 들어 뇌 세포와 뇌로 혈액을 공급하는 모세혈관 사이에 특별한 벽이나 웅덩이, 경계선이나 파티션이 존재하는 것이 아니라, 단지 일반적인 세포막에 이온 펌프와 혈액에 들어 있는 물질의 통과 여부를 제어할 수 있는 다른 세포 장치가 있는 것이다.

태반의 경우 차단벽(태반막)이 태반 가지의 표면에 위치한다. 모체 및 태아의 혈액순환을 서로 격리하는 태반막은 네 개 층으로 이뤄진 반투과성 막으로 구성되어 있다. 태반 내부에는 엄마의 혈액 거품에 잠겨 있는 태아모세혈관의 가지들만 가득 차 있다. 단지 그뿐이다. 태반의 차단벽은 태반의 가지들을 통과하기에는 너무 큰 박테리아의 침입을 막는 중요한 임무를 맡고 있다. 이를 살짝 피해간 박테리아들은 호프바우어 세포라 불리는 면역 요원이 신속하게 처리한다. 또한 성장 중인 태아에게 필요로 하지 않는 특정한 아드레날린 호르몬의 경우 태반 효소가 그 호르몬의 활성을 없앤다.

그러나 태반은 독성 화합물 앞에서는 무력하다. 차단벽으로서의 기능을 전혀 하지 못한다. 태반은 엄마의 순환계에 의해 운반된 화학물질을 주로 분자량, 전하량, 지질脂質 용해도에 근거하여 분류한다. 달리 말하면, 지방에 쉽게 용해되며 크기가 작고 중성 전하를 가진 분자들은 유해성과는 무관하게 자유롭게 태반막을 통과하는 것이다.

살충제를 살펴보자. 저분자량의 살충제는 아무런 제한 없이 태반을 통과한다. 이들을 막을 수 있는 차단벽은 없다. 더 크고 더 무거운 분자로 만들어진 살충제들의 경우에는 태반을 통과하기 전에 부분적으로 태반 효소들에 의해 분해되지만, 어떤 경우에는 이렇게 변형된 물질의 독성이 더 커서 태아가 더욱 위험해지기도 한다.

뇌 조직을 파괴시키는 수은의 경우도 문제다. 수은이 탄소와 결합한 것을 메틸수은이라 부르는데 엄마의 혈액이 메틸수은에 오염된 경우, 태반은 메틸수은을 칼슘이나 요오드와 같은 귀중한 분자로 인식하고 태아의 모세관으로 활발하게 펌프질한다. 따라서 임신 기간이 계속됨에 따라 탯줄 혈액의 수은 농도는 모체 혈액의 수은 농도보다 더 높아지게 되는 것이다. 메틸수은에 대해서 태반은 차단벽이 아니라 확대경처럼 작용하는 셈이다.

보다 근본적으로는 태반을 통과하지 못한 화합물들도 태아에 해를 끼칠 수 있다. 그중 일부는 태반에 머무르면서 태반을 손상시킬 수 있다. 예를 들면 니코틴은 엄마의 혈액으로부터 아기의 혈액으로 단백질을 이동시키는 데 사용되는 태반의 아미노산 이동 시스템을 손상시킨다. 그래서 흡연하는 엄마들의 아기는 출생 시 평균 210그램 정도 체중이 적다(니코틴 또한 태반을 통과해서 태아의 신체로 들어간다). 이와 비슷한 경우로 PCB라 불리는 산업 폐기물은 태반의 혈관을 변형시켜 태반의 혈류를 감소시킨다. 자동차 배기가스 성분 중 하나인 중금속 니켈은 호르몬을 만들고 분비하는 태반의 기능을 손상시킨다. 한마디로 태반은 태아를 위험으로부터 보호하기는커녕 자신의 손상조차 막지 못한다. 다른 살아 있는 조직과 마찬가지로 태반 역시 연약하다.

그렇다면, 태반의 보호막이 불투과성이라서 모든 유해물질을 막아낼 수 있다고 하는 잘못된 생각은 어디서 나온 것일까? 이는 태곳적부터 내려온 이야기는 확실히 아니다. 아리스토텔레스와 히포크라테스 모두 태반을 엄마의 혈액이 태아의 탯줄로 직접 흘러가는 장소로 생각했다. 12세기의 토마스 아퀴나스 또한 그랬다. 물론 이들의 생각은 틀렸지만 이들의 착각 덕택에 엄마의 몸으로 들어가는 것은 모두 태반을 통과한다는 거의 정확한 가정이 만들어졌다. 심지어 고대 카르타고에서는 허니문 베이비에게 해가 미치지 않도록 신혼부부들이 술을 마시는 것을 금했다.

엄마의 혈액과 아기의 혈액이 뒤섞이지 않는다는 것을 최초로 관찰한 해부학자는 15세기의 레오나르도 다빈치다. 훗날 그의 의심은 죽어가는 임산부의 자궁 동맥에 녹인 밀랍을 붓는 끔찍한 실험으로 확인되었다. 사후 부검 결과, 태아의 조직에서는 밀랍이 보이지 않았다. 이 불행한 엄마의 죽음으로 인해서 태반에 차단벽이라는 개념이 생겨났다.

의학사가인 앤 댈리는 그 이후 형성된 불투과성 태반에 대한 어처구니없는 믿음의 역사를 기록했다. 19세기 중반의 빅토리아 시대에는 임신에 대한 숭배로 인해 태반은 물샐틈없는 성채라는 개념이 강화되었다. 물론 지금은 이와 반대되는 증거가 많이 있다. 지난 몇 십 년 동안 기형학 연구자들은 환경물질이 동물의 선천성 기형을 유발한다는 사실을 보고해왔다. 그러나 이런 연구 결과가 널리 알려진 통념과 일치하지 않았던 탓에 인간은 태반의 약점을 믿으려 하지 않았다. 이런 식으로 태반의 나약성은 20세기까지 계속 부정되었다.

1950년대에 이르러서야 엄마가 경험하는 다양한 일들, 예를 들면 영양실조나 X-선 촬영, 약물, 특정한 화학물질 등이 태아에게 해를 끼칠 수 있음을 증명하는 방대한 문헌이 제출되었다. 그러나 댈리는 자신이 몸담았던 대학에서 경험한 사실을 다음과 같이 회고한 바 있다, "의대생들은 인간의 태반이 태아를 완벽하게 보호하고, 독극물을 통과시키지 않는다고 배우고 있었다. ……자궁과 태반을 이상화하고 환경의 영향에 의해 태아가 손상된다는 여러 증거를 대부분 무시하려는 경향이 있었다."

불투과성 태반의 통념은 오랫동안 불명예스럽게 살아남아 있었다. 이 때문에 수많은 여성들과 아기들이 해를 입었다. 실제로 독성에 대한 현 정책에도 이런 경향이 남아 있다. 환경 감시 위원들은 독성 노출 상한을 설정할 때 태반 통과성에 대해서는 별로 고려하지 않는다. 이건 정말 분개할 만한 일이다. 최소한 20세기에 일어난 네 가지 참극만 살펴보았더라도 차단벽이라는 신화를 영구적으로 폐기했을 것이다.

첫 번째 참극은 바이러스가 만들어냈다. 두 번째는 약물이 만들어냈다. 세 번째는 일본의 한 어촌에서 플라스틱 공장 폐기물이 만들어냈다. 그리고 네번째는 호르몬이 만들어냈다. 이런 참극을 초래한 풍진, 탈리도마이드, 미나마타병, DES란 이름은 유명한 전투의 이름처럼 들린다.

풍진 바이러스와 안과 의사

'독일 홍역'이라고 불리는 풍진 바이러스가 임신 초기에 태반을 통과해 태아를 손상시킨다는 사실을 발견한 것은 발생학자들이 아니다. 기형학자들도 아니다. 호주 시드니의 한 안과 의사가 선천성 백내장을 갖고 태어난 아기들이 줄지어 내원하는 것을 가슴 아파하다 이를 발견하였다. 1941년 맥앨리스터 그렉 박사가 내놓은 보고서가 의학계에 파문을 일으킨 것은 아마도 그가 내과 분야의 의사나 연구자가 아니었기 때문일 것이다.

그렉 박사는 조심스럽게 원인을 추적하였다. 그는 눈을 수술하러 오는 아이들이 출생지는 전혀 다르지만 생일이 비슷하다는 사실에 주목했다. 그 아이들이 시력을 잃은 우윳빛 눈뿐만 아니라 심장 결함, 식이 문제, 성장 이상, 돌연사 같은 문제점들까지 공통적으로 가지고 있음을 발견했다. 그다음 엄마들이 이 아이들을 임신했던 초기 기간이 1940년대 독일 홍역이 창궐했던 시기와 일치한다는 것을 알아냈다. 그해 여름, 야외 캠핑을 했던 군인들이 다양한 감염성 질병의 근원지가 되어서 시민들에게 병을 퍼트렸던 것이다.

풍진과 선천성 기형과의 연관성은 증명이 불가능한 것처럼 보였다. 다른 형태의 홍역과는 달리 풍진은 보통 가벼운 감기처럼 증세가 약하다. 그러나 그렉 박사는 대기실에 있던 두 명의 엄마들이 임신 초기에 풍진을 앓았다는 대화를 듣고 풍진이 자궁 내에서는 다른 특별한 영향을 불러일으킬 수 있을지 모른다고 생각하게 되었다. 그래서 그는 다른 환자들의 엄마들과도 면담을 시작하였다. 78명의 엄마들 중에서 10명을 제외하고는 모두가 1940년 여름에 풍진을 앓았음이 밝혀졌다. 그는 추적을 계속했다. 풍진을 앓았는지 확신하지 못하는 엄마들도 그랬을 가능성이 높았다(한 엄마는 10명의 아이를 돌보느라 너무 바빠서 한 아이가 백일해로 갑자기 죽은 임신 6주경에 아팠던 사실을 제외하고는 자신의 건강이 어땠는지를 기억할 수 없다고 말하였다). 그렉 박사는 태아의 눈이 형성되는 시기에 풍진 바이러스에 노출되면 태아 조직이 '혼란' 된다고 정확히 추정하였다. 그 결과 눈으로 들어오는 빛의 초점을 맞추는 작은 축구공 모양의 프리즘인 수정체가 투명하지 못하고 하얗거나 뿌옇게 된다고 했다. 또한 풍진 바이러스는 심장과 뇌 발달을 방해하고 심각한 청각 장애를 유발한다고 했다.

그렉 박사의 기념비적인 논문이 발표되고 23년 후인 1964년에 전 세계적으로 풍진이 유행하여 몇 년 동안 농아와 맹아들로 학교가 가득 찼다. 미국에서만 2만 명 이상의 어린이들이 선천성 풍진으로 인해 장애를 가지게 되었다. 절망한 엄마들은 합법적인 낙태를 위해 일본으로 건너가기도 했고, 미국 법원에 낙태 수술 합법화를 청원하거나 불법적인 낙태 지지자가 되었다. 1969년에 마침내 첫 번째 백신이 시판되었다. 그것은 공중위생을 위한 승리였다. 그로부터 40여 년이 지난 현재, 풍진은 도리어 미지의 질병이 되어버렸다. 실제로 풍진은 너무나 막연하고 눈에 띄지 않는 위협이 된 탓에 많은 엄마들은 아이들에게 풍진 백신 접종하길 주저한다. 증세가 너무 가벼운 질병인데 왜 이런 귀찮은 일을 해야 하는지 의아해하는 것이다. 풍진 백신 주사는 아이들에게 고통을 경감시키기 위한 것이 아니라, 다른 임산부들에게 끔찍한 재앙을 안겨주는 바이러스의 확산을 방지하기 위한 것이다. 다른 아이들을 보호하기 위해 우리 아이들에게 접종해야 한다.

나와 제프는 풍진에 대한 직접적인 기억을 갖고 있는 마지막 예비 부모 세대일 것이다. 시어머니는 다섯 번째 아이를 임신한 직후에 풍진에 감염되었다. 의사의 권유와 자신의 분별력에 따라 시어머니는 인공 임신 중절을 선택했다. "풍진에 걸린 나는 그때 딸기처럼 보였단다. 무엇보다도 다른 네 아이들을 생각해야만 했어"라고 시어머니는 회상하였다.

나는 풍진이라고 하면, 주일 학교에서 만났던 두꺼운 안경을 쓰고 보청기를 끼고 엉뚱한 타이밍에 웃던 남자애가 떠오른다. 그는 다양한 수술을 받으러 늘 병원에 다녔다. 한번은 그 아이가 나한테 생리대를 착용하고 있냐고 큰소리로 물어봤다고 엄마에게 불평을 늘어놓았다. 엄마는 내게 임신과 풍진에 대해 말해주었다. 풍진을 의미하는 '루벨라' 라는 단어는 스티비에게 뭐가 잘못되었는지를 설명해주기에는 너무 예쁜 단어였다.

나는 엄마에게 전화를 걸어서 다시 한 번 풍진에 대해 확인한다. 내가 백신 주사를 맞았을까? 엄마는 확실하게 기억하지 못한다.

"풍진 백신은 1969년에 시판되었어요. 나는 그때 아홉 내지 열 살이었을 텐데."

"우리 동네에 백신 주사가 나오면 항상 맞혔단다. 그건 확실해."

"내가 맞을 필요가 없을 수도 있잖아요. 내 말은 내가 이미 풍진에 걸린 적이 있었다면 말이에요."

"아니. 너는 풍진에 걸린 적이 없단다."

우리 엄마는 미생물학자였다. 나는 엄마를 믿는다. 어쨌든 나는 우려에서가 아니라 순전히 궁금해서 물어본 것이다. 첫 번째 검사에서 혈액을 검사한 결과 나는 풍진에 대해 면역성이 있었다. 엄마도 나도 기억하지 못한 어느 날, 백신을 맞았음에 틀림없다. 나는 태반 차단벽보다도 훨씬 훌륭한 항체를 갖고 있다. 그리고 어린시절에 풍진 백신 주사를 맞은 모든 임산부들은 엄마들의 말을 귀 기울여 들은 안과 의사에게 고마움을 표해야만 하리라.

위험한 입덧 약 탈리도마이드

그렉 박사가 겸손하게 호주 안과학회 회보에 발표한 1941년의 연구 결과는 구조적인 선천성 기형과 환경인자 사이의 인과 관계를 밝힌 첫 번째 사례로 인정되고 있다. 아마도 그랬을 것이다. 그러나 반세기가 지나서 그의 보고서를 읽던 나는 그간 무시되었던 그가 남긴 다른 메시지에 더욱 감명을 받았다. 논문에서 그렉 박사는 풍진과 같은 감염원뿐 아니라 "독성은…… 태반을 통과할 수 있는 것으로 여겨진다."라고 경고하고 있다. 바이러스가 태반을 가로질러 태아에게 해를 미칠 수 있다면 다른 물질 또한 그럴 가능성이 있다는 것이다. 사례를 보강하고자 그는 당시 의학 문헌에 이미 발표되었던 연구 결과들을 계속 언급하면서 다양한 물질의 유해성을 암시했다. 그의 경고에 유의하였다면 선천성 기형의 확산을 피할 수 있었으리라. 탈리도마이드에 의한 문제 같은 것이 그렇다.

나는 책상에 앉아서 이 문제에 대한 책을 펼치기 전에 심호흡을 크게 했다. 나는 얼룩이 있는 생선을 보면 아기 몸에 점이 생긴다든가 외다리 남자와 마주치면 아기가 절름발이가 된다든가 하는 미신을 믿지 않는다. 그럼에도 불구하고 나는 임신 때문에 미신에 사로잡히게 되었다. 기형아 사진에 대한 혐오감은 뿌리채소에 대한 혐오감만큼이나 강하다. 그리고 나는 이미 탈리도마이드라 불리는 입덧 진정제에 의한 손상이 너무나도 끔찍함을 알고 있다. 아이들은 귀가 없거나 가재의 집게 같은 손을 갖고 태어났다. 발가락이 엉덩이에서 자라난 아기들도 있고, 팔다리 없이 머리와 몸통만 갖고 태어난 아기들도 있었다.

그러나 이들을 살펴보아야 한다는 마음이 이 끔찍한 이미지들을 그냥 덮어버리고 싶은 마음보다 더 강했다. 여기서 나는 아드리안 리치의 유명한 시, 〈난파선을 향한 잠수〉에 나오는 지하세계 탐험자를 떠올리며 힘을 얻었다. 이 시에서 한 여성 다이버는 가라앉은 배를 찾으러 홀로 어두운 바다 속으로 내려간다.

얼마나 파괴되었는지 살펴보기 위해
(중략)
난파선의 이야기가 아니라 난파선을
신화가 아니라 사실 그 자체를 살펴보기 위해

나는 엄마들과 과학자들이 남긴 목소리를 찾으려는 임신한 생물학자가 아닌가. 나는 귀 기울여졌던 의견과 무시되었던 의견 모두를 듣고 싶다. 파괴된 생명과 벌어진 전투에 대해 알고 싶다. 널려 있는 보물들을 발견하기를 원한다. 그래서 나는 책을 펼치고 그 속으로 잠수한다.

탈리도마이드는 1953년 독일에서 처음 제조된 약물의 일반 명칭이다. 이 약물은 원래 목적인 경련 치료에는 효과가 없는 것으로 밝혀졌다. 그러나 1958년에 탈리도마이드는 진정제로 재포장되어 대규모로 시판되었고, 제조사는 이 약이 부작용이 없는데다 과다 복용해도 자살이 불가능하므로 매우 안전하다고 선전했다. 의사들은 곧 이 약이 입덧에 잘 듣는다는 것을 발견했고, 이 약효는 약 광고에 일익을 담당했다. 내가 1958년도에 임산부였다면 나 역시 당연히 이 약을 처방받았을 것이다.

그러나 탈리도마이드는 태아와 성인 모두에게 안전하지 않다. 유럽과 캐나다 시장에서 이 약이 최종적으로 회수되기 전까지 최소한 8,000명의 어린이들이 엄마들이 가장 두려워하는 종류의 기형을 갖고 태어났다. 탈리도마이드로 인한 선천성 기형은 '사지가 줄어드는 기형'이다. 팔과 다리가 위축되거나 아예 없기도 하고, 특히 사지가 작은 지느러미처럼 보이는 '단지증'이라 불리는 변형이 일어났다. 이 약으로 입은 피해는 신체적인 문제에 그치지 않았다. 이런 아기가 태어나면 결혼 생활이 파괴되고 가족 관계가 피폐해지며 엄마들은 지독한 죄책감에 시달린다. 심각한 기형과 함께 탈리도마이드는 무수한 자연 유산과 사산을 일으켰고, 종종 임신하지 않은 성인 사용자들의 신경까지도 손상시켰다.

최근 미국식품의약국은 탈리도마이드 제조사의 주장에 대해 다음과 같이 논평했다. "독성과 부작용이 없으며 임산부들에게 절대로 안전하다고 제조자는 주장하였으나, 이들 중 어떤 것도 사실이 아니었다. 태아의 기형을 유발시켰을 뿐만 아니라, 성인의 말초 신경염을 유발시키고 손과 발을 고통스럽게 마비시켰는데, 환자의 상당수가 회복 불가능했다. ……분명 탈리도마이드가 안전하지 않음을 보여주었을 과학적 실험이 가능했을 것이다. 그러나 관련 제약사는 이런 실험을 실시하지 않았다."

탈리도마이드의 부작용을 증명하는 데 필요한 실험은 특별한 주목을 받지는 못했지만, 실제로는 거의 4년에 걸쳐 세계 여러 곳에서 일반인들을 대상으로 실시되었다. 1961년 가을 독일의 과학자들이 단지증의 원인이 탈리도마이드임을 의미하는 논문을 발표하였다. 거의 동시에 호주의 산부인과 의사인 윌리엄 맥브라이드가 손꼽히는 영국 의학지 〈란세트〉에 임신 초기에 탈리도마이드를 처방받은 엄마들이 낳은 아기들에게서 이상한 사지 기형이 흔하게 발견된다는 점을 주목한 다른 의사가 없는지를 문의하는 서한을 기고했다. 20년 전 발표된 풍진 보고서와 마찬가지로 맥브라이드의 서한은 침묵의 댐을 무너뜨렸다. 유사한 보고서들이 전 세계에서 쏟아져 나왔고 이 약물은 재빨리 유럽 시장에서 회수되었다.

어떻게 탈리도마이드가 안정성에 대한 사전 증명 없이 48개국에서 임산부들에게 팔릴 수 있었을까? 그게 안전하지 않다고 의심할 만한 근거가 없다는 이유 때문이었다. 안정성을 실험할 이유가 없었다. 그러나 이 또한 절반의 진실일 뿐이다. 이 약이 유럽 시장에서 금지된 후에도 캐나다에서는 계속 팔렸던 이유를 단순히 우직함으로만 설명할 수 없다. 더욱이 앤 댈리가 지적한 바와 같이 이 약이 유럽 시장에 나오기 전에 이미 그 위해성에 대한 불안한 증거가 나타났었지만 무시되었다. 실제로 미국식품의약국 의사인 프랜시스 켈시에게는 탈리도마이드의 미국 수입을 거부하게 만들 만한 충분한 예비 증거가 있었다. 그래서 다음과 같은 이야기가 나온다.

1960년 신시네티 제약사는 탈리도마이드를 미국 내에서 제조하고 유통하겠다는 신청서를 미국식품의약국에 제출하였다. 마케팅 부서에서는 이 약을 처방전 없이도 처방이 가능한, 모든 종류의 불쾌감을 해소시키는 만병통치약으로 판매하리라는 원대한 계획을 세웠다. 여기에는 불면증과 입덧뿐만 아니라, 식욕 부진 · 조루 · 천식 · 알코올 중독 · 학업 부진까지 포함되어 있었다. 탈리도마이드의 안전성과 효과를 평가하는 업무가 미국식품의약국에서 근무한 지 한 달밖에 안 된 켈시에게 떨어졌다. 승인은 신속하게 내려질 것으로 예상되었다. 그러나 제조사가 제공한 자료를 검토하다가 켈시는 위험 신호를 발견했다. 그래서 그녀는 다음과 같은 엄격한 질의를 하면서 승인 절차를 지연시켰다. "왜 일부 성인들이 이 약을 먹었을 때 손발이 얼얼해지는가, 이 약이 신체 대사에 어떤 영향을 미치는가, 임산부에게는 정확히 어떻게 작용하는가?" 제약사가 이에 대해 충분히 답하지 못하자 승인을 지연시켰고, 이로 인해 그녀는 곧 제약 회사들 사이에서 관료주의적 훼방꾼으로 몰렸다.

어떻게 프랜시스 켈시는 다른 이들이 보지 못했던 이 약의 유독성을 알아차린 것일까? 후에 그녀는 말라리아를 다뤘던 이전 업무 경험이 자기에게 경고를 해주었다고 말했다. 그녀는 태아에게는 성인과 같은 방식으로 말라리아 치료제인 퀴닌을 대사시킬 능력이 없다는 사실을 기억하였다. 탈리도마이드의 경우도 마찬가지가 아닐까? 그녀는 또한 풍진에 대한 이야기를 기억하였다. 그래서 그녀는 신청자에게 보다 많은 자료를 요구하였고, 마침내 독일과 영국에서 부작용에 대한 보고서가 터져 나오자 탈리도마이드의 승인은 꿈도 못 꿀 일이 되었다. 1962년에 켈시 박사는 이 뛰어난 공훈으로 케네디 대통령으로부터 표창을 받았다. 수천 명의 중년 미국인들은 태반이 투과성이라고 믿었던 한 여성 덕분에 사지가 멀쩡하게 태어날 수 있었다는 사실에 감사해야만 할 것이다.

탈리도마이드 재앙으로부터 배워야 할 또 다른 숨은 교훈은 무엇인가? 최소한 두 가지가 있는 것으로 보인다.

첫째, 우리의 목적이 태아 보호에 있다면 화학 약품이 태아에게 어떠한 피해를 입히는지 모든 것을 밝혀낼 때까지 기다릴 수 없다는 것이다. 과학자들은 1991년에 이르러서야 결국 탈리도마이드가 아기에게 해를 끼치는 메커니즘을 밝혀냈다. 이 약물이 태반의 태아 쪽으로 이동하면 혈관 형성을 중단시키고 특정 단백질의 생산 속도를 감소시킨다. 이 발견으로 인해 탈리도마이드가 어떻게 태아의 사지를 없애는지 그 미스터리가 해결되었다. 그러나 이런 정답은 과학적으로 흥미롭기는 하나 공중 보건에 직접적으로 필요한 것은 아니다.

둘째, 태아가 약물에 노출되는 시기는 투여량 못지않게 중요하다는 점이다. 탈리도마이드 사례는 고루하지만 사람들의 머릿속에 깊이 각인된 독성학 원칙 한 가지를 흔들어놓았다. 이 원칙이란 복용량이 독성을 결정한다는 개념이다. 이에 따르면 더 높은 농도의 기형 발생 물질에 노출될수록 선천성 기행 발생률이 높고 그 증상이 더 심해야 한다. 그러나 탈리도마이드의 경우, 손상을 결정하는 데 약물에 노출된 시기가 노출된 양만큼이나 중요했다. 탈리도마이드에 결정적으로 취약한 시기는 한정된 기간으로, 마지막 생리주기 첫날로부터 35일에서 50일째 사이인 것으로 드러났다. 이 시기는 가장 집중적으로 기관이 형성되는 시기이다. 노출 시기가 탈리도마이드 아기들에게 나타난 다양한 결손의 종류를 결정한다. 배아는 머리부터 아래쪽으로, 중심부터 바깥쪽으로 발생한다. 따라서 복용 시기가 35~37일 사이면 아기의 귀가 없어지고, 39~41일 사이면 팔이 없어진다. 41~43일 사이에는 자궁이, 45~47일 사이에는 다리뼈가, 47~49일 사이에는 엄지손가락이 없어진다.

비 오는 날

차가운 빗방울이 창문을 때린다. 나는 다시 침대에 누웠다. '잠자기에 좋은 날씨야' 라고 스스로에게 말한다. 어떤 핑계라도 좋다.

열쇠 돌리는 소리. 제프가 스튜디오에서 돌아왔다. 페인트가 잔뜩 튄 작업복을 벗는 소리가 들린다. 곧 이어지는 문소리. 그가 개를 밖으로 내보냈나 보다. 편지 봉투 찢는 소리. 옷을 벗고 계단에 앉아서 우편물을 보고 있겠지. 이제 그는 발소리를 죽이고 이방 저방 기웃거린다. 내가 아직 집에 있는지를 살피려는 것이다. 첫 번째로 화장실을 확인한다. 그러나 나는 요 며칠 토하지 않았다. 두 번째로 짐작한 곳이 침실이다.

"여기 있었네. 그럴 줄 알았지."

"당신 꽁꽁 얼어붙었겠네. 이리 내 옆으로 들어와요. 매트리스는 흔들지 말고."

남편은 엠파이어 스테이트 빌딩 꼭대기에서 떨어지는 상처 입은 킹콩처럼 서서히 침대로 쓰러졌다. 나는 이 묘기를 보고서 도저히 웃음을 참을 수 없었다. 우리는 이불 속에서 서로를 끌어안았다. 아직까지 나는 나의 한없이 신비로운 하복부에 익숙해지지 않았지만, 자부심이 느껴졌다. 임신 2개월째에 어린시절로 돌아간 기분을 느꼈다면, 3개월에 접어든 지금은 사춘기로 돌아간 듯한 느낌이다.

"신비로운 느낌도 들고, ……멍청해진 것도 같아."

"내 생각엔 당신은 신비롭기도 하고, ……아름다워."

아, 임신 초기의 아내를 둔 남편들이여. 그대들은 얼마나 능수능란하게 아내를 찬미해야만 하는가.

"자, 이제 여기서 무슨 일이 일어나는지 말해줘."

남편은 손을 골반뼈 위에 얹으며 말했다.

"지난달과 비교하면 단지 세밀해질 뿐이야. 손톱이 자라고 있고, 귀가 위로 움직이고, 눈이 얼굴 가운데로 이동하고 있지. 그리고 생식기도 형성되고 있어."

"이제 얼마만 한 크기지?"

나는 석 달 말이 되면 태아가 6센티미터 정도 된다는 산부인과 교과서를 인용하였다. 남편은 자기 손등에서 이 크기를 어림잡아보았다. 그의 팔뚝과 손목이 너무나 사랑스럽게 나에게 부딪쳤다. 나는 팔다리가 변형된 이미지를 떨쳐버릴 수가 없었다.

"탈리도마이드에 대해 기억나는 거 있어?"

"탈리도마이드 아기…… 지느러미 같은 손발을 갖고 태어난 아기들. 어렸을 때 사진을 본 기억이 나."

"내가 찾아본 조사에 따르면, 48세 이하의 사람들 중 3분의 2는 이 단어를 모른대."

"정말? 나는 기억하는데."

"미나마타병은 기억나?"

"아니."

"거의 같은 시기에 발생했어. 사지가 마비된 딸을 목욕시키고 있는 일본인 엄마의 유명한 사진, 기억나?"

"유진 스미스가 찍은 거 말이지? 〈라이프〉 잡지 사진작가?"

"그래."

"흑백 사진이고 조명이 어두웠어. 인물 구도가 미켈란젤로의 '피에타' 같았는데, 세례식 같기도 했고. 그렇게 기억되는데."

유진 스미스의 피에타

그 다음날 나는 도서관에서 유진 스미스의 1975년 사진 에세이 『미나마타』를 찾는다. 그는 이 책을 일본인 아내와 함께 썼다. 남편이 선명하게 기억해냈던 사진이 두 페이지에 걸쳐 실려 있다. 선들은 황량하고 고전적이다. 성모 마리아가 십자가에 못 박힌 예수님을 끌어안고 있는 자세로 벌거벗은 엄마가 일본식 목욕통에서 반쯤 자란 딸의 몸을 끌어안고 있다. 딸의 다리를 들어올리고 있는 위를 향한 엄마의 손이 수면을 스치고 있는 아래로 늘어뜨려진 딸의 손과 대조를 이룬다. 엄마는 예배드리듯 딸을 보고 있다. 딸의 눈은 마치 하느님을 향한 것처럼 위로 말려 있지만 인식의 빛은 없다. 독자들은 수면을 건드리고 있는 손가락과 비쩍 마른 다리가 너무나 부자연스럽게 구부러져 있고, 사진 가운데에 드러난 소녀의 가슴 중간에 상처가 아닌 끔직한 기형에서 비롯된 깊은 구멍이 패인 것을 보게 된다.

소녀의 이름은 도모코였다. 1956년에 태어난 그녀는 이 사진으로 세계를 충격에 빠트린 2년 후인 1977년에 세상을 떴다.

미나마타의 물고기

미나마타는 일본 남쪽의 시라누이 해변에 있는 오래된 도시이다. 봉건시대 이후로 작은 어촌이었던 이곳이 지금은 미나마타병의 발상지로 유명해졌다. 그래서 미나마타는 실제 병명이 아닌데도 메틸수은 중독의 다른 이름이 되어버렸다.

수은은 오래된 원소이다. 아리스토텔레스가 '퀵실버'라 부른 이 물질이 금속을 금으로 바꾸는 힘을 갖고 있다고 여긴 6세기의 연금술사들은 가장 빠른 행성의 이름을 따서 '수은(mercury, 머큐리는 태양계 가장 안쪽을 도는 행성인 수성의 이름이기도 하다—옮긴이 주)'이라고 명명했다. 연금술사들의 생각은 틀렸지만 수은은 실제로 특정한 화학반응 속도를 증가시키는 힘을 갖고 있다. 이로 인해 미나마타라는 도시와 수은 원소는 공동 운명체가 되었다.

1930년대와 1940년대, 미나마타의 치쇼 공장에서는 플라스틱 성분인 아세트알데히드와 비닐 클로라이드를 제조했다. 공장에서는 사용하고 남은 메틸수은이 포함된 폐수를 미나마타 만으로 흘러 들어가는 하수에 버렸다. 1956년 봄, 다섯 살 난 소녀가 말이 어눌하고 걸음걸이가 불안정한 증세로 공장 병원을 찾았다. 오래지 않아서 그녀의 여동생도 같은 증세를 보이기 시작했다. 그다음에는 그녀의 이웃 중 네 명이 일시적 정신착란 증세를 보였고, 술 취한 것처럼 비틀거리며 걷기 시작하였다. 병원 원장인 호소카와 하지메 박사는 놀랐다. 그는 "해명되지 않은 중추신경계 질병이 발생하였다"고 당국에 보고하였다. 처음에는 제한된 지역에서만 같은 증세의 환자들이 발생하였기 때문에 호소카와 박사는 이를 전염병이라고 생각해서 '미나마타병'이라고 이름 붙였다. 곧이어 실시된 조사 결과, 50개 이상의 사례가 더 발견되었다.

그러나 이것이 감염성 질병이 아니라는 세 가지 단서가 나타났다. 발병 가정에서 키우던 고양이가 원인불명으로 죽은 점, 발병 가정이 고기잡이와 관련 있다는 점, 그리고 추가로 발견된 50여 개 사례가 한 곳에 몰려 있지 않고 넓은 지역에 퍼져 있었다는 점. 희생자들을 하나로 묶은 공통점은 놀랍도록 유사한 질병의 진행 과정이었다. 먼저 손과 발이 쑤시기 시작한다. 그다음에는 젓가락을 쥐기 어려워진다. 말이 입에서 엉키고 꼬이게 된다. 결과적으로 귀머거리가 되고 시야의 일부에 검은 장막이 드리워진다. 경우에 따라서 안절부절못하고 소리를 지르기도 한다. 최종적으로 온몸에 광범위하게 마비가 찾아와 손이 점점 비틀리고 음식을 점점 삼키기 어려워진다. 그리고 죽음이 찾아온다.

일단 조사가 진행되자 이전에 보고된 적이 있었지만 금세 잊혀버린 사실들이 갑자기 새로운 의미를 지니게 되었다. 6년 넘게 인근의 어부들이 해초가 죽고 속이 빈 대합과 굴 껍질이 늘어난다고 불평을 해왔다. 또 다른 불길한 징조들이 있었다. 물에 둥둥 떠다니는 물고기들, 날다가 바다로 추락하는 바다새들, 마비된 문어, 사납게 제자리를 뱅뱅 맴돌다가 죽은 개·돼지·고양이들. 의학적 증거와 환경적 증거를 같이 수집·연구한 연구진은 1956년 가을에 제출한 보고서에서 다음과 같은 결론을 내렸다. 미나마타 질병은 절대로 전염병이 아니며, 미나마타 만에서 잡은 고기와 조개 속에 함유된 중금속 독성으로 인해 발생한 질병이라는 결론이었다. 어떤 종류의 중금속이 만의 해수로 흘러 들어간 것이었다. 그리고 그 진원지로 치쇼 공장이 지목되었다.

이상한 질병의 원인을 밝힌 이 보고서를 배포하는 것으로 이 끔찍한 이야기에 종지부를 찍었어야 했지만 사실은 그렇지 못했다. 이것은 단지 시작이었을 뿐이다. 지방 정부는 만에서 고기잡이하는 것을 금지시키라는 연구진의 권고에 대해 이의를 제기했다. 아울러 가능성 있는 유일한 용의자인 치쇼 공장은 플라스틱 제조 방법을 바꾸지 않았다. 대신 치쇼 측은 전문가들을 고용해서 수은 중독의 원인이 자사에 있다는 증거를 반박하게 했다. 그 사이 한 대학 조사팀이 이 문제를 심도 있게 연구하겠다고 발표하였다.

거의 4년의 연구 끝에 이 연구팀이 발견한 결과는 다음과 같다. 미나마타 만의 물고기를 먹은 고양이들이 미나마타병의 증세를 보였고, 메틸수은을 먹은 고양이들도 그와 같은 증세를 보였다. 만은 메틸수은으로 매우 심각하게 오염되어 있었던 것이다. 미나마타병으로 사망한 희생자들의 간과 신장에서 높은 농도의 메틸수은이 발견되었다. 또한 살아 있는 미나마타병 환자들의 모발에서도 높은 수준의 메틸수은이 발견되었다. 영국의 공장에서 메틸수은에 노출되었던 환자들도 미나마타 사람들과 매우 유사한 증세를 보였다.

치쇼 측에서는 메틸수은이 아니라 금속 수은만 사용했기 때문에 그 공장의 폐수가 오염원이 될 수 없다고 반박하였다. 치쇼 측에서는 이 문제를 처음 알아차린 호소카와 박사(그는 공장 부속 병원 원장이었다)가 1959년에 고양이에게 치쇼 공장의 침전물을 먹인 결과, 그 고양이 역시 미나마타병에 걸렸다는 사실을 말하지 않았다. 이 정보를 치쇼 경영진들만의 비밀로 간직하고 있었다. 앞서 본 그렉 박사나 켈시 박사와는 달리, 호소카와 박사 역시 입을 다물었다.

다른 연구 팀은 고생하고 호소카와 박사는 입을 다물고 있는 4년 동안, 치쇼사는 계속 폐수 중 일부를 근처 강에 버려서 오염을 더욱 확산시켰다. 그 결과 뇌성마비로 보이는 아기들의 출생 빈도가 증가하였다. 그리고 지방 정부에서는 모발의 메틸수은 농도가 50피피엠을 초과하는 모든 임산부에게 낙태를 권고하기 시작했다.

뇌성마비 아기들은 선천적 미나마타병을 가지고 태어난 것으로 밝혀졌다. 비록 아기들은 만에서 잡은 물고기를 먹은 적이 없지만 엄마들이 먹었던 것이다. 이들 아기 중 일부는 장님이거나 귀머거리였다. 일부는 비정상적으로 작은 머리와 기형적인 이빨을 갖고 태어났다. 일부는 떨림 증세를 보였고, 자주 경련을 일으켰다. 검시 보고서는 미나미타병을 지니고 태어난 아기들이 출생 후에 발병한 이들보다 뇌 손상이 더 심각하다는 것을 보여주었다. 이런 선천성 기형 사례를 제외하고도 1955년과 1959년 사이에 가장 많이 오염된 지역에서 태어난 아이들의 29퍼센트가 정신박약 증세를 보였다.

1962년에 누군가가 실험실 선반에서 치쇼 공장의 폐수 침전물 병을 찾아냈다. 증거 수집에 어려움을 겪던 연구자들은 결정적인 단서를 손에 넣을 수 있었다. 테스트한 결과, 병의 내용물에서 메틸수은 양성 반응이 나타났다. 이 발견은 공장의 폐기물 처리 과정에서 독성이 약한 금속 수은이 어떤 식으로든 가공할 만한 독성을 가진 유기 수은으로 전환되었으리라는 의혹을 분명하게 밝혀주었다. 그러나 결정적 증거가 드러났다고 해서 무슨 조치가 취해진 것은 아니었다. 치쇼사는 이 이후에도 태평스럽게 메틸수은을 6년 넘게 계속 투기했고, 종래의 플라스틱 제조법이 한물가고 새로운 기술이 도입된 1968년에야 폐수 방출을 중단하였다.

결국 더디게 축적되는 과학 지식이 아닌, 시민운동과 유진 스미스의 사진을 통해서 자연환경에 미치는 메틸수은의 위험이 자각되었다. 1969년 당시 죽거나, 죽어가고 있거나, 심하게 앓고 있는 이들을 대표해서 29명의 피해 가족들이 치쇼사에 소송을 제기하였다. 다른 가족들은 정부가 직접 나서야 한다고 호소하였다. 다른 이들은 치쇼사 도쿄 사무소 앞에서 연좌농성을 벌이며 회사 측과 직접 협상을 시작했다. 하지만 시위자들을 비롯해 이들의 활동을 촬영하던 스미스마저 구금되고 구타당했다. 어쨌든 스미스가 계속 찍었던 사진들 중에는 치쇼사에서 나온 어두운 정장 차림의 경영진들 앞에 도모코가 나서는 모습, 시위대들이 경영진들에게 그녀를 보고 몸을 만져보라고 요구하고 있는 모습도 있었다. 도모코의 얼굴은 욕조 안에서처럼 굳어진 표정을 하고 있었다.

1973년 3월 구마모토 지방법원은 가족들의 손을 들어주었다. 판결문에서 치쇼 측이 '조사와 연구를 통해' 안전성을 확인할 의무가 있고, '안전성에 의문이 있을 경우 일어날 소송'에 대한 예방 조치를 취해야 할 의무가 있다며 치쇼사의 패배를 선언하였다. 그리고 최종심에서도 법원은 "어떤 공장도 생명체와 거주민들의 건강을 침해해서는 안 되며, 이를 희생하며 운영하도록 허가할 수 없다"라고 판결하였다.

미나마타병의 교훈

1998년에 나는 초기 미나마타 활동가들 중 몇 사람과 인터뷰한 기록이 수록된 논문의 번역문을 도서관에서 발견하였다. 재판이 끝나고 보상금이 지불된 후에도 몇 년 간 활동했던 그들은 보다 근본적인 해결책을 원한다는 의사를 표현하였다. 그중 한 명은 다음과 같이 말했다. "우리는 산과 바다가 오염되기 전으로 돌아가기를 갈망하고 있다. 돈은 가족과 마을에 해를 끼치고 분쟁을 일으킨다. ……우리가 살아왔던 세상이 지금 이곳으로 다시 되돌아와야만 한다. 우리의 희망, 아주 소박한 희망은 바다가 원상 복구되는 것이고, ……더 소박한 희망은 지난날의 건강했던 몸으로 되돌아가는 것이다."

가장 최근의 예측에 따르면 미나마타 만의 수은 농도는 2011년에 이르러서야 정상치로 줄어들 것으로 예상되었다. 이는 호소카와 박사가 처음 미나마타병이라는 이름을 붙인 다음 침묵한 지 반 세기나 지난 뒤다. 1997년에 미나마타 만의 물고기와 조개들은 먹어도 안전한 것으로 판정되었다.

도모코의 인생을 기리는 가장 좋은 방법은 무엇일까? 대답하기 어려운 문제이다. 생물학적 연구라는 수단은 도모코를 위험으로부터 지켜내지 못했다. 하지만 거부되고 지연된 모든 기간 동안 많은 지식을 축적했고, 아직까지 여기에서 얻은 지식은 중요해 보인다. 아마도 이 지식들은 미래의 아이들을 보호하는 데 쓰일 수 있을 것이다. 미나마타병의 재앙으로부터 우리가 얻을 수 있는 교훈은 다음과 같다.

첫째, 자연은 연금술사다. 산업적 처리 과정 동안 화학 촉매로 사용한 금속 수은은 치쇼사가 의도하지 않았다 하더라도 부수적인 반응에 의해 메틸수은이라 불리는 치명적인 독소로 바뀌었다. 미나마타 만으로 흘러

들어간 것은 이렇게 강해진 독소였다. 이제는 세상에서 가장 오래된 생명체인 메틸화 박테리아가 이런 전환을 일으킨다는 것을 알고 있다. 생명이 시작될 때부터 이 생명체는 산소가 없는 연못이나 강, 바다의 밑바닥에서 조용히 황산염을 황화물로 전환시키면서 살아가고 있었다. 수은 분자가 제공되자 이들은 유리 금속을 탄소와 결합시키는 자신의 유일한 재능을 발휘해 수은을 메틸수은으로 변환시켰다. 따라서 금속 수은이 수생 생태계로 방출될 때마다 인간에게 해를 입힐 수 있는 수은의 힘은 우리가 통제할 수도 없는 화학반응을 통해 강화될 것이다.

둘째, 의도하지 않은 결과가 늘 예상하지 못한 결과는 아니라는 것이다. 환경은 나름대로의 생태 법칙을 가지고 있다. 이들 법칙의 핵심에는 생물학적 농축 원리가 있다. 이는 먹이 사슬 위쪽으로 올라갈수록 분해하기 어려운 독성 물질이 점점 농축된다는 사실이다. 따라서 먹이 사슬 맨 위에 있는 생명체에 가장 많은 독소가 축적된다. 물에서는 먹이 사슬이 육지보다 길기 때문에 독성 물질이 비정상적인 수준까지 농축될 수 있다. 미나마타 만에서 그물에 걸려 어선 갑판으로 끌어올려진 생선의 살에 함유된 수은은 물에 포함된 수은보다 농도가 백만 배나 높았다. 다시 말해 치쇼 공장에서는 극소량의 메틸수은을 만으로 내보냈지만, 그 농도는 처음의 백만 배가 되어 육지로 되돌아온 것이다. 일반적으로 분해가 잘 안 되는 오염 물질이 다량으로 환경에 방출되면 생선이나 다른 수중 동물을 많이 섭취하는 사람들이 가장 큰 타격을 입게 된다.

셋째, 모든 인간 중에서 태아가 독소에 가장 취약하다. 이제까지 살펴본 바에서 알 수 있듯이 태반은 독성 화합물의 농도를 증폭시킬 수 있다. 또한 발생중인 기관은 성인의 기관보다 더욱 민감하다. 메틸수은에 가장 취약한 시기는 풍진이나 탈리도마이드의 경우보다 상당히 나중인 임신 4개월에서

6개월 사이이다. 이때는 뇌 세포가 이동하는 시기이다. 거미가 거미줄을 늘어뜨리며 천장에서 내려오는 것처럼 태아의 뇌 세포는 자신의 축색돌기를 따라 하강하며 뇌의 중심에서 표면으로 이동한다. 결국 뇌는 이런 거미 세포와 이들이 자아낸 신경 연결 섬유로 가득 차게 된다. 메틸수은은 뇌 세포가 중심에서 표면으로 이동하는 것을 방해한다. 뇌 세포 이동에 결정적인 시기는 한 번 지나가면 다시는 오지 않는다.

넷째, 독성 화합물의 허용치가 태아에게는 존재하지 않을 수 있다. 독성 허용치라는 개념은 태반 차단벽이라는 개념만큼이나 사람들의 머리에 깊이 각인되어 있다. 이 또한 사라지기 힘든 믿음이다. 어떤 특정한 독에 장기간 노출되더라도 그 양이 일정 수치보다 적기만 하면 그리 치명적이지 않으리라 여기는 것이다. 허용치 개념은 특정한 양 이상을 투여해야 독의 효과를 낼 수 있다는 중세 가설에서 유래한다.

미나마타에서의 새로운 연구는 태아의 수은 허용치 개념에 도전장을 던졌다. 미나마타병 희생자들의 선천적 중독에 대한 초기 조사 과정에서는 "손상을 미칠 수 있는 수은의 최소량은 어느 정도인가?"라는 질문을 아무도 생각하지 못했다. 불행히도 마지막 조사에서 선천적 수은 중독 희생자들 중 47명만이 살아남았다는 사실이 밝혀졌고, 이 시점에서는 수은 노출에 대한 피해를 출생 전과 출생 후로 나누어 연구하기 어려웠다. 그러나 미나마타의 많은 가정이 아이가 태어나면 탯줄 조각을 거즈에 싸서 작은 나무 상자에 소중히 보관하는 전통을 따르고 있었기 때문에, 미나마타병 희생자의 출생 전 수은 노출량을 실제로 측정할 수 있었다. 1998년에 발표된 연구 결과에서 선천성 미나마타병을 갖고 태어난 어린이의 탯줄 조직에는 건강한 어린이의 탯줄과 비교해서 상당히 많은 메틸수은이 들어 있음이 밝혀졌다. 또한 미나마타병임이 확인되지 않은 정신지체아들의 경우에는 이들 두 그룹의 중간 정도인 메틸수은 농도가 확인된 것으로 보고되었다. 달리 말하면 알려진 질병의 증세들을 나타내는데 필요한 허용치보다 훨씬 낮은 독성에 노출되어도 뇌손상은 일어난다는 것이다.

3월의 아이즈

지금 나는 임신 초기에서 중기로 넘어가는 시기에 있으며 오늘은 보름달이 뜬 13일의 금요일이다. 임신 후기에는 실질적인 발생학적 사건이 없다. 그러나 산부인과 의사들은 임신 안내서에서처럼 임신 기간을 3기로 나누는 것이 편리하다는 것을 발견하였다. 체중 증가 예측과 위험할 수 있는 문제 상황, 다양한 진단 과제, 이 모든 것들이 3개월마다 처방된다. 안내서들은 임신 초기가 지나면 여성들은 임신 사실을 발표할지 말지를 결정해야 한다고 초조하게 말하곤 했다.

그리고 남편이 나에게 일깨워준 것처럼 3월의 아이즈가 다가오고 있었다. 로마력에 따르면 모든 달에는 아이즈가 있는데, 이는 한 달의 중간을 의미하며 대략 보름달이 뜨는 날과 일치한다. 로마력에서는 편리하게도 한 달을 절반으로 나누었다. 브루투스와 카시우스가 카이사르를 암살한 운명적인 날을 포함하여 운명적인 사건들은 종종 이 아이즈 동안 일어났다. 아이즈는 '나누다' 라는 뜻의 라틴어다. 나는 웅변과 논쟁으로 가득한 연극 〈율리우스 카이사르〉를 다시 보았다. 나는 셰익스피어의 대사를 빌려서 남편에게 아이즈는 임신 사실을 다른 사람들에게 알리기에 적당한 시기라고 이야기했다.

그러나 제프와 나는 임신 사실을 둘만의 비밀로 오랫동안 간직해왔기 때문에 우리에게는 아기에 대한 인식이 아기 자체가 되어버렸다. 아직까지는 대학교수라는 공적 역할과 엄마라는 사적 역할 둘 다 너무 잘 수행해 왔는데, 아기에 대한 침묵을 깨게 되면 아기의 고요에 방해가 되지 않을까 염려되었다. 아직까지는 아무도 나에게 임신했냐고 물어보지 않았기 때문에 거짓말 할 필요가 없었다.

그런데 영화 제작자인 쥬디스 헬펀드가 뉴욕에서 도착하여 우리 숙소에 머무르면서 그녀의 신작 다큐멘터리인 〈건강한 여자 아기〉를 캠퍼스에서 상영하게 됐다. 헬펀드는 한때 유산 방지용으로 임산부에게 처방되었으나 이제는 임산부의 딸에게 암과 불임을 유발하는 것으로 알려진 DES 분야에서 유진 스미스만큼이나 유명한 인물이다. 그녀는 스미스처럼 태반을 통과한 화합물에 노출되어 피해를 입은 사람들, 이를 책임져야 할 업계의 책임 회피, 이에 따른 시민 운동과 피해 가족들의 가족 관계를 파괴시킨 죄의식과 부끄러움의 악순환을 필름에 기록하였다. 스미스와 달리 헬펀드는 스스로에게 카메라를 들이댔다. 헬펀드는 DES의 딸이었다. 그리고 그녀는 영화를 상영하기 전에 학생들에게 직접 이 약 때문에 자신이 잃어버린 것들을 설명할 예정이었다. 거기에는 그녀의 자궁, 자궁 경부, 그리고 질 위쪽으로 3분의 1 정도가 포함된다. 그리고 아기를 가지려던 꿈도 그 목록에 포함된다.

임신하기 한 달 전인 12월 초, 나는 뉴욕 맨해튼 강변도로 가에 있는 헬펀드의 아파트에서 하룻밤을 보냈다. 그녀는 엘리베이터를 타고 올라가면서 "내 자궁이 벌어들인 집이야"라고 냉소적으로 말했다. 그녀의 승리로 끝난 제약회사를 상대로 한 소송을 말하는 것이었다.

카메라를 들지 않을 때도 헬펀드는 자서전을 쓰는 등 개인적인 고발 행위에 적극적이었다. 그녀는 또한 내가 이제껏 만나본 사람들 중에서 가장 다른 이의 말을 잘 경청하는 사람이었다. 아마도 그렇기 때문에 새벽 두 시까지 그녀의 부엌 식탁에서 계란과 과일을 먹으면서 아이를 갖고 싶다는 내 자신의 갈망과 지난 몇 달 간의 생리주기에 맞춘 섹스에도 불구하고 임신할 수 없었던 것에 대한 두려움을 스스럼없이 그녀에게 털어놓을 수 있었을 것이다.

그녀는 식탁에서 일어서면서 "기다려"라고 말했다. 나는 헬펀드가 인내심을 가지라고 충고하는 것이라고 잘못 이해했다. 그러나 그녀는 곧 옆방의 책장 근처에 쌓여 있는 상자들을 뒤지기 시작했다. "내 생각에는 이 책이 좋을 것 같은데……." 그녀는 히브리 기도서와 함께 채색된 작은 조각상을 들고 오더니 그것을 불빛에 갖다 대었다. "이건 메이즈자야." 믿음의 증표로 여겨지는 유대의 부적이라고 설명했다.

헬펀드는 그걸 집 현관이나 공적인 부분과 사적인 부분, 외부와 내부를 나누는 장소에 붙이라고 했다. 메이즈자는 '문설주'를 의미하는 히브리 말이다. 이것은 여성 몸체처럼 생겼기 때문에 특별한 것이라고 그녀는 말하였다. 전형적인 메이즈자는 우상과는 거리가 멀다. 외형이 어떻게 생겼든간에 모든 메이즈자 내부에는 손으로 쓴 『성서』의 경구가 들어 있다. 이 구절들은 「신명기」와 신탁에 대한 모세의 말에서 나온 것이다. 「신명기」는 감리교의 성경학교에서 『구약 성서』로 불리는 책으로 유대인들은 이 책 내용을 율법으로 여긴다. 여기서 모세는 계절, 파종과 수확, 비, 풀, 소와 옥수수에 대해 언급했다.

쥬디스는 메이즈자를 천으로 싸서 내 손에 쥐어주면서 "당신이 집에 드나들 때마다 당신에게 일상생활의 신성함을 일깨워줄 거야"라고 얘기했다. 나는 그걸 양말 안에 담아서 여행 가방에 챙겨 넣었고, 일리노이로 이사한 뒤 남편이 침실 문설주에 붙여놓았다.

그래서 우리가 교직원 식당을 떠나 3월의 폭풍을 뚫고 그녀의 영화가 상영될 대학 강당으로 가고 있을 때 그녀가 갑자기 멈춰 서서 내 팔을 붙잡은 것은 그리 놀라운 일이 아닐지도 모른다.

"산드라, 임신했지?"

그녀는 나를 빤히 쳐다보았다.

"그래."

결국 나는 웃으면서 비밀을 털어놓았다.

"3개월이야. 우리가 이리 이사 오자마자 임신했어."

우리는 함께 웃음을 터트렸다. 그녀의 검은 머리카락이 날리고 젖은 나뭇잎이 우리 주변에 날아다녔다. 나는 여태까지 그때처럼 다른 여성과 그렇게 많이 가까워진, 그리고 많이 멀어진 느낌을 받은 적이 없었다.

DES와 내밀한 손실

다음 며칠간 나는 그녀가 강의하기로 한 역사 수업, 간호 수업, 생물 수업에 동행하면서 적어도 세 번 이상 〈건강한 여자 아기〉를 보았다. 하지만 이 영화를 처음 봤을 때도 스토리가 왠지 낯익었다.

영화 중간 중간에 나는 프랜시스 켈시 같은 사람이 존재하지 않는 상태에서 탈리도마이드 비극이 다시 재연되는 것을 보는 느낌이 들었다. DES는 1930년대에 처음 만들어졌다. 화학 구조가 에스트로겐과 매우 유사해 보이지만, 무시무시한 모조품으로 밝혀졌다. 가축과 가금류의 체중을 늘리기도 하는 이 약은 1941년에 사료 첨가제와 폐경기 증후군, 질염, 임질 치료제로서 시판되었다. 분유 수유를 선택한 엄마들이 젖을 끊는 데도 사용되었다. 몇 년 후 미국식품의약국은 임산부들에게 DES를 처방하는 것을 승인하였다. 호르몬 불균형에 의한 유산이 임신 기간 내내 더 많은 합성 에스트로겐을 투여하면 해결되리라 믿었던 것이다.

반세기가 흐른 뒤 국립과학아카데미는 이 추론을 "재구성하기 힘든 이론적 해석"이라고 고상하게 불렀다. 한마디로 말도 안 되는 소리라는 것이다. DES가 유산을 방지하는 능력이 있음을 보여주는 동물 실험조차 제안되지 않았다. 실제로 행해졌던 실험 결과들은 모두 이 호르몬이 가진 불길한 힘들을 암시하고 있었다. 1930년대의 한 연구에 따르면 DES가 쥐에서 암을 유발시키는 것으로 밝혀졌고, 다른 연구는 DES가 투여된 쥐의 새끼들의 생식기가 변형되었다고 보고하였다. 1950년대, 두 명의 인간에 대한 정교한 연구를 통해서는 DES가 실제로 유산 위험성을 높인다는 사실이 발견되었다.

그럼에도 불구하고 산부인과 의사들은 이 약을 만병통치약으로 간주하여 수십 년 동안 계속 처방하였다. 1941년과 1971년 사이에, 200개 이상의 제약 회사에서 DES를 제조하였고, 미국에서만 약 400만 명의 여성들에게 처방되었다. 그러나 이 약으로 방지된 유산은 단 한 건도 없었다.

DES 이야기의 다음 장은 풍진 이야기의 반복이다. 1960년대 후반에 보스턴에 있는 매사추세츠 종합병원의 의료진에 의해 희귀한 암이 발견되었다. 3년 동안 일곱 명의 젊은 여성들이 질에 투명한 암세포가 있는 것으로 진단받았는데, 이 암은 70세 이하의 여성에게는 거의 발병하지 않던 것이다.

이들 여성들의 어머니들과 상담하던 의사가 원인을 밝혀냈다. 한 엄마가 딸을 치료하던 부인과 전문의에게 자신이 임신했을 때 DES를 처방받았다고 말하였고, 의사는 이 말을 기억하고 있다가 다음 환자의 엄마에게

DES 처방 여부를 질문을 하였다. 그녀 역시 임신 당시 DES를 처방받았다. 나머지 다섯 명의 엄마들 역시 그러했다. 1971년에 아서 헙스트 박사와 그의 동료들은 출생 전 DES 노출과 자궁 경부의 투명 세포샘 암종을 연결시키는 논문을 발표하였다. 이 발표로 인해 임산부에 대한 DES 처방이 중단되었고 방대한 자료가 수집되기 시작했다.

일단 의사들의 눈에서 콩깍지가 벗겨지자 여러 가지 문제점이 추가로 드러났다. 임신 기간 동안 DES를 복용한 엄마들의 유방암 발생 비율이 증가된 것이 발견되었다. 이들의 자녀들 또한 이상하게도 면역계 질환을 심하게 앓고 있는 것으로 나타났다. 또한 많은 이들이 생식관 기형을 지니고 있었다. 아들의 경우 고환이 내려오지 않거나 요도하열의 기형이 포함된다. 딸의 경우 불임 가능성을 높이는 이상한 형태의 자궁, 나팔관 임신, 조산이 포함된다. 출생 전 DES 노출 결과에 대한 1,500편 이상의 논문이 쓰여졌다.

다시 한 번 노출 시기가 투여량 만큼이나 중요한 것이 증명되었다. 이제는 임신 기간 중 특정한 시기에 DES에 노출되면 Wnt7a라 불리는 유전자의 활성이 억제된다는 것이 알려져 있다. 이 유전자는 생식세포가 될 운명인 세포들의 이동을 지시하는 역할을 한다. 이 유전자의 손상으로 인한 기형은 풍진이나 탈리도마이드만큼이나 극적이지만, 외관상으로는 손상 여부를 알 수 없다. 팔이 없는 경우는 분만실에서 즉각적으로 확인되지만, 두 갈래로 갈라진 자궁은 몇 년 동안 발견되지 않을 것이다.

영화 상영이 끝나고 조명이 들어오자 헬펀드는 유년시절에 행해진 자궁적출 수술 후의 회복 과정이 어땠는지를 학생들에게 이야기해주었다. 그녀는 이 작은 방에 있는 카메라의 존재로 DES와 같은 화합물에 의한 사적인 문제는 공적인 이슈가 될 수 있음을 상기시켰다.

"독소에의 노출은 우리 인생에서 가장 내밀한 부분에 영향을 끼칩니다. 이는 우리가 정상적인 경우였다면 공공연히 말하지 않았을 내밀한 신체의 일부분에 대해서나 친밀한 관계, 우리가 꿈꾸는 미래와 같은 이야기들을 사람들에게 이야기하지 않을 수 없게 만듭니다."

신성한 의무

뉴욕으로 떠나는 날 헬펀드는 나에게 자기를 '성소'로 데려가달라고 부탁했다. 나는 펑크스그로브로 차를 몰았다. 이번에는 단풍나무 숲을 지나서 나무가 대성당만 한 크기로 자라 있는 건조한 고지인 떡갈나무와 히코리나무의 생육지로 갔다. 생육지 내의 개척지는 야외 성당으로 변해 있었다. 쓰러진 통나무들은 신도들의 좌석이고 커다란 그루터기는 설교단이다. 우리는 이들 나무를 지나쳐 더 깊은 숲으로 들어갔다. 나는 앞서 가는 쥬디스가 히코리나무의 복슬복슬한 나무껍질을 만지고, 위쪽 가지가 만들어낸 빛의 무늬를 쳐다보는 것을 지켜보았다.

그녀의 방문으로 나는 의문이 생겼다. 어떻게 내가 생물학자라는 오래된 정체성을 예비 엄마라는 새로운 정체성과 조화시킬 수 있을까? 엄마들은 항상 아기를 보호하기 위해 할 수 있는 것이 뭐가 있는지 알고 싶어 한다. 물론 나도 그렇다. 생물학자들은 항상 보다 많은 연구를 원한다. 나도 또한 그렇다. 그러나 생물학자들의 보다 깊은 바람은 결국 우리 인간이 생명 시스템에 대해 실제로 얼마나 무지한가를 알고 싶은 소망에서 비롯된다. 그렇기 때문에 인간의 태반에 대한 최신 논문들은, "오직 한 가지만이 확실하다. 우리가 알고 있는 것은 우리가 알아야만 하는 것의 극히 작은 부분일 뿐이다"라고 겸허하게 말하고 있다.

태반의 역사는 이미 알려진 진실을 공공연하게 무시하고, 그 해결의 실마리를 놓치고, 추가 연구 요청을 연구 지연과 동일시하여 문제 해결 방법을 신속히 찾아내는 데 실패한 이야기들이다. 공중보건의 영웅으로 칭송받는 맥앨리스터 그렉 박사의 풍진 발견조차 초기에는 다른 연구자들로부터 증거 자료가 미비하다는 이야기를 들어야 했다. 다른 연구자들은 1944년에 발표된 논문에서 그가 제시한 태반을 통과하는 풍진 감염 인자에 대한 증거를 검토하고는 다음과 같은 결론을 내렸다. "가능성이 있기는 하지만 그가 이 케이스를 증명해냈다고는 말할 수 없다." 그러나 메틸수은과 DES에서 보았듯이, 이런 조심성 때문에 실제로 금지되어야만 했던 것들이 금지되지 않았다. 효과적인 백신의 출현은 1964년에 유행한 풍진으로 인해 눈이 멀고 귀가 먼 사람들에게는 너무 뒤늦은 것이었다.

지금까지 나는 역사 속에서 임산부들이 겪은 재난에 대해 조사했다. 나는 아는 것과 행동하는 것 사이 어디에 위치하기를 원하고 있는 걸까? 나의 신성한 의무는 무엇일까?

팽나무 아래에 앉아 혹투성이의 껍질에 등을 기댔다. 쥬디스는 거대한 흰 떡갈나무를 살펴보며 나무줄기에 귀를 대고 있다. 한때 생물학을 공부했던 이 보호림에서 나는 외부세계와 자궁 사이에 열린 문이 불가사의한 문턱임을 다시 한 번 생각한다. 독이 흘러 들어올 때만 그것을 인식해서는 안 될 것이다.

네 번째 달

넌 누구니?

새들이 이동하는 소리를 듣는다

은단풍나무 눈이 돋아나는 4월초 어느 날 나는 잠에서 깨어났다. 처음에는 회색 공기를 가르며 노래를 부르는 로빈 새가 나를 깨웠다. 그 다음에는 홍관조가 나타나 인생이 따분한 십대들처럼 크고 유창하게 노래를 들려준다. 나는 새들의 노랫소리에 귀를 기울였다. "투 위트(to wit), 투 위트, 투 위트, 워엇 치어(What cheer)? 워엇 치어? 투 위트, 워엇 치어?" 마지막에는 제비가 창문을 가득 채운 햇살처럼 부드럽게 운다. "아이 러브 후(I love who)? 후? 후?"

세 종류의 새 중에서 봄을 알리는 진짜 전령은 제비일 것이다. 이들 무리는 3월 초에 나타난다. 로빈도 이 즈음 도착하지만 몇몇은 겨울에도 여기 머무른다. 1월에도 종종 따뜻한 날이면 로빈 몇 마리가 건물 앞 잔디 주변을 행진하는 걸 볼 수 있으니까 말이다. 홍관조는 실은 사계절 이곳에 머무르는 텃새다. 홍관조가 서식지를 일리노이 주로 넓힌 것은 주 정부 대표 조류로 공식 지정된 약 100년 전이라 생태학적 관점으로 보면 최근에야 이곳에 날아온 셈이다.

일리노이 주는 봄 동안 북쪽으로 이동하는 몇몇 철새의 겨울 서식지이기도 하다. 열심히 작은 곤충을 잡아먹는 갈색나무발바리라는 새도 그중 하나이다. 털이 나무껍질 색인데다 조용하기까지 한 새지만 먹이를 찾는 행동으로 쉽게 알아볼 수 있다. 이들은 규칙적으로 나선형을 그리며 줄기를 타고 올라가다가 나무 틈 사이의 거미 알을 쪼아 먹기 위해서 멈춘다. 그런 식으로 나무 꼭대기에 이르면 날아서 다음 나무의 밑동으로 내려와서 다시 나선형을 그리며 올라간다. 날아서 내려오고 나선형을 그리며 올라가고, 다시 날아서 내려오고 나선형을 그리며 올라가는 행동을 하루 종일 되풀이한다. 한 마리는 골목길에 서 있는 나무에서 겨울 내내 먹잇감을 뒤지고 있다. 동고비 또한 나무껍질에서 곤충을 잡아먹지만 전혀 다른 방법을 사용한다. 혼자 요상한 소리로 웃으며 나무 위에서 아래로 질주한다. 이들 역시 곧 북쪽으로 날아갈 것이다.

동트기 전 나는 침실 창문 바로 바깥에서 들려오는 퍼덕이는 날갯짓 소리를 듣는다. 블라인드를 올리면서 나무발바리나 동고비 중 하나이겠거니 짐작한다. 하지만 직접 내다보니 작은 황록색 새 세 마리가 빤히 나를 쳐다보고 있다. 한 마리가 가까이 폴짝 뛰어와서는 눈을 깜빡이더니 고개를 까딱거린다. 머리 위가 밝은 분홍색이다.

"아니, 넌 누구니?"

대답이라도 하듯, 용감한 녀석이 머리를 숙여 작고 화려한 모자를 보여준다. 단풍나무 끝에서 더욱 퍼덕거리면서 뛰어 논다. 그리고는 모두 날아가버린다. 나는 그 새들이 어떤 녀석들인지 알아내기 전에는 다시 잠들지 못할 것 같아서 이불을 밀쳐내고 서재로 갔다. 한쪽 벽에 쌓아 놓은 상자 더미 어딘가에 새에 관한 책이 있다. 내가 책을 찾으려고 상자를 끌어당기자 두터워진 복부가 이제는 더 단단해지고 더 동그래진 것이 느껴졌다. 밖이 아직 어두운 덕에 맞은 편 창문이 거울 역할을 하기에 충분했다. 내 뒤쪽에서 쏟아지는 빛의 반사로 나는 흰색의 얇은 나이트가운 속으로 비쳐지는 임산부의 육체를 똑똑히 볼 수 있었다.

"넌 누구니?"

해뜨기 전에 같은 질문을 두 번이나 되풀이했다.

나는 머리를 굴리며 상자들을 뒤져서 교과서 더미 사이에 끼어 있는 지저분한 야외 학습 안내서를 찾았다. 나는 노래하는 새에 관한 부분을 넘겨보기 시작했다. 찾아내는 데 오래 걸리지 않았다. 머리에 분홍색 점이 있는 올리브빛 새는 딱 한 종류밖에 없었고, 이 새는 나뭇가지 끝에서 퍼덕거리는 것으로 유명했다. 루비색 정수리를 가진 상모솔새였다.

다음 날 아침에는 새로운 노랫소리가 들렸다. 가늘고 작은 바이올린 같은 목소리로, "올드 샘 피바디, 피바디……." 끝부분은 더 이상 기대하는 것이 무의미하다는 듯 애처롭게 사라졌다. 이 새는 내가 외우고 있었던 흰목참새이다. 이 새가 어디 있는지 볼 수 있을까 하고 살짝 창문 밖을 엿보았다. 단풍나무 가지는 상모솔새로만 가득하다. 수십 마리가 모자를 까딱거리면서 싹이 부풀어 오른 가지 위를 뛰어다닌다.

흰목참새의 노랫소리가 다시 더 가까이에서 들렸다. 그리고 다시 한 번 더, "올드 샘 피바디, 피바디……." 그러나 가수는 찾을 수 없었다. 분홍색과 녹색이 반짝이는 상모솔새 사이에서 눈에 잘 띄지 않는 흑갈색 깃털, 회색 가슴, 하얀 목을 가진 새를 찾았다. 그러나 보이지 않았다.

"피바디 씨에게 무슨 짓을 한 거야?"

따지듯 상모솔새에게 물어보았지만 그들은 설사 아는 것이 있다 해도 말하지 않을 것이다.

다음날 새벽 3시에 나는 틀림없이 비어리의 노랫소리를 듣고 잠에서 깨었다. 어둠 속에 누운 채로 나는 다시 한 번 귀를 기울였다. 적막. 결국 나는 조류 안내서를 확인하러 서재로 들어갔다. 로빈과 마찬가지로 비어리도 개똥지빠귀의 일종이다. 이 새의 노랫소리가 지닌 특징은 공식적으로는 "점점 낮아지는 플루트 같은 노래"이지만 이 설명은 비어리의 비현실적인 노랫소리의 특징을 정확하게 집어내지 못한다. 미네소타의 소나무 숲에서 처음 이 노랫소리를 들었을 때, 나는 그 자리에 얼어붙는 것 같았다. 비어리의 노랫소리는 거친 전자악기 소리 같으며 점점 낮아지는 음이다. '외계의 비행접시가 착륙할 때 연주되는 음악', 이보다 적절한 설명도 없을 것이다. 책에 의하면 내가 방금 들은 것은 비어리의 노랫소리일 리가 없다. 이 새가 가장 빨리 중부 일리노이에 도착하는 시기로 알려진 4월 20일은 앞으로 2주나 남았다. 그리고 이 새는 뒤뜰이 아니라 깊은 숲에 산다. 게다가 어두운 밤에는 노래하지 않는다고 한다. 내가 꿈을 꾼 게 틀림없다.

나는 다시 침대로 기어 들어갔지만 잠을 청할 수가 없었다. 임신 14주째에 접어들면서 나는 새로운 시기로 들어서고 있었다. 무기력한 상태가 지나고 매우 예민한 상태로 옮겨가고 있다. 보다 조심스러워지고, 소리에 대한 감각도 매우 날카로워진 듯하다. 새롭게 발달된 지각 능력으로 새들이 이동하는 소리를 들으려고 귀를 기울인다.

사실 아주 터무니없는 이야기는 아니다. 진지한 조류연구가들은 종종 습한 봄밤에 야외로 나가서 수천 피트 상공에서 새들이 지나가면서 서로를 부르는 "칩, 칩, 칩" 하는 희미한 소리에 귀를 기울이곤 한다. 대가들은 멀리서 들리는 소리의 음조와 음색만으로도 새를 식별할 수 있다. 나는 거기에 비하면 아무것도 아니지만 어쨌든 창공의 새들을 머릿속에 떠올리려 노력하고 있었다. 휘파람새, 딱새, 개똥지빠귀, 벌새들이 북쪽으로 가는 미시시피의 하늘 길을 날고 있다. 이들 중 일부는 오늘 밤에 멕시코 만을 횡단할 것이다. 일부는 알칸소를 지나고, 일부는 막 우리 집 지붕을 지나고 있을 것이다. 일부는 아직도 카리브 해의 맹그로브 늪지와 엘살바도르의 산 정상에서 드리워진 구름을 보며 순풍을 기다릴 것이다.

철새의 이동에는 여전히 미스터리가 많다. 비밀이 많은 이유 중 하나는 이들이 반드시 밤에만 이동한다는 점이다. 다른 하나는 대부분의 새가 너무 작아서 전파발신기를 장착하는 것조차 힘들다는 것이다. 따라서 우리가 봄철과 가을철 새들의 이동에 대해 알고 있는 사실 대부분은 레이더를 통해 얻은 것인데, 새 한 마리씩이 아니라 무리로만 추적할 수 있다. 레이더가 나오기 이전에는 달을 보면서 새의 이동 밀도를 추정하였다. 이 방법은 보름달을 가로질러 날고 있는 새들의 수를 세는 것으로, 다소 이상하지만 상당히 숙련된 기술이 요구된다. 맑은 하늘과 망원경뿐만 아니라 새 무리의 입사각과 고도, 밤하늘에서 달이 차지하는 비율 면적을 설명하는 복잡한 계산이 필요하다. 달 관찰자들은 놀랄 만한 주장을 해왔다. 한 시간에 200마리의 새 그림자가 달을 지나가면 시간당 300만 마리의 새가 이동한다는 것이다. 이 말은 곧 그해의 특정한 밤에 10억 마리의 새가 이동한다는 얘기다. 레이더에 의해 확인될 때까지 이런 추정법에 대해서는 상당한 회의가 있었다.

깜빡 졸았는지 갑자기 로빈이 지저귀는 소리에 놀랐다. 잠시 후 "샘 피바디, 올드 샘……" 하는 노랫소리가 들렸다. 나는 창가로 기어가 눈이 어둠에 익숙해지도록 하였다. 나뭇가지는 텅 비어 있었다. 상모솔새도 없었고, 흰목참새도 없었다. 내가 엉터리 새 관찰자이든지 아니면 나무가 노래를 했든지 둘 중 하나리라.

제프가 침대에서 뒤척였다.

"산드라, 왜 깼어? 뭐 걱정거리라도 있어?"

"잠깐만."

"산드라? 여보?"

"쉿. 나랑 같이 들어봐."

"올드 샘 피바디……."

"저 소리 들었지? 내 생각엔 아들인 거 같아."

양수검사의 딜레마

보름날 밤 나는 임신 15주가 되었고, 양수검사를 하러 보스턴으로 날아왔다. 양수검사를 할 것인지, 만약 한다면 어디서 할 것인지는 중대한 결정이었다. 실제로 어디서 할 것인가는 상대적으로 쉬운 질문이었다. 소위 말하는 건강관리기구에서는 매사추세츠 주 바깥에서 행해지는 비응급 건강관리 비용을 의료보험으로 처리할 수 없다고 했다. 나는 앞으로 다섯 달 동안 메사추세츠 주에서 멀리 떨어진 곳에서 지내야 하고, 정기적으로 산전검사를 받아야 하지만, 이 기간 안에 지방 의료보험의 적용 범위를 확대해서 받기는 어려워 보였다. 결국 건강관리기구가 승인한 산부인과 의사를 만나러 보스턴행 비행기표를 사는 것이 블루밍스톤에서 댄 박사에게 양수검사를 받는 것보다 비용이 덜 들었다. 나는 나와 나이가 비슷한 데다가 검사대에서 농담을 하지 않는 보스턴의 담당 산부인과 여의사를 좋아했기 때문에 어쩌면 다행이다 싶었다. 그렇지만 이렇게 되면 나 혼자서 검사를 받아야 한다. 댄 박사에게 매달 건강 검사비를 지불해야 하는 데다 남편의 비행기 표까지 사게 되면 예산 초과였다.

검사를 할 것인가 말 것인가는 훨씬 복잡한 문제였다.

양수는 태어나지 않은 아기가 떠다니는 바닷물 같은 물질이다. 양수는 태아에게 부력을 제공하고, 외상과 산소로부터 아이를 보호한다. 정액처럼 양수도 두 가지 기본 물질로 구성되어 있다. 살아 있는 세포와 이들이 떠다니는 액체가 그것이다. 여기서 세포는 태아의 피부 조직이 벗겨진 것이다. 양수검사란 임산부의 자궁에 바늘을 꽂아 유리관 하나를 채울 분량인 30밀리리터 정도의 양수를 뽑아내어 유전자 실험실로 보내는 것이다. 여기서 양수에 들어 있는 세포를 조직 배양으로 수를 늘린 뒤에 유전자 결함을 검사하는 것이다. 결과가 나오기까지는 대략 열흘 정도 걸린다.

그러는 동안 양수의 액체를 가지고 다른 기형이 있는지 알아보는 실험을 병행한다. 예를 들면, 알파-페토단백질은 태아의 간에서 생성되는 물질이다. 이 단백질이 무슨 작용을 하는지는 아무도 모른다. 일단 아기가 태어나면 이 단백질은 더 이상 간에서 만들어지지 않는다. 정상인 경우에는 양수의 알파-페토단백질 농도가 낮다. 그러나 태아의 뇌와 척수를 형성하는 조직들이 정확하게 봉인되지 않으면, 이 단백질이 태아의 비정상적인 틈에서 쏟아져 나온다. 따라서 양수 중의 알파-페토단백질 농도가 높으면 신경관 결함, 척추의 일부가 원래의 위치에서 벗어나 피부를 뚫고 나오는 척추이분증 같은 문제가 있음을 의미한다.

양수검사는 액체와 세포 둘 다 조사함으로써 수백 가지나 되는 선천적인 문제들을 밝혀낼 수 있다. 그러나 임산부 복부에서 양수를 뽑아내는 데에는 위험이 따른다. 이 검사를 받으려는 예비 엄마들에게 제공되는 팸플릿에는 이 위험이 "작지만 현실적이다"라고 적혀 있다. 특히 양수검사로 200명 중 한 명이 유산을 하게 된다. 물론 팸플릿에는 이런 식으로 설명하지 않는다. 일반적으로 유산 확률이 0.5퍼센트 높아진다고만 쓰여 있다. 이 수치는 전국의 병원에서 수집된 결과에 근거한 통계치에서 계산된 평균값이다. 아마도 의사들마다 유산율이 다를 것이다. 내가 댄 박사에게 양수검사 후 유산율이 얼마나 되는지 묻자 다음과 같은 이야기를 해주었다. "한 임산부가 양수검사를 받으려다 검사대에서 마음을 바꾸었어요. 그런데 다음 날 그 산모가 유산을 했어요. 만약 그대로 검사를 했다면 그 때문에 아이를 잃었다고 난리가 났겠죠. 그렇지 않나요?" 이 변덕스러운 엄마 이야기는 믿기 어려웠다. 나는 안심이 되지 않았다.

대부분의 여성들이 양수검사가 갖는 '작지만 현실적인' 위험을 받아들이는 것은 사실 다운증후군에 대한 공포 때문이다. 다운증후군은 오랫동안 그 이름 자체만으로 공포를 안겨주었다. 존 다운은 영국 이디오츠의 얼스우드 정신병원 원장이었다. 19세기 중반에 그는 정신질환 환자들을 비유럽 인종과의 유사성에 따라 분류하면서 다른 인종인 듯 취급했다. 그가 말하길 어떤 환자는 에티오피아인 같고 다른 환자는 몽골인 같다고 했다. 한 세기가 지난 1958년 프랑스의 한 유전학자가 다운 원장이 소위 몽골이라 부른 환자들이 정상보다 하나 많은 47개의 염색체를 가지고 있음을 발견하였다. 지금은 이들을 다운증후군을 갖고 있다고 말하며, 이 증후군은 산전검사로 알아낼 수 있는 가장 흔한 염색체 이상이다.

이런 아기를 낳을 확률은 엄마의 나이와 비례하여 증가하기 때문에 유전 상담자는 임산부가 검사 시 감수해야 하는 위험과 얻을 수 있는 이득에 대해 간단히 분석하는 것으로 양수검사 결정을 돕는다. 즉, 35세가 넘으면 다운증후군이 있는 아이를 낳을 확률이 양수검사로 인한 유산 비율을 능가한다. 따라서 양수검사는 신중하며 합리적인 선택이다. 35세 이전에는 양수검사의 위험이 상대적으로 더 높으며 따라서 검사가 권장되지 않는다. 매사가 공평하다, 평균적으로는.

이런 논리는 인상적이고, 산뜻하고, 반박의 여지가 없다. 그러나 위험과 이익이 균형을 이루는 35세에서 세 살 더 먹은 나로서는 논리가 이끄는 길을 따랐다가 실패할 수 없었다. 논리의 매끄러운 표면 아래에는 골치 아픈 역설들이 많이 존재한다. 골치 아픈 역설 1번, 나는 발견하길 원치 않는 무언가(유전적 이상)를 발견하려 한다는 것이다. 골치 아픈 역설 2번, 양수검사를 받을지 여부로 씨름함으로써 나는 아기와 더욱 가까워지면서도 더욱 멀어지고 있다는 것이다. 무슨 말인가 하면, 나는 이번 임신이 너무 걱정되기 때문에 결과를 알 때까지는 심각하게 걱정하지 않기를 원한다는 것이다. 그리고 가장 명확한 골치 아픈 역설 3번, 멀쩡한 아기를 원하면서 실제로는 아기를 위험에 노출시킨다는 것이다.

"부모들은 자신들이 얻게 되는 지식의 잠재적 가치를…… 모든 가능성 면에서 정상적인 태아가 해를 입을 작은 위험과 견주어보아야만 한다." 이것이 의학 백과사전이 양수검사에 대한 딜레마를 가라앉히는 방식이다. 나는 저울의 한쪽에는 내가 알 수 있는 지식을 올려놓고, 다른 쪽에는 아기가 죽을 끔찍한 가능성을 올린 다음, 한 걸음 물러서서 저울이 어느 쪽으로 기울어지는지 차분히 상상해보았다. 흥미로운 상상이 아닐 수 없었다. 양수검사의 여러 단점들을 꼽아보면, 설령 결함 있는 태아의 낙태가 도덕적으로 정당하다고 여기는 사람들조차 이 검사를 통해 알게 된 사실이 항상 분명히 이득인 것은 아니다. 예를 들면 양수검사 결과 아기가 거의 알려지지 않은 희귀한 염색체 이상을 갖고 있을 수도 있다. 그러면 어떻게 해야 할까? 사회학자인 로드만은 이런 종류의 정보를 '무기력한 지식' 이라고 부른다. 그리고 용기란 어떤 문제의 답을 모르는 채로 기꺼이 놔두는 것이 아닌지 묻는다.

내가 양수검사를 받아들인 이유

그러나 나는 양수검사를 하기로 결심하였다. 아는 것이 모르는 것보다 나을 것 같았다. 이점에서 나는 에덴동산의 이브보다 숲 속의 보이스카우트에 더욱 동질감을 느낀다. '준비하라.' 어쨌거나 이것이 임신에 대한 좋은 안내 원칙처럼 여겨진다.

의료인류학자인 라이나 랩은 양수검사를 받아들인 임산부와 거부한 임산부들에 대해 연구했다. 그는 양수검사에 대한 임산부들의 결정은 통계뿐만 아니라 고려해야 할 정황과 개인적인 신념으로부터 영향을 받는다는 사실을 발견했다. 어떤 여성들은 아기의 유전적 품질을 검사한다는 생각에 반발해서 양수검사를 거부했다. 어떤 여성들은 장애아를 일생 동안 돌보아야 하는 책임이 결국은 다른 자식들에게 떨어질 것을 두려워해서 양수검사를 받아들였다. 어떤 이들은 이미 불임으로 몇 년 간 큰 고통을 겪었기 때문에 아이를 낳는 일 이외에는 어떤 것도 생각하고 싶지 않아서 양수검사를 거부했다. 어떤 이들은 그들의 미래를 통제할 수 있는 방법이라고 생각해서 양수검사를 받아들였다.

여러 면에서 나는 이 검사를 받아들인 전형적인 부류에 속한다. 백인이고 대학 교육을 받았으며 강한 종교적 신념이나 복잡한 혈연관계에 매여 있지 않다. 이밖에도 내 인생의 커다란 두 가지 사실이 여기에 관련되어 있다. 암을 이기고 살아남았다는 것, 그리고 입양되어 자랐다는 것.

내가 스무 살에 방광암 진단을 받았다는 사실은 두 가지를 의미한다. 첫째, 결혼식장에서 차인 신부처럼 나는 내 몸의 세포뿐만 아니라 "걱정하지 마세요. 이상이 있을 확률은 무시해도 좋을 정도입니다"라며 의학적 확신을 줬던 사람들에게 심한 배신을 당했다. 일반적으로 20세의 여성은 방광암에 걸리지 않는 것으로 생각된다. 그러나 나는 걸렸다. 다른 여성들은 아기에게 희귀하지만 끔찍한 문제가 일어날 가능성을 잊어버릴 수도 있을 것이다. 그러나 나는 그러지 못한다. 둘째, 고심하는 배심원들 앞에 선 피고인처럼 나는 의학적 평결을 기다리는 데 익숙하다. 양수검사를 한 많은 여성들이 유전자 검사실에서 걸려올 전화를 기다리는 동안 종일 아주 놀랄 만한 스트레스를 받은 것으로 보고됐다. 크리스마스 연휴, 기말시험 기간, 그리고 여름방학에 조직검사 결과를 기다려봤던 나로서는 양수검사 결과를 기다리는 것이 그리 초조하지는 않을 것이다.

입양에 대한 문제는 더욱 혼란스럽다. 입양은 내가 기억하고 말하고 생각하기 전에 이미 내 인생에 존재하고 있던 사실이다. 암이라는 경험과는 달리 입양이 미치는 심리적 효과는 단언하기 힘들다. 지금 나는 임신 중임에도 불구하고 이 문제로 더 혼란스러운 자신을 발견하게 된다. 입양아인 나 자신에 대해 생각하는 것은 멀리 떨어진 별을 보는 것과 비슷하다. 내가 작아지고 막연히 슬퍼지는 느낌이 든다. 게다가 입양되어 임신을 하게 되면 실질적인 문제가 적잖이 생긴다. 무엇보다 내가 가족의 병력에 대해 아무것도 알지 못한다는 것이다.

일리노이를 비롯하여 대부분의 주에서 아직까지 입양 기록은 법적으로 봉인되어 공개되지 않는다. 이런 사실을 알게 된 많은 이들이 매우 놀라는 이유는 입양을 둘러싼 강제적인 비밀 유지가 너무나 시대착오적이기 때문이다(입양 기록들은 애초에 사생아라는 점과 입양을 부끄럽게 여겼던 당시 통념으로 인한 차별로부터 입양된 이들을 보호하기 위해 1930~1940년대에 봉인됐다). 그러나 실제로 나는 아직도 내 출생증명서를 볼 수 없다.

산모 가계 중에 다운증후군을 앓았던 사람이 있나요? 낭종성 섬유증 환자는요? 테이-삭스병은 있나요? 지중해 빈혈은요? 척추이분증 환자는요? 정신지체를 겪은 가족은 있었어요? 유전병 상담원이 묻는 질문에 나는 대답할 수가 없다. 나는 항해에 필요한 유전자 나침반을 잃어버린 느낌이 들었다. 그동안 DNA의 중요성을 믿게 해준 양수검사 옹호론자들은 미국의 대부분의 입양자들이 처한 상황에 대해서는 대부분 침묵했다. 산전검사에 대한 안내서를 모두 뒤진 끝에 내가 입양에 대해 발견할 수 있었던 유일한 구절은 다음과 같다. "입양자들인 환자 대부분은 유전자 분야에서 가족의 병력이라는 문제에 직면하게 된다." 모든 문제의 근원이 우리가 준수해야 하는 정부의 무지가 아니라 입양자들 자신에게서 비롯된 것인 양 말하고 있다.

나는 내 자신에 대해 아무것도 모르기 때문에 아기의 염색체를 분석하는 데 동의했다. 아직 태어나지 않은 아기에 대해 알게 되는 첫 번째 정보는 바로 나 자신에 대해 알지 못했던 종류의 정보이리라. 이것을 아는 것이 어떤 가치가 있을까? 나는 그 어떤 판단도 내릴 수 없었다.

시험관 속의 세상

일리노이를 떠나면서 우리가 살던 아파트를 세주었기 때문에, 나는 검사 전날 밤을 보스턴의 백 베이에 있는 작은 콘도에 살고 있는 암 운동가 친구 엘렌 크로울리의 침상에서 보냈다. 따뜻하고 맑게 갠 밤이었다. 자정이 넘도록 바깥 비콘 거리의 차량 정체는 풀릴 기미가 보이지 않았다. 그 다음 날의 검진 약속은 8시였다. 엘렌은 같은 시간, 같은 병원의 다른 층에서 유방 X-선 촬영 계획이 있었다. 우리는 모두 좋은 소식을 기원했다. 잠자리에 들기 전에 엘렌이 내게 안정제를 주었고, 나는 웃으면서 거절했다. 그녀는 부드러운 시트, 오리털 이불, 커다란 깃털 베개를 억지로 권했다.

나는 새들을 생각하며 잠들었다. 새들은 머릿속에 세 개의 서로 다른 나침반 시스템을 가지고 있다. 하나는 해를 기준으로, 다른 하나는 별을 기준으로, 마지막 하나는 지구 자기장을 기준으로 방향을 정해 날아갈 수 있게 해준다. 그래도 새들은 종종 길을 잃는다. 새벽 3시에 나는 개똥지빠귀의 노랫소리에 잠을 깼다. 그러나 곧 그 소리가 멀리서 들리는 자동차 소리라는 것을 깨달았다. 그때 나는 양수검사를 받으려는 이유들이 전혀 말이 안 된다는 결론을 내렸다.

몇 시간 뒤에 나는 베스이스라엘 병원의 초음파검사 병동의 작은 방에서 생물학자이자 얼마 전에 엄마가 되었고, 1년 전에 양수검사를 받았던 친구인 자나키 블룸을 만났다. 남편을 대신해서 그녀가 나를 지켜보며 안심시켰고 자궁으로 바늘이 들어갈 때 내 손을 잡아주었다. 갑자기 작은 방이 여자들로 가득 찼다. 산부인과 담당의가 들어와서 나를 따뜻하게 맞아주었다. 기술자와 초음파 검사원이 자리를 잡더니 스위치를 켜고 조립된 물체를 풀었다. 분위기가 고조되었다.

그들은 신속하게 검사를 시작했다. 일식집에서 국물을 마실 때 쓰는 숟가락처럼 생긴 초음파 탐침 앞에 내 볼록한 배를 드러냈다. 탐침은 태아의 신체에서 안전하게 떨어진 양수 주머니에 자리 잡았다. 바늘이 미끄러지듯 5센티미터 정도 배 아래로 들어갔다. 1초 후, 바늘이 자궁을 통과하면서 생리 때처럼 콕 쏘는 듯한 복통이 느껴졌다. "정상이에요." 산부인과 의사가 쾌활하게 말했다. 근육이 바늘에 찔리면 이런 통증이 온다.

이 순간 다른 사람들은 초음파 모니터 화면을 지켜보고 있었다. 나는 아니었다. 나는 일부러 아주 열심히 벌새를 생각했다. 벌새는 거미줄과 민들레로 둥지 밑부분을 만든다. 거기에 이끼를 채워 넣는다. 둥지에는 보통 두 개의 알이 들어 있다.

나는 흘낏 아래를 보았다. 주사기가 벌써 반이나 차 있었다.

벌새의 알은 크기가 완두콩만하다. 부화된 새끼는 젖은 땅벌처럼 보인다. '정상' 이란 아주 좋은 말이지.

첫 번째 주사기는 두 번째 주사기로 교체되었다.

벌새는 하룻밤에 유카탄 반도에서 멕시코 만을 건너간다. 이 거리는 800킬로미터에 달한다. 뉴잉글랜드에 걸쳐진 고기압이 그곳까지 확장되었으니 벌새들 일부는 어제 밤에 바다를 건넜을 것이다.

두 번째 주사기를 채우는 데에 시간이 더 오래 걸리는 것 같았다.

사실, 나는 벌새를 좋아하지 않는다. 가까이서 보면 벌새는 믿기 어려울 정도로 너무 작고, 아주 귀에 거슬릴 정도로 곤충처럼 윙윙거린다. 그렇지만 한 번의 비행으로 만을 건넌다는 점은 인상적이다.

바늘이 나왔다. 드디어 해냈다. 분위기는 여전히 들떠 있었다. 산부인과 의사가 두 개의 양수가 든 유리병을 검사원에게 건내자 그는 와인 잔처럼 불에 비춰보았다. "색깔이 좋네요."

"한번 잡아볼래요?" 그녀는 혈액처럼 따뜻한 양수 병을 나에게 건넸다. 병 안의 액체는 연한 황금색이었다. 빛이 나는 듯했다.

"액체 호박琥珀 같네요!"

나는 침을 튀기며 말했다.

"호박 보석 같아!"

갑자기 양수가 내가 지금껏 보았던 것 중에서 가장 사랑스런 물질인 듯 싶었다.

산부인과 의사가 팔을 건드렸다. 그녀는 "그건 아기 오줌이에요"라며 웃었다. "우리는 이 노란색을 좋아하죠. 아기의 신장이 잘 작용하고 있다는 신호니까요."

나는 다시 유리병을 보았다.

'오, 그래.'

양수에는 엄마와 아기로부터 나온 성분들이 섞여 있다. 양수의 일부분은 양막의 내층에서 분비된 것이고, 다른 일부는 이 내층을 자유롭게 통과하는 엄마의 혈청이다. 그리고 일부는 아기의 오줌이다. 만물은 돌고 도는 법. 태아의 오줌은 양수로부터 증류되고, 태아는 양수를 계속 찔끔찔끔 삼킨다. 양수는 또한 태아의 피부를 통해 바로 흡수되기도 하는데, 20주까지는 피부 바깥에 방수층이 형성되지 않기 때문이다. 태아가 호흡을 연습하면서 양수를 들이마시기도 한다. 이런 방식으로 양수는 발생중인 아기의 신체 외부만이 아니라 내부도 씻어낸다.

양수는 생물학적인 미스터리이다. 양수는 항균성이다. 즉 양수에서는 박테리아가 살 수 없기 때문에 자궁을 멸균된 장소로 만드는 데 일조한다. 그러나 양수가 일단 입, 폐, 피부를 통해 태아의 내부로 들어가면 더 이상 양수는 깨끗하지 않다. 일부 연구자들은 태아의 면역 시스템을 확립하는 데 있어 양수가 통합적인 역할을 하는 것으로 추정한다. 양수는 태아 전체를 씻어내면서 기관지와 내장관을 다양한 면역 인자에 노출시킨다. 이 같은 접촉으로 면역성을 높이기 위한 사전 작업으로 이들 부위에 점막층이 형성된다.

내부의 활동이 무엇이든 간에, 양수는 결국 태아 소변의 형태로 자궁으로 다시 들어온다. 비우고 다시 채우는 끊임없는 순환에 의해 양수는 엄마의 몸으로 다시 흡수되고 신선한 액체로 교환된다. 이 과정은 임신이 진행됨에 따라 가속된다. 임신 말기가 되면, 양수는 세 시간마다 교체된다. 출산이 임박할 때쯤에는 한 시간마다 교체된다. 그러나 임신 15주에는 양수 전체가 교체되는 데 24시간이 걸린다.

산부인과 의사는 마무리 처리를 했다. 그녀는 나에게 오늘은 물을 많이 마시라고 당부했다. 물을 많이 마시라. 아기 오줌이 되기 전에, 양수는 물이다. 내가 물을 마시면 혈장이 되고, 이는 양막 주머니를 채워 아기를 둘러싼다 그리고 아기가 이 물을 마실 것이다.

그럼 그 전에 물은 무엇이었나? 식수가 되기 이전에, 양수는 저수지를 채우고 있는 개울과 강이다. 우물을 채우고 있는 지하수이다. 그리고 개울과 강과 지하수이기 이전에, 양수는 비이다. 내가 나의 양수가 든 시험관을 손에 쥐고 있었을 때 나는 빗방울로 가득 찬 시험관을 쥐고 있는 것이다. 양수는 또한 내가 아침에 먹은 오렌지 쥬스이고, 시리얼에 부은 우유이고, 차에 넣은 꿀이다. 그것은 시금치 잎의 초록색 세포와 사과의 촉촉한 살에도 들어 있다. 그것은 달걀 노른자이다. 내가 양수를 보고 있을 때, 나는 오렌지 과수원에 떨어지는 비를 보고 있는 것이다. 멜론 밭, 축축한 땅 속의 감자, 목장의 풀에 맺힌 서리를 보고 있는 것이다. 이 시험관에는 소와 닭의 피가 들어 있다. 벌과 벌새가 모은 과즙이 들어 있다. 벌새의 알에 들어 있는 모든 것이 내 자궁 속에도 들어 있다. 세상의 물에 들어 있는 모든 것이 여기 내 손 안에 있다.

불순한 탐지기

나는 양수가 어디에서 왔는지 골똘히 생각하다가 초음파 모니터 지켜보는 것을 깜빡했다. 모니터에서는 무성영화처럼 아기가 바늘이 없는 곳 주위를 헤엄치고 있었다. 검사원은 여기서 자신의 역할을 두 가지로 설명했다. 태아가 양수검사에 어떻게 반응하는지 지켜보고, 몇 가지를 측정한다는 것이다.

초음파 화면은 파동의 반사로 만들어진 그림이다. 보다 구체적으로 말하면, 산부인과의 초음파 기계는 높은 진동수의 음파를 살아 있는 태아의 신체에 반사시킨 뒤 돌아오는 파동 에너지를 전기 신호로 변환시킨 것이다. 그 전기 신호를 컴퓨터 모니터 상에 시각적으로 보여주는 것이다(많은 임산부들은 초음파가 안전한지 걱정한다. 의사들은 초음파의 에너지가 낮기 때문에 태아의 조직에 해를 미치지는 않을 것으로 추정하지만, 이에 대한 연구가 장기간 진행된 적은 없다). 나처럼 훈련받지 않은 사람이 보기에 초음파 영상은 의학적 이미지라기보다는 예수의 얼굴이 찍혀 있다는 투린의 수의에 난 자국 같다. 기술자가 방광, 대동맥, 넓적다리, 얼굴 등 태아의 다양한 신체 부위를 지적하는 곳에는 희미한 명암만 있을 뿐이었다. 비록 행복한 표정을 지으며 고개를 끄덕이고 있었지만, 나의 관심사는 아기가 아니라 오히려 검사원의 얼굴 표정이었다. 그녀가 안심하고 있나? 걱정스러운가? 따분한가? 자신이 없나?

나는 태아의 초음파 화면을 보고 너무나 감동하고, 팔딱거리는 심장과 허우적거리는 팔다리를 보고 경이로움을 느낀 많은 여성들을 알고 있다. 그러나 검사대에 누워서 나는 완전히 다른 생각을 하고 있었다. 나는 이전에 종양의 징후를 알아볼 목적으로 이렇게 반쯤 어두운 방에 누웠던 적이 있다. 그때 유일하게 들었던 심장 박동은 내 갈비뼈를 두드리는 소리였다. 당시에 나는 아무것도 보지 않기를 바랐다. 이번에는 내 뱃속에서 자라고 있는 아기가 절대 무사하다고 스스로 다짐해야만 했다.

산부인과 초음파 검사법은 적 잠수함을 발견하기 위해 고안된 군용 기술을 변형시킨 것이다. 레이더가 비행기를 탐지하는 것에서 철새의 이동을 조사하는 것으로 용도가 바뀐 것처럼, 수중 음파탐지기 또한 숨어 있는 태아를 발견하고 진단하는 쪽으로 바뀌었다. 초음파는 특정한 종류의 심장 결함처럼 염색체 이상 이외의 출산전 문제점들을 발견하는 데 유용하다. 또한 머리 크기와 긴 뼈의 길이를 측정해서 태아의 나이를 32시간 오차 범위에서 계산할 수 있다. 예비 엄마의 생리주기가 불규칙한 경우 조산이나 과산을 방지하기 위하여 초음파 영상으로 출산 예정일을 다시 계산할 수 있다.

그러나 초음파 또한 잘못 판독될 가능성이 있다. 영국에서 6년 간 조사한 결과 모든 선천성 기형의 3분의 1 가까이가 초음파 검사에서 발견되지 않았다. 더 걱정스러운 것은 이 조사에 참가한 3만 3,000명의 임산부 중 174명이 실재하지 않은 기형에 대한 잘못된 검사 결과를 선고받았다는 사실이다. 다시 말하면 초음파 검사 결과 선천성 기형이 있는 것으로 판정된 174명의 아기들이 완벽하게 건강하고 정상적으로 태어났다는 것이다. 이는 174명의 엄마들이 오랜 시간 동안 전문가에게 자문을 구하고, 기도하고, 자신의 인생이 어떻게 바뀔지를 상상하고, 자기가 뭘 잘못했기에 이런 일이 생겼는지 고뇌하였음을 의미한다. 그럴 이유가 전혀 없었음에도 불구하고 말이다. 양수검사가 비교적 정확한 정보를 제공하기는 하지만 종종 생물학적 내용이나 예상 능력이 떨어지는 반면, 초음파는 태아의 실제 생김새에 근거하여 중요하고 예언적인 정보를 제공하지만 종종 틀린다.

자나키는 내가 제대로 초음파 모니터를 지켜보고 있지 않다는 걸 눈치챘다. 그녀는 내 손을 꼭 잡았다.

"봐, 산드라. 척추가 있어. 보이지?"

알갱이 같은 검은 점들 중에 긴 진주 같은 끈이 떠다니는 것이 보였다. 그 주위로 온전한 인간의 형태가 있었다. 등과 귀, 머리가 보였다. 그다음 갑자기 바다 포유동물들이 수족관에서 방향을 돌릴 때처럼, 아기가 갑자기 몸을 동그랗게 말았다. 그런 다음 두 개의 팔이 동시에 위로 올라왔다가 다시 아래로 내려갔다가 다시 올라왔다. 작은 새가 대양을 가로질러 이동하고 있었다. 내 몸의 검은 달을 배경으로 한 하얀 실루엣이었다.

그리고 이번 주에 세 번째로, 나는 모니터를 가만히 들여다보며 물었다.

"넌 누구니?"

철새의 수가 줄어들고 있다

나는 이틀 뒤 일리노이로 돌아왔다. 집을 나서려고 옷 단추를 채우면서 남편에게 초음파 검사원이 준 봉투를 건넸다.

"이게 뭐야?"

"초음파 스틸 사진이야. 그런데⋯⋯ 실망하지는 마. 스포츠 신문에 실린 설인 사진 같거든."

그는 반들반들한 종이에 인화된 작은 사진 두 장을 꺼냈다. 하나는 태아의 전신 사진이었고, 다른 하나는 머리를 정면에서 찍은 사진이었다. 화면으로 보았을 때보다 더 어둡고 흐릿했다. 나는 왠지 미안하다고 말해야 할 듯싶었다.

"당신이 원하면 초음파 검사원이 설명해준 아기의 신체 구조를 말해줄 수 있는데."

그러나 그럴 필요가 없었다. 남편은 재빨리 흐릿한 사진 속에 있는 신체 부분들을 하나하나 짚었다. 그는 특히 이마의 곡선에 관심을 가졌다. 그 때 초기 해부학자들은 모두 예술가였다는 사실이 떠올랐다.

"다른 검사 결과는 언제 알 수 있어?"

"10일 내지 12일 정도 걸린대."

"우리가 런던을 가는 것은 언제지?"

"12일 뒤."

우리는 잠시 생각에 잠겼다.

"내 생각에는 괜찮을 것 같은데."

초음파의 메아리가 만든 아기의 얼굴을 다시 한 번 보면서 남편이 말했다.

이렇게 검사 결과를 예상하면서 기다리는 날들이 시작되었다. 양수검사를 한 12일 후에 2주 동안 책 판촉을 위한 영국과 아일랜드 방문 스케줄이 잡혀 있었다. 이번 여행에는 남편도 함께 간다. 우리가 떠나기 전에 실험실에서 검사 결과가 도착할 것이라고 믿었다.

그러는 동안 은매화휘파람새가 일리노이에 몇 주간 머물기 위해 도착했고, 마이크를 테스트하는 것처럼 나뭇가지에서 "책, 책, 책"하고 노래를 부르며 노란 엉덩이를 과시하였다. 이들의 분주한 모습이 자신감을 불러 일으켰다. 은매화휘파람새는 봄에는 늦은 눈도 견뎌내고, 가을에는 덩굴 옻나무 열매를 먹고 사는 작지만 강한 새이다. 슬프게도 종종 송전탑에 부딪쳐서 죽기도 한다. 1985년 10월 하룻밤에 300마리가 넘는 새들이 일리노이 스프링필드의 텔레비전 송신탑 아래에서 죽은 채 발견되었다. 무선 통신이 보편화되면서 이런 구조물들이 평원을 가로질러 더 많이 설치된다면 어떤 일이 일어날까 걱정스러워졌다. 나는 하늘이 맑아지기를 바라면서 야간 기상예보를 지켜보았다. 구름이 끼면 새들은 더 낮게 날아서 이동하는데, 이때 항공기에 충돌 위험을 알리는 경고등을 향해 날아가곤 한다. 특히 은매화휘파람새가 이런 유혹에 쉽게 넘어간다. 아마 경고등을 별로 착각하는 것 같다.

위험은 텔레비전과 핸드폰 시스템뿐만이 아니다. 목요일에 나는 일리노이 새들의 살충제 오염에 대해 연구하는 생물학자인 기븐 하퍼 씨와 점심을 먹었다. 그는 특히 새들의 몸속에 유기 염소계 살충제가 있는지 분석하는 것에 관심을 갖고 있다. 유기 염소는 염소 원자를 탄소 원자에 결합시켜 만들어진 합성화합물의 일종이다. 이런 종류의 결합은 자연계에서는 아주 드믄 일이지만 실험실에서 인위적으로 만들어내기는 쉽다. DDT가 아마 가장 유명한 유기 염소계 살충제일 것이다. 이런 종류의 살충제는 곤충을 화학적으로 전기 감전시켜서 곤충의 신경계를 독살시켜 죽인다. 그러나 많은 염소계 살충제는 일단 환경에 다량으로 살포되면 두 가지 성질을 나타낸다. 첫째, 수은처럼 생물학적으로 농축된다. 둘째, DES처럼 호르몬에 의해 제어되는 생체 대사를 망가뜨리는 힘을 갖게 된다.

하퍼와 그의 연구진은 1996년 봄에 탑에 부딪쳐서 죽은 철새들을 모아서 이들 조직에 염소계 살충제 성분이 있는지 분석하였다. 대부분은 살충제에 오염되어 있었다. 그가 조사한 72마리 중 90퍼센트 이상의 몸속에서 적어도 한 가지, 많게는 세 가지 이상의 살충제가 발견됐다. 가장 흔하게 검출된 살충제는 디엘드린, 헵타클로르, DDT였다. 먹이 사슬에서 더 높은 위치를 차지하고 있는 새일수록 더 많은 양의 살충제에 오염되어 있었다. 즉 풀을 먹는 콩새와 멋쟁이새에 비해 곤충을 잡아먹는 휘파람새와 딱새에게서 더 많은 양의 살충제가 검출되었다.

염소계 살충제는 미국과 캐나다에서는 몇 십 년 전부터 사용이 금지되었다. 따라서 철새들이 열대지역에 있는 겨울 보금자리에서 독극물을 축적한 뒤 북쪽 지역의 여름 보금자리로 갖고 오는 것이라고 쉽게 상상할 수 있다. 그러나 하퍼가 밝혀낸 또 다른 발견이 이런 짐작에 제동을 건다 . 일리노이 주에 사는 박쥐나 홍관조 같은 텃새들 또한 DDT에 오염되었던 것이다. 즉, 우리와 더불어 사는 새와 포유동물 일부가 지금 맹독성 살충제에 노출되어 있다는 이야기다. 이 같은 발견은 다음 세 가지 중 하나를 의미한다. 염소계 살충제가 어디에선가 바람에 날려오고 있거나, 그것도 아니면 토양 · 물 · 퇴적물에 남아 있는 살충제가 수십 년 간 분해되지 않은 채 조용히 먹이 사슬을 갉아먹고 있거나, 아니면 중부 일리노이 어디에선가 아직도 법을 어기고 이런 살충제를 사용하고 있는 것이다.

매년 찾아오는 철새들의 수가 줄어들고 있는 것이 국지적으로 사용되는 살충제 때문일까? 하퍼는 신중한 과학자였다. 그가 발견한 살충제 오염이 철새 알의 부화를 방해하는 수준인지에 대해서는 더 알아봐야 한다고 이야기했다. 과학 학술지에서는 이에 대한 단서를 거의 찾을 수 없다. 살충제와 새의 번식에 대한 대부분의 연구는 먹이 사슬 상위에 있는 종들, 예를 들면 포식자인 매 · 독수리 · 가마우지 등에 집중되어 있다. 철새 번식에 대한 연구들은 대개가 서식지 파괴에만 초점을 두고 있다.

하퍼 씨는 식당에서 나오면서 관목에서 들리는 몇 가지 새 소리가 무엇인지 확인해주었다. 복습을 할 수 있는 좋은 기회였다.

"그런데요, 휘치티, 휘치티하고 우는 휘파람새가 뭐죠?"

"노란목딱새요."

"아, 맞다. 알았었는데. 그런데 목이 흰 참새가 매일 아침마다 침실 창밖에서 '샘 피바디'라고 노래를 부르는데 눈에 띄지가 않네요."

"아, 그 새는 요즘에는 어디서나 볼 수 있어요."

그와 헤어진 뒤 나는 프랭클린 공원이 있는 북쪽으로 계속 올라갔다. 공원의 나무들은 싹을 틔우기 시작하고 있었고, 오래된 목련나무 두 그루는 벌써 만발한 꽃송이의 무게로 가지가 늘어져 있었다. 날씨가 온화하고 화창해서 옷을 껴입은 몸이 근질거렸다. 울 소재의 남자 양복상의가 볼록해진 배를 가리는 데는 적격이라는 것을 알게 된 후부터 나는 남자 옷을 입어왔다. 남자들이 양복을 처음 발명한 이유가 너무나 훌륭하게 배를 가려주기 때문이 아닌지 의심이 들 정도였다. 체중이 이미 9킬로그램이나 늘었지만 남편의 오래된 재킷 덕분에 아무도 눈치 채지 못할 것이다. 바지는 여전히 내 것을 입고 있는데, 지퍼를 열고 단추 구멍 사이로 고무줄을 끼워 흘러내리지 않게 했다. 날씨가 점점 따뜻해지고 있으니 이런 임시변통도 오래가지 못할 것이다.

나는 피크닉 탁자 근처 벤치에 앉았다. 샘 피바디를 찾아보려고 귀를 세우고는 움직이는 나무껍질 색의 작은 물체가 있는지 초록으로 물든 나뭇가지들을 훑어보았다. 근처 테이블에 소풍 나온 사람들이 손을 흔들며 나를 부르는 걸 몇 분 간이나 알아차리지 못하고 있었다. 내 학생들이라고 생각되자 꼼짝도 안하고 뚫어지게 나뭇잎을 지켜보고 있었던 것이 당황스러웠다.

"안녕! 안녕하세요!"

소풍 나온 이들이 웃으며 소리쳤다. 그들은 내 학생들이 아니었다. 두 명의 교사를 동반한 한 무리의 다운증후군 아이들이었다. 나는 천천히 손을 흔들어주었다.

유전자 검사

양수를 검사한 지 일주일이 지난 금요일. 내 배꼽 아래에 작은 보라색 멍이 있던 바늘 자국은 완전히 없어졌다. 나는 보스턴의 산부인과 진찰실로 전화를 걸기로 마음먹었다. 단지 결과가 나왔는지 확인해보려고.

"검사 결과가 아직 나오지 않았어요. 결과가 나오는 대로 연락드릴게요."

나는 그녀의 목소리가 좋았다. 언제 전화하더라도 기꺼이 성심껏 도와줄 것 같았다.

주말은 옛날에 철길이었던 포장된 오솔길을 산보하며 보냈다. 이 길은 뒤뜰, 집하장, 운동장, 시립공원을 거쳐 풀이 가득한 초원까지 이어지고 있었다. 이 길을 자랑스러워하는 지역 주민들이 길을 따라 꽃을 심어놓았다. 나팔수선화가 활짝 피어 있는 옆에서는 경쟁이라도 하듯 개나리가 눈부신 노란색을 뽐내고 있었다. 개나리 가지 위에서 노래를 부르고 있는 홍관조는 매우 붉은 빛이었다. 튤립보다도 더 붉었다. 털을 잔뜩 세운 로빈은 새로 돋아난 풀 위로 뛰어다녔고, 롤러 블레이드를 타는 사람들조차도 이들을 침묵시킬 수 없었다. 내가 웃옷을 벗자 유모차를 끌고 지나가던 엄마들이 뭔가 안다는 듯한 미소를 보냈다. 봄은 통제할 수 없는 축제이다. 나는 통제할 수 없는 임산부이고.

우리 아기의 세포는 내 몸 안뿐만 아니라, 보스턴에 있는 실험실 어딘가에서 송아지 태아로 만들어진 배양액에서도 자라나고 있었다.

양수검사 때 채집한 세포 중 살아 있는 것은 약 10퍼센트 정도에 불과하지만 사람 체온 정도의 배양실에서 조심스럽게 키우면 세포분열이 가능해진다. 보통 5일 내지 9일 정도 지난 뒤에 증식된 세포를 수확해서 유전자 검사를 할 수 있다. 여기에는 현미경으로 들여다보는 것 이상의 과정이 필요하다. 염색체들은 세포 내에서는 호리호리하게 길고 테가 많은 DNA 실로 존재하는데, DNA 자체를 살피는 것은 불가능하다. 염색체는 세포가 분열할 준비를 할 때만 과학 잡지와 생물 교과서에 실린 뚱뚱한 막대기 모양으로 변한다. 이렇게 압축된 상태에서만 조사를 할 수 있다. 따라서 유전자 검사를 위해서는 수집된 태아의 세포들의 성장 주기가 두 개의 세포로 나누어지기 직전의 순간에 정지시켜야 한다. 그 이전도 안 되고 그 이후도 안 된다. 이 염색체들은 각각의 띠 패턴이 나타나도록 염료로 물을 들여야 한다. 내 친구인 어떤 유전학자는 세포 분열 직전에 붙잡아서 잘 염색시킨 인간의 염색체는 줄무늬 죄수복을 입고 있는 머리 없는 사람처럼 보인다고 우겼다.

인간은 46개의 염색체를 갖고 있다. 이중 절반은 엄마에게서 절반은 아빠에게서 온 것이다. 즉, 난자에는 23개의 염색체가 있고 정자도 그만큼의 염색체를 갖고 있다. 이들이 하나로 합쳐져서 생긴 배아는 46개의 완전한 염색체 세트를 갖게 된다. 수정 중에 이들 염색체는 쌍으로 합쳐진다. 정자에서 온 염색체에 눈 색깔을 결정하는 유전자가 있으면 난자에서 온 염색체에도 같은 유전자가 있으며, 이들 두 염색체가 함께 거주하게 된다. 이중 하나는 갈색 눈을 다른 하나는 파란 눈을 지시할 수 있다. 달리 말하면 각각의 염색체는 자신의 또 다른 분신이나 쌍둥이, 대상물을 갖고 있는 것이다. 생물학적 표현을 사용하자면, 동종 복사본을 갖고 있는 것이다.

산전 유전자 검사의 첫 번째 임무는 이들 염색체를 맞춰보는 것이다. 이를 위해 여러 단계를 거친다. 먼저 배아세포 중 하나를 분석용으로 선택한다. 그 다음에는 염색체를 유리 슬라이드에 쫙 펼쳐서 염색한 뒤 사진을 찍는다. 그런 다음 염색체별로 사진을 오려낸다. 염색체 짝을 확인해서 모은다. 그 다음

번호가 매겨진 격자판에 배열한다(이제는 모두 컴퓨터 스크린상에 나타난 이미지를 가지고 이런 작업들을 수행한다). 전통적으로 염색체 쌍들은 크기 순서로 배열된다. 첫째 열의 꼭대기에 있는 염색체 쌍이 가장 길고, 22번째 열에 있는 쌍이 가장 짧다. 성염색체는 보통 맨 끝 쪽에 놓아서 23번을 매기고, 딸인 경우에는 XX로, 아들인 경우에는 XY로 명명한다. 마지막으로 염색체 조각을 모두 붙여서 새로운 그림을 만드는데, 이를 핵형이라 부른다. 이렇게 얻은 최종 결과는 가장 큰 것부터 가장 작은 것까지 한 줄로 늘어선 쌍둥이들 가족 사진처럼 보인다.

정확하게 23개의 염색체 쌍을 보여주는 핵형을 검토해서 뭔가 다른 게 있으면 태아 발생에 치명적인 문제가 있는 것이다. 삼염색체라고 불리는 여분의 염색체가 한 예다. 전형적인 사례가 21번 염색체가 세 개 있는 것인데, 이로 인해 다운증후군이 생긴다. 물론 다른 것도 있다. 에드워드증후군은 18번 염색체가 세 개 있다. 이 경우는 종종 생명이 위험하다. 삼염색체는 성염색체뿐만 아니라 8번, 9번, 13번 염색체에도 나타난다. 모두 난자와 정자가 형성되는 생식세포 분열시 염색체 쌍이 서로 떨어지지 못했기 때문에 일어난다. 이는 부모 중 한 쪽이 필요한 23개 대신에 24개 염색체를 태아에게 주었음을 의미한다. 발생 중인 아기는 결국 47개의 염색체를 갖게 된다. 대부분의 비분리 염색체는 난자에서 생긴 것이지만, 다운증후군의 경우에는 일부가 정자에서 문제가 생긴 것으로 밝혀졌다. 다운증후군의 위험이 엄마의 나이에 따라 급격하게 증가하는 것으로 알려져 있지만, 아빠의 경우에도 그러한지는 확실하지 않다.

유전학자들은 핵형을 다른 문제점을 살펴보는 데에도 이용한다. 드문 경우지만 난자와 정자가 형성되는 동안 하나의 염색체 일부가 쪼개져서 다른 염색체 끝에 붙는 경우가 있다. 이를 전좌라고 부른다. 종종 염색체의 작은 부분이 손실되는 경우도 있는데, 이를 결실이라고 한다. 염색체의 팔 다리에 나 있는 수평선, 소위 말하는 염색 띠의 패턴을 조사해서 이런 문제점이 있는지 밝혀낼 수 있다. 표준적인 핵형에서는 400개의 띠가 보이고, 이들 각각에는 수백 개의 유전자가 들어 있다. 핵형의 이상 유무를 밝히는 것은 DNA 재조합 기술, 형광 염료, 컴퓨터를 동원할지라도 결국 사람의 지각과 판단에 의존해야 하는 힘든 작업이다.

나는 내 태아 세포가 이런 검사 과정 중 어느 단계에 있을지 궁금했다. 아직도 조용하게 배양되는 중일까? 아니면 이미 수확되어 염색이 된 후에 사진에 찍혀서 수천 배 확대된 컴퓨터 모니터 상에 펼쳐져 있을까? 일리노이 주의 태양이 지고, 오래된 철도 교각의 나무 판자 아래서 비둘기들이 구구거리고 있는 바로 이 순간, 보스턴에 있는 누군가는 새로 커피 한 잔을 뽑아 와서 염색체들을 분류하기 시작하겠지. 아마 실험실에는 라디오를 틀어놓았을 것이다. 유전학자들은 뭔가 조금 이상한 것을 눈치채고는 동료를 부를 것이다. 아마 이들 중 두 명은 아무것도 아니라는 결론을 내릴 것이다. 아마 검사 보고서가 이미 작성되었을 것이고, 모든 것이 정상이리라.

나를 괴롭힌 것은 양수검사로 인한 초조함(이것도 상당하기는 했다)이 아니라 검사의 편협한 초점이었다. 이 전체 작업은 염색체를 세고 그 구조를 세밀하게 조사함으로써 한 아이의 미래 인생을 준비할 수 있음을 암시한다. 그러나 미나마타의 아이들은 완벽하게 정상적인 염색체를 갖고 있었다. 아마도 풍진으로 장님이 되고, 탈리도마이드에 노출되어 다리를 잃은 수천 명의 아이들도 정상적인 염색체를 갖고 있었을 것이다. 실제로 선천적 기형의 대부분이 타고난 유전자의 잘못으로 인한 것이 아니다. 그럼에도 불구하고 우리는 DNA 한 덩어리가 인생 자체를 움직이는 으뜸가는 요인이라도 되는 것처럼 유전학자들에게 염색체를 조사하도록 하고, 양수검사를 임산부들의 통과의례로 만들었다. 마치 임신이 물의 순환이나 먹이 사슬과는 상관없이 밀폐된 실험실에서 벌어지는 일인 것처럼 말이다.

양수검사를 할 때 유전자 검사뿐만 아니라 환경오염 물질에 대해서도 검사해보면 어떨까? 양수에 대한 환경 오염 물질 연구는 딱 한 번 행해졌다. 양수 중에서 유기 염소계 살충제의 농도를 검사한 결과, 30개의 샘플 중 3분의 1에서 주목할 만한 양이 검출되었다. 연구자는 태아의 성호르몬과 거의 같은 양의 DDT가 발견되었다는 사실을 특히 우려했다. DDT는 성호르몬이 작용하는 생화학적 경로를 방해하는 것으로 알려져 있기 때문에 이런 종류의 오염으로 인한 태아의 생식관 발생 장애에 대한 의문이 제기됐다.

연구자는 또한 일부 샘플에서 환경호르몬인 PCB의 흔적을 발견하였다. 이 화합물은 선천성 기형에는 관련되지 않지만 면역계를 억제시키는 것으로 여겨진다. 앞서 살펴본 바와 같이 양수 그 자체가 태아의 면역성을 확립하는 데 중요한 역할을 한다. 그런데 태아가 PCB가 들어 있는 양수를 흡입하고 삼킨다면 면역계가 형성되는 과정에 문제가 생기는 것은 아닐까? 아무도 모르는 그 해답은 염색체 수가 잘못된 극소수의 아기들뿐만 아니라 태어나지 못한 모든 아기들과도 관련될 수 있을 것이다.

인간의 양수에서 발견되는 유해 화합물은 대학 동료인 기븐 하퍼가 철새나 텃새의 조직에서 발견한 것과 같았다. 나는 다시 내 양수검사 결과에 대해 생각했다. 벌새의 알에 들어 있는 것이면 내 자궁 안에도 들어 있다. 세상의 물에 들어 있는 것이면 내 안에도 있다.

정상이에요

월요일, 검사 10일째. 결과가 오늘 도착할 가능성이 매우 높다. 그러나 오후 수업을 끝내고 집으로 돌아갔을 때 자동응답기에는 아무런 메시지도 없었다. 그래서 나는 다시 전화를 걸었다.

"오늘은 결과가 나오지 않았어요. 너무 걱정하지 마세요."

화요일, 11일째. 다시 전화를 걸었다.

"아, 안녕하세요. 아뇨. 아직 결과가 나왔다는 이야기를 못 들었어요. 내일 떠나시는 것 알고 있어요. 공항으로 가시기 전에 전화 한 번 주세요."

수요일 오전, 12일째.

"아뇨. 아직 결과를 받지 못했어요. 왜 그런지 모르겠네요. 당장 실험실에 전화해볼게요. 몇 시 비행기시죠?"

수요일 오후, 12일째, 오하라 공항에서.

"정말 죄송합니다. 실험실에서 회신이 없네요. 무슨 문제인지 모르겠어요. 연락받는 대로 자동응답기에 메시지 남길게요."

목요일, 13일째, 런던 호텔 방. 메시지 없음.

금요일, 14일째, 하이드파크 근처 공중전화. 메시지 없음.

금요일 밤, 14일째, 켄트 묘지 근처의 공중전화.

"산드라, 신디예요. 결과가 나왔어요. 모두 괜찮답니다. 염색체는 정상이에요. 그리고…… 공주님이에요."

검은 새 한 마리가 노래 부르는 중세풍 교회의 마당에서 제프와 나는 춤을 추었다.

다섯 번째 달

생명의 신호

폭풍 속의 산책

나는 쏙독새보다 며칠 일찍 일리노이로 돌아왔다. 내가 겨우 시차에 적응할 때쯤 쏙독새들은 저녁 하늘에서 "피트! 피트!" 하고 울고 있었다. 며칠 뒤 폭풍 전선이 평원을 가로질러 이동하자 지평선에는 높고 산만한 적란운이 피어올랐다. 그리고 번개가 번쩍일 때마다 쏙독새들이 불쌍한 리어왕처럼 쏟아지는 빗속에서 날아다니는 것이 보였다. 쏙독새 알들도 둥지의 보호를 받지 못한 채 지붕 꼭대기에 그대로 드러나 있었다. 쏙독새는 밤하늘을 나는 나방들을 잡아먹기 위해 주위에 털이 있는 넓은 부리를 갖고 있다. 이들이 도착하는 5월은 쐐기벌레들이 성충으로 변태하는 시기이다. 따라서 쏙독새는 나방의 번데기를 먹고 사는 홍관조보다 몇 주 더 늦게 이동한다. 날개를 가진 포식자와 피식자 모두에게 비행의 계절이다.

그동안 나는 내 몸의 변태를 옷장의 변화를 통해 체감하고 있었다. 지난달 보스턴에 있을 때, 용감하고 매혹적인 친구인 소프라노 가수 캐롤 베넷이 임신복이 가득 들어 있는 가방을 내게 주었다. 캐롤은 임신 초기에는 몽고에서 열린 음악회에서 노래를 불렀고, 임신 중기의 석 달 동안에는 유럽에서 리사이틀을 가졌고, 임신 말기 석 달 동안은 오페라 〈박쥐〉에서 주연을 맡았다. 예상대로 그녀의 임신복들은 나의 수수하고 주름잡힌 옷들과는 거리가 멀었다. 가방에는 보라색 실크와 검정색 벨벳, 주름진 레이스 드레스, 보석 단추가 달린 파란 재킷, 옷걸이에서 미끌어지는 풍성한 드레스가 있었다. 이 옷들은 모두 부른 배를 숨기기보다는 배의 곡선을 강조하고 있었다.

수업이 집중된 5월 학기 첫날, 내가 캐롤이 준 밝은 색의 미끈한 튜닉을 입고 강의에 나타나자 조교는 타이핑하던 걸 멈추고 입을 쩍 벌린 채 나를 쳐다보았다. 내가 그 앞을 지나가자, "어떻게 우리가 까맣게 모를 수 있었죠?" 하고 물었다.

"나, 임신했어요." 내 배를 보려고 모여든 다른 교직원들에게 다소 장황스럽게 선언하였다. 설사 누군가 나의 임신을 눈치챘더라도 누설한 사람은 없었을 것이다.

쏙독새 때문인지 새로운 의상에 때문인지, 용기를 얻은 나는 어두워진 후에도 오랫동안 산책하기 시작했고, 가끔은 폭풍이 최고조에 달했을 때도 산책했다. 나뭇가지에 천둥소리가 가득 찼고, 땅벌레들이 보도에서 꿈틀대고 있었다. 하수구는 꽃잎들과 쏟아지는 물로 가득 찼다. 더 방어적이고 비밀스러웠던 지난 달들의 초조함을 떠나보내자 내가 예상했던 것보다 기분이 좋아졌다.

산전검사는 임신 중기에 통과해야 하는 불타는 고리다. 비록 산모들이

용감하게 양수검사를 받기보다는 돌아서 피해가는 이유를 분명하게 알게 되었지만, 이제 고리를 넘어버린 나로서는 양수검사가 확신을 갖고 말해주는 몇 가지 사실에 감사하고 있다. 그러나 산전검사에서 가장 문제가 되는 부분은 희귀한 유전적 결함만 열심히 조사하고 임신에 대한 환경적 위협은 무시한다는 점이다. 서른다섯 살 이상의 예비 엄마들에게 삼염색체에 대한 조사는 산전 관리의 정규 프로그램이 되었다. 그러나 양수에 살충제가 들어 있는지, 살충제로 인한 오염이 아가의 발생에 어떤 영향을 미칠지를 물어본다면 검사원은 당황할 것이다. 창조라는 춤에서 유전자와 환경은 서로 파트너이다. 염색체 분석에서 '이상 없음(이보다 더 사랑스러운 말은 없었다)' 이란 결과를 들었으니 이제는 다른 파트너를 살펴볼 때라고 결심하였다.

어느 날 밤, 나는 산책을 하다가 이웃집 잔디밭과 학교 정원에 꽂혀 있는 작은 흰색 깃발을 보았다. 허리를 굽혀 거기 적힌 글을 읽었다.

"살충제 살포, 접근 금지."

깃발 아래 잔디에 떨어진 빗방울이 보도로 흘러내려 내 신발을 적셨다. 나는 선천성 기형에 대한 조사를 시작하기로 마음먹었다.

선천성 기형에 대해 우리가 알고 있는 것들

이상하게 들리겠지만, 선천성 기형에 대해 우리가 알고 있는 사실은 고대와 비교해서 별로 나아지지 않았다. 존스홉킨스 대학의 최근 연구 보고서에 따르면, 선천적 기형의 20퍼센트만 원인이 확인되었을 뿐 대부분은 그 이유를 밝혀내지 못했다. 그렇다면 우리가 처한 상황은 선천적 기형이 생기는 이유를 모른 채 이런 아이들이 '신의 사자'라고 믿었던 기원전 3000년 바빌로니아인들과 별로 다를 바 없다.

실제로 '괴물'이란 단어는 징조나 경고를 의미했다. 소위 말하는 괴물의 출생이 항상 나쁜 것은 아니었다. 심지어 일부는 신성시되기도 했다. 예를 들면 칼데아에서는 음경 없는 남자 아기가 태어나면 이를 "그 집의 수확이 많아져서 부자가 될 것"이라는 예언이라고 생각하였다. 그러나 보통의 경우에는 이상한 모습의 아기가 태어나면 공포는 아니더라도 무서움과 두려움을 느꼈다. 발생학 역사가들은 인어와 키클롭스(그리스 로마 신화에 등장하는 외눈박이 괴물—옮긴이 주)를 포함한 신화 속의 많은 괴물들이 특정한 종류의 선천성 기형에서 유래했을 것이라고 지적한다. 그렇다면 산전검사들은 인간의 기형 징후를 해석해서 미래를 점치는 가장 최근에 등장한 방법일 뿐이다.

현대 유전학의 진보 덕분에 발생학자들은 선천성 기형을 유전 이론으로 설명하는 쪽으로 방향을 돌렸다. 이들 설명 대부분은 추가적인 관찰과 실험이 필요해서 지지를 받지 못했다. 그럼에도 불구하고 이런 유전으로 많은 선천성 기형을 설명할 수 있다는 가정이 오늘날까지 계속되고 있다. 이 주제에 대한 최근 연구에서 지적된 바와 같이, "(원인이) 밝혀지지 않았을 때는…… 종종 유전학적 설명이 과장되고 있다."

실제로 발생 이상에 대해 알려진 것들 대부분은 주로 환경 요인 때문이다. 예를 들면 비록 적당한 양이었더라도 알코올로 인해 정신 지체나 얼굴 이목구비가 미묘하게 변하는 태아알코올증후군(FAS)이 생길 수 있다(실제로 '적당한 양'이 어느 정도인지는 합의된 바 없다. 일부 연구에서는 한 주 두 잔 정도의 음주만으로도 신생아의 흥분과 스트레스성 행동이 증가할 수 있다고 주장하고 있다. 그러나 임신 기간 동안 엄마가 평균 매일 한 잔 이하로 술을 마신 경우

아이들의 집중력과 기억력에 문제가 있는 비율이 증가하는 것은 분명하다).

비록 간접 흡연에 의해서라도 엄마가 담배 연기에 노출되면 출생 시 몸무게가 감소된다. 납 또한 아기의 몸무게를 감소시킨다. 따라서 인간의 선천성 기형을 다룬 최근의 존스홉킨스 대학의 논문에서는 다음과 같은 결론을 내리고 있다.

"교훈은 바로 태아가 엄마를 둘러싸고 있는 환경에 민감하다는 사실이다."

그렇다고 해서 유전자가 아무런 영향도 끼치지 않는다는 것은 아니다. 그러나 처음에 유전적인 것처럼 보이는 것도 주변을 둘러싼 환경의 영향을 받는다는 이야기이다. 예를 들면 독성에 노출되어 난자와 정자의 DNA가 손상되면, 이런 유전적 돌연변이가 유전될 가능성이 잠재한다. 선천적 기형의 원인을 제공하지만 그 자체만으로는 기형을 유발하지 못하는 유전인자와 환경적 손상이 상호 작용할 수 있다. 여러 가지 이상 증세를 갖고 태어난 아기를 생각해보자. 이런 이상은 여러 기관으로 분화될 태아 조직이 환경에 의해 손상된 결과일 수 있다. 아니면 이들 기관의 발생에 필요한 단백질의 생산을 조절하는 유전자 하나가 돌연변이를 일으킨 결과일 수도 있다. 또는 이들 두 원인이 조합된 결과일 수도 있다. 환경과 유전자는 서로 착 달라붙어 발생학이란 탱고를 춘다.

환경이 선천적 기형에 미치는 영향을 측정하는 방법 중 하나는 선천적 기형에 대한 기록을 조사하는 것이다. 이 기록은 일정 기간 동안 특정 모집단이나 특정 병원에서 진단된 모든 선천성 기형아에 대한 보고서로 이뤄진다. 선천성 기형아의 비율이 변화되면 가능한 원인에 대한 단서를 알아낼 수 있다. 예를 들면, 시간이 경과함에 따라 선천성 기형 발생률이 증가한다는 것은 환경 중에 이런 선천성 기형을 유발시키는 물질의 농도가 증가하고 있음을 의미한다.

시간만큼이나 지리적 패턴 역시 중요하다. 한 지역에서 선천성 기형 비율이 증가하게 되면 해당 지역이 선천성 기형을 유발하는 물질에 노출되었음을 의미할 수 있다. 이런 물질을 '기형유발물질(teratogen)'이라고 부르는데, 이 말은 괴물을 의미하는 그리스어 '테라스(teras)'에서 나왔다. 시간의 경과에 따른, 또는 여러 지역에 걸친 선천성 기형의 증가나 감소 기록은 기형유발물질 노출의 증거는 못 되더라도 면밀한 조사가 필요한 근거를 제공한다. 보스턴 대학의 유행병 학자로 이런 종류의 증거와 매일 씨름하고 있는 리처드 클랩에 따르면 이런 데이터가 보여주는 패턴은 "'여기를 파라'라고 쓰여진 빨간 깃발과 같다."

내 자신의 기록 데이터 주변을 파 들어가기 전에 나는 선천성 기형에 대한 도해서를 살펴보았다. 이건 임산부들에게 추천할 만한 일이 아니다. 그러나 나에게는 이 책의 페이지를 넘기는 것이 앞으로 해야 할 일을 준비하는 일종의 명상이었다.

나는 가장 존경받는 결정적인 논문들이 많이 실려 있는 책부터 시작하였다. 『스미스의 인간 기형 패턴』 제5판, 857쪽짜리 흑백 사진 컬렉션 중 저자 데이비드 스미스의 사진만이 유일한 정상인의 사진이었다. 장 제목들에는 '주된 특징인 얼굴 기형' '축적 장애' '노인과 같은 외모' 등이 있었다. 이런 제목에도 불구하고, 나는 이 책에서 분류된 시각적 이미지를 보면서 이상한 안도감을 느꼈다. 이들은 살아 있는 사람들이고, 이들 중 한둘은 버스나 볼링장에서 만난 적이 있는 듯 매우 친숙해보였다. 나는 먼저, 균형이 어긋난 머리를 리본으로 가린 것 같은 모성애의 표시를 찾았다. 동일한 사람의 모습을 나이가 들 때까지 연속적으로 보여주는 일련의 사진에 가장 끌렸다. 가끔은 아기 때 사진에서는 희망이 없어 보였는데 세월이 흘러감에 따라 기형이 덜해지기도 했다. 가끔은 성인이 되었을 때의 사진은 완전히 멀쩡해 보이기도 했다.

오히려 『태아 기형의 초음파 진단』을 보았을 때 동요했다. 여기에는 안팎이 뒤집힌 듯 보이는 아기들, 얼음 속에 갇힌 것처럼 보이는 아기들, 외계인이나 살바도르 달리의 흐물거리는 시계를 닮은 아기들이 있었다. 이 책에는 살아서 태어난 아기들뿐 아니라 사산된 태아의 사진도 포함되어 있었는데, 때로는 살아 있는 아기와 죽은 아기를 구별하기 힘들었다. 어떤 아기들은 십자가에 못 박힌 것 같은 포즈를 취하였다. 일부는 수치스러워하는 듯 보였다. 일부는 반항적인 모습이었다. 일부는 감정을 표현할 수 있는 입과 같은 신체 부위가 없어서 무표정한 듯 보였다.

마지막으로 브루스 칼슨이 쓴 『인간의 발생학과 발달생물학』을 보았다. 이 책에서 나는 기형 가운데 놓인 정상적인 구조물이 얼마나 경이로워 보이는지 알게 되었다. 회오리바람에 파괴된 집 사진을 볼 때, 사라진 지붕보다 커피 탁자 위에 깨어지지 않고 놓여 있는 화병이 더 매력적으로 보이는 것과 같다. '덩어리형 기형종'이라는 제목의 사진에서 빨간 풍선 떼목 같은 아기 얼굴보다 조개껍질같이 문드러진 작은 얼굴의 틀을 잡고 있는 두 개의 완벽한 귀가 내게는 더욱 인상적이었다.

할머니의 선물

산모들은 보통 임신 중기인 16~20주 사이에 건강한 생명의 신호인 태동을 느끼게 된다. 초산인 경우에는 두 번째나 세 번째 임신인 경우보다 태동을 더 늦게 경험하는데, 아마도 산모가 태동이 어떤 느낌인지 몰라서 그런 것 같다. 물론 태아들은 이미 여러 주 전부터 돌고 차고 주먹을 뻗고 손발을 흔들고 고개를 까닥거리는 등 바쁘게 움직이고 있었겠지만, 이런 움직임은 임신 넉 달이나 다섯 달이 되기 전까지는 엄마의 말단신경을 건드릴 만큼 강하지 않다. 19주가 됐지만 나는 아직도 태동을 느꼈다고 말할 수 없었다.

나의 재촉에 엄마들은 다양한 낭만적인 비유를 들어가며 태동의 느낌을 설명해주었다. "샴페인 거품 같아." 한 엄마가 말했다. "나비와 비슷해." 다른 엄마가 말했다. "몸속에서 부드럽게 간질이는 손가락 같아." 또 다른 엄마가 말했다. "때가 되면 다 알게 될 거야." 네 번째 엄마는 눈물을 글썽이며 깊은 숨을 내쉬었다.

어머니날 나는 93세 된 할머니를 축하하기 위해서 엄마, 사촌, 고모, 삼촌들과 함께 모였다. 21명이나 되는 할머니의 손자들 중에서 내가 거의 마지막으로 그것도 가장 늦은 나이에 임신을 하였다. 식구들 중에서 아이가 없다고 나를 추궁하던 사람은 없었다. 특히 서른이 되기 전 7년 동안 여섯 명이나 되는 아이를 낳은 할머니는 도리어 너무 일찍, 너무 빨리, 너무 많은 아이들을 낳는 것이 문제라고 생각하셨다. 할머니는 내가 알고 있는 엄마들 중 임신에 대해서 가장 덜 감상적이었다.

조용한 시간에 나는 소파에 앉아 계신 할머니 옆으로 갔다. 할머니는 1977년에 아직 태어나지 않은 내 딸을 위해서 짜두었던 담요를 나에게 보여주셨다.

"맙소사. 이걸 주시려고 오래 기다리셨네요, 할머니. 이 아기는 지금 대학에 다니고 있어야 하는 건데."

"기다려서 나쁠 건 없단다."

할머니는 내 손을 토닥여주셨다. 나는 할머니께 아기가 발로 차는 느낌이 어떤지 물어보았다.

"아직도 그걸 못 느꼈니?"

할머니는 잠시 침묵하셨고, 뭔가 다른 생각을 하시나 싶었다. 그런데 갑자기 팔꿈치로 내 갈비뼈를 쿡 찌르며 말씀하셨다.

"이런 느낌이지."

빈약한 데이터

미국의 선천성기형등록소에서 얻을 수 있는 정보가 놀라울 만큼 형편없다는 것이 밝혀졌다. 정말로 데이터가 너무 부족해서 어떤 기형에 대해서는 거의 무의미할 정도였다. 이는 놀라운 발견이었다. 선천성 기형은 미국에서 유아 사망 원인 1위이다. 유아와 임산부들의 건강이 여러 가지로 개선되고, 산전검사의 종류가 점차 늘고 있으며, 검사 결과가 나쁘면 유산하는 비율이 높아지고 있음에도 불구하고 선천성 기형의 발병률은 여전히 높다. 대략적으로 추정해보면 이렇다. 미국 유아의 3~4퍼센트가 심각한 선천성 기형으로 진단되고 있고, 매년 12만 명의 아기들이 심각한 기형을 갖고 태어나고 있으며, 매일 21명의 아기들이 이런 기형으로 인해 사망하고 있다.

주된 문제점은 선천성 기형을 추적하고 그 경향을 보고하는 국가적 시스템이 없다는 것이다. 탈리도마이드 재앙을 계기로 1973년에 처음으로 국가 차원의 기형등록소가 설립되었는데, 이에 도움을 준 이는 의학계 권위자인 버지니아 아프가 박사였다. 아프가 박사는 신생아의 건강 상태를 체크하는 '아프가 지수'를 개발한 사람으로 유명하다. 그는 질병통제센터와 독립되어 운영되는 선천성 기형 모니터링 프로그램이 미국 내 기형등록소를 이끌도록 하였다. 몇 년 후, 연방 정부에서 운영하는 또 다른 등록소인 메트로폴리탄 애틀랜타의 선천성 기형 프로그램에서도 자료를 수집하기 시작하였다.

두 등록소는 초기 주창자들의 염원에 부응하는 데 실패했다. 결코 포괄적이지 않았던 선천성 기형 모니터링 프로그램은 삐그덕거리다가 결국 1994년에 해체되었다. 그 활동이 가장 활발하였을 때에도 미국 내 총 출산의 35퍼센트만을 추적하였고, 이 표본 샘플도 무작위로 수집된 것이 아니었다. 게다가 출생증명서나 신생아 퇴원 기록에 적혀 있는 것 이상의 정보를 적극적으로 알아보지도 않았다. 일부 기형은 출생 시에는 분명하게 드러나지 않기 때문에 이런 방법은 중대한 결점이었다. 심지어 분만실에서 기형이 명확히 확인된 경우조차 통계 기록에 항상 반영된 것은 아니었다. 1996년의 연구에 따르면, 선천성 기형 중 단지 14퍼센트만 출생증명서에 정확하게 기록되는 것으로 추정되었다. 애틀랜타 등록소의 경우는 아기가 생후 12개월이 될 때까지 선천성 기형 진단을 적극적으로 추적하고 있지만, 추적 대상인 모집단의 표본수가 너무 작고 미국 전역에 대한 대표성이 없다는 한계가 있다.

제대로 일하는 국가 차원의 기형등록소가 없어지자, 몇몇 주 정부의 보건 담당 부서에서 자체적으로 등록소를 설치하였다. 존스홉킨스 연구진이 이런 등록소를 평가해봤더니 부족한 점이 아주 많은 것으로 드러났다. 17개 주에는 아예 등록소가 없고, 거의 대부분 의사와 병원 측의 수동적인 보고에 의존하고 있었다. 이런 자료 수집 방법은 수치를 실제보다 감소시키는 것으로 알려져 있다. 단지 몇 개 주에서만 기록원이 병원을 방문하여 출생 기록들을 조사하고 퇴원 후에도 환자들의 상태를 살피는 등 선천성 기형을 성실히 추적하고 있었다.

이런 주 중 하나가 캘리포니아다. 1982년에 설립된 캘리포니아 선천성 기형 모니터링 프로그램은 여러 기형등록소 중에서 우수한 표준으로 여겨진다. 이 기관에 규정된 사명은 선천성 기형의 원인을 밝혀내는 것이다. 미국에서 태어나는 아기 일곱 명 중 한 명은 캘리포니아에서 태어나므로 등록소가 미국 전역을 커버하지는 못하더라도 상당한 양의 자료를 구축하게 된다. 이곳 근무자들은 담당 지역 내의 병원들을 정기적으로 방문해서 출생 기록들을 면밀하게 살펴본다. 이런 업무 관행으로 인해 기형 사례를 정확하게 취합할 가능성이 아주 높아진다.

그러나 환경 오염이 선천성 기형 발생에 어떤 영향을 주는지에 대한 이 기관의 평가는 기록에 포함되어 있는 정보에 제한된다. 병원 직원들이 아기 부모들에게 직장이나 가정에서 주위 환경으로부터 화학물질에 노출되는지 물어보는 일이 거의 없다. 따라서 기록원에 의해 만들어진 자료는 추가 연구를 위한 단서일 뿐이다. 추가 연구에는 엄마들과의 집중적인 면담과 화학적 분석을 위한 혈액이나 소변 채취 등이 포함될 수 있을 것이다.

선천성 기형 연구를 지원하는 연방 예산이 없음에도 불구하고 캘리포니아 주가 선천성 기형 모니터링 프로그램을 통해 지금까지 기형에 대한 추적 조사를 장려하고 있다는 점은 인상적이다. 예를 들면 2,000명의 엄마들과 면담을 해보면 임산부의 75퍼센트 이상이 임신 기간 동안 한 가지 이상의 살충제에 노출됐을 가능성이 있었다. 정원을 가꾸기 위해 살충제를 사용한 임산부와 농경지 근처에 살고 있는 이들에게서 특정한 종류의 선천성 기형의 비율이 증가된 것이 밝혀졌다.

텍사스에서는 또 다른 훌륭한 주립 등록소를 운영하고 있다. 텍사스 등록소는 1989년과 1991년 사이에 브라운스빌 지역에서 아주 많은 아기들이 무뇌증, 즉 뇌의 일부 또는 전부가 없는 기형을 가진 채 태어난 이후 발족되었다. 이런 종류의 기형은 일반적으로 매우 드문데, 1991년에만 6주 동안 여섯 명의 무뇌증 아기가 태어났고, 이들 중 세 명은 남부 텍사스 일부 지역에서 36시간 동안에 태어났다. 이 지역에는 리오그란데 강의 멕시코 쪽 연안 산업지역에서 날아온 오염물들이 주기적으로 떠다닌다. 한 산부인과 간호사는 이 사실을 처음 발견하고 가능한 인과 관계를 끈질기게 알아내려 했지만 해답을 찾을 수 없었다. 해당 시간에 대한 믿을 만한 오염 기록이 없었기 때문이다.

척추이분증과 비슷하게 무뇌증도 신경관 기형이며, 발생 초기에 매우 큰 타격을 입었다는 것을 의미한다. 앞서 설명한 바와 같이, 임신 첫 몇 주 동안 배아의 등을 따라 납작하고 긴 조직이 카펫처럼 말린다. 이렇게 형성된 관에서 뇌와 척추가 발생된다. 관이 중간에서 말리지 못하면 척추의 신경이 드러난 채 남아 있게 되고, 종종 마디가 생겨 척추이분증이 나타나게 된다. 관의 꼭대기 부분이 열린 채 남아 있으면 두개골과 뇌가 형성되지 못해서 무뇌증이 나타난다.

이런 선천적 기형이 환경 요인으로 인해 발생했을 것이라고 의심할 만한 근거가 있었다. 신경관 결함이 있는 아기의 약 95퍼센트는 가족 중에 이런 질병을 가진 이들이 없었던 것이다. 식사를 통해 섭취되는 엽산 결핍이 신경관 기형과 관련되어 있고, 많은 경우 (엽산 형태로 제공되는) 비타민 B를 섭취하면 이를 방지할 수 있는 것으로 여겨지고 있다. 또한 신경관이 닫히는 것을 제어하는 특정한 유전자가 망가지면 무뇌증이 생길 수 있음도 알고 있다. 그리고 페인트를 도장하거나 살충제를 뿌리는 일처럼 직업상 특정한 종류의 독성 화합물을 취급하는 남자들의 아기 중에 무뇌증 발생 비율이 더 높다는 것도 알고 있다. 그러나 비타민 섭취, 유전자, 독소에 대한 노출이 어떻게 상호 작용하여 신경관 결함을 유발하거나 완화시키는지는 분명하지 않다.

비록 텍사스와 캘리포니아 등록소가 현재 신경관 결함을 모니터링하는 감탄할 만한 작업을 수행하고 있지만, 다른 주에서의 기록 자료가 아직도 부족하기 때문에 기형을 넓은 지역에 걸쳐 비교하기는 여전히 어렵다. 다른 선천성 기형의 감독에도 똑같은 문제점이 있다. 존스홉킨스의 연구진은 기형등록소가 운영되는 주들에서 기형에 대한 자료를 만들기 위해 분투하였다. 비록 일부 선천성 기형들의 비율이 증가하고 있음을 짐작케 하는 증거가 있지만 이를 확실하게 단정하기에는 데이터가 너무 함부로 수집되었다. 예를 들면, 심장에 구멍이 났다고 말하는 심방사이막결손과 같은 한 종류의 심장 기형의 발생이 1989~1996년 사이에 두 배 이상 증가하였다. 그러나 연구진은 이와 같은 명백한 수치의 증가가 단지 이 병을 진단하는 기준이 넓어졌기 때문일 가능성을 배제하지는 못했다.

생명의 느낌

자연주의자들은 이른 봄의 숲을 '초록의 고요'라고 말한다. 중부 일리노이에서는 이 시기가 5월 셋째 주쯤에 온다. 새싹이 트고, 숲이 살랑살랑 소리를 내고, 숲 바닥까지 햇빛이 비추어서 야생풀 · 나리 · 양귀비 같은 야생화들이 피어난다. 시들면 이들은 다시 흙으로 돌아갈 것이다. 체리나무, 박태기나무, 층층나무와 같은 동화 속에 등장하는 꽃나무들에서도 잎이 돋아난다. 철새들은 북쪽으로 떠난다. 텃새들은 새로 나온 잎 사이에 숨어서 둥지를 만드느라 분주하다. 짝짓기보다는 먹이를 구하는 데 바빠서 노래하는 일이 적어진다.

나는 새로운 산책 장소로 절벽과 골짜기가 많은 머윈 자연보호 지역을 골랐다. 좀 따분한 옥수수와 대두 밭을 통과해서 북동쪽으로 15분간 운전하면 닿는 곳이다. 예전에 암 선고를 받았을 때 종종 이곳에 와서 매커너강 위에서 삐걱거리며 흔들리는 현수교 위에 서 있곤 했었다. 그건 괴팍한 의식이었다. 높은 다리는 아찔했고 발아래 흔들리는 나무판은 불안함을 더해주었으나, 그 당시 정말 두려워해야 할 큰일이 있었던 나에게 흔들거리는 다리 위에 서서 불안함을 견디는 것은 투지를 불태우기 위한 시도였다.

화폭에 담긴 것처럼 아름다운 일요일 오후, 나는 절벽에서 점심을 먹자며 남편을 이곳으로 데려왔다. 홍수가 나면 침수되는 지대를 따라 푸른 풀들이 펼쳐져 있었다. 몇 주만 일찍 왔더라면 이 작은 골짜기는 해돋이를 똑바로 보듯 눈부셨을 것이다. 블루베리 꽃이 만들어놓은 라벤더색 구름이 이파리 없는 나무 아래에 떠 있었을 것이고, 그 위로는 꿀벌들이 만든 노란 구름이 떠다녔으리라. 똑바로 바라보기 힘들 정도로 아름다움이 강렬했을 것이다. 지금은 고요에 잠긴 고즈넉한 아름다움이 있다.

남편은 풀밭 위에서 낮잠을 잤다. 아직까지는 진드기나 모기가 없다. 나는 통나무에 기대어 펼쳐진 오크 나뭇잎에서 춤추는 빛을 바라보았다. 눈을 감고 있어도 햇살과 나뭇잎의 춤을 볼 수 있을 것 같았다. 문득 어떤 생각이 떠올랐다. 나는 바지를 내리고, 셔츠를 갈비뼈까지 올리고, 배가 하늘을 향하게 누웠다. 햇살을 받아 복부 피부가 팽팽해지고 따끔거리는 느낌이었다. 나는 닫혀 있는 커다란 눈꺼풀이 되었다.

그리고 바로 그때 나는 처음 그것을 느꼈다. 모아 쥔 손 안에 잡힌 새가 퍼덕거리는 것처럼, 내 몸 안쪽 깊은 곳 아래쪽에서 느낌이 왔다. 태동이었다.

숨어 있던 숫자

기형등록소의 데이터 중에서 꾸준히 두드러지고 통계적으로 믿을 만한 경향은 바로 요도하열의 지속적인 증가이다. 신경관 결함과 마찬가지로 요도하열은 평평한 조직이 말려서 닫힌 관을 형성하지 못할 때 발생한다. 여기서 형성되는 관이란 남성의 요도를 말하는데, 이 요도는 음경 가운데에서 아래로 가서 방광을 외부세계와 연결시켜야 한다. 요도관이 완전히 융합되지 않으면, 체외로 난 구멍이 음경 끝이 아니라 음경 중간의 어딘가에, 좀 더 심한 경우에는 음낭에서 나오게 된다(다행스럽게도 이러한 많은 이상 증세는 수술로 치유될 수 있다).

요도하열의 원인과 이런 기형이 증가하는 명확한 이유는 확인되지 않고 있다. 주된 가설은 태반을 통과한 환경 오염 물질이 관 형성을 시작하게 하는 생화학적 반응을 차단시킬 수 있다는 것이다(DES에 오염된 남자아이의 경우 요도하열일 위험이 컸다는 점을 상기하라). 확실한 사실은 11~14주에 일어나는 남성의 요도 형성이 발생 중인 태아의 고환에서 나오는 테스토스테론 분비에 의존한다는 것이다. 나중에 살펴보겠지만, 주위 환경에 널리 분포된 일부 합성 화학물질이 이런 호르몬을 방해할 수 있다.

요도하열보다 심각한 건강상의 문제점을 일으키는 선천성 기형은 등록자료에는 아주 적게 나타난다. 이는 미국의 기형 연구 시스템이 살아서 태어난 아기의 선천성 기형만을 계산하기 때문이다. 산전검사 결과 심각한 선천성 기형이 있다는 걸 알고서 중절시킨 경우 역시 고려되지 않는다. 중절을 결정하는 대부분의 경우는 아기를 출생해도 곧 죽을 것이 확실한 문제점이 발견되는 경우이다.

뇌와 두개골이 없어 무뇌증이라 불리는 가장 비참한 선천성 기형을 다시 한 번 살펴보자. 미국의 등록소 자료에 따르면 무뇌증은 1960년대부터 줄어들고 있다. 이때부터 이 기형에 대한 산전검사가 널리 증가하였고(이는 초음파상에서 매우 쉽게 확인된다), 안전하고 합법적인 임신 중절이 가능해졌다. 하와이에 거주하는 여성들을 대상으로 한 1998년의 연구에 따르면, 임신 중 무뇌증으로 진단된 경우 중절하는 비율이 80퍼센트를 넘었다. 무뇌증에 걸린 태아가 줄어든 것일까? 아니면 아기들이 조용히 중절되어서 기형 목록에 나타나지도 않는 것일까? 현재 시스템에서는 어느 것인지 판단할 수 없다.

기형아 비율이 주마다 들쑥날쑥한 척추이분증에 대한 통계 자료 또한 같은 문제를 가지고 있다. 1992년에 질병통제센터는 산전검사의 상대적 효과를 알 수 없기 때문에 이 기형에 대한 지리적 패턴을 분석할 수 없다는 사실을 받아들였다(척추이분증은 가벼운 장애로 나타나기도 하지만 종종 생명에 치명적이다. 심한 경우에는 신경마비나 뇌에 물이 차는 뇌수종이 나타날 수도 있다). 그러나 모든 등록소가 유산 · 사산 · 낙태를 무시하는 것은 아니어서, 이런 요소를 고려한 데이터로 이들의 영향이 어느 정도인지 확인할 수 있다. 텍사스, 애틀랜타, 하와이의 주립 등록소에서는 캘리포니아 선천성 기형 모니터링 시스템에서처럼 산전진단 정보를 사용하고 있다. 하와이의 경우, 이들 자료를 포함시키면 특정한 종류의 선천성 기형의 비율이 50퍼센트 이상 증가하였다. 캘리포니아에서는 출산 전에 진단된 경우를 포함시키면 무뇌증 비율이 두 배가 넘었다. 프랑스에서도 유사한 결과가 나왔다.

태아 독극물

미국의 선천성 기형등록소 자료가 너무나 불완전하기 때문에, 나는 이 질문을 다른 식으로 돌려서 물어보기로 했다. 기형을 유발하는 화학물질에 대해 얼마나 알려졌는가? 이것들은 어디에 위치하고, 누가 노출되는가? 그 대답은 '거의 없다'와 '아무도 모른다'이다. 나는 다른 장벽에 부딪쳤다.

현재 미국에서는 약 8만 5,000가지 합성화합물이 생산되고 있다. 이들 중 3,000가지는 매년 45톤 이상 만들어지고 있어서 대량 생산 화합물로 분류된다. 그런데 이들의 4분의 3 이상이 태아와 아이들의 생체 발달에 미치는 효과가 검사되지 않았다. 그리고 700가지 이상의 대량 생산 화합물이 소비재에서 발견되고 있는데, 이들 중 거의 절반이 발생 독성에 대한 기본적인 자료조차 없다.

우리가 가장 많이 알고 있는 화학물질 종류는 농업용 살충제이다. 이들은 음식물에 잔류 물질로 남아 있을 수 있기 때문에 태아 독성 시험을 포함해서 보다 엄격한 독성 평가가 요구되고 있다. 그러나 이런 시험이 의무화되기 이전에 시장에 나온 물질들은 평가 대상에서 제외되었고, 이들 대부분은 아직까지도 재평가를 기다리는 중이다. 그동안 이 물질들은 자유롭게 판매되고 사용될 것이다. 존스홉킨스 보고서의 저자들은 심장이 멎을 것 같은 명백한 결론을 내렸다: "현재 사용되고 있는 일부 살충제들은 발생학상 치명적인 독소일 가능성이 있다."

미국에서 제조되고 있는 몇 백 개의 독성 화합물들에 대해서는 국민의 알 권리에 대한 법이 적용되어 매년 얼마나 환경으로 유출됐는지에 대한 공식적인 기록이 남아 있다. 화합물의 제조자와 사용자들은 이 법에 따라 공기, 물, 토양과 같은 환경에 이 물질들을 방출하는 것을 당국에 보고해야만 한다. 이렇게 기록된 독극물 방출 일람표는 환경보호국을 통해 일반인들에게 개방되고 있다.

그러나 이 일람표는 별로 포괄적이지 않다. 연방 정부에 보고되는 독극물 방출은 모든 화합물 방출량의 5퍼센트에 지나지 않는다. 그럼에도 불구하고 가장 완전한 기록이라고는 이것밖에 없다. 나는 1997년 데이터를 살펴보았다. 그해의 미국 내 독극물 방출 리스트에는 태아 독극물로 알려져 있거나 의심되는 47가지 화합물이 포함되어 있다. 방출량이 44만 5,365톤이다. 가장 큰 근원지는 화학공장이고, 그 뒤를 종이 · 금속 · 고무 · 전력 생산 산업이 바짝 뒤따른다.

그 다음 나는 일리노이 주에 대한 자료만을 살펴보았다. 일리노이는 전국에서 네 번째로 독극물을 많이 방출하는 주였다. 1997년, 태아 독극물은 총 1만 7,775톤이 방출되었다. 농업에 사용되는 독극물에 대한 국민의 알 권리 법이 적용되는 주는 캘리포니아와 뉴욕뿐이다. 그리고 이 수치에는 살충제가 포함되어 있지 않다.

손길

집으로 돌아와서 나는 아기가 자신의 존재를 알렸던 숲에서의 상황을 재현하려고 했다. 침대에 누워서 옷을 풀고, 마음을 느긋하게 먹고, 흐르는 냇물을 떠올렸다. 때때로 꾸르륵거리기는 했지만 새가 퍼덕거리며 날아가는 것 같은 느낌은 없었다.

임신 안내서는 태동을 유도하려면 눕기 전에 얼음물을 마시거나 뭔가 달콤한 걸 먹으라고 충고한다. 그러나 차가운 느낌이나 갑자기 늘어난 당분으로 아기에게 충격을 줘서 움직이게 만들고 싶지 않았다. 나는 침실에서 남편의 동참을 부탁했다.

"뭐하는 건데?"

"음. 내 생각에는 아기가 활발하게 움직이도록 자기가 도와줄 수 있을 것 같아."

"어떻게?"

"몰라. 아마도 노래를 불러주거나 손을 대주면 되지 않을까?"

남편은 미심쩍은 눈으로 나를 보았다. 나는 그가 키스로 내 등을 치료해 준 사실을 상기시켰다(처음 남편을 만났을 때, 나는 등에 난 상처로 고통 받고 있었다. 5개월 간의 물리치료를 막 끝냈지만 효과가 없었다. 그러나 그가 처음 나에게 키스를 하자 고통이 사라졌고 그 이후로 다시는 아프지 않았다).

"내게 아기를 움직일 수 있는 능력이 있는 건 아니잖아. 게다가 난 전시회 홍보 자료를 쓰느라 많이 바쁘거든, 괜찮지?"

암, 그럼. 괜찮고말고.

유전이냐 환경이냐

선천성 기형을 일으키는 환경적 원인이 무엇인지 전혀 모르는 것은 아니다. 미국의 선천성 기형 등록 자료가 주는 혼란을 피해 다른 유리한 지점에서 문제를 해결하려는 조사가 시작되었다. 이들 연구 결과는 종종 상충되기도 하지만 여러 가지 일정한 패턴을 보여준다. 게다가 사산되거나 중절된 태아의 선천성 기형을 포함한 좀 더 신뢰성 있는 기록을 이용한 유럽에서의 연구 덕으로 조심스럽게 고려해볼 만한 경향이 밝혀졌다. 전체적으로 이들 연구를 종합해보면, 출생 전의 신체 부위 형성에 있어서 환경은 상당한 역할을 한다.

가장 인상적인 결과는 노르웨이에서 나왔다. 노르웨이 연구자들은 환경 인자로부터 유전 문제를 구분하려고 노력했다. 1994년에 발표된 연구에 따르면, 연구자들은 반복적인 선천성 기형, 즉 가족 내에서 선천성 기형이 한 번 이상 발생하는 경향에 초점을 두었다. 선천적 기형이 있는 아이를 가졌을 때 다른 아이에게도 기형의 위험이 커진다는 것은 잘 알려져 있다. 과연 이런 경향이 유전적인 것일까 환경적인 것일까? 이 질문에 답하기 위해 조사자들은 선천성 기형을 갖고 있는 아기의 엄마들 중에서 다시 임신하기 전에 성 파트너를 바꾸거나 거주지를 바꾼 이들을 조사했다. 선천성 기형의 재발률이 파트너가 바뀌었을 때 변화되었다면, 기형에 유전적 인자가 관련됐을 것이다. 기형 확률의 변화가 거주지에 보다 밀접하게 관련되어 있다면, 환경이 원인일 가능성이 더 높다.

결과는 명백했다. 같은 집에 사는 경우가 같은 파트너와 거주하는 경우보다 다음 아기가 선천성 기형을 가질 확률이 더 높았다. 이런 연구 결과를 실은 〈뉴잉글랜드저널오브메디슨〉지는 "이 발견으로 인해 공통적인 거주지 노출과 자연환경이 이전에 생각했던 것보다 선천성 기형에 보다 중요한 역할을 하는 것으로 여겨진다"고 인정하였다.

다른 연구자들은 기형유발물질이 숨어 있을 만한 거주지에 대해 연구했다. 독성 폐기물 매립지가 그런 장소 중 하나로 여겨졌다. 벨기에 · 덴마크 · 프랑스 · 이탈리아 · 영국에서 엄마가 위험한 폐기물 매립지로부터 몇 킬로미터 이내에 살고 있는 경우, 특히 심장관과 신경관 기형을 포함한 여러 가지 심각한 기형의 위험성이 크게 증가한다는 연구 결과가 나타났다.

폐기물 매립지와 거주지의 거리가 멀어질수록 선천성 기형의 발생 가능성은 일정하게 감소했다. 이런 발견은 임신 나이 보정과 임신 중절을 포함한 기형 등록 자료에 근거했다.

믿을 만한 유럽의 자료를 바탕으로 하여 미국에서도 유사한 사실에 대해 증명할 수 있었다. 순전히 주립 등록소 자료에 근거한 경우도 있고, 개별 단체에 의한 보다 철저한 연구에 근거한 경우도 있었다. 예를 들어 캘리포니아의 경우, 처리되지 않은 독성 폐기물 부지에서 400미터 이내에 살고 있는 여성들에게서 태어난 아기는 신경관 이상이 두 배, 심장 기형이 네 배나 되었다. 유사한 패턴이 뉴욕 주에서도 나타났다. 유럽과 미국의 최근 연구에 따르면, 비록 일부에서 큰 연관성이 발견되지 않았다 하더라도, "상당한 증거로 보아 위험한 폐기물 부지에 가까이 살면 불운한 임신 결과가 도출될 개연성이 있다"라는 결론에 이른다.

엄마의 환경과 기형

위험한 폐기물 부지의 공통 성분에는 늘 선천성 기형과 관계된 화합물이 있다. 바로 유기용매이다. 용매는 다른 물질을 용해시키는 데 사용되는 액체이다. 쉽게 볼 수 있는 예로는 케로신, 아세톤, 벤젠, 크실렌, 톨루엔 등이 있다. 드라이클리닝 용액(퍼클로로에틸렌)과 같은 일부 용매는 탄소 사슬이나 고리에 염소 원자가 붙어 있어 염소화 용매라 불린다. 다른 예로는 트리클로로에틸렌(TCE)과 사염화탄소가 있다. 모든 용매는 가벼운 아지랑이처럼 금방 액체에서 기체로 변하며, 본질적으로 다른 물질들을 원하는 위치로 실어다준 다음 증발해서 그곳을 떠나는 택시와 같은 역할을 한다. 페인트의 액체 부분에는 접착제처럼 용매가 들어 있다. 페인트 시너, 일부 가정용 세제, 얼룩 제거제, 살충제에서도 용매가 발견된다.

용매는 그 휘발성으로 인해 효과적이면서도 위험하다. 용매는 실제로는 증발하여 사라지는 것이 아니라 단지 우리가 들이마실 수 있는 공기 중으로 흩어지는 것이다. 폐에 들어가서도 용매는 용해시키거나 용해되는 성질을 잃지 않는다. 이들은 순식간에 호흡기 허파꽈리의 지용성 세포막을 통해 스며들고 나중에는 태반의 미세한 혈관에까지 들어간다.

용매 노출과 기형 출산과의 연관성에 대한 증거는 실험실과 실생활 모두에서 찾을 수 있다. 실험실 동물의 경우, 흔히 사용되는 많은 용매들이 골격 기형, 작은 머리, 선천성 심장 문제를 일으키는 기형유발물질로 작용한다. 이 같은 증거들은 뚜렷하고 일관되게 나타난다. 그러나 실험실 밖의 인간 세계는 용매뿐만 아니라 용매에 포함된 활성 성분에도 노출되어 있기 때문에 이들의 개별적인 효과를 밝히기가 힘들다. 그럼에도 불구하고 용매의 영향을 의심할 만한 예를 들면, 탈지제인 트리클로로에틸렌에 식수원이 오염된 투손의 한 지역에서 임신 첫 3개월 동안 살았던 부모들이 낳은 아이들에게서는 심장 기형이 세 배나 증가된 사실이 밝혀졌다. 오염된 식수원이 폐쇄된 후에 이 지역으로 이사 온 부모들은 이런 괴로움을 겪지 않았다. 뉴욕 주에서도 비슷한 사례가 발견되었다. 뇌와 척수의 선천적 결함 증가가 용매를 배출하는 공장 근처에 살고 있는 것과 관련이 있었다.

용매와 선천성 기형에 대한 연구는 가정보다 용매에 더 많이 노출되는 작업장에 집중되어 있다. 그러나 용매가 남성들이 주로 활동하는 산업계에만 한정되어 존재하는 것은 아니다. 많은 여성들도 용매를 취급하는 직업을 갖고 있다. 여기에는 건강관리사, 그래픽디자이너, 사무직, 주택 관리와 청소업, 직물 관련 직업, 미장원과 세탁업 종사자가 포함된다. 스웨덴에서는 실험실에서 근무하는 여성들이 선천성 기형을 가진 아이를 평균치보다 더 많이 낳았다. 영국의 잉글랜드와 웨일스에서는 임신 중에 마취가스를 다룬 여의사들이 그렇지 않은 여의사들보다 심장과 순환계 문제가 있는 아이들을 더 많이 낳았다. 또한 이들의 사산율도 더 높았다. 몬트리올에서는 기형아를 낳은 엄마들이 건강한 아기를 낳은 엄마들보다 직장에서 용매에 더 많이 노출된 것으로 보고되었다.

이런 연구 결과는 다른 조사에 의해 확실해졌다. 아이에게 문제가 있는지 여부를 알기 전에 먼저 임산부들이 직장에서 용매에 노출되었는지를 알아보았다. 아기가 태어난 다음에 신체적 이상 여부에 대한 정보를 수집하였다. 결과는 극적이었다. 임신 초기에 용매에 많이 노출됐다고 이야기한 여성들은 일반 여성들보다 아기에게 기형이 있을 확률이 13배나 높았다. 여기에는 심장판 결함, 척추이분증 같은 신경관 문제뿐만 아니라, 흔히 나타나지 않는 내반족(발이 안쪽으로 구부러지는 선천성 기형으로 남아가 여아보다 두 배 높게 나타난다—옮긴이 주), 신장 결함, 귀머거리, 비정상적으로 작은 음경 같은 기형이 포함되었다. 또한 유산되는 경우 역시 더 많았다. 이런 결과는 1966~1994년 사이에 유기용매와 임신이란 이슈를 다룬 세계의 모든 연구지를 조사한 최근의 중요한 분석 결과에 의해서도 뒷받침된다. 이 조사자는 엄마가 특히 호흡기를 통해 용매에 노출되면 "주된 기형이 발생할 위험이 증가한다"라고 결론지었다.

내가 아닌 나

남편이 다른 방에서 컴퓨터를 두드리는 소리를 들으면서 침대에 누워 있었다. 내가 태동을 더 느껴보려고 이렇게 애쓰는 이유가 무엇일까. 아마 아기가 움직이는 것을 남편과 함께 느끼면 예비 부모로서의 경험을 공유할 수 있기 때문일 것이다. 임신한 뒤 첫 석 달 간은 식사와 간식이 관심사였기에 우리 가정생활은 내가 먹을 수 있는 뭔가를 찾는 것 위주로 돌아갔다. 다행히 이런 날들은 지나갔지만, 임신 중반기에 나는 혼자만의 고독을 느끼고 있었다.

이런 고립감은 다른 이들에게도 이어졌다. 아이가 없는 여자 친구들은 내가 기저귀나 산통이나 유아용 이불 등에 대해서 아무것도 모르는데도 벌써 나를 엄마로 보는 것 같았다. 반면 아이가 있는 친구들은 나를 아무것도 모르는 철부지로 취급하면서, 임신이란 축복 받은 순진한 상태이고 나는 곧 거기서 거칠게 쫓겨나게 될 거라고 이야기했다. 이들에게 내가 경험하고 있는 다양한 증상들을 호소하면 "그때가 좋은 거야"라고 다 안다는 듯이 웃을 뿐이다. 친구들은 진통과 분만에 대해서는 기꺼이 얘기하였지만, 임신 중기가 어땠는지는 정확하게 기억하지 못하는 것 같았다.

임신한다는 것은 널빤지와 밧줄만으로 만들어진 다리를 건너는 것 같다. 다리 뒤쪽 둑에는 엄마가 아닌 여성 종족이 있다. 이들은 와인을 마시고, 밤을 새고, 식사를 거르고, 연인을 바꾸고, 산스크리트어를 공부하고, 열대우림에 대한 5개년 연구 계획을 짠다. 내 앞쪽 둑에는 엄마라는 종족이 있다. 그들은 모임에 늦게 나타나서 일찍 떠나고, 미장원에 거의 가지 않고, 늘 지금 전화를 끊어야 된다고 한다. 내 뒤쪽은 익숙한 곳이다. 앞쪽은 미지의 영역이다. 그러나 지금은 어느 쪽도 아니다. 나는 흔들리는 다리 위에 있다.

'제발, 아가야. 내 안에 있는 네 존재를 알려주렴.'

아빠의 직업과 기형

아빠라고 해서 기형아 출산이란 제비뽑기에서 예외일 수 없다. 아빠들의 직장에 대한 연구는 대부분 부정적인 태아의 결과와는 관련이 없었지만, 몇몇 중요한 연구에서는 그렇지 않았다. 앞서 말한 것처럼 아빠가 페인트를 다루는 경우 무뇌아 아기가 태어나는 비율이 높았다. 심장 결함 역시 더 많았다. 농부의 아이들은 소방수의 아이들처럼 구개열이 있을 확률이 높았다. 소방수들은 동물에게 선천성 기형을 일으키는 화합물에 노출된다고 알려져 있기 때문에 이들에 대한 연구 결과는 확실하다.

이들에게 지난 수십 년 간 화합물에 대한 노출이 증가된 것은 집을 짓고 꾸미는 데 사용되는 합성화합물(카펫 발포물, 칸막이 접착제, PVC 파이프, 비닐 패널, 창문 블라인드, 마루 타일)의 사용 증가와 관련 있다. 단지 플라스틱을 태우기만 해도 다이옥신을 포함한 유해 화합물들이 쏟아져 나오기 때문이다.

국제적인 데이터는 또 다른 경향을 보여준다. 네덜란드에서의 연구에 따르면, 아빠가 용접 연기, 세제나 살충제에 노출되는 경우 척추이분증의 위험이 커졌다. 캐나다의 브리티시 콜롬비아에서 염소계 목재 방부재에 노출된 1만 명 가까운 제재소 근로자를 대상으로 연구한 결과, 아이들에게서 매우 높은 무뇌증, 척추이분증, 백내장, 생식기 이상이 발견되었다.

다운증후군은 건물관리인, 농장근무자, 금속세공사, 정비사를 포함한 광범위한 부모의 직업과 연관되어 있다. 이들의 관련성은 생물학적으로는 그럴 듯하다. 왜냐하면 특정한 화합물이 세포분열 동안 염색체가 적절하게 분리되는 것을 방해하여 소위 '염색체 비분리'를 일으킨다. 앞서 살펴본 바와 같이 이는 다운증후군의 직접적인 원인이 된다. 그러나 이 연구는 살아서 태어난 아기들의 사례만 조사했기 때문에 결과를 주의해서 살펴보아야 한다. 혼동을 일으킬 수 있는 다른 요인들도 존재할 수 있다. 예를 들면, 이런 직업을 가진 아빠들은 다른 일을 하는 아빠들보다 더 많이 오염된 지역에 거주하는 경향이 있을 수 있다. 만약 그렇다면 아빠와 엄마 모두 염색체를 손상시키는 화합물에 노출될 수 있다. 아니면 아빠들이 이런 독성 화합물 찌꺼기를 작업복이나 (용매의 경우) 호흡을 통해 집으로 가져와 엄마들을 오염시켰을 수 있다.

새로 대두되는 정액독성학이라는 연구 분야가 아빠의 오염 노출과 선천성 기형이 갖는 의문을 점차 해소해줄 것이다. 이미 알고 있는 것에서 출발하는 몇 가지 길이 존재한다. 일부 화합물은 정자세포의 머리에 있는 DNA를 손상시키고, 다른 화합물들은 고환의 정자 생산에 영향을 미치기도 한다. 일부 화합물은 정액에 녹아 있다가 사정될 때 자궁으로 휩쓸려 들어간다. 다른 것들은 트로이의 목마처럼 정자세포의 표면에 붙어서 수정되는 동안 난자에 침입하기도 한다. 이런 물질들을 '정자 동반물' 이라고 부른다.

강물이 헐벗은 채 흘러간다

5월 하순의 길고 따뜻한 저녁 시간, 남편과 나는 그날 수업을 마친 뒤 매커너 강가를 따라 산책했다. 몇 주 안에 짧은 5월 학기가 끝나면 성적표를 제출하고 짐을 꾸린 뒤 보스턴으로 돌아갈 것이다.

나는 벌써 이곳에 끌리고 있었지만, 우리는 정원의 붓꽃이 지고 모란이 필 때쯤에 이곳을 떠날 것이다. 나는 늘 이런 특별한 풍경의 변화를 즐겼다. 모던하고 비밀스러우며 비대칭적인 모양의 우아한 붓꽃이 무대의 합창단 같고 털목도리 같으며 향이 진하고 커다란 꽃송이를 지닌 모란으로 바뀌었다. 초원에 장미가 피기 전에, 오디가 풀밭에 떨어지기 전에, 옥수수에 수염이 돋기 전에 나는 이곳을 떠날 것이다. 사루비아, 잠자리, 봉숭아, 치커리, 멀레인, 원추리, 개똥벌레가 나타나기 전에. 아무래도 떠날 때를 잘못 잡은 듯싶다.

집으로 돌아가는 길에 우리는 식사를 하러 허드슨이라는 작은 마을에 들렀다. 남편이 뭔가 달고 영양가 있는 것을 사려고 편의점 판매대를 기웃거리는 동안, 나는 꽃이 핀 정원을 찾아 큰 도로를 따라 걸었다. 바로 그 순간 나는 "살충제 살포, 접근 금지"라고 적힌 흰 플라스틱 깃발에 둘러싸였다. 그 잔디밭 위에 서 있는 집은 마을 장례식장이었다.

1960년대 중반 베트남의 저널리스트들은 미군에 의해 다량의 제초제가 뿌려졌던 농촌 지역에서 태어난 아기들이 높은 기형률을 보인다는 사실을 보도하기 시작했다. 미군 비밀 프로그램의 원래 목적은 매복을 방지하기 위해 도로 주변을 깨끗이 하는 것이었고, 여기에 주로 사용된 것은 에이전트 오렌지라 불린 화학 고엽제 혼합물이었다. 1962년에 들어서면서 당초 목적은 식량을 없애기 위해 논밭에 살포하는 것으로, 나중에는 시민들을 강제적으로 이전시키기 위해 넓은 오염 지대를 만드는 '접근 금지 지역'이라 불리는 정책을 수행하는 것으로 확장되었다. 베트콩들이 숨어 있을 것으로 생각되는 숲에 고엽제가 뿌려진 것이 가장 유명하다. 1971년에 이르자 2억 7,000만 리터의 고엽제가 남베트남의 14퍼센트에 달하는 지역에 뿌려졌다. 수많은 농지와 숲이 이파리 하나 나지 않는 폐허가 되었다. 일부 비평가들은 베트남에 고엽제를 사용한 것을 로마인들이 카르타고를 파괴시킨 후 땅에 소금을 뿌린 것에 비유하였다.

이 작전이 왜 중단되었는지는 아직도 논쟁의 여지가 있지만, 두 가지 결정적인 원인은 쥐 실험에서 에이전트 오렌지가 선천성 기형을 일으킨다는 1969년의 언론 보도와 이에 따른 의회 청문회였다. 에이전트 오렌지를 구성하는 두 가지 제초 성분 중 하나에 가미된 다이옥신은 제조 과정 중에 의도하지 않게 생기는 피할 수 없는 부산물이다. 다이옥신은 모든 면에서 유해하다. 암을 유발할 수 있고, 면역계를 저해하고, 호르몬을 방해하고, 간 효소를 활성화시킨다. 또한 강력한 기형유발물질이기도 하다(다이옥신에 대해서는 12장에서 자세히 논의한다).

전쟁의 와중에 태어난 아기들에게 선천성 기형을 일으킨 원인이 다이옥신 단독인지 아니면 다른 화합물과의 혼합물인지는 확실하지 않지만, 다이옥신 노출이 계속되고 있다는 점은 명확하다. 예를 들면, 남부 도시인 비엥 호아에서는 오래 거주했던 주민뿐만 아니라 최근에 이사 온 북부 베트남인들, 고엽제 살포가 중단된 후에 태어난 이들, 물고기를 많이 먹은 이들에게서도 높은 수준의 다이옥신이 검출되었다. 달리 말하면 다이옥신은 제초제 살포가 중단된 지 30년이 지난 지금까지도 계속 사람들을 오염시키고 있는 것이다.

아직도 진행 중인 오염 경로는 아마 토양 중에 남아 있는 다이옥신이 강 침전물로 이동한 데서 출발할 것이다. 다이옥신은 물고기로 이동된 후, 이 물고기를 먹은 사람들에게로 옮겨갔다. 이 지역과 유사하게 다량의 고엽제가 살포된 다른 베트남 지역에서도 다이옥신은 토양, 물고기, 고기, 사람의 혈액, 엄마의 젖에 이르기까지 높은 수준으로 남아 있었다. 불운하게도 연구 자금과 포괄적인 기록이 없어서 고엽제가 살포된 지역과 살포되지 않은 지역의 실태가 명확하게 비교되고 있지 않다. 그러나 미군에 대한 추적 연구 조사에 따르면, 베트남의 살포 지역에서 복무했던 이들의 아이들은 2.5배나 높은 척추이분증 위험을 갖고 있었다. 퇴역군인회에서는 이 같은 선천성 기형에 대한 보상을 정부에 요구하고 있다.

베트남에서 정확히 무슨 일이 일어났는지를 알아보려고, 나는 1989년에 완성된 내 박사학위 논문의 부록을 살펴보았다. 여기에는 베트남에서의 제초제 사용 역사가 포함되어 있다. 나의 연구는 베트남에서 벌어진 전쟁과는 관계가 없었지만, 내 연구 현장이었던 북부 미네소타의 황무지에는 베트남에서와 같은 시기에 동일한 제초제 혼합물이 살포되었기 때문이다. 이 사실을 발견했을 당시 나는 매우 놀랐다. 그 지역의 공원관리인이 사무실에서 오래된 파일들을 정리하다가 우연히 발견한 곰팡이가 핀 상자 안에는 메모 · 지도 · 회의록 · 보고서, 그리고 1950년대에 시작되어 1970년 의회청문회 후에 갑자기 사용이 중단되기까지의 상세한 살포 프로그램이 적힌 미발표 서신들이 들어 있었다.

고엽제를 사용한 원래 목적은 베트남에서처럼 길에서 덤불을 제거하는 것이었다. 그후 이 계획은 관광객용 전망을 위해 덤불이 없는 지대를 만드는 용도로 확장되었고, 다시 관목을 제거해서 작은 소나무의 성장을 촉진시키는 용도로 확장되었다(고엽제는 활엽수만 죽이고 침엽수에는 영향이 없다고 하는데, 어쨌든 소나무도 자라지 않았다). 관목과 소나무 사이의 생태학적 관계를 연구하고 있던 나는 처음에는 자연적으로 형성된 처녀림에서 탐구하고 있다고 믿고 있었다. 따라서 이 상자의 내용물은 내 조사 계획과 과학적 질문들을 위태롭게 만들었다. 나의 놀라움은 분노로 변하였다.

내가 쓴 글을 다시 읽어보다가 다른 걱정이 들었다. 살포가 중단됐다고는 해도 토양과 낙엽에 얼마나 많은 다이옥신이 남아 있을까? 십여 년이 지나 그곳을 돌아다녔을 때, 얼마나 많은 다이옥신이 나에게로 흘러 들어왔을까? 또 얼마나 많은 다이옥신이 난자로 들어갔을까? 내가 먹어댄 물고기들이 잡혀온 근처 호수로는 얼마나 많은 양이 흘러 들어갔을까? 관광비수기에 미네소타 생물 기지 위로 고엽제를 뿌리고 다닌 헬리콥터 조종사에게는 무슨 일이 생겼을까? 그리고 그의 아이들은 어떨까?

아기가 뱃속에서 움직이는 것을 느낄 때, 나뭇잎이 말라서 떨어지는 것을 본 베트남의 임산부는 어떠했을까? 시간이 거꾸로 흐르는 자연보호 지역을 상상해보았다. 푸른 가지 나무가 갈색으로 바뀌고, 말라버린다. 새봄에 난 잎들이 떨어진다. 잎이 다 떨어진 나무에 새 둥지가 드러나고 거기에 새들은 없다. 강물이 헐벗은 채 흘러간다.

살충제와 선천성 기형

1995년에 발표된 살충제와 선천성 기형에 관한 문헌적 평가는 이렇게 끝을 맺고 있다. "발표된 연구에 따르면 생식 문제의 증가와 살충제 노출 사이에는 어떤 연관성이 있는 것으로 보이지만 이를 명확하게 설명할 수 있는 역학적 증거는 없다."

나는 기본적으로 이 말에 동의한다. 이 말은 그때나 지금이나 사실이다. 그러나 이런 설명을 가능하게 하는 연구가 아직도 착수되지 않고 있다는 사실을 추가하고자 한다. 예를 들면 나는 살충제 노출을 직접적으로 측정한 연구를 하나도 발견할 수 없었다. 달리 말하자면 증거가 없다는 것은 부정적인 결과의 산물이 아니라 무지의 산물인 것이다.

이 연구 결과가 나온 이후 발표된 연구들에는 주목할 만한 내용이 포함되어 있다. 매우 우수한 기형등록소가 있는 핀란드에서는 임신 초기에 살충제를 다루는 농업 분야의 직종에 종사하였던 여성들이 낳은 아이들의 경우, 구개열을 갖고 있을 위험이 두 배나 되었다. 스페인에서는 이런 여성들의 아기가 구개열일 위험이 세 배나 되었다. 아울러 이런 아기들은 복합 이상과 신경계 결함이 있을 위험이 매우 높았다. 또한 스페인에서는 살충제가 많이 사용된 지역에서 남아의 고환이 아래로 내려오지 않아서 외과 수술을 할 확률이 더 높았다.

이런 발견은 덴마크에서도 마찬가지였다. 온실, 과수원이나 종묘장에서 일하는 전문적인 원예사와 같은 직업을 가진 여성들이 낳은 아들의 경우, 고환이 내려오지 않을 확률이 상당히 높았다. 노르웨이의 연구에 따르면 뇌수종뿐만 아니라 척추이분증은 엄마가 과수원이나 온실에서 일하는 것과 긴밀한 연관성이 있었다. 미국에서는 캘리포니아 주의 700명에 가까운 여성들을 연구하였는데, 엄마가 특정한 살충제가 살포된 농경지 근처에서 살고 있는 경우 선천성 기형으로 인한 태아 사망 위험이 증가하였다. 임신 초기 석 달 내에 살충제에 노출되었던 임산부와 살충제가 사용된 지역 인근에 살고 있던 이들에게서 발견되었다.

이제까지 미국에서 가장 철저하게 이루어진 선천성 기형에 대한 연구는 미네소타에서 1996년에 수행된 조사였다. 미네소타 의대의 빈센트 개리 박사가 이 연구를 이끌어나갔다.

개리는 처음에 주요 농업 지역인 서부 미네소타에 등록된 살충제 살포자의 아이들 중에서 선천성 기형이 얼마나 발생했는지 조사하였다. 그는 이들에게서 기형이 더 높은 비율로 발생한다는 사실을 발견하였다. 이 발견은 이전의 연구 결과들과 일치한다. 보다 놀라운 것은 그다음이다. 개리가 일반인들의 선천성 기형 비율을 면밀하게 조사하자 명확한 지역적 패턴이 드러났다. 즉, 미네소타의 서쪽 절반에 살고 있는 비농가 가족들은 동쪽 절반에 살고 있는 비농가 가족보다 선천성 기형을 가진 아이를 낳을 확률이 85퍼센트 이상 더 많았다. 달리 말해, 옥수수 · 콩 · 밀 · 사탕무 경작지 가운데 살면, 이런 농작물을 다루는 일을 하지 않더라도 선천성 기형 확률이 증가된다는 것이다.

그다음 개리는 계절적 특성을 조사하였다. 서부 미네소타에서, 살충제 사용이 가장 많은 봄에 임신된 아이들은 다른 시기에 임신된 아이들보다 선천성 기형이 될 확률이 더 높았다. 이 패턴은 일반 대중뿐만 아니라 살충제 살포자 가족의 경우에도 맞아떨어졌다. 동부에서는 이런 계절 패턴이 보이지 않았다.

최종적으로 개리는 과도하게 나타나는 기형 유형, 즉 아예 없거나 비정상적으로 짧은 손가락 · 발가락 · 팔다리 · 요도 · 생식관 기형을 동일한 살충제가 사용되는 아이오와 네브래스카 콜로라도 지역의 농가를 대상으로 한 다른 연구 보고와 비교하였다. 중복되는 특성이 상당히 많았다 예를 들면 제초제인 아트라진으로 오염된 아이오와 주의 저수지 상수원에서 식수가 공급된 지역에서는 선천성 심장병뿐 아니라 미네소타에서 발견된 것과 똑같은 선천성 기형이 늘어났던 것이다. 아트라진은 1959년부터 시판되었고, 유럽 대부분의 국가에서는 사용이 금지됐지만 미국에서는 가장 많이 사용되는 살충제이다.

생수 배달

일리노이를 떠나기 전에 해야 할 마지막 일은 생수 배달을 취소하는 것이었다. 봄철 내내 20리터짜리 파란 물통들이 지방 정부가 공급하는 식수에 대한 불신의 증거로 계단에 줄지어 있었다. 자랑스러워할 일은 아니다. 나는 항상 수돗물 옹호자였다. 수돗물이 해가 없다고 생각해서가 아니라, 어딘지도 모를 먼 수원지에서 뽑아져서 지구를 돌아 배달되는 물을 사먹는다는 생각이 날 괴롭혔기 때문이었다. 생수를 마시면 근처의 강이나 지하수에 미치는 생태적 위협에 대해서는 걱정하지 않아도 된다. 그러나 이는 지구의 환경이 너무나 악화되면, 어디 다른 곳의 우주 정거장으로 떠나버리면 된다는 이기적 결론과 비슷한 생각이다.

게다가 생수가 제공하는 안도감은 신기루일 뿐이다. 마시는 것이 아니라 주로 호흡으로 인해 식수 중의 용매, 살충제, 염소 소독 부산물 같은 휘발성 오염물에 노출되기 때문이다. 변기 물을 내리거나 수도꼭지를 틀거나 욕조, 샤워기, 가습기, 세탁기를 켜면 이들 오염물이 물을 떠나 공기 중으로 퍼진다. 최근의 연구에 따르면, 수돗물 속에 있는 화학적 오염물에 가장 효과적으로 노출되는 방법은 바로 식기 세척기를 켜는 것이다. 프랑스산 생수를 마신 다음 십 분간 샤워를 한다면, 1.9리터의 수돗물을 마신 것만큼 오염물에 노출된다. 우리는 원하건 원하지 않건 간에 공공의 식수와 가장 밀접하게 관련을 맺고 있다.

이렇게 말하면서도 나는 여기서 한 시간 남쪽의 깊은 대수층에서 뽑아 올렸을 생수 병들을 계단에 갖다 두었다. 내가 말할 수 있는 것은 단지 이것뿐이다. 임신 기간은 짧고, 이 병에 들어 있는 오염물이 무엇이건 간에 나무를 심고 살충제를 뿌리는 요번 달에 북쪽 저수지에서 발견되는 오염물보다는 확실히 그 양이 더 적을 것이라는 것.

여기 블루밍톤 지역은 하천을 막아 만든 두 개의 인공 호수에서 식수를 끌어온다. 1만 7,000헥타르가 넘는 호수가 굽어 흐르는 유역의 85퍼센트 이상은 옥수수와 콩 재배지이다. 몇 주 전에 나는 두 호수로 차를 몰고 가서 제비가 날고 있는 둑을 따라 걸으면서 나와 이 호수가 무엇을 공유하고 있는지 생각했다. 내 자궁은 인구가 한 명인 육지 속의 대양이다. 나는 이런 탐구를 모든 이들에게, 특히 임산부에게 권했다.

나는 지방 정부의 식수에 대한 자료도 조사해보았다. 1996년과 1997년에 블루밍톤의 수돗물에서 아트라진과 알라클로르라는 두 가지의 살충제가 검출되었다. 어느 것도 법정 최대 오염 수준을 넘지는 않았지만, 그렇다고 해서 안심이 되지는 않았다. 위법 여부는 일년에 네 번 수질을 검사한 결과의 평균으로 결정된다. 따라서 봄철의 조사 결과가 최대 오염 수준을 초과해도 이 자체가 법을 어긴 것은 아니다. 그러나 배아의 발생에서는 평균이 중요한 것이 아니다. 또한 허용 기준이 태아를 고려하여 설정된 것도 아니다.

그리고 블루밍톤의 질산염 농도가 여러 해(1990~1993년) 동안 법적 기준치를 넘었다. 화학비료에서 흘러나왔을 것이 거의 확실한 질산염은 산소를 운반하는 헤모글로빈과 결합하여 헤모글로빈의 활성을 감소시킨다. 이 주제를 다룬 리뷰에서는 질산염에 오염된 물을 마셨을 때의 건강상의 위험이 "거의 인식되지 않고 있다"고 인정했다. 양서류의 생식에 대한 최근 연구에 따르면, 수돗물에 대한 법정 한계치보다 낮은 수준에서도 질산염은 올챙이에게 발달 이상과 죽음을 불러온다. 아기 개구리를 죽이기에 충분한 수준의 비료가 녹아 있는 물을 마시면서 편안함을 느껴야 할까?

그래서 생수가 계단에 있는 것이다. 그러나 사람들이 나에게 이곳의 물을 마시냐고 물으면 그렇다고 대답한다. 나는 나 자신을 속이는 것이 아니다. 내가 교직원용 식당에서 스프를 먹을 때마다 학생들과 차를 마실 때마다 숨을 쉴 때마다 나는 이곳의 물을 마시고 있다.

태동

내가 생수 회사와의 전화를 끊자마자 안전 사이렌이 울리기 시작했다. 회오리 태풍 경고일까? 아니었다. 라디오 방송에 따르면, 심한 뇌우가 몰려오고 있을 뿐이다. 제프는 그와 학생들이 설치한 전시물을 해체하느라 학교에 있었다. 오래된 대형 경기장 부속 건물 안에서 조각 작품들을 모아 놓은 전시회장은 6미터나 되는 창문 반대편에 있었다. 북동부 뉴잉글랜드 출신인 그는 회오리바람을 무서워했다. 그를 찾아가는 것이 낫겠다 싶었다.

밖으로 나갔을 때에는 뜨거운 바람에 먼지가 가득했고, 캐롤이 준 드레스가 내 다리 사이에 감겼다. 주차장에 도착하자마자 비가 내리기 시작했다. 부속 건물 문을 열고 들어갈 때에는 이미 흠뻑 젖어 있었다.

남편은 쇠그물로 만들어진 거대한 기둥을 분리시키느라 연단 위에 올라가 있었다. 그는 미소를 지으며 손을 흔들었다.

"당신이 혹시 사이렌 소리를 두려워할까 봐."

그는 뒤집어놓은 회반죽 통에 놓인 라디오를 가리켰다.

"방송을 듣고 있었어. 폭풍이 곧 들이닥칠 거 같네. 거기서 잠시 기다려줄래? 곧 내려갈게."

그룹 전시회인 〈트로피〉전은 운동 경기에 대한 작품들로 가득했다. 모든 것이 기념비적인 규모였다. 실지 신전 규모의 기둥 외에도 거대한 대나무 공, 제단, TV 송신탑이 있었다. 오래된 체중계로 만들어진 조각들도 있었다. 남편이 이 중 하나를 큰 북쪽 창가로 끌고 왔다. 우리는 여기에 나란히 앉아서 운동장에 몰아치는 폭풍우를 지켜보았다. 나는 주차장의 보안등 위로 날아다니는 쏙독새를 가리키려다가 말을 멈췄다.

"뭐가 잘못되었어?"

"여기."

나는 그의 손바닥을 축축한 옷에 갖다 대었다.

"여기에 손을 대봐."

"이런!"

"당신도 느꼈어?"

제프는 애매한 표정을 지었다. 그런 다음 그의 얼굴이 빛났다.

"아기가 발길질을 했어! 당신도 느꼈어? 이게 그거지, 그렇지?"

나도 그렇게 생각한다고 대답했다.

여섯 번째 달

물고기와 뇌

침묵하는 사람들

동쪽으로 차를 몰고 갈수록 도로의 경사가 심해졌다. 오하이오를 지나자 거대한 중서부 초원이 펼쳐지기 시작했다. 뉴욕 주 북쪽 시골, 소들이 가끔씩 보이는 언덕 어디에선가 방향 감각을 완전히 잃어버렸다. 나는 더 이상 그림자로 방향을 짐작할 수가 없었다. 고속도로 표지판에는 도로 번호 뒤에 북쪽(N), 남쪽(S), 동쪽(E), 서쪽(W)의 글자들이 있지만, 이것들은 목적지를 향한 실제 방향을 가리키는 것이 아니라 일반적인 방위를 나타내는 기호로 보였다. 이곳에는 북쪽이 존재하지 않는 것 같다고 남편에게 불평하자 그는 대답 대신 웃기만 했다.

남편으로 말하자면 일리노이에서 가장 흔한 네거리 신호등 앞에서도 어디로 가야 하는지 논리적으로 판단할 줄 모르는 사람이다("다른 사람들이 여기에서 항상 멈추니까, 나는 그냥 가야지"하는 식이었다). 한번은 우리가 버크셔 산을 가로질러가고 있었는데, 소통을 기능적으로 관리하던 사거리 교차로가 목숨을 걸어야 하는 로터리 교차로로 바뀌어 있었다. 로터리 교차로에서는 구불구불한 길들이 좁은 원형 도로로 모아지고, 운전자가 여기를 돌아 나오려면 무턱대고 돌진해야만 했다("적어도 말이지 로터리 교차로에서는 뭘 해야 되는지 알아. 시선만 잘 맞추면 되거든"이라고 남편은 이야기했다.)

논리적인 방향 감각이 애초부터 없어서 오히려 고민하지 않고, 원인대로 인한 통증도 없는 남편이 주로 운전을 했다. 원인대란 자궁이 제자리를 잡도록 고정시키는 번지점프 밧줄 같은 인대 조직을 말한다. 몇 주 전 누군가가 내 사타구니에 있는 고무줄을 잡아당기는 듯한 날카로운 통증으로 숨을 헐떡이기 전까지는 난 이런 것이 있는 줄 몰랐다. 이런 전형적인 원인대 통증은 임신 6개월에 접어들어 자궁이 앞쪽으로 밀려나오게 되면 느낄 수 있다. 앉아 있다가 일어선다든지, 다리를 푼다든지, 뭔가를 잡으려 한다든지, 심하게 기침하는 경우처럼 갑자기 움직이는 경우에 통증이 심해질 수 있다.

그래서 나는 운전석 옆자리에서 몸을 쭉 펴고 독서에 열중했다. 우편으로 배달되어 침대에 쌓여 있던 3개월분의 임신에 대한 각종 잡지와 팸플릿들을 읽었다. 아직까지 내가 고려하지 못했던 임신에 관한 문제가 없는지 생각해본다. 임신 안내서도 차 뒤에 쌓아두었다. 식단에 대한 조언, 임신복에 대한 정보, 자주 물어보는 질문들에 대한 페이지들을 주르륵 넘겨보았다.

대중적인 글들은 나에게는 익숙했던 학술적인 책들과는 완전히 다른 방식으로 자궁 속의 삶을 설명한다. 대학 교재는 대부분 기관이 형성되는 임신 초기 단계에 대해 정확하고 복잡한 설명으로 채워져 있고, 끝 부분에 진통과 분만을 유도하는 급격한 호르몬 변화가 짧게 언급되어 있다. 그러나 신체 부분들의 성장, 지방 축적, 이목구비 형성 등 임신 중기와 말기에 일어나는 태아의 변화에 대해서는 거의 언급하고 있지 않다. 이들 교재 중 한 권에는 임신 후반 6개월의 기간이 다음과 같은 두 개의 단순한 문장으로 요약되어 있다. "이때가 되면 태아의 얼굴과 몸은 출생 시 아기의 모습을 갖게 된다. 임신 25주 이후에 태어나는 아이는 대개 생존할 수 있다."

이와는 대조적으로 대중적인 매체에서는 입덧과 응급 유산의 징후를 제외하고는 임신 초기 기간에 대해 별로 언급하지 않고, 그 대신 임신 중기와 후기에 대해 구구절절 읊고 있다. 이런 잡지에서는 눈썹(6개월째에 발생한다)의 성장, 반들반들한 태지의 분비(태지는 피부가 트지 않게 보호해준다), 태지를 제자리에 유지시키는 미세한 배내털의 성장에 대해서 너무나 사랑스럽게 표현하고 있다. 이런 사랑스러운 묘사와 카톨릭 미사 용어 같은 특별한 언어를 외면할 예비 엄마가 어디 있을까? 대중 잡지에서 나는 6개월 된 태아의 키가 약 33센티미터이고, 몸무게가 450그램이 조금 넘는다는 것을 알게 되었다. 내 자궁의 맨 윗부분이 이제 배꼽 위까지 올라왔고, 이제는 자궁벽을 직접 누르고 있는 태아가 자궁에 다양한 방식으로 압박을 주게 된다는 것도 알게 되었다.

자궁 또한 태아를 압박한다. 진통의 예행연습으로 자궁 근육들이 주기적으로 수축하는 것이다. 이런 증상들 또한 '브렉스톤 힉스 수축'이라는 특별한 이름을 갖고 있다. 이 느낌은 낯설다. 처음에는 바늘로 찌르는 듯 따끔거리다가 그다음에는 눈이 얼음이 되는 것처럼 뭉치는 느낌과 함께 배가 아래쪽으로 눌려 단단한 공이 된 듯하다. 그런 다음 얼음이 다시 눈으로 변하듯 배를 누르던 압박감이 없어진다. 임신 안내서는 이런 증상이 정상이라고 나를 안심시켰다. 브렉스톤 힉스 수축은 완벽하게 정상적인 현상이다.

대중지에서는 환경 문제에 대해서 별로 얘기하지 않는다. 선천성 기형 방지에 애쓰는 마치오브다임스 출판사가 발간하는 임신 잡지인 〈마마〉조차 용매나 살충제, 독성 폐기물 매립지, 미나마타병, 베트남에 대해 언급하지 않았다. 우리가 과학적으로 알고 있는 것과 출산 전 실생활에 필요한 정보를 찾는 임산부들에게 제공되는 것 사이에는 뭔가 벽이 있었다. 처음에는 대중적인 글을 쓰는 사람들이 오래되고 확실한 위험에 대한 정보만 선택적으로 알려주려고 했을 것이라고 생각했다. 모든 임신 안내서와 잡지에서는 풍진에 대한 기본적인 논란을 싣고 있었고, 임산부들에게 금연을 촉구하고 있었다.

그러나 이런 책들을 읽어가면서 점차 임신을 위협하는 위험성에 대한 정보가 과학적 확실성이라는 기준에 따라 임산부에게 제공되는 것이 아니라는 점을 깨닫게 됐다. 예를 들면 이런 종류의 책에서는 임산부들이 술을 마시지 말아야 한다고 말한다. 이 점에 대해서는 모든 안내서와 잡지들의 의견이 일치하고 있다. 태아 알코올 증후군은 잘 설명되어 있고, 논쟁의 여지가 없는 현상이며, 심지어 임신 초기에 술 한 잔만 마셔도 아기의 신경 발생에 영향을 미칠 수 있다는 새로운 증거가 나오고 있지만 가끔 마시는 와인 한 잔이 해로운지는 아무도 모른다. 그럼에도 불구하고 위험하지 않다는 근거가 없다면 안전한 수준이란 없다고 주의를 주고 있다(나는 이 말에 전적으로 동의한다). 내가 갖고 있는 임신 안내서 『출생 전의 삶』에서는 볼테르의 말까지 언급하고 있다. "모르면 피하라."

그러나 수돗물에 함유된 질산염의 경우에는 이 원칙이 적용되지 않는다. 아직까지는 태아에 적용될 기준치가 정해진 적도 없었고, 질산염이 태반을 통과하는지 혹은 엄마의 혈액에 존재하는 질산염에 의해 비활성화된 헤모글로빈이 태아에게 산소를 원활하게 공급할 수 있는지에 대해 거의 아무것도 알려진 바가 없다. 게다가 450만 명의 미국인은 이런 임의의 기준치보다 질산염의 농도가 높은 물을 마시고 있다. 이 450만 명 중에는 임산부도 포함되어 있을 것이다. 그리고 식수 중의 살충제 잔류물, 용매와 염소 처리 부산물에 대한 안전 기준치도 문제점에 속한다. 이제까지 이들 기준 중 어떤 것도 태아의 손상과 무관하다는 것이 증명된 바 없다.

환경 위험 인자에 대해서는 "모르면 피하라"라는 원칙이 적용되지 않을 뿐만 아니라, 심지어 위험이 존재한다는 사실 자체도 임산부들에게 알려주지 않는다. 알코올과 담배에 대해서는 볼테르의 말을 언급한 책에서 음식과 공기, 물에 들어 있는 독성 화합물에 대해서는 한마디도 언급하지 않는다. 그리고 이런 독성 화합물을 언급한 몇 권 안 되는 책과 잡지마저도 별문제가 아니라고 안심시키거나 위험을 가볍게 여기도록 만든다.

더 읽어갈수록 더 많은 모순을 발견하게 되었다. 음식물의 화학물질 오염이 생식 능력에 미치는 영향을 요약한 최근의 과학 보고서에서는 다음과 같은 결론을 내렸다. "증거는 넘치고 있다. 분해가 잘 안되는 특정한 독성 물질은 지적 능력을 떨어뜨리고, 행동을 변화시키고, ……생식 능력을 손상시킨다. 가장 위험한 사람들은 아이들, 임산부, 가임기 여성이다. …… 특히 발생 중인 태아와 젖먹이 아기들이 가장 위험하다."

이와 대조적으로 가장 대중적인 임신 안내서 중 하나는 이 문제를 다음과 같은 불평으로 시작한다. "식탁에 오르는 모든 음식에 위험한 화합물이 들어 있다는 연구 보고서가 너무 많아서 식욕이 없어질 정도이다. ……너무 무서워하지 마라. 음식에 들어 있는 이론적인 위험을 피하려고 노력하는 것은 좋은 일이지만 사는 게 괴로워질 정도가 되면 문제다."

물론 걱정을 접고 행복해지자는 식의 접근 방식이 흡연과 음주에도 적용되는 것은 아니다. 이런 문제에 대해서 글쓴이들은 매우 단호하고 엄격한 입장을 취하고 있다.

나는 점점 더 큰소리로 노래를 부르고 있는 제프를 쳐다보았다.

"자기야."

"응."

"난 뭔가 이해해보려고 애쓰고 있어."

"그게 뭔데?"

제프는 라디오를 껐다.

"이 많은 임신 잡지 중에서 임산부들에게 자신이 살고 있는 지역의 독극물 방출 목록을 찾아보라고 권하고 있는 게 하나도 없어."

"당신은 찾아봤잖아, 그렇지?"

"그치, 인터넷에서 찾아봤지."

"그런데?"

"맥린 카운티는 일리노이 주에서 생식 독성 물질을 공기 중으로 가장 많이 방출하는 지역 중 하나였어."

나는 조사한 내용들을 제프에게 자세히 설명했다. 가장 많이 방출되는 치명적인 독물은 대두 처리 공장에서 배출되는 헥산과 자동차 공장에서 나오는 톨루엔이었다. 내가 파악한 리스트에는 글리콜 에테르와 크실렌도 포함되어 있었다. 모두가 유기용매였다.

"맙소사."

"또 대학교에서는 운동장과 캠퍼스에 여섯 가지 살충제를 사용하고 있더라. 그래서 내가 살충제들의 독성 성분을 살펴보았더니, 그중 두 가지가 동물에게 선천성 기형을 일으키는 것으로 알려져 있었어."

"그것들이 내 작업실이 있던 운동장에도 사용됐어? 거기에는 항상 작은 깃발들이 꽂혀 있던데."

"몰라. 나는 왜 산부인과 의사가 이런 문제에 대해서 전혀 얘기하지 않았는지 궁금해. 블루밍톤의 식수 문제에 대해서도 그래. 의사가 한 말 중에 기억나는 것은 회를 먹지 말라는 얘기뿐이었거든."

우리는 웃음을 터트렸다. 생선회는 일리노이 주의 식탁에서는 흔한 메뉴가 아니다.

"그래서 뭘 이해하려는 중인데?"

"두 가지야. 하나는 임신에 대한 환경 위협이 왜 공개적으로 얘기되지 않는 걸까?"

"그리고?"

나는 "모르면 피하라"는 볼테르의 말을 언급했다.

"왜 개인들만 모르면 피해야 하지? 왜 산업계나 농업계는 그러지 않는 거지?"

"알았어. 잠깐 생각해볼게."

남편은 라디오를 다시 켰다. 그런 다음에 다시 껐다.

"내 생각에는 질문이 겹치는 거 같은데 임신과 모성은 개인적인 일이야. 아직까지는 임산부가 공적 세계의 일부가 아닌 듯이 여겨지잖아. 임산부의 몸은 이상하게 보여. 약해 보이기도 하고. 당신이 임산부들을 불안하게 만들려는 건 아닐 거야. 뭔가 두렵고 스트레스를 준다면, 그것에 대해서는 말하지 말아야지."

"하지만 임산부들은 뭘 하지 말라는 말을 늘 듣잖아. 커피도 안 돼, 술도 안 돼, 회도 안 돼. 고양이 똥도 만지지 마라."

"그런 것들도 역시 사적인 일이지. 산업과 농업은 정책적이고 공적인 일이고. 이것들은 개인의 몸 외부에, 자기 집 밖에 존재하는 일이잖아. 임산부는 그런 문제들을 직접 즉각적으로 해결할 수 없어. 그래서 버거운 문제 같아."

"공공의 결정에서 나온 결과에 따라 살아야 하는 건 임산부들이야. 우리도 장애아를 키우는 부모가 될 수 있어. 이 문제가 너무 당황스러운 일이라 얘기할 수 없다면 어떻게 바뀌겠어?"

남편은 나를 쳐다보았다.

"당신은 작가잖아. 그런 문제들을 다루는 글을 쓸 수 있겠어? 금기를 깰 수 있을까?"

이제는 내가 잠시 생각했다.

"자기야. 당신은 그걸 어떻게 할 수 있을까? 내 말은 조각으로 말이야. 예를 들면 일리노이 주 산업계에서는 지난해 1만 5,000톤의 생식 독극물을 방출했어. 그 수치가 갖고 있는 의미를 사람들에게 어떻게 전달하겠어? 그걸 어떻게 보여주겠냐고?"

긴 언덕을 올라가고 있는 동안 차 속도가 느려졌다. 길가에 흔들리는 풀들은 말꼬리만큼이나 길었고, 이미 씨앗들이 달려 있었다. 한눈을 파는 사이에 여름이 찾아온 것 같았다.

"나는 많은 인체 조각상을 만들 수 있을 거야. 독성 화합물의 양만큼 말이야. 야외에다 전시를 할거야."

아래로 풀밭이 펼쳐져 있었고, 농가 마당에는 비에 젖은 장미가 피어 있었다. 나는 침묵하는 사람들의 군상이 묵직하게 땅을 내리누르고 있고, 생명 없는 그들의 모습 자체가 우리가 말하기 두려워하는 것을 말하는 광경을 상상해보았다.

가장 좋은 시절

부자 동네인 케임브리지가 내려다보이는 서머빌로 돌아오자 일리노이주의 광활함은 기억나지 않는다. 북미에서 가장 인구가 밀집된 이 도시(서머빌의 신문에서는 정기적으로 이렇게 주장한다)의 3층짜리 아파트에서 제프와 나는 사람들과 부딪치고, 자동차 경적 소리와 인도식 테이크 아웃 요리에 다시 익숙해지면서 며칠을 보냈다. 저녁 때 우리는 발코니에 앉아서 바다에서 불어오는 산들바람을 기다리고 있었다. 아침에 개와 함께 공원으로 산책을 나가면 입이 튀어나온 십대들과 투덜거리는 할머니들이 미는 유모차들이 인도에 가득하다. 나는 이웃에 아기들이 이렇게 많은지 예전에는 미처 깨닫지 못했다. 자그마한 시멘트 마당에는 진달래가 활짝 피어 있고, 보라색 등나무 덩굴이 현관을 감고 있다. 빨랫줄에는 속옷들이 펄럭이고 있다. 공원의 아카시아 노목에는 향기로운 꽃송이들이 달려 있다. 지금이 서머빌에서 가장 좋은 시절이다.

뇌의 미스터리

나는 두 블록밖에 떨어져 있지 않은 공공 도서관에 다니며 다시 조사를 시작했다. 내가 지금 흥미를 가지고 있는 분야는 임신 6개월째에 이루어지는 태아의 뇌 발달이다.

20년 전 나는 척추동물의 뇌 발생 해부학을 공부하느라 미치기 일보 직전이었다. 이 과목은 그때까지 내가 배운 과목 중 가장 어렵고 가장 아름다운 생물학 분야였다. 이것은 장미꽃이 피는 것을 고속으로 관찰하는 것과 비슷하다. 아니면 지도에 표시되지 않은 동굴을 탐사하는 것과 비슷하다. 나의 발생학 담당 교수였던 브루스 크라일리 박사는 어두운 실험실에서 태아 뇌 절편의 슬라이드를 커다란 스크린에 비쳐주면서 철저하게 외우도록 만들었다. "좋아, 여기가 어디지?" 교수님은 지시봉으로 낯선 구조물을 가리키며 대답을 요구했다. 전뇌, 중뇌, 후뇌가 계속 제 꼴을 갖춰가는 동굴 속의 지점들을 확인시켜주었다.

뇌와 척수는 외배엽에서 만들어진다. 뇌에서는 세포가 안쪽에서 바깥으로 이동하면서 피질을 형성한다. 이런 이동이 일어나는 동안과 그 직후에는 아주 복잡한 일이 벌어진다. 실제로 인간의 뇌 발달 과정을 설명하기 위해서 식물학, 건축학, 지리학 용어가 사용된다. 구조물들이 부풀어오르고, 파도치고, 압축되고, 융합되고, 팽윤된다는 말을 쓴다. 이들은 서로를 넘어뜨리거나, 덮고 자라거나, 파묻는다. 이들은 또한 회전하여 아래로 자라다가 다시 돌아서 위로 자란다.

일부 구조물은 서로 다른 위치에서 나온 두 조직에 의해 형성되기도 한다. 예를 들면 입 근처의 골짜기에서 위로 자란 구조물이 전뇌에서 아래로 자란 구조물과 만나는 지점이 뇌하수체가 된다. 한편 열두 개의 두개골 신경이 전령들처럼 뻗어 나가서 멀리 떨어진 곳에서 새로 생겨나는 눈, 귀, 혀, 코 등과 접촉하게 된다. 이 모든 현상들이 생물학 전공자들을 미치게 만들 정도로 아주 복잡하다. 그러나 일단 과정을 익히고 나면 이전에는 결코 보지 못했던 비밀의 사원에서 막 빠져나와 다시 광명을 본 듯한 기분을 느낄 수 있다.

현미경 수준에서 보면 이야기가 좀 단순해진다. 물론 세포 수준에서 실제로 무슨 일이 일어나는지를 거의 알지 못하기 때문이기는 하지만 말이다. 모든 발생학적 구조물은 세포의 이동을 통해서 만들어진다. 그러나 뇌세포는 지나간 자리에 비단실 자국을 남기는 거미처럼 움직인다.

수상돌기와 축색돌기라는 두 가지 종류의 실이 있다. 수상돌기는 가늘고 짧다. 이들은 다른 이웃 세포들로부터 메시지를 받는다. 축색돌기는 로프처럼 생긴 긴 실이다. 이들은 종종 매우 먼 거리로 메시지를 보낸다. 이들 중에서는 축색돌기가 먼저 발생한다. 특정한 경로를 따라 특정한 방향으로 뇌세포의 몸체로부터 자라나간다. 이때 세포유착분자라고 불리는 단백질의 안내를 받는다. 수상돌기는 이보다 나중에 나온다. 실제로 수상돌기의 성장은 임신 마지막 넉 달 전까지 본격적으로 시작되지 않으며 출생 후 1년 넘게 계속된다.

이런 차이에도 불구하고 축색돌기와 수상돌기는 많은 공통점을 갖고 있다. 두 종류의 섬유는 모두 우선 길게 자란 뒤에 가지를 뻗어 다른 세포들과 연결된다. 이 연결점인 시냅스는 아기가 두 살이 될 때까지 계속 그 수가 증가된다. 축색돌기와 수상돌기 모두 그 시냅스를 따라 전기화학적 신호를 보내 메시지를 전달한다. 이런 신호는 섬유 사이를 건너뛸 수 있다. 하지만 대부분의 경우 신경세포에서 다음 신경세포로 전달하기 위해 시냅스들 사이로 화합물을 퍼트린다. 이 화합물을 신경전달물질이라고 말하는데 아세틸콜린, 도파민, 세로토닌 등이 있다.

태아의 뇌가 가진 미스터리는 무궁무진하다. 그중에서도 주된 내용은 신경접착제를 의미하는 신경아교세포의 역할이다. 이들 뇌세포 자체가 메시지를 전달하는 것은 아니지만 메시지를 전달하는 세포들을 통제하는 것으로 보인다. 이들은 단순한 아교가 아니다. 이들은 뉴런이라는 운동선수들을 훈련시키는 코치처럼 작용한다. 뉴런의 축색돌기를 지방이라는 우수한 붕대로 감아서 전기 전달 속도를 증가시킨다. 이들은 또 사용 가능한 포도당의 양을 조절해서 뉴런의 식단을 변화시키는 듯 보인다. 그리고 이들은 세포 이동을 위한 신호와 경로를 제공한다. 이 작용에서 신경아교들은 초기에 이동한 뉴런들과 함께 작용한다. 즉 피질로 처음 여행을 떠난 뇌세포들은 신경아교와 함께 나중에 오는 뇌세포들이 제 길을 찾는 데 필요한 단서를 제공한다. 그러나 정확히 어떻게 이런 일들이 일어나는지에 대해서는 아무도 모른다.

손상되기 쉬운 뇌

배아의 뇌가 어떻게 각 방들을 하나씩 만들어내는지, 전기화학적 신호 그물망이 어떤 식으로 모두 연결되는지를 이해한다면 신경독이 자궁에 심각한 영향을 미치는 이유를 이해할 수 있다. 성인의 뇌에 일시적인 영향을 끼치는 노출만으로도 태아의 뇌는 초토화될 수 있다. 이는 다양한 경로를 통해 일어난다. 신경독은 시냅스 형성을 방해하고, 신경전달물질의 방출을 방해하고, 축색돌기를 둘러싼 지방층을 벗겨낼 수 있다. 또한 태아의 뇌세포가 바깥쪽으로 이동하는 여행 속도를 감소시킨다. 가장 먼저 성숙한 뇌세포가 나중에 오는 뇌세포들의 길 찾기를 돕는 골격을 만들기 때문에, 이런 이동이 시작될 때에는 신경독에 단 한 번만 노출되어도 뇌 구조가 회복불능 상태로 바뀔 수 있다. 또한 태아에게는 이미 태어난 인간이 갖추고 있는 간, 신장, 폐의 해독 시스템이 없다. 그리고 생후 여섯 달이 되기 전까지의 태아와 유아에게는 혈액에 들어 있는 독소가 뇌의 회백질로 침입하는 것을 막는 혈액과 뇌 사이의 차단벽이 없다.

다른 부분도 부족한 데다가 태아의 몸에는 지방이 없어서 뇌는 더욱 쉽게 상처받는다. 뇌는 건조 중량의 50퍼센트가 지방으로 구성되어 있는데, 출생 후에는 몸에 있는 체지방이 뇌와 함께 지용성 독성 화합물(대부분의 독성 화합물이 지용성이다)을 끌어당긴다. 그러나 대부분의 임신 기간 동안 태아는 지방이 거의 없이 마른 상태고 임신 마지막 달에 이르러서야 살이 오른다. 태아의 경우 지용성 독성 화합물을 격리시키는 지방 저장소가 달리 없어 태아의 뇌는 출생 후 아기의 뇌보다 더 크게 피해를 입는다.

1997년도 독극물 방출 목록에 보고된 상위 20개의 화합물 중 절반 이상이 신경독으로 알려져 있거나 그렇게 추정되고 있다. 여기에는 용매, 중금속, 살충제가 포함된다. 그러나 뇌에 손상을 미치는 화합물이 무엇인지는 아직까지 막연하고 단편적으로만 알려져 있다. 다른 문제점 중 하나는 특정한 신경독에 노출됐을 때 아기가 받을 영향을 조사하기 위한 동물 실험에는 한계가 있다는 점이다.

예를 들면 인간은 원숭이보다 뇌 발달이 덜 끝난 상태에서 태어난다. 붉은털 원숭이의 뇌는 태어날 때 거의 최종적인 형태에 가깝고 이 원숭이는 생후 두 달 안에 일어서서 걷는다. 그러나 사람의 경우 평균적으로 생후 13개월이 지나야 걷기 시작한다. 한편 쥐와 같은 설치류의 뇌는 출생 시 특정한 내부 구조물이 인간보다 덜 발달되어 있다. 예를 들면 인간의 기억을 담당하는 해마세포는 출생 시 이미 만들어져 있지만, 설치류의 경우에는 그렇지 않다. 종마다 이런 차이가 있기 때문에 동물 연구 결과를 인간에게 적용시키는 것은 미묘한 문제다. 취약한 부분도 서로 다르다. 그렇다고 인간의 배아와 태아를 대상으로 실험을 할 수도 없다.

불운하게도 많은 태아들이 뇌를 손상시키는 화합물에 우연하게 노출되어왔다. 이로 인해 발생한 다양한 기형을 연구함으로써 많은 것을 배울 수 있었다. 그러나 이런 종류의 연구는 몇 십 년 전까지만 해도 본격적으로 시작되지 않았었다. 옛날에는 화합물이 태아를 죽게 만들거나 그렇지 않거나 둘 중 하나라고 생각했다. 화합물이 무뇌증과 같은 명백한 구조적 기형을 유발하거나 그렇지 않거나 둘 중 하나라고 여긴 것이다. 1960년대와

1970년대에 이르러서야 태아 독성 연구자들은 이런 화합물에 조금만 노출되어도 뇌 기능이 이상해질 수 있다는 사실을 알게 되었다. 즉, 필요한 모든 구조를 갖고 있어서 멀쩡한 듯 보이지만 정상적으로 작용하지 않는 것이다.

일단 조사자들이 낮은 수준의 독극물에 노출된 어린이들의 인지능력과 운동능력을 조사하자 미묘한 문제점들이 명확해지기 시작하였다. 동물의 경우도 마찬가지였다. 신경독에 대한 동물 실험이 선천성 기형뿐만 아니라 행동 문제(학습, 기억, 반응 시간, 미로를 통과하는 능력)까지 확장되자 수많은 다른 문제들이 분명하게 드러났다. 태아와 동물 모두 예상했던 수치보다 훨씬 낮은 농도의 독극물에 노출되더라도 뇌 기능이 심각한 위협을 받을 수 있음을 알게 되었다.

불운하게도 이런 조사 결과는 독성 화합물 사용을 제한하는 환경 규제가 만들어진 훨씬 이후에 나왔다. 이런 환경 규제의 대부분은 최근 연구 결과에 근거한 것이 아니라, 2차 세계대전 이전에 만들어졌던 신경 발달에 대한 가정들에 근거한 것이다. 태아 신경독의 경우, "모르면 피하라"라는 경고 대신 "최신 과학에 무지하고, 이를 무시한 채 무식하게 나아가라"는 원칙에 매달리고 있다.

하나에서 둘로

임신 6개월째에 접어든 나는 즐겁다. 나의 둥근 배를 보고 우편배달부, 개를 산책시키는 사람들, 서로 자리를 양보해주려고 경쟁하는 지하철 승객들이 미소를 지으면서 덕담을 건넨다.

한편 지난달에는 불규칙했던 아기의 움직임이 지금은 예측 가능하고 위안을 주는 춤이 되었다. 몇 주가 지나면서 나는 태동에 대한 다른 사실을 알아차리기 시작했다. 아기는 종종 나의 행동에 대한 반응으로 움직인다. 내가 따뜻한 물에서 목욕을 하면 아기 또한 목욕하는 것처럼 옴쭉거리며 움직인다. 내가 남편을 꼭 껴안아 배가 남편의 등에 눌리면 아기는 남편도 느낄 정도로 힘차게 발길질을 해댄다. 내가 침대에서 뒹굴거리면 아기도 뒹굴거리곤 한다. 경찰차나 소방차가 갑자기 거리를 질주하면 아기는 갑자기 움직이지 않는다. 나는 배를 어루만지며 아기를 달랜다. "괜찮단다, 아가야. 그냥 사이렌 소리일 뿐이야." 이럴 때마다 나는 태아가 감각이 있는 존재로 인식되어 내 자신이 점점 엄마가 되어감을 느낀다.

동시에 나는 더 이상 임신 안내서들을 읽을 수 없다. 특히 진통과 분만에 대한 설명은 참을 수 없다. 태아가 완전히 벌어진 자궁 경부를 통과해 내려오는 그림은 그저 보는 것만으로도 조산이 될 것 같아서 피한다. 임신 기간은 그 자체의 생명을 유지하고 있다. 나는 심장 아래에 아기를 감싸 안고 내 몸의 피를 먹여주는 것이 좋았다. 내 몸은 진주를 품은 굴처럼 아기를 단단히 감싸고 있다. 우리는 서서히 둘이 되어가고 있는 하나의 몸이다. 나는 아기가 생각하고 꿈꾸고 듣고 춤추는 것을 느낄 수 있다.

인간 뇌의 파괴자, 납

보통 천연물질이 합성물질보다 인체에 미치는 독성이 더 적다고 믿는다. 다른 고정관념들과 마찬가지로 이 생각 역시 사실이면서 동시에 사실이 아니다. 이는 '천연'이 무엇인지에 달려 있다.

주기율표의 82번 원소인 납을 살펴보자. 납은 지표면에 존재한다. 그러나 살아 있는 생명체의 세계에서 아무런 작용을 하지 않는다는 점에서 납은 자연의 일부가 아니다. 납은 지질학 세계에는 풍부하지만, 생태학적 세계에는 자연적으로 존재하지 않는다. 사람이나 다른 동물들의 정상적인 혈중 납 농도는 0이 되어야만 한다. 그리고 실제로 돌멩이 같은 무생물 세계에도 우리가 납이라고 알고 있는 부드럽고, 조밀하고, 은빛이 도는 이 물질이 실제로 존재한다고 말할 수 없다. 납 원소는 다른 광물을 녹였을 때 흘러나온다. 이런 점에서 납으로 만든 낚시추는 폴리에스테르, 플라스틱 랩, DDT와 비슷한 합성물질이다.

납이 유용한 물질이라는 점은 확실하다. 납은 본래 녹이 슬지 않기 때문에 수도관 표면을 코팅하는 데 사용되어왔다. 같은 이유로 납은 지붕에도 사용되었다. 납염은 우수한 안료가 되어 납 페인트가 되었다. 엔진의 노킹을 방지하는 사에틸납은 유연 휘발유에 첨가된다. 또한 납은 다루기 쉬운 전기적 성질을 갖고 있다. 현재 납이 가장 많이 사용되고 있는 곳은 납산 배터리로, 특히 차량용으로 많이 쓰인다.

납은 무시무시한 인간 뇌의 파괴자이기도 하다. 이 성질은 2,000년 전부터 알려져왔다. 한때 연독鉛毒이라 불렸던 납독은 뇌의 모세관을 서서히 손상시켜 출혈을 일으키고 붓게 만든다. 이것의 증상으로는 흥분, 복부 경련, 두통, 정신 착란, 마비, 잇몸을 가로지르는 검은 선의 생성 등이 포함된다. 또한 납이 산모의 태반을 통과한다는 것이 오래전부터 알려져왔다. 1911년, 뉴캐슬의 백연 공장에서 일하던 여성들은 임신을 하면 자신의 납독 질환이 치료된다는 사실을 발견하였다. 실제로 그러했다. 납이 태아에게로 이동해서 여성 노동자들의 몸에 남아 있는 납이 줄어들었기 때문에 납독으로 인한 증상이 완화된 것이다. 물론 그들의 아기들은 대부분 죽었다.

이제 우리는 납이 일단 성인 여성의 신체에 들어오면 뼈와 이빨에 자리 잡는다는 것을 알고 있다. 태아의 골격이 단단해지는 임신 첫 6개월 동안 태반의 호르몬은 엄마의 뼈에서 칼슘을 풀어내서 태반을 통과시킨다. 뼈에 있던 납도 함께 이동하여 칼슘을 따라 태아의 몸으로 들어간다. 이런 방식으로 발생 중인 아기는 엄마가 평생 축적한 납을 모체로부터 받아들이게 된다.

납의 독성에 대한 이해는 1940년대에 급격하게 변화되었다. 그 이전에는 죽지 않고 살아남은 급성 납독의 희생자들이 완전히 회복된 것으로 생각됐다. 그러나 몇몇 주의 깊은 의사들은 생존자들의 아이들이 종종 지속적인 신경 질환을 앓고 있으며 학교에서 낙제한다는 사실을 발견하였다. 1960년대에는 미량의 납에 노출된 실험동물에서도 행동 변화가 관찰되었다. 1970년대 초에는 텍사스 엘파소의 납 제련소 근처에서 살고 있는 아이들의 IQ가 그곳에서 멀리 떨어진 곳의 아이들보다 낮다는 것이 밝혀졌다. 1980년대에는 비록 심각한 신체적 납 중독 증세를 보이지 않더라도 소량의 납에 노출된 아이들이 가진 문제에 대한 연구 결과가 전 세계에서 쏟아져 나왔다. 여기에는 짧은 기억력, 공격성, 낮은 언어 구사력, 과다 활동성과 비행 등이 포함되었다. 지금은 납이 신체적 증상을 일으키는 데 필요한 양의 6분의 1만으로도 정신적 능력을 감소시킬 수 있다는 것을 알게 됐다. 어린이나 태아의 경우 납 노출의 안전 최소 수치란 없다는 것이 새롭게 알게 된 사실이다.

태아신경학자들은 납이 뇌의 발달을 방해하는 다양한 방식을 조금씩 알아내었다. 뇌를 팽창시키는 데 필요한 것보다 훨씬 적은 양의 납이 시냅스에서 칼슘의 흐름을 변화시켜 신경전달물질의 활성을 바꿔놓는다. 또한 납은 수상돌기가 가지를 치는 것을 막고, 지방이 축색돌기를 감싸는 것을 방해한다. 거기서 멈추는 것이 아니다. 납은 이들 축색돌기의 성장을 안내하는 유착분자에게 영향을 미쳐 전체 뇌신경 그물망의 구조를 변화시킨다. 또한 납은 신경세포 내부의 에너지 생성 기관인 미토콘드리아를 독살시켜 뇌의 대사를 전반적으로 감소시킨다. 실험실 쥐의 경우, 납은 학습과 기억에 중요한 역할을 하는 것으로 알려진 수용기를 억제한다. 성인의 뇌에는 차단벽이 있고, 납을 단백질에 결합시켜 미토콘드리아로부터 떨어지게 할 수 있는 능력이 있어 이런 문제 중 일부는 해결될 수 있다. 그러나 태아의 뇌에는 이런 방어 시스템이 없다. 그래서 초기에 납에 노출되면 문제를 평생 지속시키는 결과를 낳는다.

얼핏 살펴보면 납에 얽힌 이야기는 무지에 대한 과학의 승리처럼 보인다. 납 페인트는 미국에서 1977년에 사용이 금지되었고, 유연 휘발유는 곧 점차 사용이 제한되어 1990년에 최종적으로 금지되었다. 사람이 납에 노출되는 가장 큰 두 가지 원인이 페인트와 휘발유이므로 규제가 아닌 금지 결정은 공중보건을 위한 빛나는 승리였다. 이런 결정으로 인해 미국 어린이의 평균 혈중 납 농도는 1976년과 1991년 사이에 75퍼센트나 극적으로 감소하였다.

산업이 과학을 억압하다

그러나 납을 인간 경제생활에서 추방하기 위해 오랫동안 힘들게 싸워온 역사가와 독성학자들이 말하는 또 다른 이야기가 있다. 이것은 산업이 줄기차게 과학을 억압한 사례이다. 그리고 미국 어린이들 20명 중 한 명이 여전히 납 중독으로 고통을 받는 이유를 설명해준다. 이 이야기는 왜 화장품에서 납 사용이 금지되지 않는지, 일부 립스틱과 모발 염색약에서 여전히 납이 발견되고 있는지 설명해준다. 그리고 이 이야기는 이곳 서머빌의 이웃들이 흙에 납이 너무 많으니 정원에서 채소를 키우지 말라는 충고를 아직까지 하는 이유를 설명해준다.

먼저 납 페인트를 살펴보자. 납 페인트는 미국에서 1970년대 후반에 생산이 중단되었다. 그러나 1925년 국제 협약을 통해 이미 납이 들어 있는 페인트를 가정용으로 사용하는 것이 전 세계적으로 금지되었다. 이 협약에서는 납이 신경독이며, 집에서 납 페인트를 사용하면 납 먼지가 생겨 집 안을 기어 다니면서 손과 장난감을 빨아대는 아기들이 흡입할 수 있다는 사실을 인식하고 있었다. 그러나 미국은 이 협약에 서명하지 않았다. 실제로 미국 정부가 협약을 체결하지 못하도록 방해한 납 업계는 수도관에 대해 납 사용 제한을 저지하는 데도 성공을 거두었다. 하나 이상의 페인트 회사를 소유한 납 업계는 낮은 농도의 납 독성에 대한 최신 과학 연구를 홍보 문제인 듯 취급했고, 객관적 조사 결과를 '납 반대 선전' 쯤으로 무시했다.

제럴드 마코위츠와 데이비드 로스너라는 두 명의 공중보건 역사가들이 기록한 바에 따르면, 납 안료 제조자들은 1925년 협정 이후에 공격적인 태도를 취하였다. 이들은 납 공포는 근거가 없는 것이라고 국민들을 안심시켰다. 심지어 학교와 병원에서 납 페인트 판촉 활동을 벌이기도 했다. 가장 부도덕한 것은 광고에 아이들의 이미지를 이용한 것이다. 이들 중 가장 유명한 것이 내셔널리드컴퍼니가 만든 만화 캐릭터인 더치 보이다. 단정한 머리 스타일에 작업복을 입고 나무 신발을 신은 더치 보이는 1950년대 내내 광고 캠페인에서 '백납' 이라고 적힌 페인트 통들을 즐겁게 첨벙거리고 다녔다. 이 광고는 납 페인트가 아이들이 다루기에 안전하다는 것을 암시적으로 표현하였다. 더치 보이는 심지어 기념품으로도 유행하였다. 1949년의 판매 매뉴얼은 이렇게 설명하고 있다. "우리 회사에서는 젊고 감수성이 풍부한 이들에게 자사의 상표 이미지를 심어줄 기회를 절대 간과하지 않습니다."

납 업계는 아울러 아이들의 장난감, 가구, 방에 납 페인트를 쓰지 않도록 하는 경고 표지 의무화에도 저항했다. 아기가 태어나기만 고대한 임산부들은 아기 방을 납으로 도배하였다. 납 산업협회는 납 페인트 노출과 정신지체아 사이의 연관성이 전혀 증명되지 않았다면서 위험성 여부를 의심하는 이들을 계속해서 안심시켰다. 1970년대까지는 이것이 사실이었다. 납이 건강에 미치는 효과를 연구하는 대학 연구진의 주요 자금줄이 납 산업계였기 때문이다. 다른 견해와 다른 자금원을 가진 연구원들에 대해서는 히스테리컬하다고 비난하면서, 종종 법적 대응도 불사하겠다고 으름장을 놓았다. 정부가 납 연구의 주요 자금원이 되고 나서야 납 사용에 반대하는 사례가 모이기 시작했다.

결국 진실을 더 이상 거부할 수 없게 되자 업계는 전술을 바꾸었다. 납이 아이들의 뇌를 손상시키는 성질을 갖는다는 사실을 인정하는 대신, 납 회사는 도시 빈민들과 임대 건물의 페인트가 벗겨지도록 방관한 나쁜 건물주들을 비난하였다. 또한 별 생각 없이 그곳에서 페인트를 먹으면서 살고 있는 아이들을 비난하였다. 실제로 납 전쟁에 깊이 관여하였던 독성학자의 회고에 따르면, 회사 대표는 납 페인트 조각을 먹어서 아이들이 바보가 된 것이 아니라 바보 같은 아이들이 납 페인트를 먹는 것이 문제가 아니냐고 말했다고 한다.

이런 억지는 결국 최신의 과학적 증거가 계속 쏟아져 나옴에 따라 무너졌다. 그러나 납 업계가 사실을 부인하고, 혼란스럽게 만들고, 책임을 미루고, 맞고소하고, 과학자들을 협박하면서 정당한 대중들의 관심사를 침묵시키고자 애쓰는 동안 몇 십 년이 허비되었다. 그 결과, 1978년 이전에 지어진 집에는 아마도 납 페인트가 칠해졌을 것이고, 이런 건물에서 사는 모든 아이들과 임산부들은 계속해서 납의 위험에 직면하게 됐다. 그리고 서머빌 등기소의 기록에 따르면, 내가 살고 있는 건물 또한 100년 가까운 건물이기 때문에 나 역시 납의 위험에 직면한 임산부이다. 이것은 집주인들을 계속해서 괴롭히는 문제이기도 하다. 납을 제거하는 것은 비싸고, 그 자체가 건강을 해치기 때문이다. 진작 진실을 인정했더라면 이런 문제는 1925년에 해결될 수 있었을 텐데 말이다.

이제 유연 휘발유에 대해 살펴보자. 제너럴모터스사는 1922년 휘발유에 납을 첨가하면 높은 압축을 받았을 때 폭발적으로 타오르는 '노킹' 현상이 줄어든다는 것을 발견하였다. 노킹 문제를 해결하면 자동차 엔진이 더 커지고 차가 더 빨리 달릴 수 있다. 옥수수를 증류해서 얻을 수 있는 에탄올도 좋은 노킹 방지용 첨가제였지만 특허를 받을 수 없었고, 따라서 회사에 이익이 되지 못했다. 1923년에 유연 휘발유가 처음으로 시판되었다. 이는 납이 들어 있는 배기가스가 대기로 쏟아져 나오는 것에 의문을 품은 보건 당국자들의 관심을 즉각 끌었다. 그리고 비슷한 시기에 납 첨가제를 배합하는 데 관련된 일을 하고 있던 제련소 근로자들에게 심각한 건강 문제가 나타나기 시작했다. 여러 명이 사망했고, 많은 사람들이 환각으로 고통 받았다. 심지어 한 공장의 사에틸납 건물은 많은 근로자들이 곤충이 몸에 기어 다니는 환각을 경험했기 때문에 '나비 집'이라는 별명을 얻었다.

1925년 주목할 만한 사건이 벌어졌다. 납 먼지라는 이슈를 해결하기 위해서 공중보건국장이 주최한 회의가 열렸다. 여기서 판매 중지 선언이 내려졌다. 유연 휘발유의 판매는 공중 건강에 해를 미칠 수 있다는 이유로 금지되었다. 지금은 대중적인 예방 원칙으로 불리는 "모르면 피하라"는 원칙이 완벽하게 적용된 셈이다. 그러나 불운하게도 판매 중지 선언은 유지되지 못했다. 판금 조치가 취해지자, 납 산업계는 납 노출이 아무런 문제가 없음을 보여주는 단기적인 연구에 자금을 대었다. 납은 느리게 축적되는 독이어서 단기간의 연구에서는 우려할 만한 손상이 밝혀지지 않을 가능성이 있다는 반대 여론에도 불구하고 금지 조치는 곧 풀렸고, 유연 휘발유의 생산이 재개되었다.

이런 상황이 7년 가까이 계속되었다. 7년 뒤 다시 금지되었지만 그 동안 7,000만 톤 이상의 납 먼지가 환경으로 방출되었다. 이중 대부분은 토양 표면에 가라앉았다. 금속인 납은 어떤 방법으로도 분해되지 않는 것으로 알려져 있다. 달리 말하면, 납은 절대 사라지지 않는다. 납은 신발 바닥에 묻어서 집 안으로 들어온다. 납은 토양에서 식물 뿌리로 흡수된다. 그래서 서머빌의 이웃들처럼 교통량이 많은 근교에서는 당근을 키워서 먹을 수 없는 것이다.

휘발유에서 납이 최종적으로 제거된 것은 납에 노출된 정도에 따라 초등학교 1, 2학년 아이들의 IQ가 상당히 차이가 났다는 1979년의 기념비적인 연구 덕분이다. 우리 정원이 처한 아이러니는 여기에 있다. 그 연구에서 조사한 아이들이 바로 여기 서머빌에서 살았던 것이다.

결국 사업을 접기로 결심하다

보스턴을 방문한 일이 있다면 북쪽에 있는 올드노스 교회를 방문하고 싶을 것이다. 폴 리비어가 만든 유명한 명소인 이곳은 육지에서 보면 하나로 보이고 바다에서 보면 둘로 보인다. 그곳에 간다면 교회 안의 연한 보라색 벽을 한번 보시라. 우리 남편이 칠한 것이다. 정확히는 남편과 그가 감독하는 일꾼들이 했다. 남편의 특기는 복원 작업과 장식 페인팅이다. 이런 기술로 수년 간 여러 예술 프로젝트에 드는 비용과 집세의 상당액을 해결하였다. 비컨 힐과 케임브리지의 브래틀 거리 위아래에 있는 우아한 고가와 하버드 대학의 건물들에도 그의 작품들이 있다. 남편은 내가 만난 사람들 중에서 페인트 붓과 사포를 다루는 솜씨가 가장 좋은 사람이었는데, (다른 이유들도 있지만) 이로 인해 남편을 사랑하게 되었다.

우리는 어느 여름밤 창 아래쪽 거리에서 흘러 들어오는 레게 음악을 들으면서, 그가 페인팅 작업을 계속할지 말지 상의했다. 그의 혈중 납 농도는 평균적인 미국 남성의 두 배가 넘었다. 납이 들어 있는 오래된 페인트를 직접 다루는 직업을 갖고 있는 것 치고는 혈중 납 농도가 낮았기 때문에 의사는 도리어 축하의 말을 건넸다. 남편은 매우 주도면밀하였다. 그러나 작업장에서 옷을 갈아입고 작업복을 화재 대피소에 두고 오더라도, 그는 여전히 먼지와 페인트에 덮여서 집에 돌아온다. 그는 3세대 전에 내려진 무모한 결정에 대한 대가를 치르는 중이다.

우리 딸은 그렇지 않다고 믿고 싶었다. 아빠의 납 노출이 태어나지 않은 아이에게 어떤 영향을 미치는지에 대해서는 거의 알려진 것이 없다. 더 낮은 납 수준이 남성의 생식기, 혹은 납에 노출된 남성의 파트너의 임신에 어떤 영향을 미치는가에 대해서는 거의 연구되지 않고 있다.

모르면 피하라. 그러나 우리가 그럴 여유가 있는가? 아이가 태어나면? 결국 남편이 사업을 접기로 결정했다. 그리고 아이가 기어 다니기 시작하면 이 아파트에서 이사할 것이다. 우리는 여러 층의 라텍스 밑에 납 페인트가 있다는 것을 알고 있고(집 주인이 확인해주었다), 납 페인트 위에 페인트를 덧칠했다고 해서 오염으로부터 안전하지 않다는 것을 알고 있다. 우리는 또 모퉁이 너머 이웃이 자기 집 뒤뜰 흙의 납 농도가 매우 높은 것을 발견했다는 것도 알고 있다. 그럼에도 불구하고 가정용 납 검출기는 내벽 표면, 먼지가 쌓인 찬장이나 라디에이터 뒤쪽 구석에서 납을 발견하지 못하였다. 지금은 그냥 이 집에 머무를 것이다(이것은 나중에 문제가 된 결정이었다. 혈중 납 농도는 혈액 데시리터당 마이크로그램으로 측정된다. 아이의 경우, 허용치는 10마이크로그램 이하다. 그러나 소아과 연구자들은 5 이하의 수치에서도 산수, 읽기, 단기 기억에서 문제가 생긴다고 보고하고 있다. 생후 9개월이 되었을 때, 우리 딸의 혈중 납 농도는 6마이크로그램으로 측정되었다).

"뿌리 야채는 키우지 말자. 내가 좋아하는 일도 그만 둘게. 어떻게 우리는 늘 피해야 하는 일만 골라 하는 거지?"

남편은 궁금해했다. 그리고 그것은 나의 의문이기도 했다.

먹이 사슬에 침입한 메틸수은

원소 주기율표에서 수은은 납에서 왼쪽으로 두 칸 건너 금 바로 옆에 자리 잡고 있다. 수은의 원소 기호인 Hg는 라틴어로 하이드라저럼(hydrargyrum)이며, 이것은 그리스어의 물을 뜻하는 'hydr'와 은을 뜻하는 'argyros'에서 만들어진 말이다. 수은은 실온에서 액체 상태인 유일한 금속이다. 수은은 또한 온도가 증가함에 따라 일정하게 팽창하고 유리에 달라붙지 않는다. 이런 이유들로 인해서 수은은 수백 년 동안 온도계에 사용되어왔다.

고대 연금술사들은 납과 수은은 반대의 성질을 가진 물질로 보았다. 납이 무디고 느리고 무겁다면, 수은은 빛나고 빠르고 변하기 쉬웠다. 그러나 이런 대조적인 물질 사이에는 두 가지 이상의 공통되는 성질이 있다. 모두 천연물과 인공물의 구분이 모호하다는 점, 모두 태아의 뇌를 파괴한다는 점이다.

납과 마찬가지로 수은의 대부분은 다른 원자와 결합된 상태로 땅속 깊이 갇혀 있다. 가장 흔한 수은 광석은 진사인데, 스페인과 이탈리아에서 비교적 풍부하게 발견된다. 납과는 달리 원소 상태의 수은은 '자연적으로' 존재하며, 땅을 파고 제련하는 수고 없이도 생명체가 사는 바깥세상으로 나올 수 있다. 매끌매끌하고 불안정한 수은은 바위와 토양, 해수, 화산, 뜨거운 온천 등에서 공기 중으로 증발한다. 수은은 증기 상태로 1년까지 대기 속을 떠다닐 수 있고, 결국에는 비와 눈으로 지표면에 되돌아온다.

이런 수은의 순환 사이클은 수백만 년 동안 계속되었다. 지구에서 파괴될 수 없는 수은 원자의 총량은 일정하지만, 수은의 정확한 위치는 항상 변한다. 우리가 알고 있는 것처럼 침전물이 풍부한 물로 들어간 수은은 곧 수성 박테리아에 의해 메틸수은으로 바뀐다. 그러나 그다음에 일어나는 일은 다소 불확실하다. 박테리아가 이 메틸수은의 일부를 물로 다시 방출하고, 여기서 메틸수은은 플랑크톤과 조류의 세포에 붙게 되고, 그다음 물고기들이 이것을 먹을 것이다. 아니면 박테리아가 자신의 세포에 수은을 잡아두고, 그 다음 다양한 생명체들이 이 박테리아를 먹을 것이다. 어느 경로에 의해서든, 수은은 독성이 강한 메틸수은으로 바뀌어 먹이 사슬에 침입해 물고기의 몸에 들어가게 되고, 먹이 사슬을 타고 올라갈수록 독성이 농축된다.

다양한 인간 활동으로 인해 땅속에서 생물세계로의 수은의 이동이 가속되는 부자연스러운 상황이 벌어졌다. 침전물을 조사한 결과, 대기 중의 증기 수은의 농도는 산업시대 이전보다 3배 이상 높아졌다. 게다가 매년 공기 중의 수은의 양은 1퍼센트씩 증가하고 있다. '아비'라는 바닷새처럼 물고기를 잡아먹는 새들에서 검출되는 메틸수은 농도 또한 늘어나고 있다. 이런 새들은 수은 독성으로 인해 생식 문제를 겪고 있다. 이런 문제가 생기는 원인 중 일부는 숲이 벌목되어 토양에 들어 있던 수은이 강과 개울로 흘러나오기 때문에 벌어진다. 또 일부는 광산회사가 수은이 들어 있는 광석을 가열해서 금을 추출하기 때문에 일어난다.

그러나 수은이 대지에서 공기로 이동하는 속도를 가속화시키는 가장 큰 원인은 석탄을 태우는 화력발전소이다. 병 속에 갇힌 악마처럼 수은은 캐낸 석탄을 태울 때 대기 중으로 풀려나간다. 그 이전까지는 지하 광맥에 갇혀서 살아 있는 생명체와는 안전하게 격리되어 있다. 현재 미국의 화력발전소에서 유출되는 수은은 연간 45톤에 달한다. 이들 중 2,800킬로그램 이상이 내가 살고 있는 일리노이 주의 화력발전소에서 배출된다. 일리노이 석탄 화력발전소는 전국에서 수은을 다섯 번째로 많이 방출하고 있다. 내 고향 집 근처의 화력발전소는 일리노이에서 세 번째로 큰 수은 오염원이다. 그 화력발전소는 내 고향인 태즈웰의 공기 중으로 매년 520킬로그램의 수은을 내보내고 있다.

놀랍게도 나는 화력발전소의 수은 방출을 제지하는 법이 없다는 사실을 알게 되었다. 화력발전소는 규제에서 제외되어 있다. 예전부터 알고 있던 사실임을 깨달았지만 임신 때문에 이 문제를 더욱 진지하게 생각하게 되었다(이후 2000년 12월 14일, 미국 환경보호국은 석탄 발전소에서 방출하는 수은을 줄이겠다고 발표하였다. 환경보호국에서는 2003년까지 수은 규제를 제안했지만, 2004년까지도 새 법은 발효되지 않을 것으로 예상되고, 2007년까지도 법이 승인될 것 같지 않다. 이 법은 10년이 더 지난 2011년 발효되었다).

수은 증기는 많은 소비 제품과 산업 공정에서도 발생한다. 정제된 수은은 온도계나 형광등 같은 결국에는 깨지게 되는 제품 내부에도 담겨 있다. 일부 자동차의 전조등에도 수은이 들어 있고, 많은 전기 스위치와 자동 온도 조절 장치에도 들어 있다. 머지않아 이들 제품 거의 대부분이 쓰레기 매립지, 고물 수집장, 소각로에서 최후를 맞을 것이고, 거기에서 눈에 보이지 않는 금속 기체가 대기 속으로 사라질 것이다.

스위치와 전등에 이용되는 수은의 전기적 성질은 염수에 전기를 통과시켜서 염소 기체를 만드는 데도 이용된다. 생성된 염소 기체는 액체 수은을 함유하고 있는 전기분해 전지를 이용하는 과정을 거쳐 알칼리(가성 소다)로부터 분리된다. 그런 다음 남은 찌꺼기는 쌓아두거나 태우거나 파묻게 되고, 이때 여기 포함된 수은 전부가 주위 환경으로 흘러 들어가게 된다. 오래된 클로르알칼리 공장들 상당수가 수은 전지에 의존하고 있어, 염소 제조업은 미국 최대의 수은 소비자이다. 그러나 합성막 같은 새로운 기술이 개발됨에 따라 수은으로 가득 찬 전기분해 전지는 필요 없게 되었다(수은에 의존하는 클로르알칼리 공장은 일본에서는 이미 금지되었다).

심지어 현대적 장례법도 대기 중의 수은 농도를 높이는 데 기여한다. 최근의 한 연구에 따르면, 한 번 화장 시 0.9~1.32킬로그램의 수은이 방출되는 것으로 추정된다. 충치를 때운 아말감이 기화된 결과이다.

임신 중 수은 노출의 결과에 대해 과학자들이 확신하는 몇 가지가 있다. 그중 하나가 수은 독성이 신경 발생을 중단시키는 메커니즘이다. 메틸수은은 염색체에 직접 결합해서 염색체가 복사본을 만드는 능력을 방해함으로써 태아 뇌에서 세포분열을 중단시킨다. 또한 뇌세포, 특히 자세, 균형, 근육의 조화를 통제하는 소뇌에서 세포 이동을 방해한다. 연구자들은 또한 수은이 태반을 가로질러 능동적으로 펌프질되기 때문에 태아가 성인보다 더 높은 양의 수은을 받아들이게 된다는 사실을 알게 되었다. 연구 결과에 따르면 신생아의 혈중 메틸수은 농도가 늘 엄마의 혈중 농도보다 높은 것이 확인되었다. 또한 생선과 해산물 섭취가 가장 심각한 수은의 흡수 경로라는 사실에 대해서 광범위한 합의가 이뤄졌다. 엄마가 생선을 더 많이 먹을수록, 탯줄 혈액 속의 메틸수은 농도가 더 높아지는 것이다. 이런 관계를 누구도 부인하지 않는다.

참치를 좋아하는 임산부들은 어떻게 하나?

그러나 지속적이고 두드러진 피해를 유발하는 데 필요한 노출 수위에 대해서는 논쟁이 난무하고 있다. 이런 논쟁은 철저한 조사를 거쳐 결론을 내린 매우 상이한 내용의 두 가지의 연구 결과가 최근에 발표되면서 더욱 심해졌다. 두 연구 모두 임신 중 다양한 양의 해산물을 섭취한 임산부들을 조사하였다. 한 연구는 몹시 추운 북극해 근처인 아이슬란드와 노르웨이 사이의 섬들에서 수행되었다. 다른 연구는 상쾌한 인도양 근처의 아프리카 동쪽 해안가 섬들에서 이뤄졌다.

덴마크 연구자인 필리프 그랑장과 그의 동료들은 '파로에 섬 조사'로 알려진 첫 번째 연구를 수행하였다. 그들은 1986년에서 1987년 사이에, 임신 중 생선과 고래 고기를 먹은 여성들에게서 태어난 1,022명의 아기들을 조사하였다. 파로에 섬에서 주된 수은 공급원은 고래였는데, 고래는 황새치와 비슷하거나 더 높은 농도의 수은을 갖고 있었다. 엄마의 메틸수은 노출 정도를 조사하기 위해, 연구자들은 탯줄 혈액과 엄마의 머리카락 샘플을 얻었다. 해산물을 많이 섭취한 엄마일수록 머리카락에서 검출된 수은의 농도가 더 높은 것은 확실했다. 그후 아이들이 일곱 살이 되었을 때 인지 능력과 운동 능력을 평가하였다. 그 결과는 놀라웠다. 연구자들은 기억력, 학습력, 주의력 결핍이 탯줄 혈액과 엄마의 머리카락에서 검출된 수은 농도에 비례한다는 것을 밝혀냈다. 따라서 산전 수은 노출량과 아이의 정신적 발달의 지연은 일정한 관련이 있다는 것이다. 물론 이런 아이들이 실제로 어디가 아픈 것은 아니었다. 단지 수수께끼와 퍼즐을 푸는 것이 더뎠고, 발달이 느린 듯 보일 뿐이었다.

이런 결손은 오래 지속된다. 일곱 살짜리 아이의 경우, 산전 수은 노출량이 두 배가 될 때마다 정신 발달이 한두 달 느려진다. 어머니의 나이나 교육 정도는 이런 결과에 영향을 미치지 않았다. 더욱이 이런 문제를 예상하는 데는 탯줄 혈액이나 엄마 머리카락의 수은 농도가 어린이의 그것보다 훨씬 더 유용했다. 이런 결과를 보면 산전 노출이 산후 노출보다 지적 능력을 손상시키는 데 더 막강한 힘을 갖고 있는 듯하다. 또한 이 연구는 이전에는 해가 없으리라 생각됐던 매우 낮은 농도의 수은에 노출되더라도 인지력에 문제가 생긴다는 사실을 밝혀냈다. 조사자들 스스로 지적한 것처럼 아직 해답을 모르는 의문점이 많이 남아 있다. 이런 발달 지연이 영구적인가? (미나마타병의 희생자들처럼) 나이를 먹으면서 더욱 악화되는가 아니면 약화되는가? 이런 결손을 유발하는 데 다른 독성이 수은과 상호 작용한 것은 아닌가? 등등.

파로에 섬 조사는 예상외의 다른 결과도 보여줬다. 태아 때 수은에 더 많이 노출된 아이는 혈압도 더 높았다. 이 발견으로 메틸수은이 심장을 제어하는 자율신경계의 발달을 미묘하게 방해할 수 있다는 사실이 밝혀졌다. 어린시절의 높은 혈압은 성인 고혈압 질환을 예고하기 때문에 이것은 중요한 발견이다. 여기서도 일곱 살짜리 아이들의 머리카락에서 측정한 수은 농도와 혈압 사이에는 아무런 연관성이 없어, 어린 시절의 노출은 출생 전 노출보다 덜 치명적인 것으로 여겨진다.

한편 미국의 연구자인 필립 데이비슨이 세이셸 섬에서 행한 연구는 완전히 상반된 결론에 도달하였다. 데이비슨과 그의 연구팀은 파로에 섬에서 그랜드진이 실시한 실험과 동일하지는 않지만 비슷한 방법을 이용해서 유아기 정신 발달과 엄마의 머리카락 수은 농도 사이의 연관성을 조사하였다. 그러나 그들은 아무 것도 발견하지 못하였다. "조사 결과 바다 생선을 많이 섭취하더라도 66개월(네 살 반)까지의 발달 결과에는 아무런 영향을 끼치지 않은 것으로 나타났다."

수은의 유해성에 대한 아무런 증거가 나오지 않자 연구진들은 당혹스러웠다. 무엇보다 섬 주민들에게 매우 높은 수은 농도가 유지되고 있었기 때문이다. 이 섬의 엄마들이 가진 머리카락의 수은 농도는 1970년대 수은이 섞인 밀가루를 모르고 먹었던 이라크 엄마들의 수은 농도와 비슷한 정도였다. 이라크의 엄마들이 낳은 아이들은 점차 지체와 마비 증세를 보였다. 그러나 세이셸 섬의 아이들은 이제까지는 이상이 없어 보였다. 더 시간이 흘러야 신경의 결함이 나타날 것인가? 아니면 열대의 식단 중 다른 뭔가가 수은의 파괴력을 완화시킨 것인가? 아니면 파로에 섬에서 그랜드진이 시도한 연구 방법이 부적절했던 것인가? 아직까지 해답은 밝혀지지 않았다.

그동안 그랜드진이 이끄는 연구진은 모로코 해안의 마데이라 섬에서 엄마들이 임신 중에 참치 같은 다양한 심해어를 먹은 149명의 초등학교 1학년생들을 연구하였다. 연구진은 이번에는 인지력보다는 객관적으로 측정할 수 있는 감각 지각을 포함한 신경학적 문제를 조사했다. 이번에도 엄마의 머리카락 수은이 산전 노출 정도를 평가하는 데 사용되었다. 아직까지의 연구 자료에는 엄마의 모발 수은 농도가 높은 아이들에게 청각과 시각에 잠재적인 문제점이 있다고 기록되어 있다. 이런 결과는 시청각을 제어하는 뇌의 영역에서의 발달이 지연됐음을 뜻하는 것이다. 마데이라 섬의 연구 결과는 동일한 측정법을 사용하여 유사한 결과가 나왔던 파로에 섬 연구 결과를 지지하고 있다. 그러나 파로에 섬 결과는 조금 다른 방법을 사용한 세이셸 연구진의 결과와는 여전히 일치하지 않는다.

그러면 참치를 좋아하는 임산부들은 어떻게 해야 할까? 아직까지는 태아의 뇌를 손상시키는 수은 농도의 수치에 대해서 아무도 알지 못한다. 1991년 이후로, 미국 국립과학아카데미와 공조하는 비영리 민간단체인 의료협회에서는 황새치류는 이미 메틸수은에 오염되어 있으므로 임신 기간에는 이를 피하라고 충고하고 있다. 워싱턴과 다른 일곱 개 주에서는 임신 유무와 상관없이 가임기의 모든 여성들에게, 신선한 참치와 냉동 참치를 모두 피하고 캔에 든 참치를 일주일에 180그램(대략 작은 캔 한 개) 이하로 섭취할 것을 권장하고 있다. 여섯 살 이하의 아이들도 마찬가지다. 환경연구협회와 미국 공익연구협회에서 만든 보고서에서는 임산부들은 캔에 든 참치를 한 달에 한 번 이상 먹지 말라고 경고한다.

2000년 7월 미국 국립과학아카데미는 미국에서 매년 6만 명의 아이들이 산전 수은 노출로 인한 신경 발달 문제의 위험을 지니고 태어난다는 결론의 보고서를 발표하였다. 임신 기간 동안 많은 양의 해산물을 먹은 여성들의 위험은 "학교 수업을 따라가기 위해 고군분투해야 하고 치료 수업이나 특수 교육을 받아야 할지 모르는 아이들의 수를 늘리는 결과를 만들기에 충분한 것"이라고 한다. 이런 결론은 1년 뒤의 질병통제센터 연구에 의해 재차 강조되었다. 700명의 미국 여성과 300명의 어린이들의 혈액과 모발 수은 농도를 직접 측정함으로써, 연구자들은 가임기 여성 열 명 중 한 명의 수은 농도가 신경학적으로 문제가 있는 아이를 낳을 위험이 있는 농도에 가깝다는 것을 밝혔다. 미국에서 처음으로 인간의 혈액과 모발에 함유된 수은에 대해 전국을 대표하는 자료를 수집한 이 조사 결과에 따르면, 수은 노출은 단지 생선을 많이 먹은 사람들에게 한정되지 않았다. 6백만 명 이상의 가임기 여성들과 그들의 아이들이 종이 한 장 차이로 위험 수준에 근접해 있다.

안 먹으면 그만인가?

수은 규제에 대한 역사를 살펴보았더니 모든 면에서 납의 경우와 흡사했다. 산업계에서는 위험을 가볍게 보이게 하려고 노력했고, 규제 위원들은 협박을 당했다. 공중보건 개척자들은 방해를 받았고, 과학자들은 무시되었다. 행동을 취해야 한다는 외침은 더 연구해봐야 한다는 소리에 파묻혔다. 대중들은 혼란스러워했다. 똑같은 줄거리였다. 단지 등장인물이 다르고 시대가 50년 후라는 것만 달랐다.

연방 정부 산하 기관인 환경보호국과 식품의약국은 국민들을 수은으로부터 보호할 책임을 나누어 갖고 있다. 환경보호국은 주 정부와 함께 미국의 하천에서 물고기의 수은 농도를 모니터링하고 있다. 식품의약국은 시장에서 팔리는 수입산 물고기를 감시하는 책임을 지고 있다. 이들 기관 중 어느 곳도 이전에 생각했던 것보다 더 낮은 수은 농도에서도 태아의 신경학적 위험이 커질 수 있다는 것을 보여주는 최신 연구 결과에 적극적인 반응을 보이지 않았다. 실제로 시판되는 물고기의 수은 최대 허용치는 20년 전인 1979년에 설정되었으며, 이 수치에 임산부는 고려되지 않았다. 당시보다 지금은 생선 소비량이 훨씬 더 많아졌다. 그리고 이 기준은 수산업계의 압력으로 30년 전인 1969년보다 완화되어, 식품의약국은 시판되는 생선에 허용되는 수은 양을 두 배로 늘려놓았다.

이런 시대착오적 규제도 제대로만 시행됐더라면 어떻게든 태아를 보호했겠지만, 식품의약국의 감시 프로그램은 전체적으로 망가져 효과를 내지 못했다. 예를 들면 1995년 식품의약국은 단지 13개의 참치 캔만 표본 조사했을 뿐이다. 1996년, 1997년, 1998년에는 그런 조사조차 시행되지 않았다. 심지어 식품의약국은 1992년 이래 실시했던 시판되는 상어와 황새치에 대한 표본 조사에서 3분의 1이 최대 수은 허용치를 초과했음에도 불구하고 이에 대한 테스트를 중단하였다.

2001년 초, 정부 간행물인 〈소비자 리포트〉가 자체적으로 실시한 생선 오염 조사 결과를 발표했다. 미국의 슈퍼마켓과 수산물 전문점에서 구입한 모든 황새치의 절반이 식품의약국의 자체 기준을 초과하는 메틸수은을 함유하고 있었다. 아울러 의회의 조사팀인 회계감사원은 식품의약국의 해산물 모니터링과 표본 조사 집행 과정을 자체 조사하였다. 상원에 제출된 60쪽짜리 회계감사원 보고서의 제목은 다음과 같다. "연방 정부의 해산물 단속으로는 소비자를 충분히 보호할 수 없다."

한편 식품의약국은 수산업계의 이해와 관련, 제조업체에 굴복해서 생선의 수은 허용치를 태아를 보호할 수 있는 수준으로 더욱 엄격하게 설정하는 것을 거부해왔다. 환경보호국에서는 부분적으로 엄격한 기준을 지지해서 민물고기의 수은 허용치를 식품의약국보다 몇 배 더 엄격하게 설정했지만, 수은 방출을 감소시키는 계획을 수립하는 데에는 실패했다. 이런 계획 수립이 없으면 생선의 수은 농도는 계속 올라갈 것이고, 수산업계는 기준을 더 완화하도록 압력을 넣을 것이다. 그리고 법 집행은 흐지부지될 것이다. 아무도 이 문제에 관심을 갖지 않는 한, 아무것도 발견되지 않을 것이고, 어떤 해결책도 제시되지 않을 것이다.

수은에 대한 규제가 이뤄지지 않자, 정부 감시 단체인 '수은 정책 프로젝트'에서는 최근 자체적인 계획을 세웠다. 아이의 미래 지능을 걱정하는 임산부라면 누구라도 이들의 제안이 매우 현명하게 보일 것이다. 첫째, 소각장이나 매립지에 수은을 함유한 쓰레기들의 반입을 금지해야 한다. 이는 수은을 함유한 모든 제품에 그 표시를 하고, 제조자가 수명이 끝난 제품을 회수해야 함을 의미한다. 궁극적으로는 이런 제품은 만들지도 쓰지도 말아야 한다. 다행히도 수은을 함유하는 대부분의 제품(예를 들면 온도계)에는 대체물(디지털 온도계)이 존재한다. 둘째, 수은을 방출하는 석탄화력발전소를 줄이고, 궁극적으로는 없애야 한다고 계획의 입안자들이 단언한다. 이 두 가지 변화가 합쳐지면 수은 오염이 85퍼센트 가량 감소될 것이다.

정책 입안자들은 수은 공급원을 제거하려는 조치는 취하지 않고, 임산부와 젖을 먹이는 엄마들(그리고 언젠가 임신을 하고 젖을 먹이리라 생각하는 모든 여성들)에게 생선과 해산물의 섭취를 제한하라고 충고하고 있다. 예를 들어 식품의약국은 2001년 1월 12일 임산부와 가임 여성들에게 상어, 황새치, 고등어, 옥돔을 먹지 말 것을 권고했다(많은 소비자 대변인들은 이 발표에 참치 섭취에 대한 충고는 없었다는 사실에 실망했다). 우리는 한 번 더 참아야 했다. 그보다 앞서 1997년에는 40개 주에서 낚시로 잡은 물고기에 대한 1,675개의 개별 경고를 발표하였고, 이 경고는 아직도 유효하다.

이들 대부분은 어린이와 가임기 여성이 그 대상이었다. 이들은 특정한 강이나 호수, 해안에서 잡힌 특정한 종류의 생선을 먹지 말거나 먹는 회수를 제한하라는 경고를 받았다. 이는 가임기 여성이 집에서 튀긴 생선을 먹거나 자기가 낚은 생선을 먹으려고 할 때마다, 그 지역에서 잡힌 물고기를 얼마나 먹어야 수은 노출에 대한 권고 기준량을 초과하는지 주 환경청에 물어봐야 한다는 것을 뜻한다. 이런 정책에 의하면 특정한 종류의 물고기, 특히 영양학적으로 권장될 수 있는 큰 물고기는 여성들에게 금지된다(물고기가 클수록 독성 농축량이 많다).

게다가 주의보는 제각각이다. 어느 정도 신중한 일부 주에서는 먹어도 괜찮은지를 결정하는 데 서로 다른 자료를 종합해서 분석한다. 그래서 인디애나 주에서는 해로운 것으로 간주되는 수은 농도가 일리노이 주에서는 임산부들에게 경고되지 않는 것이다. 종종 동일한 물에 살고 있는 동일한 종에 대해 서로 다른 주의보가 발령되기도 한다. 예를 들어 롱아일랜드 사운드 지역에서 낚시를 한다면 뉴욕 주와 코네티컷 주가 서로 다른 섭취 가이드라인을 제공할 것이다.

예비 엄마들에게 일부 음식을 포기하라고 하면서 산업계에는 오염을 허용하는 공중보건 정책은 분명 불합리하다. 그러나 수은 섭취에 대한 한 가지 좋은 소식이 있다. 납과는 달리 메틸수은은 인간의 조직에서 몇 년이 아니라 몇 달 내에 분해된다는 것이다. 임신 기간과 임신 전년에 생선을 먹지 않으면 산전 기간 중 수은 노출에서 보호받을 수 있다.

그러나 모두가 이렇게 조심해서 임신을 하더라도, 태아의 건강이 엄마의 영양상의 희생에 의존하는 이런 방식은 여전히 말이 되지 않는다. 생선을 먹지 않는 것은 담배나 맥주를 금하는 것과는 다르다. 생선은 좋은 음식이다. 생선은 포화지방산 함량이 낮고, 단백질 · 비타민 E · 셀레늄이 풍부하다. 또한 혈압과 콜레스테롤을 감소시키는 오메가-3 지방산의 공급원이기도 하다. 생선 기름은 또한 혈소판이 뭉치는 것을 방지해 발작 위험을 감소시킨다. 많은 여성들의 경우 성인기의 상당 기간을 임신과 수유로 보낸다.

아기의 뇌를 보호할 것인지 자신의 건강을 보호할 것인지 결정하는 것은 불가피한 선택이 아니다. 그리고 생선 섭취가 단지 선택의 문제가 될 수 없는 경우도 있다. 북극에 사는 사람들과 미국 인디언들의 경우에는 생선이 유일한 단백질 공급원이다. 시판되는 음식들을 이용할 수 있다고 해도 이것들은 너무 비싸거나 다양하지 않고 영양가도 낮다. 한 연구에 따르면 생선 섭취에 대한 권장 사항을 지킬 경우, 그 지역 토착 여성의 건강은 종종 위협받는 것으로 드러났다.

게다가 엄마들의 희생은 자신의 몸에만 영향을 주는 것이 아니다. 엄마의 혈중 콜레스테롤을 감소시키는 데 도움을 주는 영양분은 태아의 뇌가 성장에 박차를 가하는 임신 말기에 결정적인 역할을 한다. 이 기간에 오메가-3 지방산이 이동해서 태아의 신경 회로와 혈관 조직의 증식을 돕는다. 우리가 직면한 문제들이 가진 모순이 여기에 있다. 생선살에 존재하는 물질이 태아 뇌의 건강한 발달을 촉진하지만, 인간이 전 세계의 생선을 신경독성 물질로 오염시켰기 때문에 뇌 성장에 필수적인 지방산을 갖고 있는 생선이 해로운 독소를 갖게 된 것이다.

작은 소망

1996년 가을, 서로를 안 지 몇 달밖에 안된 제프와 나는 사랑에 빠졌다. 마흔둘과 서른일곱 나이에 우리는 서로의 본능을 믿을 수 있으리라 생각했다. 제프와 같이 살게 되었을 때 나는 남편이 가진 몇 가지 짐에 놀랐던 적이 있다. 커다란 고무 바지, 낚시 도구 상자, 여덟 개의 낚싯대(둘은 플라이 낚시용이고, 나머지는 미끼낚시나 견지낚시용이었다).

이런 장비에 대해서는 사연도 많았는데, 대부분 플라이 낚시의 대가였던 시아버지에 관한 것이었다. 시아버지는 깃털, 가짜미끼, 갈고리, 실을 가지고 살아 있는 곤충의 환상을 만들어내는 플라이를 묶는 방법뿐 아니라, 시내에서 흘림낚시를 하고 미끼로 송어를 잡는 등 재주가 많으셨다. 시아버지가 플라이(일부는 공작 깃털로 만들어졌고, 다른 것들은 모기처럼 눈에 띄지 않았다)들을 붙여놓았던 낚시 모자는 오래전에 잃어버린 부성의 상징이었다. 시아버지가 잡은 고기들을 이끼에 싸서 집으로 가지고 와 뒤뜰에서 씻어서 저녁 준비하는 데 사용했던 버들가지 고기 바구니도 잃어버렸다. 그러나 낚시 도구 상자에는 여전히 플라이 낚시를 위해 남겨놓은 듯한 다양한 오리 깃털이 들어 있었다. 해병대 출신 조종사이자 매디슨애비뉴 광고사 간부였던 시아버지는 남편이 대학에 들어갔을 때 스키 사고로 돌아가셨다.

1960년대 초반에 남편과 시아버님과 시아주버니는 뉴잉글랜드 곳곳의 강과 호수와 개천에서 낚시를 즐겼다. 새벽 4시에 집에서 나온 세 명의 낚시꾼들은 아침이 되면 너무 배가 고파서 잡은 물고기들을 손질해서 먹었다. 시아버지는 두 아들에게 잡은 물고기의 아가미를 벌려 나뭇가지에 꿰어서 모닥불 위에 매다는 법을 가르쳤다. 그때의 식사와 새벽 어둠 속에서 나눈 속삭임들은 남편이 가장 좋아하는 유년의 추억이었다.

내가 가진 약간의 낚시 경험은 대게 위스콘신 호수에서 이루어졌다. 아버지의 낚시 도구 상자에는 찌, 추, 미끼, 가짜미끼(잡아당기면 물속에서 회전하는, 밝은 색으로 칠해진 물고기와 개구리 모조품)가 가득 차 있었다. 내가 가장 놀란 것은 오리 미끼였다. 위쪽은 예쁜 노란색으로 칠해져 있었지만, 아래쪽에는 무서운 갈고리가 달려 있었다. 가슴을 완전히 드러낸 인어 미끼의 은색 비늘에는 바늘이 숨어 있었다.

여동생과 나는 대부분 개복치를 노렸고, 아버지는 더 큰 물고기를 잡으려고 했다. 한번은 길고, 무겁고, 이빨이 나 있는 창꼬치가 내 낚싯줄을 덥석 물었다. 나는 빨갛고 하얀 낚시찌가 푸른 물속으로 가라앉고, 큰 물고기가 깊은 물속으로 도망가면서 릴이 빠른 속도로 감기는 것을 두려움에 떨며 지켜보았다. 낚싯대를 버리거나 호수 가운데로 따라가야만 했다.

"아빠! 아빠!"

나에게 다가온 아버지는 내 뒤에 무릎을 꿇고, 내 오렌지색 구명조끼 위로 팔을 둘러서 내 손을 잡고는 낚싯줄을 감으면서 고기를 당겼다 풀어줬다 하면서 감아서 끌어올렸다.

이제 코네티컷의 강과 호수는 물고기가 수은에 오염되었음을 알리는 경고문으로 덮여 있다. 아버지와 낚시했던 위스콘신 호수도 마찬가지다. 나는 이 상황을 딸에게 어떻게 설명할지 난감했다. 딸아이가 아버지의 방수바지를 입을 기회가 있을까? 깃털들을 플라이에 달고, 할아버지가 낚싯대를 어떻게 흔들었는지 배울 수 있을까? 코네티컷 주에서 물고기를 잡아서 아침을 먹을 수 있을까?

다른 질문도 떠올랐다. 수은으로 중독된 세상에서 남편이 아버지와 그 아버지로부터 물려받은 농어 손질법과 같은 지식들은 어떻게 될까? 어떤 물에 창꼬치 물고기가 숨어 있는지 알아내는 것은? 모닥불 위에 송어를 매다는 법은? 어느 여름날 미네소타에서 야외 조사를 하다 돈이 다 떨어진 때가 있었다. 소문이 퍼지자 익명의 기부자들이 내 텐트 밖에 막 잡은 물고기들을 가져다 두기 시작했다. 나는 그 물고기들을 호일에 싸서 캠핑 난로에 구워먹었다. 내 딸도 그런 선물을 받을 수 있을까?

국경 지역의 하천을 관리하는 미국과 캐나다의 국제협력위원회는 최근 물고기에 들어 있는 오염물이 건강을 위협할 수 있다며 오대호 어느 곳에서 잡은 물고기도 아이들과 가임기 여성이 먹어서는 안 된다고 경고하였다. 또한 캐나다와 미국 정부에서는 즉각 권고안을 내고 "오대호에서 잡은 물고기를 먹으면 선천성 기형을 일으키거나, 아이들과 가임기 여성의 건강에 심각한 문제가 생길 수 있다"는 요지의 경고를 발표하였다.

이런 권고안 때문에 여성들과 아이들이 생선을 멀리하면 오메가-3 지방산 같은 훌륭한 영양 공급원 이상의 것을 잃어버리게 된다. 삶의 한 방식이 사라지는 것이다. 내가 어린 시절에 가장 좋아했던 책 중 하나인 『도망자 토끼』를 딸에게 읽어주는 상상을 했다. 1942년에 처음 출판된 이 책을 보면 현명한 엄마 토끼가 집을 떠나려는 아기 토끼보다 한 수 위에 있다.

작은 토끼는 이렇게 엄마를 협박한다.

"엄마가 나를 쫓아오면, 나는 송어가 되어서 헤엄쳐서 달아날 거예요."

현명한 엄마 토끼가 대답한다.

"네가 송어가 되면 나는 낚시꾼이 되어서 너를 잡으면 되지."

이 페이지의 그림은 엄마 토끼가 낚시용 방수 바지를 입고, 게으른 아들 토끼를 낚기 위해 당근 미끼를 던지는 모습을 보여준다. 이것이 엄마와 아이를 이어주는 끈이다.

만약에 딸아이가 "송어가 뭐예요?"라고 물으면 나는 뭐라고 대답해야 할까? 내가 민물 송어는 이제 미국에서는 너무나 오염된 물고기가 되어버려 먹을 수 없다고 설명해야 할까? 딸아이에게 우리 정부는 송어를 먹지 말라고 경고는 하지만, 먼저 송어가 오염되지 않도록 노력하지는 않는다고 이야기해야 하나?

다른 장면을 상상해본다. 예를 들어 수천 명의 임신부들이 워싱턴으로 행진해서, 태아의 뇌 발달을 보호하며 우리가 걱정하지 않고 자유롭게 먹을 수 있고, 우리 문화와 가족 이야기, 그리고 식사 습관을 그대로 유지할 수 있는 정책을 요구하는 모습을 상상해본다. 오래된 민권운동 노래에 새로운 가사를 붙여 노래하는 모습을 상상해본다.

"우리는 회피하지 않을 것이다!"

일곱 번째 달

아기, 어머니, 대지

아기가 우리를 보호했어

우리는 훨씬 북쪽으로 왔다. 밤 11시 30분, 숙소 창문 바깥에 매달린 팬지 바구니에는 생생한 보라색 꽃들이 여전히 피어 있었다. 새벽 3시, 화장실에 가려고 일어났을 때도 팬지꽃들은 그대로 빛나고 있었다. 저녁이 아침이 돼버렸다. 빛을 가리려고 쳐놓은 문지방 커튼을 걷어 올리면서, 나는 밤이 중간에 끼어 있지 않은 낮을 경험한 적이 없음을 깨달았다. 더 빨라지건 더 늦어지건 환영받든 아니든 간에, 밤은 항상 문장 끝의 마침표처럼 다가왔다. 그러나 한여름의 알래스카는 밤 없이 낮만 계속되고 있었다. 태양은 지는 것을 거부한 채 수평선 부근을 맴돌았다. 야구 경기와 도로 건설은 24시간 계속되었다. 나는 취침 시간 전에 낮잠을 잔 듯 깊이 잠들지 못했다.

알래스카 팬지는 정말 놀랄 만큼 컸다. 샐러드 접시로 사용해도 좋을 것 같았다. 끝이 없는 여름 햇빛이 양배추와 정원용 꽃 같은 겸손한 식물들을 『이상한 나라의 앨리스』에 나와도 좋을 만큼 키워놓았다.

물론 나의 경우 익숙한 형태가 상상치 못할 만큼 커질 수 있다는 것을 알기 위해서 거울만 쳐다보면 된다. 임신 말기에 들어서자 체중이 남편보다 더 많이 나갔다. 앵커리지로 날아오기 일주일 전, 병원에 있는 저울에 올라섰을 때 간호사가 아래쪽 막대기에 있는 큰 추를 조절했다. 내 몸무게가 68킬로그램이 넘는다는 걸 뜻한다. 이전에는 저울의 아래쪽 막대기를 본 적이 한 번도 없었고, 그만한 무게는 나와는 상관없는 것이었다. 그러나 나는 까만 덩어리 추가 시끄러운 소리를 내며 떨어지고, 작은 추를 몇 개 더 올려놓을 때까지 저울 막대기가 기울어지지 않는 모습에 눈을 뗄 수가 없었다.

이제는 임부용품 가게의 마네킹이나 유명한 임신 잡지에 나오는 모델들보다 내 배 둘레가 더 커졌다는 사실도 깨달았다. 이것 역시 충격이었다. 나는 무의식중에 임신 기간 중에 아무리 배가 불러도 임산부 마네킹이나 모델 정도일 것으로 생각해왔다. 배가 더 부른 지금에 와서야 임신 중기의 모습이 임산부의 최종적인 배 모양인 줄 착각하고 있었음을 깨달았다. 이런 몸은 아직까지 광고주 앞에서 보여진 적이 없을 것이다. 내 몸은 묘사된 적이 없는 야생지와 같다.

다음 날 아침 아니 정확히는 우리가 커튼을 내리고 누운 지 몇 시간 후에 나는 임신 말기의 몸 형태에 대한 새로운 사실을 알게 되었다. 임신 말기 임산부의 모습은 모든 종류의 화제에 대한 사람들의 생각을 바꿀 만한 힘을 갖고 있었다. 그들이 당신을 죽일지 말지를 포함해서 말이다.

앵커리지 남쪽의 고속도로를 향해 좌회전을 하던 중 남편은 우리에게

앞지르라고 손짓하던 커다란 사륜구동차의 옆 차선에서 마주 오던 회색 트럭을 보지 못했다. 다행히 두 운전자가 솜씨 좋게 대처해서 기적처럼 충돌을 모면했다. 트럭은 우리를 지나쳐서 사라졌다. 남편은 우리가 피할 수 있게 공간을 만들어준 사륜구동차 운전자에게 손을 흔들어주면서 계속 우회전했다. 우리는 안도하면서도 까딱했으면 사고가 났으리란 두려움에 잠시 침묵한 채 차를 몰았다. 하지만 얼마 후, 아까 그 트럭이 우리 차를 들이받을 것처럼 바짝 뒤에 붙어 있는 것을 알게 되었다. 남편은 차를 갓길에 대었다. 트럭도 그랬다. 트럭이 멈추기도 전에 문이 벌컥 열리더니 누군가 "난 비밀무기 운송 자격증을 가진 사람이란 말이야!"라고 소리를 질렀다.

이 소리를 들은 나는 무의식적으로 렌터카의 문을 열고 밖으로 나갔다. 순전히 본능에 따라 행동했다. 성자처럼 손바닥을 위로 향한 채 말하기 시작했다.

"우리 차와 부딪치지 않게 해주신 것, 정말 감사드려요. 정말 죄송합니다. 알래스카에 막 도착해서 그랬어요, 정말로 미안합니다. 정말 감사하고, 정말 미안해요."

마치 꿈을 꾸듯 천천히 말이 흘러나왔다. 내 앞으로 달려온 사람은 덥수룩한 머리에 목 혈관이 부풀어 올라 있었고, 군화를 신고 얼굴에 수없이 많은 피어싱을 한 남자였다. 나는 무기를 살펴볼 생각은 못했다. 그는 나오는 대로 욕을 퍼붓고 있었다.

"정말 미안해요. 우리 차와 부딪치지 않아서 너무 다행이에요. 우리가 당신 앞에서 차선을 침범했어요. 정말로 미안해요."

그는 말을 멈추고 노려봤다. 나는 그를 달래려고 계속 사정하고 있었다. 어느 순간 그 남자가 내 말은 전혀 듣지 않은 채 갈비뼈에서 치골까지 부풀어 오른 산만한 내 배를 쳐다보는 있음을 알아챘다.

나는 말을 멈췄다. 여전히 내 귀에 울리는 비명소리는 활짝 열린 트럭 문에서 쏟아져 나오는 시끄러운 록 음악이었다. 그의 눈썹에는 금속 고리가 일렬로 박혀 있었다.

그는 머리를 천천히 흔들더니 훌쩍이기 시작했다.

그가 트럭으로 돌아갔다. 문이 쾅하고 닫혔고, 트럭이 휭 떠났다.

나는 차로 돌아왔다. 사려 깊은 남편이 가만히 있어줘서 기뻤다. 우리는 잠시 동안 조용히 앉아 있었다. 마침내 남편이 입을 뗐다.

"당신 대단했어."

"우습잖아, 난 아무것도 한 게 없는데."

"그렇지만 당신은 그 남자에게 말했잖아."

"그 사람은 내 말을 듣지 않았어. 나를 보기만 했을 뿐이라고."

남편은 핸들에 머리를 기댔다.

"내가 당신과 아기를 보호했어야 했는데."

"그럴 필요 없었어. 이번에는 아기가 우리를 보호했어."

위태로운 알래스카

알래스카는 순회강연의 마지막 코스였다. 나는 환경 오염을 조사하는 시민들의 초청을 받아 이곳에 왔다. 앵커리지 외곽에서 열린 워크숍에서 '독극물 반대 알래스카 시민 행동'에서 활동하는 파멜라 밀러가 알래스카 주 내에 있는 유독 지역을 색색으로 표시한 지도를 건네주었다. 한때 군부에 의해 접근이 금지되었던 정보들을 연방 정부와 주 정부에서 끌어 모으는 데 몇 년이 걸렸다. 알래스카는 화학무기 폐기장 9곳, 핵 폐기장 15곳,

슈퍼펀드(1980년 제정된 미국 환경법을 대표하는 연방법으로, 유해 물질 투기로 인해 오염된 토지의 정화를 목적으로 한다—옮긴이 주) 법이 적용되는 오염 부지 6곳, 알래스카의 환경보존 부서가 보고한 화합물 오염 지역 168곳 등이 있는 위태로운 유독 지역이다. 특히 북미와 아시아를 연결하는 섬들이 연결된 알류샨 열도에 유독 지대가 밀집되어 있다. 파멜라는 이들 장소가 정확하게 어디에 위치하고 있는지, 이들이 어떻게 그곳에 있게 되었는지를 점과 X표와 빨간 삼각형으로 표시했다.

파멜라와 그녀의 동료들은 이들 장소에서 점점 더 많이 나타나는 합성화합물에 특히 관심을 가졌다. 이 합성화합물들은 난분해성 유기 오염물(Persistent Organic Pollutants)의 약자인 POP로 알려져 있다. 이 물질들에는 많은 관심이 쏠려 있다. 얼마 전에는 UN에서 세계 각국의 대표들이 모여 가장 위험한 12가지 POP에 대한 국제협약의 협상을 시작했다. 협약의 궁극적인 목적은 이들 POP를 지구상에서 영원히 추방하는 것이다. 협상 결과가 무엇이든 간에, 이런 식의 협상 자체가 이들 화합물질을 여과하고 청소하고 매립하고 태우고 희석시키고 준설하고 저장하고 수출하고 증발시키는 일반적인 환경규제 방법에 의해 그 위험이 억제되지 않는다는 사실을 의미한다. POP는 그 본성상 다루기 힘든 물질이기 때문에 효과적인 관리란 불가능하다.

'팝' 이란 발음이 주는 경쾌함에도 불구하고, POP란 이름을 보면 이 화합물이 왜 명백하게 교정이 불가능한 성질을 갖는지 알 수 있다. '유기물'을 의미하는 가운데 글자 Organic의 'O' 는 여기 속하는 화합물이 모두 탄소 골격을 갖고 있음을 뜻한다. 이는 또한 이런 물질들이 지방에 용해되는 성질이 있음을 의미한다. 자연계에서 지방을 함유하고 있는 물질은 살아 있는 생명체뿐이다. 따라서 POP가 환경으로 소량 유출되면, 이들은 지방을 가진 식물과 동물의 몸에 재빨리 자리 잡게 된다. 이는 우리가 선택의 여지없이 음식물 섭취를 통해 POP에 노출됨을 의미한다. 탄소 골격 외에도 염소 원자를 갖고 있는 어떤 POP들은 지방에 더욱 잘 녹아서 체내에 보다 많이 축적된다. UN 협상자들이 선발한 12가지 POP 화합물 모두가 염소계라는 사실은 우연이 아니다.

'난분해성' 을 의미하는 Persistent의 첫 번째 글자 'P' 는 POP의 수명이 길다는 것을 의미한다. POP 분자를 분해시킬 만한 충분한 효소를 가진 생명체가 별로 없어서 POP는 체내에서 잘 사라지지 않는다. 이런 특징은 여러 가지 사실을 의미한다. 그중 하나는 POP가 배출되는 속도보다 더 빨리 축적된다는 것이다. 나이를 먹어감에 따라 더 많은 POP가 몸에 쌓인다(체외 배출은 효소가 수용성 성분으로 분해될 수 있는지 여부에 달려 있다). 또한 POP의 수명이 한 세대인 20~30년보다 긴 경우가 많기 때문에 임신과 수유를 통해 어머니에게서 아이로 전달된다. 엄마의 나이가 많을수록 아기가 받게 되는 POP 양도 많아진다. 'P' 와 'O' 가 함께 작용해서, 즉 수명이 긴 것과 지용성 성질이 합쳐져서 POP는 먹이 사슬을 통해 이동하면서 생물학적으로 농축된다. 우리가 알고 있는 바와 같이 플랑크톤에서 인간으로 이동하는 먹이 사슬에서 한 단계씩 나갈 때마다 오염 물질이 100만 배씩 농축된다. 따라서 먹이 사슬의 맨 위에 존재하는 큰 포식동물과 인간의 유아가 가장 위험하다.

마지막 단어 Pollutants의 'P' , 즉 '오염물' 은 POP가 유독하다는 사실을 의미한다. 낮은 농도에서도 암을 유발하고, 면역 기능을 억제하고, 뇌 기능과 생식력과 태아 발달을 방해함으로써 정상적인 모든 생물학적 과정에 피해를 준다. 국제 협상이나 알래스카에서의 워크숍과 같은 긴박한 분위기가 형성된 것은 일반인 노출 수준의 미량의 POP에서도 실험실 동물들에게 해로운 결과가 나타났다는 최근 연구 결과 때문이다. 이들의 유독성은 특히 발생학적 효과에서 두드러졌다.

지구상에 사는 모든 이들의 체지방에 POP가 있다는 사실은 POP 종족이 가진 또 하나의 특징, 즉 이들 대부분이 반半휘발성이라는 사실로만 설명될 수 있다. 반휘발성이란 공식적으로는 끓는점이 섭씨 150도 이상임을 의미한다(즉 물의 끓는점인 섭씨 100도보다 50도나 높다). 실제로 POP는 날씨가 따뜻해지면 서서히 증발하고 온도가 떨어지면 재빨리 응축된다. 이로 인해 POP가 전 세계를 일주하는 것이다. 이들은 보이지 않는 증기처럼 바람에 실려서 열대와 온대 지방에서는 상승하고, 추운 지방에서는 지표에 쌓인다. 반 휘발성이면서 대기 중에서 잘 분해되지 않기 때문에 전반적으로 북반구에서는 북쪽 지방에서 POP가 축적된다. 실제로 북극 지방은 POP의 최종 저장소가 된다. POP는 이들을 사용하는 나라를 떠나서 사용하지 않는 나라로 흘러 들어가는 독이다. 한 국가의 행동만으로는 그 나라 국민들을 POP의 악영향으로부터 보호할 수 없다. 각국은 전쟁 상대국이 아닌 다른 나라의 국민들에게 해를 입히지 않을 의무가 있다.

도대체 POP란 정확히 무엇일까? 가장 유명한 삼총사가 살충제인 DDT, PCB라 불리는 산업 오일, 쓰레기 소각장과 염소를 사용하는 제조 과정에서 나오는 부산물인 다이옥신이다. 국제 협상단이 채택한 나머지 아홉 가지 물질은 알드린, 디엘드린, 엔드린, 클로르데인, 헵타클로르, 미렉스, 톡사펜, 헥사클로로벤젠, 푸란이다. 좋은 소식이라면 이들 제품 상당수가 효과적인 대용품을 사용하는 것이 가능하거나 거의 가능해지고 있다는 것이다. 예를 들면 무 오일이 상당한 유압 액체로 밝혀짐에 따라 유압 분야에서 PCB는 은퇴할 수 있게 됐다. 살충제인 클로르데인, 헵타클로르, 알드린, 미렉스의 주 용도는 흰개미의 공격으로부터 목조건물을 보호하는 것인데,

스테인리스강으로 된 망으로도 이를 막을 수 있다. 실제 협약에서 다루어진 화합물 대부분은 이미 산업화된 국가에서는 그 사용량이 점점 줄어들고 있다. 문제는 가난한 나라들은 유사한 조치를 취하는 데 필요한 자원이 없다는 것이다. 그리고 부자 나라와 가난한 나라 모두에서 이미 환경으로 방출된 POP는 느리게 분해되고 쉽게 이동한다.

아시아, 러시아, 미국의 48개 주와 멕시코로부터 POP가 공기를 타고 알래스카에 도달한다는 사실은 오늘 열린 워크숍에 참석한 많은 이들이 잘 알고 있는 문제이다. 그러나 파멜라의 지도는 이 지역에 분포하는 오염원에 대해서도 말하고 있다. 이들 중 대부분은 알래스카 원주민 공동체와 원주민들이 전통적으로 사냥과 낚시를 해오던 장소와 매우 인접해 있는 오랫동안 버려진 군사 시설들이다. 이들 기지들 중 일부는 현재 여행객을 위한 사냥과 낚시 캠프로 이용되고 있다. 북알래스카의 브룩스 레인지 북쪽에 있는 한 공군 기지의 매립지에서는 여전히 PCB가 넘쳐나고, 하류 물고기들의 DDT 수준이 높아진 것으로 나타났다.

북극에서의 또 다른 POP 공급원은 냉전 중에 만들어진 원거리 조기 경계망 지역들이다. 이 라인은 알래스카에서 그린란드까지 북위 66도 선을 따라 늘어선 63개의 레이더 기지로 이뤄져 있다. 얼음으로 둘러싸인 이곳 전방 기지에 임명된 군인들은 북쪽에서 소련군이 침략할까 경계하면서 시간을 보냈다. 이제 원거리 조기 경계망 지역에서는 시설들을 폐쇄하면서 버려진 드럼통과 장비들에서 POP가 새어나오고 있다.

최근까지 누구도 생각하지 못했던 알래스카 내륙에 있는 POP 공급원은 이동하는 연어다. 산란을 하기 위해서 강을 거슬러 올라가는 긴 여행을 준비하는 연어는 체내에 지방을 모으는데, 이 과정에서 POP도 축적된다. 여행이 시작되면 지방은 연료로서 소비되지만, 분해되지 않는 POP는 연어의 살 속에 그대로 남아 있게 된다. 연어는 일단 강 상류에 도착해서 알과 정자를 뿌리고 나면 죽는다. 연어들의 시체가 부패하면 이를 먹은 다른 물고기들에게 연어가 지니고 있던 POP가 다시 축적된다. 이러한 생물학적 이동을 통해서, 폐쇄된 군사 기지나 다른 쓰레기 하치장에서 수백 킬로미터 떨어져 있는 자연이 잘 보존된 지역으로 POP가 이동할 수 있다.

알래스카의 코퍼 강에서 이뤄진 연구로 어떻게 이런 일이 발생하는지를 알게 되었다. 연구자들은 자신들은 이동하지 않지만, 기회가 있으면 연어 알을 먹는 살루기라는 호수의 포식자 물고기와 연어의 시체를 먹는 다른 물고기의 POP 농도를 조사하였다. 연어가 산란하는 호수에 살고 있는 살루기의 PCB와 DDT 농도는 연어가 없는 근처 호수에 살고 있는 살루기의 두 배가 넘었다. 비록 연어 자체는 아주 낮은 수준의 오염 물질만을 갖고 있음에도 불구하고 생물학적 이동이 공기를 통한 장거리 이동보다 호수의 POP 농도에 훨씬 더 큰 영향을 미친다는 사실이 밝혀진 것이다.

알래스카 주민들은 POP에 대해 걱정할 만하다. 스칸디나비아와 같은 또 다른 지구의 북쪽 지역에서 POP가 야생동물들의 건강에 미치는 효과에 대해 알고 있는 사실과 동일한 문제점들이 드러나기 시작했기 때문이다. 이들 문제 중 하나가 성호르몬의 교란이다. 이로 인해 동물들의 생식기와 짝짓기 행동이 이상해지고, 임신을 유지하는 것이 불가능해질 수 있다. 다른 문제점은 면역성의 파괴이다. 이로 인해 일반적인 기생충이나 감염성 질병으로도 동물들이 죽을 수 있다.

이런 두 가지 문제가 다른 북쪽 서식지에서 바다동물의 수가 감소하는 원인으로 여겨지고 있다. 예를 들면 잉글랜드와 웨일스의 연구자들은 돌고래의 PCB 수준과 감염성 질병으로 인한 사망률 사이의 관계를 밝혔다. 감염으로 사망한 돌고래의 PCB 농도가 그물에 걸린 돌고래보다 훨씬 더 높았던 것이다. 오염이 심한 발트 해의 바다표범들은 종종 기형 자궁을 갖고 있고, 양성선兩性腺을 가진 북극곰의 경우, 특히 음경을 가진 암컷의 숫자가 점점 증가하고 있다고 스웨덴 연구자들이 보고하였다. 바다표범을 먹는 북극곰은 지구상에서 가장 심각하게 POP에 오염된 종인 것으로 여겨진다.

이런 문제들이 알래스카의 야생동물들에게도 같은 영향을 미치고 있는지는 확실치 않지만 중요한 단서들이 나타나고 있다. 알래스카 인근 해안에 잠시 머무는 범고래의 수가 케나이 반도 근처에서 줄어드는 추세이고, 이들 범고래를 생포해서 지방을 채취하였더니 DDT와 PCB의 수준이 매우 오염된 세인트로렌스 강에서 살고 있는 흰돌고래에 필적하였다. 흰돌고래는 이미 몇 십 년 전부터 번식이 불가능할 만큼 개체수가 줄어들었다. 알래스카 범고래가 어떤 지역에서 POP를 축적하였는지는 아직까지 알려지지 않았다. 일부는 아시아에서 배출됐을 것이고, 일부는 군사기지에서 바닷물로 흘러나왔을 것이다.

POP 농도가 높은 생명체가 범고래만 있는 것은 아니다. 알류샨 섬의 해달도 몸에 많은 양의 PCB를 갖고 있으며, 그 수가 급속하게 줄고 있다. 연구자들은 이 지역 오염원이 최소한 어느 정도 원인을 제공했을 것으로 생각하고 있다. 알류샨 열도의 섬 중 두 곳은 북미에서 PCB가 가장 심하게 오염된 곳으로, 50년 전 일본과의 전쟁 때부터 군사 기지로 사용되었다. 이들 섬 중 세 곳에서는 해달의 먹이인 홍합 역시 오염되어 있다.

북극곰, 해달, 바다표범, 고래에게 일어나는 일이 무엇을 의미하는지는 모든 알래스카 주민들이 궁금해하는 일이지만, 특히나 물고기와 야생동물을 먹고 사는 토착민들이 가장 많이 걱정하고 있다. 바다표범과 고래에 상당 부분 의존하는 북극의 전통적인 식사는 영양가가 매우 높고 건강에 필요한 모든 비타민과 미네랄을 제공한다. 그러나 아이러니컬하게도 이런 식사를 하는 사람들이 지구상에서 가장 많이 POP에 많이 오염되어 있다. 여기에는 세 가지의 서로 연관된 이유가 있다. 첫째, POP는 이동이 느리지만 추운 곳으로 모이기 때문이다. 추운 곳에서는 POP가 다시 증발할 수 없다. 둘째, 북극 동물들의 몸에 지방 함량이 높기 때문이다. 지방을 매년 녹아내리는 눈에서 응축되고 침전된 POP를 끌어내어 먹이 사슬로 이동시킨다. 셋째, 해양 생태계에서는 먹이 사슬이 길기 때문이다. 긴 먹이 사슬의 고리를 통해 이들 물질들이 방해받지 않고 바다 생물에 농축된다(육지에서는 먹이 사슬이 기껏해야 3~4개의 고리를 갖는 반면, 물에서는 쉽게 6개 이상의 고리를 가질 수 있다).

소박한 검진

종일 이어진 워크숍이 끝났을 때에도 태양은 여전히 빛나고 있었다. 나는 기진맥진했다. 나는 파멜라에게 지도에 대해 마지막으로 몇 가지만 더 물어보고는 떠날 차비를 하였다. 밖으로 나가는 길에 나를 한참 뚫어지게 바라보던 여자가 다가왔다. 못 본 척하기에는 너무 늦었기에, 나는 잠깐만 대화하리라 굳게 다짐했다. 그녀는 내가 들고 있는 물이 반쯤 남아 있는 1리터짜리 물병을 가리켰다.

"물을 충분히 마시지 않는군요."

그녀가 권위적으로 이야기했다. 내가 미처 대답하기도 전에 그녀는 근처의 작은 지방 병원에서 일하는 산파라고 자신을 소개했다. 그녀의 이름은 욜랜다 메자였다. 주로 원주민 엄마들의 출산을 돕는 그녀는 원주민 임산부들의 건강을 염려해서 독성 화합물 노출에 대한 강연에 참석한 것이었다.

"요즘 기분은 어때요?"

욜랜다는 마치 내가 그녀의 검사실에 들어서기라도 한 것처럼 물었다.

얼떨결에 나는 요즘 들어서 태동을 별로 느끼지 못하고 있다고 최근의 걱정거리를 그녀에게 털어놓았다. 그녀는 아기가 괜찮을 거라고 무조건 나를 안심시키기보다는 아기가 보통 언제 어떻게 발길질을 하는지 설명하는 내 이야기를 경청했다. 그리고 일과가 끝난 주말이긴 하지만 근처에 있는 진료실에 들러보라고 권했다.

남편과 나는 그녀의 낡은 차를 따라 양옆에 큰 나무가 있는 작은 길을 달렸다. 나는 곧 알래스카 인들이 말하는 '근처'라는 개념이 우리가 사용하는 개념과 상당히 다르다는 것을 알게 되었다. 한참을 달린 후 마침내 우리는 특징 없는 낮은 건물 앞의 자갈길로 들어섰다. 욜랜다가 문을 열었고, 안으로 들어섰다.

그건 보스턴에 있는 베스이스라엘 병원과는 달랐다. 반짝이는 게 하나도 없었다. 컴퓨터 모니터들이 책상 위에 늘어서 있지도 않았다. 심지어 전화기도 오래된 것이었다. 남편과 내가 안내된 방은 방안 가득 해가 드는 것이 침실처럼 보였다. 구석에 덩치 큰 의료 장비가 놓여 있지도 않았다. 의학 기술이라는 장식물이 없으면 산전 진찰이 얼마나 다를 수 있는지 알게 되었다. 한쪽 끝에 발판이 고정되어 있는 검사대에 앉을 때마다, 그게 어떤 상황이건 나는 항상 초조한 무력감에 제압당했다. 플라스틱 튜브와 칸막이 커튼이 있으면, 고분고분하게 대답할 뿐 지적인 질문은 할 수가 없다. 내가 아닌 다른 환자가 되는 것이다. 그러나 이 방에서 나는 여전히 나였다.

욜랜다는 치골에서 자궁의 최고점(이제는 거의 갈비뼈 근처까지 올라와 있다)까지의 거리를 재고, 이 거리가 나의 임신 기간에 해당하는 거리와 거의 정확하게 일치한다고 말한 뒤, "아기가 어떤 자세를 하고 있는지 볼까요?"라고 말했다.

태아는 임신 말기 동안 자궁 속에서 특징적인 태위胎位를 취하고 있다. 태위는 레오폴드 복부촉진법으로 알 수 있다. 이것은 정해진 패턴대로 임산부의 배를 만지면서 태위를 진단하는 방법이다. 내 산부인과 주치의는 검진 때마다 나와 잡담을 나누면서 레오폴드 방법을 대충 시행했다. 나는 종종 의사가 하는 척만 하는 것이 아닌지 의심스러웠다. 그러나 욜랜다는 훨씬 오랫동안 말없이 검진했다. 나는 그녀의 손이 실제로 내 몸과 내 몸 속의 몸을 읽어가고 있는 것을 느꼈다. 그녀가 일하는 모습은 마치 제빵사가 반죽을 미는 것 같았다.

첫 번째 방법에서는 아기의 어느 부분이 자궁의 기저부를 향하고 있는지 판단한다. 이때는 단단한 근육질의 선반처럼 느껴지는 자궁 위쪽을 촉진하는 것이 포함된다. 정답은 보통 머리나 엉덩이 둘 중 하나이다. 머리는 딱딱하고 둥글게 느껴지고 엉덩이는 부드럽고 덜 대칭적이다. 내 경우에는 엉덩이였다. 이건 좋은 일이었다.

두 번째 방법에서는 아기의 등이 오른쪽에 있는지 왼쪽에 있는지를 알기 위해서 자궁의 좌우측에 중점을 둔다. 욜랜다의 손가락이 복부 위아래를 한 방향으로 밀었다가 다른 방향으로 밀면서 오갔다. 등은 연속적으로 늘어선 봉우리처럼 느껴진다. 등의 반대쪽에는 손, 발, 팔꿈치, 무릎과 같은 작은 부분들이 모여 있어서 울퉁불퉁하게 느껴진다. 아기의 등이 오른쪽에 있었다. 내가 느낀 발길질이나 주먹질이 대부분 왼쪽 갈비뼈 아래에서 느껴졌기 때문에 이치에 맞았다.

세 번째 방법은 태아의 몸 어느 부분이 내 치골 쪽으로 있는지를 판단한다. 일반적인 대답은 머리나 엉덩이이다. 그러나 출산이 다가오면 아기가 골반뼈 속으로 더 깊이 내려가기 때문에, 대답은 종종 목이나 어깨가 된다. 욜랜다가 손가락을 위쪽으로 밀어 올리자, 나는 아기의 몸 전체가 몸 안에서 움직이는 것이 느껴졌다.

"좋아요. 확실히 아기 머리가 아래를 향하고 있군요."

"여기, 보여줄게요."

그녀는 내 손가락들을 복부 곡선 아래의 털로 덮인 단단한 둔덕의 한쪽에 대고, 공을 한 손에서 다른 손으로 넘기는 것처럼 손을 앞뒤로 밀어보라고 했다. 나는 아기의 머리를 느낄 수 있었다. 내 치골 바로 위에 아기의 머리가 있었다.

내가 놀라움을 추스르기도 전에, 그녀는 배의 오른쪽 아래에 초음파 변환기를 대었다. 곧 심장이 뛰는 소리로 방이 가득 채워졌다. 우리 셋 모두 몇 분 간 귀를 기울였다. 욜랜다는 박동 속도가 가끔 빨라지는 것이 만족스럽다고 말했다. 그다음에는 물을 많이 마시라는 이야기를 강조했다. 우리는 검사비를 주려고 했지만 그녀는 웃으면서 사양하더니 손을 흔들어 우리를 배웅했다.

PCB의 부정적 효과

세계 각국에서 토의된 수십 가지의 POP 중에서 발생학자들이 가장 주목하고 있는 것은 폴리염화비페닐(PCB)로 불리는 부류이다. 이것은 태아의 면역계에 피해를 줄 뿐만 아니라, 납이나 수은처럼 태아의 뇌를 손상시킨다.

PCB는 화학세계의 노새처럼 작용한다. 무색이고 점성이 있는 PCB는 전기 전도성이 없고 타지 않으며 수소이온 농도(pH)의 변화에 따라 행동이 달라진다. 1920년대 후반에 발명된 PCB는 순식간에 불을 끄는 소화제와 액체 절연제로 널리 사용되었다. 또한 PCB는 형광등의 안정기를 비롯해서 불꽃이 튀는 것이 바람직하지 않은 여러 장치에 칠해졌다. 이들의 용도는 유압액과 현미경용 함침액(이를 이용하면 매우 작은 시료가 더 밝고 선명하게 보이므로, 나는 어렸을 때부터 이 물질에 상당히 많이 노출되었다)까지 확장된다. 아울러 PCB는 잉크, 페인트, 무탄소 복사지에도 첨가된다.

일단 인체에 들어온 PCB는 물질대사가 이루어지지 않은 채 25년에서 75년까지 사람의 지방에 남아 있게 된다. 이점이 기껏해야 몇 년 간 체내에 남아 있는 메틸수은과 아주 다른 점이다. 모든 종류의 POP처럼 PCB도 90퍼센트 이상이 음식물을 통해 섭취된다. 민물고기가 가장 큰 노출원이며 유제품과 고기도 그렇다. 포유동물 중에서 인간이 PCB를 배설하고 제거하는 속도가 가장 느리며, 이 과정을 촉진시킬 수 있는 방법은 아직 발견되지 않았다. 금식과 사우나를 포함한 다양한 방법이 시도되었지만 체내 농도를 낮추는 데에 효과가 없었다. 산업화된 나라의 모든 국민들이 이제 어느 정도의 PCB를 몸 안에 지니고 있는 것으로 생각된다.

PCB가 체내에서 변환기나 축전기처럼 불활성인 상태로 존재한다면 걱정이 덜 될 것이다. 그러나 생물학적으로 볼 때 이들의 반응성은 상당히 높다. 이는 1968년 일본에서 PCB가 요리용 식용유에 흘러 들어간 사고를 통해 명확해졌다. 임신 기간 중에 오염된 기름을 섭취한 어머니에게서 태어난 아이들은 행동 장애를 보였고, 정상 이하의 지능을 갖고 있었다. 불운하게도 10년 후에 타이완에서 유사한 사건이 생겼을 때에도 거의 똑같은 문제가 생겼다. 태어나기 전에 PCB에 노출된 아이들은 심한 발달 지체와 정신적 결손을 보인 것이다. 또한 엄마가 PCB에 노출된 지 몇 년 후에 태어난 아이들 또한 그러했다. 이런 사실이 밝혀지자 미국에서는 1976년 PCB 생산이 중단되었다. 지금 시장에서 팔리는 소비재 중에 PCB로 만들어진 제품은 없지만, 아주 오래된 전기 장치, 특히 공장용으로 사용되는 장치에는 아직도 이 오일 액이 들어 있다. 물론 매립지에서 녹슬고 있는 폐기된 장치나 오래된 군사 기지에도 마찬가지다. 이들을 회수하여 환경으로의 유입을 봉쇄하는 제도적 장치가 없다면, 반 휘발성인 PCB는 앞으로 수십 년 간 계속 먹이 사슬로 유입될 것이다.

일본과 타이완의 아이들은 매우 높은 수준의 PCB에 노출됐다. 비극적인 결과를 지켜본 태아 독성학자들은 산업적 사고의 직접적인 희생자가 아닌 일반인들에게서 발견되는 기본적인 수준의 PCB가 어떤 효과를 내는지 궁금해지기 시작했다. 1970년대 후반에 시작된 일련의 연구들은 이런 의문에 대한 조사 작업이었다.

한 연구가 노스캐롤라이나 주에서 실시됐다. 900명 이상의 임산부가 실험 참가에 동의했다. 이들이 출산하였을 때 아기의 탯줄에서 혈액 시료가 수집되었다. 그 다음 아이들의 성장 단계별로 일련의 정신 운동 시험이 실시되었다. 그 결과 산전 PCB 노출과 낮은 시험 점수가 명확하게 상관성을 갖고 있음이 드러났고, 특히 전반적인 운동 기능, 기억, 시각적 인식에서 그러하였다. 탯줄 혈액의 PCB 농도가 높을수록 아이의 점수가 낮았다. 아장아장 걷는 시기가 지나면 이런 결함은 사라졌다. 중요한 발견은 바로 엄마가 오염된 생선을 섭취할 경우 태어난 아이의 초기 행동 발달이 나빠질 가능성이 상당히 높다는 점이었다.

서부 미시간 주에서는 다른 연구가 이뤄졌다. 연구자들은 출산하였거나 임신 중인 엄마 중에서 미시간 호에서 잡은 물고기를 먹은 200명을 모집했다. 그들의 자녀들을 호수의 물고기를 먹지 않은 같은 지역의 엄마들의 자녀와 비교하였다. 사회경제적 요소, 엄마의 나이, 음주, 흡연, 수유 및 형제자매의 수를 모두 고려한 결과, 연구자는 엄마가 먹은 물고기의 양에 따라 아기의 PCB 농도가 증가한다는 사실을 발견하였다. 더욱이 태아 때 PCB에 가장 많이 노출된 아이들은 걸음마 시기를 지나서도 계속 발달 지연과 인식 결손을 보였다(이는 노스캐롤라이나에서의 연구 결과와 다르다). 심지어 열한 살이 되어서도 태아 때 PCB에 많이 노출된 아이들은 IQ가 평균 이하일 확률이 세 배였고, 독해력이 2년 더딜 확률이 두 배였다. 이 연구자들은 "자궁에서 상당히 높은 농도의 PCB에 노출되면 지적 능력에 장기적인 영향을 받을 수 있다"고 명확한 결론을 내렸다.

미시간 호수에서 동쪽으로 두 번째에 있는 호수가 온타리오 호이다(남쪽 둑이 뉴욕 오스웨고에 있다). 이곳에서 가장 최근에 시작된 PCB 연구는 아직도 진행 중에 있는데, 미시간에서 사용한 것과 유사한 연구 방법을 사용한 연구자들은 비슷한 결과를 얻고 있다. 온타리오 호의 물고기를 먹은 오스웨고 지역 엄마들은 PCB 수준이 높았고, 이는 아기들의 낮은 신경 기능과 관련이 있었다. 가장 많이 PCB에 노출된 신생아의 경우, 자율신경 조절이 잘 이뤄지지 않았고 반응성이 낮았으며 이상 반응이 많았다. (미시간에서처럼) 이들 결손이 지속되는지 (노스캐롤라이나에서처럼) 결국은 해결되는지는 아직도 조사중이다.

한편 네덜란드에서는 여러 가지로 세심하게 구성된 장기간의 연구가 이뤄졌다. 나는 이 연구에 특히 흥미를 느꼈다. 주요 연구자 중 한 사람이 최고의 권위자일 뿐만 아니라 그녀 자신이 얼마 전에 아이를 낳았다는 사실을 알고 있기 때문이다. 그녀가 제출한 연구 결과를 읽으면서 나는 왜 POP

문제가 지구상의 모든 산전 진찰실에서 논의되지 않는지 궁금했다.

"생후 18개월 된 아이들에게서, 우리는 산전 PCB 노출이 신경 발달에 부정적인 효과를 미친다는 것을 발견하였다. ……산전 PCB 노출은 일반적인 인지력 발달과 놀이 행동에 부정적인 영향을 미치는 것이 발견되었다. ……또한 생후 42개월 때 신체의 PCB 부하는 취학 전 아이의 주의력 집중에 부정적인 영향을 미친다. 따라서 초기에 PCB에 노출된 아이는 발달의 대부분의 측면에 장기적인 부정적 영향을 받는다."

이곳 이외의 세계는 없다

커다랗게 덩어리진 알래스카 본토 아래에는 쫙 잡아당긴 벙어리장갑처럼 케나이 반도가 달려 있다. 서쪽에는 환상의 북서쪽 항로를 찾기 위해 1776년 이곳을 항해한 제임스 쿡 선장의 이름을 딴 쿡인렛이 있다. 여기는 쿡 선장의 목적지가 아니었다. 사실 이 항해는 쿡 선장의 마지막 여정으로, 그는 얼마 지나지 않아서 하와이 해변에서 살해되었다. 케나이 반도 동쪽에는 프린스 윌리엄 사운드라는 곳이 있다. 이곳은 훨씬 더 불운한 항해지다. 1989년 엑손발데즈 유조선이 3,800만 리터의 원유를 해협으로 쏟아낸 사고로 아직까지도 생태적인 위협을 받고 있다.

우리는 당일치기로 호머라는 도시를 목적지로 하고 케나이 반도의 아래쪽을 돌아봤다. 우리가 처음 알아차린 것은 고속도로에 출구가 없다는 사실이었다. 단지 길만 있었다. 다음에는 도로가 너무 작아 보인다는 것을 알아차렸다. 도로가 비정상적으로 좁거나 수가 적어서가 아니라 주위가 너무 광활해서 그렇게 보였다. 우리 바로 왼쪽으로는 양들이 낭떠러지를 따라 서 있었다. 반대편에서는 사슴들이 나뭇가지 위로 뿔만 드러낸 채 버드나무와 자작나무 숲을 달리고 있었다. 우리가 건너는 개천과 강에는 어부들과 연어들이 가득하였다. 울타리에는 낚시용 부표가 매달려 있었다. 대지가 드러난 곳마다 잡초들이 나 있었다.

이곳 이외의 세계는 없다. 한때 러시아 모피 거래로 유명했던 해변도시 솔도트나의 도로변 식당의 메뉴를 훑다가 처음 떠오른 생각이었다. 메뉴는 막 잡은 연어나 깡통에 든 토마토소스가 뿌려진 걸쭉한 스파게티로 요약되었다. 마침내 호머에 도착해서 저녁을 먹으러 들른 식당에서도 유사한 상황에 직면하였다. 식품점에 있는 수입 제품은 비싸고 신선하지 않았다. 반대로 갑에 정박된 배에서는 차고 문짝만한 크기의 싱싱한 가자미들을 하적하고 있었다. 그 지방의 토속 먹거리와 먼 거리를 이동해온 먹거리가 이렇게 극명하게 대비되는 것은 정말 익숙하지 않은 광경이었다.

나는 항상 무한한 수의 다른 선택이 있는 장소에서 살아왔다. 동네 슈퍼에서 다른 어딘가에서 실어온 싸고 맛 좋은 야채들을 판다면 서머빌 정원에서 기른 당근을 포기하기란 얼마나 쉬운가. 맥도날드 생선 튀김을 우적우적 씹으면서 낚시가 금지된 일리노이의 강둑에 앉아 있기란 또 얼마나 쉬운가. 그러나 알래스카 시골에서는 '다른 곳'은 이곳의 삶과 너무나 동떨어져 있어서 의미가 없었다. 나와 우리 아기는 다음 주까지 이곳에서 나는 음식을 먹어야만 한다. 이곳에서 내가 먹은 음식이 우리 아기의 몸이 될 것이다. 대체할 것이 없다. 이곳 이외의 세계는 없다.

호머에서 우리는 몇 년째 알류샨 섬의 새를 연구하는 생물학자인 에드 베일리와 수학자인 니나 파우스트의 집에 초대받았다. 그들의 집은 카체맥 만을 내려다보는 높은 곳에 위치하고 있다. 뒤편 창문 밖으로는 엽서에 나옴직한 경치를 가진 바다와 산들이 보였다. 니나는 가장 높은 두 개의 산꼭대기 사이에 있는 빙하를 가리켰다. 나는 초등학교 때 빙하로 인해서 일리노이의 탁 트인 경관이 만들어졌다고 배웠다. 그해에 쌓인 눈이 그해에 녹은 눈보다 많으면 빙하가 만들어지기 시작한다. 눈이 쌓여서 얼음이 되어가면서 내부 압력에 의해 경사가 낮은 쪽으로 이동하기 시작한다. 나는 빙하를 전진하면서 땅을 파고 거품을 일으키는 얼음으로 만들어진 불도저라고 생각해왔다. 그러나 지금 보니 빙하는 깊고 느린 강처럼 보였다.

강의 전날, 나는 잠들 수가 없어서 창밖을 내다보았다. 어스름인지 새벽인지 분간할 수 없는 빛을 받은 빙하는 투명한 라벤더 사발 같았다. 단지 빙하를 보는 것만으로도 평화로워진 나는 퀼트 이불을 감고서 소파에 앉아 잠시 빙하를 지켜보았다. 내 안의 아기는 조용했다. 나는 욜랜다가 태동을 계속 계산하라고 말한 것을 떠올렸다. 아기가 20분 안에 적어도 두 번은 움직여야 한다. 나는 시계를 갖고 있지는 않았지만, 상당히 정확하게 추측할 수 있을 것 같았다. 20분이면 강의 시간의 대략 절반이다.

대부분의 여성은 29주에서 38주 사이에 태동이 최고조에 이르는 것을 경험하게 된다. 이 기간에는 아기의 신경계가 잘 발달되어 있고 자유롭게 움직일 공간이 아직은 충분하기 때문이다. 보스턴을 떠나기 직전, 아기와 내가 서로 다른 하루의 리듬을 만들어가고 있음을 알게 되었다. 아기는 나보다 늦게 잠들어서 내가 아침을 먹고 난 뒤에나 깨어났다. 오후 늦게 아기는 돌고 몸을 틀고 자세를 바꾸면서 가장 크게 움직였다. 그리고 내가 잠들기 직전에 다시 활발히 움직였다.

출산인류학자는 한 몸속에 두 존재가 공존한다는 것을 점점 인식하게 되는 이런 현상을 '어머니 자아성'이라고 불렀다. 이것은 한 사람 안에 기분과 욕구, 습관이 일치하지 않는 다른 의식적 존재가 있다는 감각이다.

내가 임신 7개월째에 알래스카에서 경험한 것은 다른 종류의 정체성 이동이었다. 이를 '어머니 대지성'이라 부르자. 내 자신의 이중 자아가 세상이라는 틀에 갇혀 있음을 인식하게 된 것이었다. 건너편의 빙하에 내리는 바로 저 눈이 에드와 니나의 우물을 채우고 나는 그 물을 마신다. 그리고 우리 아기도 그 물을 마신다. 빙하가 녹은 물을 만에 있는 물고기가 먹고, 그 물고기를 우리 둘이 먹는 것이다. 산전 관리란 물, 물고기, 빙하를 관리하는 것을 의미한다. 이곳 이외의 세계는 없다.

이런! 진동을 느꼈다. 다시 한 번! 그리고 연달아서 2회의 발차기. 나는 크게 웃었다. 만 저편에서는 빙하가 서서히 바다로 흘러 들어가고 있다.

PCB와 갑상선호르몬

PCB가 인간의 건강에 미치는 많은 위험 중에서도, 가장 치명적인 것은 아마도 갑상선호르몬이 길을 잃게 만드는 점이다.

갑상선호르몬은 태아의 뇌 발달에 필수적이다. 갑상선이 덜 발달된 채로 태어난 아기들은 정신 지체가 일어날 위험이 있다. 갑상선호르몬 수준이 정상치보다 낮은 엄마들에게서 태어난 아기들도 같은 위험에 처해 있다. 뇌와 갑상선이 연결되어 있다는 증거는 오래전으로 거슬러 올라간다. 이미 1888년에 런던 임상의협회에서는 영국의 의학계에게 갑상선 질병과 선천성 정신박약 사이의 연관성에 대해 경고한 바 있다. 그들은 이를 크레틴병이라 불렀다.

얼핏 보기에 뇌와 갑상선은 공모자가 아닌 듯하다. 성대 바로 아래에 위치한 갑상선에서는 요오드를 함유한 티록신이라는 호르몬이 분비되어 특정 운반 단백질에 의해 혈류로 들어가게 된다. 이들 운반 단백질은 자전거 배달부처럼 티록신을 몸 전체의 세포에게 배달하고, 티록신은 산소의 연소 속도를 증가시키게 된다. 산소 소비를 촉진하면 물질대사 속도가 증가하고 이를 통해 체온을 높게 유지시키는 데 도움이 된다.

성인의 경우, 티록신의 활동은 뇌의 전기적 신호 형성과 직접적인 관계가 없다. 그러나 태아의 경우는 사정이 다르다. 태아의 운반 단백질은 티록신을 발달 과정 중에 있는 뇌 조직으로 직접 전달한다. 그리고 이곳에서 호르몬이 뉴런을 이동시키고 축색돌기와 수상돌기를 거미줄처럼 성장시킨다. 또한 이들 전기 연결망 주위를 미엘린으로 싸서 절연시키고, 시냅스 접점을 만드는 등 모든 종류의 작업을 수행한다. 티록신이 부족한 성인의 경우, 심장 박동이 느리고 추위를 잘 타며 쉽게 피로해지고 뺨이 볼록해지는 정도의 증상만 나타나지만, 같은 상황의 태아는 뇌 기능을 잃어버리게 된다. 성인의 증세는 역전시킬 수 있지만, 태아의 손상은 회복이 불가능하다.

태아의 티록신이 정확하게 어디에서 생성되는지는 아직까지 미스터리이다. 뇌는 임신 초기부터 티록신을 필요로 하지만, 태아의 갑상선은 임신 중기까지 형성되지 않는다. 아마도 태아는 자신이 티록신을 만들 수 있을 때까지 엄마로부터 이것을 얻는 것 같다. 달리 말하면 몇 달 전 내 목에 있는 갑상선에서 만들어진 호르몬이 태반을 가로질러서 아기의 몸으로 들어가 아기가 지성을 형성하는 것을 도운 것이다. 거의 주목되는 일이 없는 갑상선의 가장 고귀한 임무이다.

PCB는 운반 단백질이 갑상선호르몬에 결합하는 것을 방해한다. 운반 단백질에 결합되지 않은 티록신은 이동할 수가 없다. 티록신은 몸에서 쏟아져 나오지만 결코 태아의 뇌에 이르지 못하게 되는 것이다. 산전 PCB 노출은 지능이 떨어지고 말을 못하며 집중력을 잃어버리는 원인이다.

기계 속의 아기

괜찮을 것 같기는 했지만, 나는 호머 병원에서 비자극 검사를 받아보기로 했다. 나는 자궁 내부 깊은 곳에서 눈꺼풀이 떨리는 것 같은 이상한 경련을 느꼈다. 어제부터 간혹 느껴지는 이런 경련이 태동 같지는 않았다. 간호사들이 즐겁게 나를 맞이했다. 바쁜 날이 아닌 듯했다. 오늘은 이 병원에서 아무도 아이를 낳지 않는 모양이다.

나는 진통 분만실로 안내되었다. 나는 어쩔 수 없이 시험관들과 커튼과 큰 기계들이 구석에 박혀 있는 곳으로 다시 돌아왔다. 간호사들은 꽤나 친절하지만 욜랜다처럼 나를 만지는 사람은 아무도 없다. 태아의 박동을 찾는 동안 차이점이 곧 명확해졌다. 욜랜다는 내가 겪은 많은 이들 중에 유일하게 초음파 변환기가 놓일 위치를 금방 찾아낸 사람이었다. 오늘의 의료진들은 검은색 변환기를 앞뒤, 위아래로 밀어대는 데 상당한 시간을 소비하였다. 나는 빠르게 쿵쿵거리는 소리가 증폭기에서 쏟아져 나올 때까지 오랜 시간 동안 느껴야 하는 예전의 초조함이 다시 밀려오는 것을 느꼈다. 시행착오를 겪던 의료진들은 결국 욜랜다가 한 번에 알아냈던 위치인 복부 오른쪽 아래 부분에 변환기를 갖다 대었다.

일회성 경련의 비밀은 즉시 풀렸다. 태아의 딸꾹질이었다. 나는 극히 정상임을 확신했다.

비자극 검사는 태아의 시각적 영상이 아니라 태아의 심장 활동을 초음파를 이용해 관찰하는 20분 정도의 과정이다. 비자극 검사란 진통이 시작되기 수주 전에 받는 검사이다. 이 검사에는 심박의 변화로 태아 활동을 간접적으로 측정할 수 있다는 전제가 깔려 있다. 태아의 신경계는 아직 미숙하기 때문에 신체적 움직임에 따라 심장 박동이 더 빨라진다. 성인의 경우에는 운동을 해도 심장 박동이 빨라지지 않으면 건강한 것이다. 느리고 꾸준한 심장 박동이 신체 양호함의 증거이다. 그러나 태아의 심장 박동은 빠르고 엉뚱한 것이 좋다. 갑자기 박동이 증가하는 일이 많다는 것은 태반이 적절한 산소를 보유하고 있고, 태아 운동이 활발하다는 것을 의미한다. 태아의 심장 박동은 성인의 두 배인 분당 120~160회 정도이다. 우리가 이 작은 산전검사실에서 알기 원하는 것은 최소한 한 번 이상은 심장 박동이 기준선을 15회 이상 넘어가고, 이런 현상이 최소한 15초 동안 지속되는 것이다.

간호사는 늘어나는 밴드 두 개를 드러난 배에 붙였다. 하나는 아래쪽에 붙여졌다. 몇 분 전에 태아의 심장 박동이 있었던 곳에 변환기를 단단히 고정시켰다. 변환기는 초음파 에너지 빔을 내보내서 돌아오는 메아리를 기록한다. 그런 다음 이 메아리는 청각적 신호와 기계적 신호로 전환되어 잉크로 채워진 펜이 움직이는 종이 두루마리를 가로지르게 된다. 이런 결과로 태아의 심장 활동 도표가 나온다. 두 번째 밴드는 위쪽에 부착되었다. 이 밴드가 단단히 누르고 있는 복부에 댄 검은 원판은 수동적인 수신기다. 이것은 주기적으로 자궁 표면을 쓸어내리고 있지만 내가 느끼기에는 아주 약한 자궁의 수축 활동을 기록하고, 동시에 종이에 파도 같은 선을 남긴다. 내가 진통을 하면, 두 개의 평행한 선이, 수축이 얼마나 강한지 아기는 진통을 얼마나 잘 견디는지 보여줄 것이다.

그래프에 기록되는 유일한 다른 표시는 내가 남긴 것이다. 간호사는 마치 내가 게임쇼 출연자인 것처럼 빨간색 버튼이 있는 작은 상자를 내 손에 쥐어주었다. 내가 태동을 느끼면, 나는 버튼을 누를 것이고, 이것이 심장선에 표시를 남길 것이다. 이런 식으로 태아의 심장이 움직임에 어떻게 반응하는지를 판단할 수 있다.

간호사는 "우리가 아이를 받아야 한다면" 앵커리지까지 갈 시간은 충분하다고 날 안심시킨 후에 방을 떠났다. 홀로 남게 된 나는 내가 환자이면서 기록자인 이 검사 과정이 금방 싫어졌다. 아기의 움직임에 집중하려고 노력했지만, 이 검사 과정을 위해 구석에서 방 중간으로 옮겨진 거대한 기계가 쏟아내는 아기의 심장 소리에 주의를 뺏겼다. 기계 속의 아기라, 무시무시했다. 이런 경험이 지금처럼 병원 침대에 누워 코드와 케이블에 둘둘 감기고 분노로 가득 찬 채 암 진단을 받았던 날을 다시 떠올리게 만들었다. 내가 왜 이 검사를 받겠다고 서명했지?

비자극 검사는 훌륭한 조기 경보 시스템이라고 스스로를 환기시켰다. 그러나 이 검사로 인해 나는 아기와 내 몸이 분리된 것처럼 느꼈다. 이들은 인간의 인지력을 개선시키기 위한 것일 수 있다. 비록 태동은 4개월 내지 5개월이 되어야 시작되지만, 임신 2개월이 되면 초음파로 태아의 움직임을 알아볼 수 있다. 첫 번째 움직임은 심장 근육의 고동이다. 태아의 움직임은 신체의 위쪽에서 시작하여 점차 아래쪽으로 내려온다. 처음에는 머리를 까딱이고, 다음에는 몸통을 흔들고, 그다음에는 다리를 찬다. 따라서 심장 박동은 6주째에, 머리의 회전은 7주째에, 숨을 쉬면서 가슴이 올라가고 내려오는 움직임은 10주째에 탐지된다. 태아에게 문제가 있으면 처음 생긴 순서대로 움직임이 없어진다. 심장 박동의 증가가 먼저 없어진 후, 호흡이 없어지고, 나중에 팔다리의 움직임이 없어진다. 그래서 비자극 검사로 문제를 초기에 확인할 수 있는 것이다.

마침내 검사가 끝나고, 종이 두루마리에 찍힌 심장 그래프 선은 태아의 움직임과 함께 도약과 더듬거리는 듯한 구불구불한 단계를 보여주었다. 자궁 앞쪽은 아주 조용해서 조기 진통의 기미는 없었다. 산부인과 팀은 아마도 아기가 배 바깥쪽이 아니라 등 쪽을 향해 구르고 발로 차고 주먹을 휘둘러서 태동이 덜 느껴진 것이라고 추측했다. 아니면 보스턴과 알래스카 사이의 4시간의 시차로 인해 아기와 나의 자고 깨는 주기가 서로 어긋난 것일 수도 있다. 다른 이는 알래스카의 백야 현상으로 인해 아기가 조용해진 것이라 추측하기도 했다. 어쨌든 모두들 아기의 상태가 양호하다는 데 동의하였다.

그것이 바로 내가 듣고 싶어했던 이야기의 전부였다. 몇 분 후 병원 밖으로 나온 나는 쉼 없이 쏟아지는 빛을 받고 자라는 검은 가문비나무 아래로 걸어 들어갔다.

2부
출산

출산 과정에서 잘못될 수 있는 모든 경우에 대해 일일이 지적하는 것은 암울한 예언처럼 들렸다. 이런 강의는 임산부들로 하여금 자신의 몸과 능력에 대한 믿음을 잃게 만든다. 내가 보기에, 큰 경기를 앞둔 스타급 운동선수에게 만약에 있을지도 모르는 모든 부상을 미리 걱정하게 하는 건 코치가 취할 만한 행동이 아니다. …… 우리 엄마의 말씀처럼, "너무 겁낼 필요는 없다." 「출산 교육에 대한 불만들」 중에서

여덟 번째 달

너무 겁낼 필요는 없다!

다른 임산부들과의 만남

8월의 보스턴은 공기가 흐리고 빽빽하다. 나무에서는 매미가 맴맴거린다. 우리 아파트는 선풍기와 이를 연결하는 전기선으로 복잡하다. 나와 제프는 시원한 산들바람을 세 개의 작은 방으로 끌어들이기 위해서 선풍기들을 정확히 어디에 어떻게 놓아야 할지, 낮과 밤에는 어느 때 어느 창문을 열어야 하는지를 두고 많은 이야기를 나누었다. 서풍이 불거나 바닷바람이 동쪽 창으로 불어 들어와 커튼을 움직일 때에만 안식이 찾아왔다. 이런 밤에는 늦게까지 발코니에 앉아서 아이스크림을 먹었다.

나의 서른아홉 번째 생일이 가까워 오면서 내 출생에 대한 신체적 증거가 사라졌다. 내게는 더 이상 배꼽이 없었다. 한때 배꼽이 있던 자리에는 동전 크기만 한 납작한 자주색의 반투명한 원반이 있을 뿐이었다. 살로 만들어진 창문이었다. 너무 얇아서 이곳을 통해 뱃속에서 무슨 일이 일어나는지 들여다볼 수 있을 것만 같았다. 남편은 내 배꼽이 빨래를 앞쪽으로 넣는 드럼 세탁기에 달린 둥근 창처럼 보인다고 놀렸다. 내가 이 창을 살짝 두드리면 아기가 발길질을 하는데 이러면 속이 메슥거렸다.

신체의 다른 부분들도 거의 식별이 불가능해졌다. 손가락과 발목은 소시지처럼 부풀어 올라서 더 이상 원래 모양이 아니었다. 잠에서 깰 때 베개 위에 놓여진 손도 낯선 사람 것 같았다. 화장실로 걸어가게 해주는 발도 그랬다. 바로 내 눈앞에서 나는 전혀 다른 사람으로 변하고 있었다.

이달 중순부터 우리는 출산 교육을 받기 시작했다. 베스이스라엘 병원의 산부인과 병동에서 일하는 간호사가 진행하는 수업이었다. 첫날부터 나는 너무 흥분했다. 수업을 위해서 새 노트와 두 자루의 펜을 샀다. 나는 출산일이 대략 나와 비슷한 다른 임산부들을 만나기를 고대했다. 서로 필기한 것을 비교하고, 서로를 격려하고, 뱃속 아기들과 교감할 수 있게 해주는 운동을 함께 하는 것을 상상했다. 무엇보다도 보스턴은 '우리의 몸은 우리의 것'이라는 여성건강선언이 발표된 도시가 아닌가. 나는 대학 때부터 보관해온 오래된 책의 출산 부분을 다시 읽기 시작하였다.

"강사가 우리를 사자처럼 소리 지르도록 연습시킬 거라고 생각해? 지금부터 연습하는 게 좋을 것 같아?"

나는 병원으로 가는 차에 오르면서 남편에게 물었다.

"한 번에 하나씩 하자고."

나는 곧 기대를 버렸다. 수업 참가를 위해 흑인, 백인, 다양한 라틴계 인종에 20세에서 40세까지 연령도 다양한 12쌍의 부부들이 모였다. 남편과 나를 제외한 모든 이들의 공통 분모는 공포였다. 대부분의 여성들이 얼마나 진통을 두려워하고 있는지 이야기했다. 그중 한 명은 자기가 알고 싶은 것은 단지 언제 마취를 할 수 있는지라고 선언하듯 말했다. 모든 임산부들이 그랬다. 다른 임산부는 "난 지금 너무 두려워요"라고 말하곤 울음을 터트렸다. 다른 이들은 고개를 끄덕이며 동정심을 표했다. 예비 아빠들은 아내를 도와주려고 수업에 함께 참여했다는 말을 빼고는 별로 입을 열지 않았다. 그들은 출산에 대한 무지를 드러냈다. 남편과 나는 서로를 바라보았다. 우리가 빠뜨린 것이 뭐가 있나? 내 차례가 되어 나는 태연하게 자연분만을 원한다고 말하였다. 그 순간 침묵이 흘렀다. 아무도 고개를 끄덕이지 않았다. 다음 차례 임산부는 목을 가다듬어 자기 이름을 말하고는 자기는 정말 고통을 참지 못한다고 토로했다.

이제 강사가 말할 차례였다. 강사의 이름은 미셸이었다. 젊고 금발에 햇볕에 그을린 피부를 갖고 있었다. 인기 있는 체육관 강사나 에어로빅 지도자처럼 그녀는 자신만만했다. 그녀는 우리를 예비 엄마들, 예비 아빠들이라고 불렀다. 이어서 어떤 남편이 프로농구 결승전에 너무 몰입한 나머지 아내가 진통으로 헐떡거리는 것을 알아차리지 못한 일화와 스포츠와 관련된 농담으로 남자들의 긴장을 풀어주었다. 방에 있던 남편들이 눈에 띄게 편해진 것이 느껴졌다. 그녀는 예비 아빠들의 마음을 사로잡았다.

미셸은 예비 엄마들을 위해서 다음 6주 동안 수업할 내용을 대략 이야기 해주었다. 먼저 우리는 진통과 출산의 기본적인 단계를 배울 것이다. 그 다음 종종 진통과 출산에 따르는 의학적 과정, 예를 들면 경막외 마취, 회음부 절개, 외부 모니터링, 내부 모니터링, 자극 검사, 겸자 분만, 피토신 주입, 양막 파열, 제왕절개 등에 대해 익힐 것이다. 이에 대한 토론이 우리 수업 내용의 대부분을 차지할 것이다. 진통 분만 병동을 방문하는 길에 호흡법을 배울 것이고, 실제 분만 과정을 찍은 비디오를 볼 것이다. 미셸은 몇 가지 주의를 주었다. 첫째, 제왕절개에 대한 정보를 매우 주의 깊게 들어야 한다. 설령 처음에는 제왕절개를 원하지 않더라도 실제로 20퍼센트는 제왕절개를 받게 되기 때문이다. 이는 이 방에 있는 예비 엄마들 중 최소한 두 명은 수술을 받을 것임을 뜻한다. 둘째, 호흡법이 중요하기는 하지만, 그렇다고 해서 통증이 없어지는 것은 아니다. 그녀는 "진통은 괴롭죠"라는 말로 간단히 수업을 끝냈다.

한여름 밤

집으로 돌아온 나는 발코니로 갔다. 환기에 도가 튼 남편은 비상구 쪽 문을 열고 채광창을 조절하고 선풍기를 튼 다음, 아이스크림 통 두 개와 숟가락 두 개를 들고 따라 나왔다. 그는 나에게 숟가락 하나를 건네고 의자에 자리를 잡았다. 산들바람이 감미로웠다. 나는 바람이 등 뒤로 불어오도록 선풍기를 조절했다. 아파트 안에서는 흰색 커튼이 펄럭이고 있었다. 나는 남편과 내가 사랑에 빠졌던 그날 밤을 떠올리려고 일부러 침실 창문의 커튼을 뜯어냈다.

그날은 한여름이었다. 재즈 클럽에서 데이트를 한 후, 우리는 내 아파트로 돌아왔다. 달, 바닷바람, 한 통의 아이스크림, 와인이 있었다. 우리는 천천히 서로의 옷을 벗겼다. 빌리 홀리데이의 음악과 촛불과 장미 향기가 있었다. 바람이 열린 창문으로 불어왔다. 그리고 우리가 처음으로 맨살을 맞대는 순간, 한쪽 커튼이 양초 위로 펄럭였다. 코르크 마개를 딸 때처럼 '푸—' 하는 부드러운 소리가 났다. 순간 창문에 불이 붙었다. 그후 몇 초 동안 나는 새로운 연인이 침대를 건너뛰어 불붙은 커튼을 창문에서 뜯어내는 것을 슬로우 모션처럼 지켜보았다.

옷을 입지 않은 남편에 대한 내 첫 번째 기억은 손에 커다란 둥근 불을 감고 있는 벌거벗은 마술사다. 불꽃은 점점 작아지더니 어두워져서 마침내 사라졌다. 불이 꺼졌다. 그이는 다치지 않았다. 오랫동안 우리는 매트리스 너머로 서로를 바라보았고, 들리는 것은 우리의 숨소리뿐이었다. 그 다음에는 개가 침대 위로 올라가서 오줌을 쌌다. 동시에 그이는 전등을 켜고 남아 있는 초를 다 끈 다음, 불탄 커튼을 목욕통에 던져 넣고 침대 시트를 바꾸었다. 그러는 동안에도 그이는 다 괜찮다며 나와 개를 안심시켰다. 그를 지켜보면서 생각했다. 위기에 강한 남자구나.

"자기야, 커튼에 불이 붙었던 밤 기억나?"

스트로베리 망고 아이스크림을 휘젓는 데 몰두하던 남편이 마구 웃어댔다.

"갑자기 왜 그 생각이 났는데?"

"몰라. 출산 수업에 대해 생각하고 있었는데 첫날밤이 떠올랐어. 그땐 용감했었지. 우리, 아니 적어도 당신은 해야 할 일들을 착착 했잖아. 겁먹지도 않았고."

"지금은 무서워?"

"오늘 저녁까지는 아니었어."

남편은 나를 빤히 쳐다보았다.

"여보, 우리는 아직도 용감해. 우리 둘 다 오늘 저녁 그 강의실에서 집단적인 초조함에 사로잡혔던 것 같아."

"수업이 싫어질 것 같아."

난 다 알고 있다고

내가 6학년이었던 1971년 봄, 엄마는 사춘기가 안 된 소녀들과 함께 나를 데리고 매우 특별한 영화를 보러 지역 YWCA에 갔다. 영화를 다 본 후에는 성 교육 경험이 있는 보건 교사가 진행하는 토론 시간도 예정되어 있었다. 거기 가는 내내 나는 화를 내면서 투덜거렸다. "엄마, 왜 우리가 거기 가야 해? 난 다 알고 있단 말이야."

엄마는 항상 신체의 기능에 대해 너무나 솔직하게 말해줬기 때문에, 내 불평 중 일부는 실제로는 엄마에 대한 칭찬이기도 했다. 내가 아기가 어디에서 나오냐고 물어보기 시작하자(이 질문은 내가 입양되었다는 사실 때문에 다소 복잡해졌다), 엄마는 이를 확실하게 설명해주었을 뿐 아니라, 특대형 크기에 금으로 테두리가 둘러진 『인체』라는 책을 선물해주셨다. 그림들이 정말 굉장했고, 나는 수정된 난자에서 신생아까지 태아의 발달 과정을 크레용으로 다시 그리기 시작하였다. 따라서 나는 최소한 초등학교 1학년 때부터 친구들에게 아기가 어떻게 생기는지 자랑스럽게 말해줄 수 있었다.

그러나 내 첫 번째 해부학 책에는 정자가 어떻게 난자에 도달하는지는 설명되어 있지 않았다. 처음에 나는 부부가 함께 자는 밤에 정자가 침대 매트리스를 헤엄쳐서 건너간다고 생각했다. 어느 때인가 엄마는 아기가 생기는 과정에 대해 내가 빠뜨리고 있는 부분을 알아차리고 성교에 대해 말해주셨다. 열한 살 때에는 이런 사실을 알게 된 후의 충격에서 회복된 지 오래되어 이제는 더 이상 배울 것이 없다고, 특히 내가 수영을 배우던 YWCA 회관 같은 곳에서는 더구나 배울 것이 없다고 확신하였다.

하지만 그 반대였다. 나는 영화에서 갑자기 남성의 음경 그림이 나오리라고는 전혀 예상하지 못했다! 남자의 발기라는 개념은 성의 메커니즘에 있어서 완전히 새로운 양상이었다. 영화가 끝난 후에, 나는 복도 쪽에 있는 엄마를 쳐다보았다. 왜 엄마는 이런 중요한 내용을 빠뜨린 것일까?

집으로 돌아오는 차에서 엄마는 뭔가 배운 게 있냐고 무심코 물으셨다. "없어요." 나는 한숨을 쉬면서 말했다. "난 다 알고 있다고 말했잖아요."

출산의 여정

나는 두꺼운 회색 책을 들고 자리를 잡았다. 미셸이 첫 수업 때 나누어 준 책인 『모성이라는 선물—준비된 출산을 통한 개인적인 여행』이었다. 아마도 내가 인간의 생식에 대해 못 보고 지나친 뭔가가 있을 것이다. 어쨌든 출산에 대한 설명과 그림들을 싫어하던 이전의 감정은 호기심과 놀라움 앞에 무릎을 꿇었다.

나는 출산이 기본적으로 3단계 과정으로 이루어지고, 이들 3단계는 잘 씌어진 소설이 갖는 구성 단계와 정확하게 일치한다는 사실을 알게 됐다. 1단계는 진통으로 알려져 있다. 이 시기에는 자궁과 질 사이의 좁은 입구인 자궁 경부가 서서히 둥근 문을 연다. 이 시기의 특징은 주기적이고 강한 자궁 수축이 증가하는 것이다. 소설 방식으로 이야기하자면, 긴장과 서스펜스와 갈등이 축적되는 것이다. 분만으로 알려진 2단계가 이야기의 클라이맥스다. 이 시기는 아기가 밀려나오려는 때부터 시작해서 아기가 밖으로 나오면 끝이 난다. 대단원인 3단계에서는 태반이 배출되고, 모든 갈등이 해결된다.

분만에서 일어나는 사건들은 점점 가속도가 붙는다. 각각의 호르몬에 의해 매개되는 반응이 더 큰 반응을 일으키고, 이들이 다시 더 큰 반응을 일으키는 양성 피드백 고리에 의해 움직이기 때문이다. 힘이 축적되어, 각 단계는 이전 단계보다 더 짧다.

1단계가 가장 길기 때문에, 보통 세 개의 시기로 나누어진다. 이들 시기는 대부분 자궁 경부가 얼마나 많이 열렸는지에 따라 결정된다. 잠행기로 불리는 1기에는 자궁 경부가 2~3센티미터 열린다. 활동기로 불리는 2기에는 자궁 경부가 약 7센티미터까지 열린다. 최종적으로 이행기로 불리는 3기에는 직경이 10센티미터까지 열린다. 대략 이 정도가 인간의 자궁 경부가 가장 많이 벌어질 수 있는 수치이다.

진통의 단계가 진행되면 예비 엄마들은 더욱 세심한 주의를 기울여야 한다. 먼저 잠행기에는 생리통처럼 느껴지는 수축이 몇 분 간격으로 온다. 진통 초기에 여성들은 보통 말이 많고 매우 사교적이며 종종 여느 때와 다름없이 활동을 하기도 한다. 활동기인 중기 진통 시간은 초기 진통보다 짧으며, 수축이 더 빈번하고 더 길고 더 강하다. 말을 멈추게 되고 생각이 몸 안쪽을 향한다. 이행기인 말기 진통은 가장 짧지만 가장 강하다. 진통이 거의 간격 없이 계속 일어난다. 이행기 때 가능한 신체적 느낌으로는 떨림, 구역질, 오한, 변의, 통증 등이 있다. 이성적 인지력은 줄어들고 목소리, 냄새, 이미지, 촉감과 같은 감각이 민감해진다. 그런 다음 자궁 경부 사이로 아기 머리가 보이면 진통에서 분만으로 넘어가게 된다.

자궁 경부는 실제로는 두 가지의 다른 경로로 벌어지게 된다. 하나는 확장이고, 다른 하나는 소실이다. 현관이 있는 집을 상상해보라. 몇 시간 또는 며칠 동안 현관문이 서서히 열린다. 이것이 확장이다. 동시에 현관 자체가 집 쪽으로 축소되어 거의 사라진다. 이것이 소실이다. 보통 때 자궁 경부는 2.5~5센티미터의 길이와 2.5센티미터 정도의 폭을 갖고 있고 힘줄처럼 질

기다. 그러나 임신 마지막 달에는 자궁 경부가 부드러워지기 시작한다. 섬유 성분들이 느슨해져서 덜 단단히 결합한다. 이로 인해 확장과 소실 모두가 가능해진다. 진통 초기의 수축이 아기를 더욱 자극해서 아래쪽 골반으로 내려가게 하여, 머리가 골반을 누르는 압력으로 인해 자궁 경부가 확장되기 시작한다. 이러한 수축으로 인해 부드럽고 휘기 쉬워진 골반 섬유가 자궁을 향해 위쪽으로 잡아 당겨진다. 자궁 경부는 얇은 거즈 같은 원형 조직이 될 때까지 점점 더 짧아지고 점점 더 얇아진다.

이제 분만 2단계로 접어들었다. 일단 자궁 경부가 없어지면, 아기가 세상으로 나올 수 있게 된다. 여기서는 눈길에 빠진 차를 빼내기 위해 흔드는 것과 비슷한 노력이 필요하다. 단지 한번 시동을 켠다고 되는 것이 아니며, 당겼다가 놓았다가를 반복해야 한다. 앞뒤, 뒤앞으로 움직이는 아기의 머리가 외음부 사이로 보였다가 엄마의 몸속으로 사라지기를 반복한다. 수축 사이에 아기 머리가 더 이상 안으로 미끄러져 들어가지 않게 되면, 그때 산부인과 의사를 부르러 간다.

이 순간은 질 입구와 항문 사이에 있는 회음부가 가장 많이 긴장되는 때다. 출산할 때가 아니라면 회음부의 폭은 단지 2.5센티미터 미만이다. 그러나 임신의 최종적인 극적 순간에 회음부는 몇 배로 늘어나 부풀어 오른다. 회음부는 골반 바닥을 이루는 필수 요소로 여러 개의 근육 · 신경 · 발기성 조직이 서로 엇갈려 층을 이루고 있고, 이 때문에 아기가 분만 1단계가 끝나자마자 쑥 빠져나오지 않는 것이다. 실제 전통적인 산파들의 경우, 분만의 주요 기술은 자궁 경부에 끼어 있는 머리 주위로 회음부가 늘어나는 것을 돕는 것이다. 산부인과 의사는 흔히 회음부를 가위로 잘라서 분만을 빨리 진행시킨다(그런 다음 아기가 태어나면 회음부를 다시 꿰맨다). 이 과정을 회음부 절개라 부르며, 여성들에게 가장 흔하게 행해지는 외과 수술이다. 보스턴의 베스이스라엘 병원에서는 90퍼센트의 초산부에게 이 수술을 시행한다. 회음부를 절개하든 안 하든 2단계에서 회음부가 찢어지는 것은 드물지 않은 일이다.

나는 『모성이라는 선물』에 나온 진통과 분만 시간표를 연구하면서 문득 깨닫게 됐다. 출산은 실제로는 질에 관한 것이 아니다. 실제로 질을 따라 내려오는 여행은 여기서는 가장 짧은 부분이다. 초산부의 경우 진통은 대략 13시간이 걸린다. 아기는 이 시간 중에서 단지 몇 분 동안을 매우 신비화되고 많은 상징을 갖고 있는 여성의 질에 머문다. 출산의 대부분의 작업은 질의 한쪽 끝에서 일어나고, 다른 때에는 작은 열쇠 구멍 같은 자궁 경부와 회음부라고 불리는 피부와 근육의 고무 같은 띠에서 벌어진다. 자궁 경부를 열고 아기가 회음부를 통과하는 데 가장 많은 노력이 들기 때문에 출산이 고통스럽고, 출산하는 동안에 다른 여성의 도움을 받아야만 하는 것이다. 반면 아기가 15센티미터 정도 길이의 질을 통과하는 것은 큰 문제가 아니다.

출산 교육에 대한 불만들

매주 미셸이 호흡법을 지도하고, 하버드 의대 출신의 할아버지 초상화들이 우리를 자상하게 내려다보는 병원 회의실에 가는 것이 싫어지기 시작했다. 미셸이 제왕절개와 회음부 절개술에 대해 안심시키려고 할수록, 나는 점점 더 팔짱을 끼고 도망칠 준비를 했다. 첫날은 기대에 부풀어 수업에 참가하였지만 3주째가 되자 뒷줄에서 삐딱한 자세를 한 뾰로통한 학생이 되었고, 노트는 의자 아래에 처박혀 있었다. 나는 대부분의 수업 시간을 금테 액자 속에 담긴 은발의 할아버지들을 보면서 때웠다. 그들 중 누군가가 출산에 대해 뭔가를 알고 있었을까? 나는 다른 임산부들을 휙 둘러보았다. 모두가 미셸을 치어리더 단장인 듯 대했다. 반면에 미셸은 산모들이 앞으로 어떻게 해야 하는지 머릿속으로 알고 있는 유일한 사람이었다. 나는 미셸이 아이를 가진 적이 있는지 궁금했다. 그럴 것 같지 않았다.

'수업에 집중해' 라고 스스로를 꾸짖었다. 그러나 진통 촉진을 위한 합성 호르몬인 피토신을 사용하는 것에 대해 즐겁게 설명하고 있는 미셸의 설명을 따라가는 대신, 나는 출산 교육에 대한 불만들을 쭉 적어 내려갔다.

첫째, 토론 시간이 충분하지 않다. 서로 용기를 북돋아주고 격려하는 임산부들의 모임에 참가하는 것으로 생각했던 것은 전적으로 나만의 착각이었다. 수업을 듣기 위해 의자에 앉을 때 '안녕하세요' 라고 중얼거리는 것을 빼고는 아무도 입을 열지 않았다. 호흡법 연습 시간과 다양한 종류의 산부인과 과정에 대한 강의 사이에도 서로 이야기를 나눌 시간이 없었다.

둘째, 의학적인 개입을 너무 많이 강조하고 있었다. 최신 약물, 기술, 외과 수술에 친숙해지면 이것들이 무해하고 정상적인 것이라고 생각하게 되고 심지어 기대감마저 갖게 된다. 이 병원에서 하체 감각을 마비시켜 진통을 억제하는 경막외 마취를 시행하는 비율은 1980년대의 두 배가 되어 지금은 80퍼센트에 달한다. 우리 수업에서는 마취제와 진통 주사가 아픔을 참은 뒤 주어지는 보상인 것처럼 제시되었다. 예를 들면, "일단 자궁 경부가 4센티미터까지 열리면 주사를 맞을 수 있어요. 그렇지만 그전에는 안 됩니다"라는 식이었다. 호흡법 연습 자체도 경막외 진통을 겪는 임산부들이 마취를 하기 전까지 침착하게 행동하게 하려는 행위처럼 보였다. 물론 미셸은 주사를 맞는 것이 의무 조항은 아니라는 점을 인정하였다("만약 경막외 주사를 맞고 싶지 않으면 계속해서 구르고 있으면 돼요"). 그러나 그녀는 고통스러운 진통을 겪어야만 한다는 이야기, 그리고 약물을 사용하지 않고 고통을 덜 수 있는 방법은 제안하지 않았다.

출산의 모든 과정에서 잘못될 수 있는 상황에 대한 가차 없는 지적은 암울한 예언처럼 들렸다. 노화된 태반, 탈장된 탯줄, 태아의 위치 이상, 진행 중단, 조기 양막 파열, 태아 절박가사에 대한 강의는 자신의 몸과 능력에 대한 임산부들의 믿음을 해치는 듯했다. 내가 보기에 큰 경기를 앞둔 스타급 운동선수에게 만약에 있을지도 모르는 모든 부상을 미리 걱정하게 하는 것은 코치가 취할 행동이 아닐 것이다. 게다가 나처럼 암에서 살아남은 사람들은 그런 방식으로 미래를 대면하지 않는다. 우리 엄마의 말씀처럼 "너무 겁낼 필요는 없다."

나는 미셸이 진통이 심하고 길고 힘들다고 생각해야 한다고 산모들에게 말하는 것을 들으면서 시계를 보았다. 만약 그렇지 않게 된다면 기분 좋게 놀라면 될 일이다.

자연분만 옹호자들의 견해

무더위가 계속 이어진다. 매일 아침 우리는 차가운 밤공기가 실내에 유지되도록 창문과 블라인드를 모두 닫는다. 오전 11시가 되면 다시 더워지기 때문에 나는 엄청나게 부풀어 오른 오른쪽 발을 끌고 에어컨을 튼 서머빌의 공공 도서관으로 향한다. 위층 성인용 비소설 코너의 출산 관련서가 있는 대형 서가 바로 옆에 있는 안락의자에서 나는 생각에 잠긴다. 매일 아침 이곳에 캠프를 치고 색인 번호 순서대로 책들을 훑다가 전날 내려놓은 책들을 집어 든다. 저자가 추천한 책들이 보이지 않으면 다른 도서관에 대여 신청을 한다. 곧 출산 관련 책들과 잡지에 둘러싸인다. 나는 두 가지를 알고 싶다. 첫째, 자연분만 시 도대체 무슨 일이 생기는 것일까? 둘째, 나는 어떤 분만 방법에 마음이 끌리는 것일까?

내가 발견한 자연분만에 관한 많은 책들은 1970년대와 1980년대로 거슬러 올라갔지만, 몇 권은 최근에 발행되었다. 진통의 통증을 다스리고 아기를 출산하는 다양한 방법을 설명한 이들 책에서는 서로 다른 목표를 제안하고 있었다. 일부는 산파와 가정 출산을 옹호하였고, 일부는 산부인과 의사들을 교육하는 방법을 바꿔야 한다고 했다. 모두가 출산이 지나치게 의료화되는 것을 비난했고, 진통과 분만 시 의학적 개입을 줄여야한다고 주장하였다.

지금의 산부인과 관행에 대한 주된 불평은 의료 행위가 다음 의료 행위의 도입을 필요로 하는 일련의 과정들로 이루어져 있다는 것이다. 예를 들면, 마취로 인해 진통이 중단될 정도로 자궁 수축이 느려지기도 하는데, 이럴 경우 다시 수축을 촉진시키기 위해서 자궁 촉진제인 피토신을 임산부의 정맥에 주사한다. 이 과정에서 아기가 너무 과하게 스트레스를 받지 않도록 태아 모니터링이 필요하다. 초음파 장치에 묶인 임산부는 진통이 심해져도 통증을 덜기 위해 자세를 바꿀 수 없게 된다. 따라서 더 많은 약을 필요로 하게 된다. 등을 대고 누워 있게 되면 분만 시 회음부가 찢어질 위험이 높고, 아기가 밖으로 쉽게 나오도록 도와주는 중력의 도움을 받을 수 없어, 결국은 질 입구를 넓히고 분만을 서두르기 위해 회음부를 절개하게 된다. 마취로 인해 피토신이 필요하고, 피토신으로 인해 모니터링이 필요하고, 모니터링으로 인해 마취가 필요하고, 마취로 인해 회음부 절개가 필요하다. 이런 주장을 뒷받침하는 상당한 자료가 의학 문헌에 있다.

다른 문제도 있다. 마취는 태아를 밀어내는 능력을 감소시킬 수 있기 때문에, 경막외 마취는 겸자 분만과 제왕절개의 위험을 높인다. 또한 진통이 길어지게 만들 수 있다. 또한 소변을 눌 수 없게 되어 의료용 튜브를 삽입해야 한다. 초음파의 경우 깊게 간직되어온 믿음에도 불구하고, 태아를 모니터링한다고 해서 결과를 개선시킨다는 확실한 증거도 없다. 또한 정교하게 이루어진 몇몇 연구는 회음부 절개가 회음부가 찢어지는 것을 막기는커녕 도리어 그에 일조할 수도 있다는 사실을 보여준다. 또한 회음부 절개는 소변보는 것을 힘들게 만들고, 골반 기저부 근육을 약화시키고, 성관계 시 불쾌감을 줄 수 있다.

가장 주목할 만한 점은 의학적 기술과 개입에 덜 의존하는 산파가 산부인과 의사들보다 더 우수한 안전성 기록을 갖고 있다는 사실이다. 최근의 한 연구에서는 쌍둥이나 합병증이 있는 경우를 제외하고 1991년에 미국에서 의사나 산파에 의해 분만된 35주 내지 43주의 모든 질 출산을 조사하였다. 사회적, 의학적 위험 인자에 대해 보정한 후 산파 분만과 산부인과 의사 분만을 비교해보았다. 놀랍게도, 산파가 아이를 받은 경우가 태아 사망 위험이 19퍼센트나 낮고, 신생아 사망 위험이 33퍼센트 낮다는 사실을 발견하였다. 저자는 "자격증을 소지한 산파는 특별한 위험이 없는 임산부들의 안전하고 확실한 출산을 도울 수 있다"라고 결론지었다.

이와 같은 증거에도 불구하고 자연분만은 1990년대에 사라져갔다. 이런 추세를 옹호하는 사람들은 자연분만이 고통스럽고 비인간적인 것임이 증명되었기 때문이라고 주장한다. 그들은 또한 산부인과 약물, 특히 경막외 주사가 몇 년 동안 완벽했다고 이야기한다. 한 산부인과 마취 의사는 〈뉴욕타임스〉에서 "고통을 덜 수 있는데도 불구하고 극심한 고통을 겪으면서 아이를 낳는 것은 마취 없이 이를 뽑는 것과 다를 바가 없다"고 단정지었다. "환자가 극심한 고통을 겪도록 방치하는 경우란 의학계에서는 있을 수 없다"는 주장도 있었다.

그러나 내가 문헌들을 읽은 바로는 이들은 자연분만을 잘못 이해하고 있다. 마취와 끊임없는 고통 중 하나를 선택하라는 이야기가 아니다. 전쟁터에서 총알을 물고 아픔을 참으면서 절단 수술을 받는 환자처럼 병원 침대에 누워 있으라는 이야기가 아니다. 자연분만은 약물을 쓰지 않고 고통을 덜어줄 방법들을 추구한다. 여기에는 계속적인 자신감 부여, 이완 기법, 명상 호흡법, 따뜻한 목욕, 자세 바꾸기, 지압, 음악, 산보, 마사지 등이 포함된다. 그리고 자연분만 옹호자들은 진통 중인 임산부를 충치 환자와 다름없이 의학적으로 문제가 있는 환자인 양 취급하는 개념 자체가 출산에 대한 의학계의 잘못된 인식이라고 말한다.

내가 특히 흥미롭게 본 것은 '정신신체의학 산부인과 저널' 이라는 흥미로운 제목의 주간지에 발표된 1996년의 진통 통증 조사였다. 이 연구에서 제기한 의문은 나도 갖고 있던 것이었다. 즉, 출산의 고통이 얼마나 심한지를 어떻게 측정할 것인가? 이 논문의 저자들은 먼저 진통의 고통에 대해 이전에 발표된 연구 보고서들을 훑어보았다. 그들은 이전 문헌들이 모순으로 가득하다는 사실을 발견했다.

예를 들면, 설문 조사에서는 진통의 고통이 암이나 환상지절幻想枝切(팔이나 다리가 절단된 환자가 상당 기간 절단된 부위가 정상적으로 있다고 느끼며, 때로는 피로나 스트레스 등에 의해 절단된 부위에서 극심한 환상 통증을 느끼게 된다—옮긴이 주) 고통보다 더 높은 점수로 인간의 고통 중에서 가장 심한 것으로 기록되어 있지만, 일부 여성들은 거의 진통을 겪지 않았다고 주장했다. 이렇게 다양한 반응을 보이는 이유에 대한 설명은 단 한 줄도 없었다. 교육 정도, 사회적 계급, 재산, 임신 연령도 진통의 정도에는 거의 영향을 미치지 않는다. 진통의 길이와 통증의 정도 사이에도 명확한 연관성이 없다. 태어날 아기의 체중도 통증의 수준을 알려주지 않는다. 생리통 여부와도 무관하다. 이 문제에 대해서는 아무것도 출산 준비 수업에 포함되어 있지 않았다.

그럼에도 불구하고 저자들은 호기심을 자극하는 몇 가지 패턴을 밝혀냈다. 하나는 초조해하는 임산부는 항상 통증 점수가 높았고, 자신감이 있는 임산부는 통증 점수가 낮았다. 가장 놀라운 점은 "진통이 매우 고통스러우리라고 예상한 임산부들은 실지로 보다 더 고통스러워했다." 그리고 이런 여성들은 약물을 더 많이 사용했다.

저자들은 또한 스웨덴의 대도시 병원에서 출산한 수백 명의 여성들을 인터뷰했다. 앞선 조사와 같이, 여성들이 경험한 통증의 범위는 넓었다. 일부 엄마들은 진통을 상상할 수 있는 최악의 통증이라고 설명하였고, 다른 이들은 그냥 참을 만했다고 말하였다. 저자들은 통증에 대한 '태도'가 통증의 인식에 영향을 미치는 것으로 짐작하고 이 점에 대해서 여성들을 인터뷰하였다. 놀랍게도, 질문에 응한 여성의 28퍼센트(거의 3분의 1이다)가 진통이 긍정적인 경험이었다고 회상했다. 이 결과에 당황한 저자들은 이런 여성들의 경우, "진통의 통증은 질병의 통증과는 다른 의미를 지닌다"라는 결론을 내렸다.

나는 퍼즐을 맞추다가 잃어버린 조각을 우연히 발견한 기분이 들었다. 외상과 질병을 치료하는 훈련을 받으면서 의사들은 통증을 고쳐야 할 문제로, 마취제 거부를 일종의 피학증으로 보게 된다. 그러나 사람이 살다 보면 질병 이외에도 많은 종류의 통증을 겪는다. 산 정상에 다가선 등산가의 폐는 찢어질 듯하다. 공중 3회전을 막 시도한 발레 댄서의 사두근四頭筋(무릎을 펼 때 사용하는 네 개의 근육—옮긴이 주)은 불타는 듯하다. 아침 첫 햇살이 창에 비칠 때 마지막 문장을 끝낸 작가의 어깨는 승리감에 젖어 욱

신거린다. 일부 자연분만 옹호자들이 주장한 것처럼, 진통과 분만을 덜 의학적으로, 마치 올림픽 경기처럼 본다면 차이는 명확해질 것이다. 결승점을 통과한 마라토너에게 마취제를 들이댈 사람이 누가 있겠는가?

그러나 약물을 사용하지 않은 출산이 인생을 바꾸는 행복한 경험이 될 수 있다는 주장은 상당한 비웃음을 샀다. 1981년에서 1997년 사이에 미국에서 경막외 마취 비율이 세 배나 증가했음을 보고한 잡지와 신문의 필자들은 이런 빈정거림을 자제하지 않았다. 한 여성 칼럼니스트는 우쭐대면서 "출산을 운동경기로 보는 지배적인 유행"이 마침내 뒤집어졌다고 선언하였다. 그리고 출산에서 실제로 흥분되는 순간은 "마취제가 정맥을 타고 들어오는 것을 느끼는 바로 그 순간"이라고 선언하였다.

그러나 1980년대에 나온 자연분만 책자들 중에는 약물 없이 진통하는 여성들이 진짜로 무아지경에 이른 것처럼 보이는, 아니면 최소한 강력하고 야성적이고 두려움 없는 표정을 담은 사진들이 많이 있다. 그중에는 둔위분만(아기의 머리 대신 엉덩이가 먼저 나오는 비정상적인 출산—옮긴이 주) 중인 산모도 있었다. 우리는 왜 이런 이미지를 그렇게 비웃는 것일까? 환호하는 관중을 뒤로 하고 경기장으로 달려나가면서 "잔디는 피를 먹고 자라난다!"는 노래를 부르는 고등학교 풋볼 팀을 비웃는 사람은 아무도 없다. 이들이야말로 신체적 통증이 주는 카타르시스를 진정으로 신봉하는 데도 말이다.

산모는 환자가 아니다

나는 자연분만이 유행하지 않게 된 데에 마취제 개선 외에 다른 이유가 있는지 궁금해졌다. 많은 사상가와 비평가들이 이 질문에 무게를 두었다.

일부에서는 병원 자체의 문화로 인해 의료 행위가 출산에 개입될 수밖에 없다고 생각했다. 예를 들면, 간호사들은 여러 명의 환자를 살펴야하므로 진통 중인 임산부가 기계에 의해 모니터링되고 있고 허리 아래쪽이 마비되어 침대에 묶여 있는 편이 간호하기 훨씬 쉽다.

그리고 간호사들과 산부인과 의사들은 통증을 줄이는 다른 방법을 정규적으로 교육받지 못했다. 약물이나 다른 처치가 가능하기 전까지 산모는 혼자 통증을 억제해야만 한다. 통증을 관리할 수 있는 모든 기술을 알고 있다 하더라도 그 지식을 실행할 수 있는 사람이 거기 없다면 도움이 안 된다. 산모는 마취되거나 진통에 시달리고 있는 수밖에 없다. 혼자 겁에 질린 채 강한 진통에 휘말리게 되면, 약물을 택하지 않겠다고 굳게 결심한 산모일지라도 경막외 주사를 요청하게 된다. 이런 심경의 변화로 인해서 산부인과 의사와 마취과 의사들은 정상적인 분만의 통증은 극심하고 참을 수 없는 것이라고 더욱 확신하게 된다.

동시에 출산에 개입하지 않는다는 철학을 지키려는 몇몇 의사들조차 '기술 신봉자들이 넘쳐나는 병원 환경' 에서는 자연분만을 실시하는 것이 거의 불가능하다고 말한다. 위기와 응급 상황이 벌어지는 병원은 스트레스와 초조함을 유발시킨다. 비평가들은 산모가 자신이 환자임을 인식하는 순간 가장 중요한 자신감이 손상된다고 말한다. 환자복을 입고 팔에 링거를 꽂고 병원 침대에 누워 있노라면, 곧 수동적이 되고 고분고분해진다. 이 점에 가장 솔직한 저자 중 한 명인 바바라 캐츠 로스먼에 따르면, "모든 외부 자극이 병이라고 단언하는 한, 산모는 자신을 건강한 상태로 보지 못한다."

자연분만 운동이 병원의 분만 관행에 아무런 영향을 미치지 못했다고 말하려는 것은 아니다. 불과 얼마 전까지만 해도 병원에서는 산모의 음모를 깎고, 항문으로 약물을 넣고, 가족들과 분리시키고, 물과 음식을 먹지 못하게 하였다. 분만 후에도 곧 신생아와 격리되었다. 한때 이런 모든 관행은 의학적 이유로 정당화되었다. 여성 건강 운동가들과 몇몇 의식 있는 산부인과 의사들 덕분에 이런 관행은 거의 사라졌다. 산모들은 원하는 사람과 함께 분만실에 있을 수 있다. 음식이 필요하면 먹고 마실 수 있다. 샤워도 할 수 있고, 뜨거운 목욕을 할 수도 있고, 가장 편안함을 느끼는 자세를 취할 수도 있다. 힘겹게 얻어낸 이런 모든 특권에 대해 나는 감사한다.

대안은 너무 멀다

나는 도서관 의자에서 일어나 점심을 먹을 벤치를 찾아 작열하는 햇빛 속으로 걸어 나갔다. 농산물 시장에서 산 토마토, 푸른 고추, 복숭아, 검은 빵 한 조각, 보온병에 담은 차가운 레모네이드, 모퉁이 가게에서 산 치즈 피자 한 조각.

스케이트보드를 타고 있는 주변의 아이들을 지켜본다. 나는 하버드 의대 부속병원에서 자연분만을 계획하는 것이 마치 펜타곤에서 평화 집회를 개최하는 것 같지나 않을까 걱정스러워진다. 장소를 잘못 고른 것은 아닐까. 암 환자였을 때 입은 것과 똑같은 등 부분이 없는 청색 면 가운을 입고 같은 장치들에 둘러싸인 채 아이를 낳고 싶지는 않다. 나는 새로운 상징, 새로운 예복을 원한다. 고무장갑, 외과용 마스크, 주사, 헤파린 고정, 카테터 관, 바퀴 달린 침대, 심장 모니터와는 거리가 먼 곳에서 아이를 낳고 싶다.

그러나 한편으로는 이 시점에서 큰 변화를 겪고 싶지도 않다. 대안은 너무 요원해 보인다. 가정 출산에 대한 자료를 살펴보면, 합병증 위험이 낮은 산모의 경우 가정 출산이 병원만큼 안전하다고 한다. 하지만 여기에는 자기 집을 갖고 있어야 한다는 필수 조건이 있다. 더위에 찌는 우리의 작은 아파트는 자격미달로 여겨진다. 침대 옆에는 거의 2~3센티미터 정도의 공간밖에 없다. 충분히 걷고 자주 자세를 바꾸는 것이 진통의 통증을 줄일 수 있는 훌륭한 수단이라면 차라리 병원에 있는 게 낫다. 산파가 독립적으로 감독하는 출산센터는 미리 예약을 했어야 했다. 내가 지금 당장 할 수 있는 일이라곤 선풍기 앞에 앉아서 의료보험 담당자와 전화로 입씨름하는 것뿐이다.

나는 다른 점도 고려했다. 베스이스라엘 병원이 실제로 의학적 기술이 넘쳐흐르는 곳인지는 잘 모르겠지만, 적어도 나에게 이곳은 행운의 장소다. 지난 4년 간 보스턴에서 사는 동안, 이곳은 나의 암 추적 검사센터였다. 이 병원 출산 교실에 등록하기 전까지 나는 이곳을 내 안전을 지켜주는 장소로 여겼다. 내 담당 의사들은 사려 깊고 세심하고 현명한 사람들이었다. 그중에는 세계적으로 유명한 의사도 있었다.

내 고등학교와 대학교 친구들 대부분은 임상의들이다. 맞건 틀리건 간에 나는 의사들에게 공감하는 경향이 있다. 그들의 재정적 부채, 24시간 잠을 못 잔 상태에서 내리는 초를 다투는 결정, 소송 환자들, 영리를 추구하는 건강 관리 업체들의 부도덕성에 대해 나는 그 친구들과 밤 늦게까지 얘기하곤 했다. 또한 나는 내 자신의 건강에 대한 결정을 내릴 때 직관보다는 의학적 사고에 의존하는 경향이 있다. 남편과 내가 집을 거의 태울 뻔하기 전, 우리는 에이즈 바이러스 검사를 받았다. 정기적인 혈액 검사 결과 약한 빈혈 증세가 확인되자, 나는 대변에 피가 나오는지 검사해보자고 주장했다. 이 검사 결과가 '약하게' 양성으로 나오자, 나는 또 결장내시경을 해봐야 한다고 주장했다. 이 검사 결과 암으로 발전할 수 있는 조직이 성장하고 있는 것이 발견되자, 나는 내 생명을 구해줬을지 모르는 의학적 개입에 감사했다.

동시에 통상적으로 행해지는 산부인과 검사들이 눈에 뻔히 보이는 맹점을 갖고 있다는 사실을 명확하게 보여주는 풍부한 데이터가 존재한다. 이들 검사가 가진 맹점 중 하나는 외적인 신체 환경의 변화가 어떻게 체내의 생리학적 과정에 깊이 영향을 미치는지 보여줄 수 없다는 것이다. 다른 하나는 득보다 실이 더 많다는 훌륭한 증거들에도 불구하고, 회음부 절개와 같은 낡은 관습을 여전히 고수하면서 진통 중인 산모들을 복종하게 만드는 의료 개입주의자들의 이데올로기이다.

산부인과의 역사1 — 고통에 반대한다

보스턴 시민공원 한 구석에는 내가 좋아하는 추상 조각이 하나 서 있다. 1867년 세워진 이 조각은 에테르에 대한 기념비이다. 정확하게는 '에테르를 흡입하면 통증에 둔감해진다는 발견이 세계 최초로 보스턴 종합병원에서 증명됨' 에 헌정된 것이다.

휘발성 유기화합물을 기념하는 조각위원회를 만족시키기란 쉽지 않았겠지만, 조각가는 빅토리아식 대형화 전통을 살려서 장엄하게 이를 달성했다. 떡갈나무 잎과 도토리가 감싸고 있는 어마어마한 기둥 위에 예복을 갖추고 터번을 두르고 턱수염을 기른 신사가 앉아 있다. 현명한 표정의 신사는 더없이 행복한 잠에 빠진 것처럼 사지가 밑으로 축 늘어진 아름다운

젊은이의 나체를 안고 있다. 턱수염의 신사는 상처를 지혈하는 것처럼 잠자는 이의 가슴에 천을 누르고 있다. 하느님과 예수님이 생각났다. 기둥은 연꽃이 돋을새김으로 조각된 대리석 받침대 위에 놓여 있다. 여기에 부조된 한 장면에서는 천사가 상처 입은 남자 앞에 나타나는 모습을 묘사하고 있다. 다른 장면에서는 전쟁터에서 부상당한 이를 간호하고 있다. 또 다른 장면에서는 아기를 안고 의학 장비 위에 앉아 있는 어머니를 그리고 있다.

의학적 전망을 살펴보면 내가 앞으로 어떻게 해야 할지 알 수 있으리란 희망을 가지고 이곳을 찾았다. 이를 위해서 나는 두 세트의 연구 노트를 갖고 왔다. 그중 하나는 산부인과 의사와 그들의 동조자들이 말하는 산부인과 역사의 개요다. 다른 것은 산파와 그들의 지지자들이 말하는 산부인과의 역사다. 나는 「이사야」에 있는 성경 구절이 새겨져 있는 받침대 쪽을 보고서 벤치에 자리 잡았다. 이 구절은 마취가 전지전능한 신의 선물이란 뜻을 압축하고 있다. "이것 또한 만군의 주께서 가르쳐주신 것이니, 주님의 계획은 기묘하며 지혜는 끝이 없다."

산부인과 의사들의 역사부터 시작하겠다. 이것은 미신과 무기력에 대한 승리를 강조하는 이야기였다. 그들에 따르면, 산부인과 의사들은 영웅적이고 사려 깊고 과학적이고 무엇보다도 인도주의자로 칭송되고 있었다. 최근에 자신의 전공에 대한 역사서를 쓰기도 한 어느 산부인과 마취학자는 진통의 고통을 빈곤, 고문, 정신병, 감금, 노예제도와 비견되는 사회악으로 평가했다. 그가 정확하게 지적한 바와 같이 이 모든 고통은 한때 삶의 피할 수 없는 요소로 간주되었다. 사회 개혁자들은 점차 이런 고통을 없애자는 캠페인을 시작했고, 출산의 고통을 덜어주는 것이 이 명예로운 개혁 운동의 본질적인 부분이었다. 이것은 출산의 고통은 이브의 죄악에 대한 천벌이며, 따라서 자연의 질서의 일부라고 주장한 원리주의 성직자들에게 대항한 의사들의 노력이었다.

또한 산부인과 의사들은 여성들의 고통을 감소시킬 권리에 대해 교회와 싸우는 것이 생명을 구하는 것이라고 믿었다. 현대 산부인과학이 발전하기 전까지 임신에는 늘 죽음의 위험이 따랐다. 실제로 몇 세기 전 일기를 보면 여자들이 출산하기 전에 매번 죽을 준비를 하는 것을 알 수 있다. 성실하지 못한 산파들은 종종 난산하는 산모들을 포기했다. 가장 비참한 경우는 아마도 태아가 가로누워 있는 경우였을 것이다. 이 경우는 태아와 산모 모두에게 치명적이었다. 그러나 오늘날은 옆으로 누워 있거나 다른 방향을 하고 있는 아기들을 수술로 쉽게 분만한다.

현대의 산부인과 분야에서 가장 중요한 발전은 겸자(부젓가락 형태로 두 개의 큰 스푼 같은 것이 달려 있는 기구. 정상적인 자연분만이 어려운 난산일 때 질 속에 넣어 아기 머리에 맞춘 뒤 끄집어내서 아기가 밖으로 나오는 것을 돕는다 ─ 옮긴이 주)의 발명이다. 1598년 영국의 한 외과 의사가 처음으로 시험한 이래, 이 기구는 18세기에 가장 많이 쓰이는 출산 도구가 되었다. 산부인과 역사학자에 따르면 겸자가 가장 흔하게 사용되었던 시기는 유럽의 산업화 시대였다. 영양 상태가 나쁘고, 도시에서 햇빛을 볼 기회가 거의 없었던 소녀들은 비타민 D가 부족해서 생긴 구루병으로 인해 골반이 수축되었다. 유년시절에 겪은 이런 종류의 기형 때문에 커서는 길고 고통스러운 진통을 겪어야만 했다. 남자 산부인과 의사들은 이런 어려운 상황에서 겸자를 사용하여 살아 있는 아기를 살아 있는 산모로부터 끄집어낼 수 있었다. 이때부터 산파가 없어지기 시작했다.

19세기에는 마취가 소개되었다. 1846년 10월 16일, 보스턴의 한 치과 의사는 에테르가 수술의 통증을 덜어줄 수 있음을 증명하였다. 석 달 후, 에테르는 스코틀랜드에서 진통 중인 산모에게 사용되었다. 다시 석 달 후

보스턴에 있는 헨리 워즈워스 롱펠로우의 부인인 패니 롱펠로우가 미국에서 최초로 출산 시 에테르로 마취되었다. 그 뒤로 그녀는 진통 중 마취의 주요 옹호자가 되었고, 이 방법이 유행하게 되었다. 한편, 영국에서는 빅토리아 여왕이 여덟 번째 아이인 레오폴드를 출산할 때 클로로포름으로 마취되었다. 그녀의 담당 의사는 이 분야의 진정한 영웅 중 한 명인 존 스노우 박사였다. 공중보건의 투사인 스노우 박사는 오염된 우물 때문에 콜레라가 창궐한다는 것을 알아내고, 식수의 청결이 유지되도록 예방 조치를 취해 콜레라 유행을 막아낸 바 있었다. 신생아의 숨결에서 에테르 냄새를 맡고서 마취제가 태반을 통과할 수 있다는 것을 처음 알아낸 사람도 바로 그였다.

19세기에는 산부인과 수술에 중요한 진보가 몇 가지 더 이루어졌다. 가장 주목할 점은, 미국의 부인과 학자인 제임스 매리언 심스가 방광까지 연장된 질의 파열을 회복시키는 법을 익힌 점이다. 누관이라 불리는 이런 분만 손상이 주는 괴로움은 끔찍했고, 특히 구루병으로 골반이 변형된 이들에게 위험하였다. 이 파열을 봉합하기 위해서 심스는 꿰맬 부위를 눈으로 보기 위한 반사경을 만들어냈다. 그는 결국 의사들에게 자신의 기술을 가르쳤지만, 그보다 먼저 시술을 위해 여성의 질을 노출시킨다는 의학적 터부를 극복해야만 했다.

20세기에는 입원이 일반화되었다. 1970년 두 명의 산부인과 의사의 서술에 따르면 출산을 침실에서 병원으로 옮긴 일은 굉장한 업적이었다. "20세기 초에는 버림받은 여성들과 가난한 이들만 출산을 위해 입원하였다. 그렇다면 모두가 입원하는 현재의 추세는 병원의 보살핌이 수백만 명의 산모들에게 그만한 가치를 입증한 것을 의미한다고 볼 수 있다."

확실히 1914년 스코폴라민 약제의 도입은 진통하는 산모들을 병원으로 가게 만든 직접적인 역할을 하였다. 의식을 몽롱하게 만드는 이 약물을 모르핀과 혼합해서 사용하면 출산의 느낌뿐만 아니라 이 경험에 대한 모든 기억이 차단된다. 반쯤 잠든 산모들이 종종 환각 상태에 빠졌기 때문에, 이들의 몸을 묶고 꾸준히 관찰해야만 했다. 즉, 병원 시설이 필요해진 것이다. 많은 여의사들을 포함한 초기 페미니스트들은 진통 중에 스코폴라민을 받을 권리를 주장하며 오랫동안 맹렬한 캠페인을 벌였다. 1950년대에 이르러 척추 마취가 산통을 덜어주는 방법으로 대체되었다. 척추 마취는 점진적으로 개량되어 오늘날의 경막외 마취로 완성되었다. 현대의 산부인과 관행을 옹호하는 사람들은 약물 없는 출산을 주장하는 이들이 여성의 고통을 '자연스러움'이라는 낭만적인 말로 포장하고 있다고 말한다. 그들은 출산 수업을 받으러 온 임산부들이 먼저 경막외 마취를 요구한다는 사실 자체가 그 효과를 입증한다고 주장한다.

산부인과의 역사 2 — 산모는 없고 의사는 있다

나는 조각상 근처를 산책하였다. 반대쪽의 성경 구절은 「요한계시록」에서 인용한 것이었다. "이 이상의 고통은 없으리니." 나는 산파들과 그들의 지지자들이 말하는 서구 세계의 산부인과 역사를 살펴보았다. 이들이 서술하는 역사는 비난으로 가득했다. 몇 세기 동안 의학계는 출산을 자신들이 상대할 게 아니라고 생각하여 기꺼이 산파들이 담당하도록 하였다. 이때 출산은 여자들이 관리하는 집안일이었다. 그런데 종교재판이 닥친 15세기에서 18세기 사이에 마녀로 지목되어 화형당한 여성들의 절반이 산파였고 이들의 지식도 함께 불에 타버렸다. 산파들은 약초와 물약을 다루었고 탯줄이나 태반과 같은 신체의 일부를 입수하기 쉬웠기 때문에 마녀로 고발당하기 일쑤였다. 16세기 중반에 이르자, 영국의 산파들은 엄격한 규제를 받았다. 자격을 규제한 것이 아니라 흑마술이 개입될 가능성을 차단한 것이다.

18~19세기에 외과 의사들은 산부인과 분야에서 공식적인 교육 프로그램을 발전시키기 시작했고, 이 과정에서 여자 산파들은 제외되었다. 산파들에게는 겸자 사용이 금지되었기 때문에, 진통이 멎는 경우 손만으로는 아기를 꺼낼 수 없었던 산파들이 도움을 청하러 남자 의사들에게 가야만 했다. 또한 산파들에게는 해부학과 외과 수술에 대한 훈련이 금지되어 있었기 때문에, 의사들은 산파들이 자격이 없다고 공격하였다. 의사들은 결국 산파들의 면허 발급에 대해 법적 영향력을 행사하였다(오늘날도 그러하다). 미국의 의사들은 산파들이 영업을 중단해야 한다는 캠페인을 계획적으로 벌였다. 20세기 초가 되자 여성 산파들은 유럽과 미국에서 출산에 대한 통제력을 잃게 되었다.

의사들이 정말로 산파보다 더 안전한 분만을 제공했다면 이런 인수인계가 덜 비극적인 문제가 되었을 것이라고 저자들은 말하고 있다. 의사들이 더 안전한 분만을 제공했다는 증거는 없었다. 19세기를 통틀어 산파들은 의대생들보다 더 낮은 산욕열 비율을 나타냈다. 산파의 선구자로 유명한 메인 주의 마사 발라드와 유타 주의 패티 세션스는 각각 수천 명의 분만을 담당했고, 극단적인 상황의 산모들도 많았지만 사망한 경우는 거의 없었다.

산부인과 겸자의 영웅적인 사용을 살펴보면 겸자를 사용하면 산통이 줄어드는 만큼 더 큰 고통이 주어진다. 예를 들면, 겸자를 사용했을 때 산욕열로 인한 사망 비율이 높아지고, 질이 방광까지 찢어질 위험이 커졌다. 최근 발견된 역사적 사실에 따르면, 이런 손상을 치료하는 권리를 얻으려했던 용감한 제임스 매리언 심스 박사는 노예들을 상대로 자신의 기술을 완성하였고, 여러 해 동안 마취도 하지 않은 채 반복해서 수술을 실험한 것으로 드러났다.

죽음의 덫이었던 산부인과 병원이 안전하고 위생적인 시설로 바뀐 점에 대해 살펴보자. 산부인과 비평가들이 말하기를 이런 변화는 1870년대 의사들이 환자들 사이에 질병을 퍼트린다는 이야기를 언론에 터트리겠다고 여성 개혁자들이 위협한 뒤에야 이루어졌다. 제2차 세계대전 동안 병원 출산 비율이 급증한 것은 이 과정에 집중할 민간인 의사가 모자랐고, 집에서의 출산을 감독할 수 있는 산파가 거의 없었기 때문이었다. "여성들에게 가치를 입증한 것"이란 말과는 딴판으로, 산부인과 병동은 산모들이 출산할 수 있는 유일한 장소였던 것이다. 원하든 원하지 않든 간에 병원에 입원한 산모들은 인사불성이 되어 침대에 묶이고, 아기들은 겸자로 잡아당겨졌다. 약에 취한 신생아의 상태는 말할 것도 없고, 종종 산모들은 출산의 전 과정을 겪으면서 너무 진을 빼는 바람에 젖을 먹일 능력마저 잃게 되었다.

산파와 자연분만 옹호자들은 특히 조셉 드리라는 이름의 부인과 의사에게 화를 냈다. 어느 누구보다도 드리는 출산 과정에 공격적인 의학적 개입이 도입된 데 책임이 크다. 드리는 1920년 유명하고 영향력 있는 논문을 발표하였는데, 여기에 그의 아이디어가 대략 드러나 있다. 나는 누렇게 썩어가고 있는 〈미국 산부인과 저널〉에서 드리가 발표한 「예방학적 겸자 조작」 원문을 찾아내었다. 비평가들이 주장하는 그대로였다. 아니, 더했다. 드리는 진통을 폭력적인 사건으로 설명하고, 회음부를 아기의 머리를 서서히 뭉개는 문으로, 아기의 머리를 골반 기저부를 통해 밀고 나와 엄마에게 외상과 영구 손상을 가져다주는 쇠스랑에 비유하였다. 그는 돌려서 얘기하지 않았다. "진통은 병리학적 과정임에 틀림없다." 정답은 회음부 절개와 겸자 사용이었다. 그는 군대식 접근법을 장려했다. 여성의 골반 기저부는 전쟁터였다. 산부인과 의사는 장군이었다. 그의 무기는 수술과 약물과 의학적 장치였다.

드리의 강력한 논문 덕택에, 회음부 절개는 일반적인 분만 과정이 되었다. 그의 원래 주장에 회음부 절개로 신생아 뇌의 손상을 피할 수 있다는 주장이 덧붙여져 지지를 받았다. 회음부 절개로 질이 '처녀 상태'로 돌아갈 수 있다는 주장은 가장 눈이 휘둥그레질 일이었다. 일부 비평가들은 한때 의대생들이 최종 봉합을 '남편의 바느질'이라고 배웠다는 점을 언급하면서, 회음부 절개의 실제 목적은 남자들의 즐거움을 위해 여성의 성기를 단단히 꿰매는 것이라고 주장하였다.

다른 이들은 오늘날 회음부 절개 관행을 만들어낸 요인이 의사의 신체적 피로라고 말했다. 하루 종일 수술과 진찰을 한 뒤 분만에 참석하러 한밤중에 일어난 산부인과 의사들은 분만 시간을 앞당기고 나중에 회음부를 봉합하는 시간을 절약하려고 회음부 절개에 의존하게 된다는 것이다. 미셸이 출산 수업시간에 강조한 것처럼 직선 절단부는 들쭉날쭉 찢어진 상처보다 훨씬 봉합하기가 쉽다.

그러나 산파들이 지적하는 것처럼 봉합하기 쉽다는 것이 더 쉽게 낫는다는 것을 뜻하지는 않는다. 여권 활동가들이 회음부 절개에 항의하자 지금까지 주장되어온 이 시술의 이점에 대한 여러 가지 조사가 착수되었다. 그러나 이제까지 아무것도 발견되지 않았다. 회음부 절개로 분만 시 아기의 상해나 산모의 회음부 외상이 방지되는 것은 아니다.

저절로 찢어진 상처와는 달리, 회음부 절개는 조직 속으로 더 깊이 파고들어 더 큰 손상을 입힌다. 아마 그래서 회음부 절개를 한 여성들이 저절로 회음부가 찢어진 산모들보다 출산한 지 여러 달이 지난 뒤에도 성교 시 통증과 대소변 기능 문제를 더 많이 호소하는 것이리라. 더욱이 가위로 흠을 낸 천이 그렇지 않은 천보다 더 잘 찢어지듯이, 회음부 절개는 실제로 회음부를 더 심하게 찢어지게 만든다(전형적인 회음부 절개는 2단계 진통 동안 회음부가 팽팽하게 긴장되었을 때 항문까지의 길이의 절반에 약간 못 미치는 5센티미터 정도를 자른다. 주로 수축 사이에, 아기 머리가 바깥으로 나오기 직전에 시행된다). 산파들은 출산에 참여한 이가 보다 끈기를 가지고 수축 사이에 아기 머리가 천천히 내려오게 한 뒤 분만하도록 하면 회음부 절개와 자연적인 찢어짐 모두를 피할 수 있다고 말한다. 분만하는 동안 쪼그리고 앉아 있는 방식을 통해 회음부가 찢어지는 위험을 줄일 수 있다.

간단히 말하면, 회음부 절개가 외상을 방지한다는 현재의 주장들은 의학적 미신으로 보인다. 의료 사회학자인 이안 그레이엄은 회음부 절개의 역사에 대한 저서에서 이와 유사한 결론을 내렸다. "회음부 절개의 장점이라고 주장되는 것 중 증거가 있는 것은 아무 것도 없다. 따라서 미국 의사들이 일상적으로 행하는 회음부 절개는 과학적 연구에 의한 것이라기보다는…… 옹호자들의 영향을 받은 것으로 여겨진다." 그레이엄은 회음부 절개가 권위를 추구하면서 구식 산파들과 차별화하려던 시대에 수술에 대한 산부인과 의사들의 열망을 만족시켰다고 생각했다.

1940년대와 1950년대가 되자 산부인과적 개입의 실제 목적이 산모의 건강이 아니라 의사들의 편의를 위한 것이라는 의심이 일기 시작하면서 이 같은 개입에 대한 반대 여론이 일어났다. 아이러니컬하게도 '자연분만'이라는 용어를 처음 만들어낸 이는 영국인 산부인과 의사인 딕-리이드였다. 그는 신체 이완을 통한 고통 경감을 강조했다. 그리고 미국인 산부인과 의사인 로버트 브래들리가 남편들을 분만실로 데려와서 아내들에게 자신감과 안정감을 주는 능동적인 역할을 부여했다. 이어서 프랑스 산부인과 의사인 페르디낭 라마즈가 호흡에 집중하면서 호흡을 조절하면 마취할 필요가 없어진다는 사실을 증명하였다. 이 의사들은 모두 오래전부터 이런 일을 조용히 해오고 있었던 산파들에게서 아이디어와 기법을 빌려왔다. 이들 의사들의 집단적인 노력이 출산은 의학적 사건이라는 산부인과 개념에 이의를 제기하였다. 이들의 성공이 널리 알려지자 많은 여성들은 왜 자신들의 의사는 주머니에 손을 찌른 채 많은 문제들을 이야기하지 않는지 의아해했다.

나는 노트를 덮었다. 머리 위로 노인의 품 안에서 매력적인 젊은이가 꿈을 꾸고 있었다.

두 친구와 함께

결국 나는 두 통의 전화를 했다. 한 통은 캐나다에서 오래전 은퇴한 산파로 몇 년 전 국제 암협회에서 친구가 된 자넷 콜린스에게 했다. 자넷은 한때 뉴펀들랜드의 래브라도 해안 지역에서 아기들을 받았다. 그녀가 우리 아기를 위해 기꺼이 보스턴에 와주지 않을까? 산파로서가 아니라 용기를 주는 응원가로서? 그녀는 그러겠다고 대답했다. 다른 한 통은 자연분만 방식과 산파들의 기술에 익숙하고, 약물을 사용하지 않는 분만을 원하는 산모들과 일하기를 좋아한다고 소문난 베스이스라엘 병원의 산부인과 간호사인 쉴라 보건에게 걸었다. 그녀는 하버드 의대 레지던트들을 두려움에 떨며 되돌려 보낸다는 소문이 있었다. 그녀가 내 출산에 개인 간호사로서 참여해줄까? 그녀는 "그 문제에 대해 애기해봐요. 내일 2시에 병원으로 오시겠어요?"라고 말했다. 나는 그러겠다고 했다.

다음 날 남편과 나는 엘리베이터를 타고 진통 분만실로 올라갔다. 리허설처럼 느껴졌다. 우리는 대기실로 안내되었다. 곧 내가 이제까지 본 중에서 가장 강력한 인상을 가진 여성이 문을 열고 들어왔다. 나는 녹색 간호복 밖으로 터져 나올 듯한 그녀의 팔뚝과 이두박근을 쳐다보지 않으려고 노력하였다. 그녀는 우선 자동조절장치로 다가가더니 온도를 조절했다. "이곳은 임산부들과 폐경기의 간호사들에게는 너무 더워요. 뭘 도와드릴까요?"

우리는 산부인과 관행의 역사와 점점 의료화되고 있는 출산 문제에 대해 한 시간 가량 수다를 떨었다. 쉴라는 내가 약물 없이 출산하고 싶다는 얘기를 하자 기뻐했다. 그녀는 아무런 약속도 하지 않았지만, 자신이 회음부 마사지를 포함한 다양한 기술을 갖고 있어 여러 가지 의료 개입을 피할 수 있게 도와줄 수 있다고 했다. 나는 그녀의 자신감과 솔직함이 마음에 들었다.

고통을 덜어주는 마취약 없이 경험했던 다양한 의학적 치료 과정들에 대한 나의 설명을 참을성 있게 들은 후, 그녀는 고개를 끄덕였다. "좋아요. 그렇다면, 내가 마취 의사가 못 들어오도록 지켜줄게요." 그녀는 우리를 엘리베이터까지 안내한 뒤 악수를 나누었다. 그다음, 마치 지붕을 고치거나 돼지를 잡으러 가는 듯 병원 복도를 걸어갔다.

"이제는 두렵지 않지?"

제프가 내려가는 길에 물었다.

"응. 물론이야. 상당한 용기가 생겼어."

아홉 번째 달

두 개의 검은 눈동자

늦여름 단풍

열기가 사라지고 날씨가 청명해졌다. 다시 책상에 앉았지만, 창문 너머로 거리 저쪽의 큰 나무를 멍하니 보고 있을 따름이었다. 철도역 구내나 공터에서 흔히 발견되는 이 나무들은 버려진 면도날, 쓰레기, 깨진 유리병, 자갈 등을 뚫고 냄새나는 오렌지색 줄기를 드러냈다. 이 나무들은 오염과 질병과 나쁜 토양 탓에 다른 나무들이 자랄 수 없는 도시에서 그늘을 만들어주는 나무로 환영받았다. 그중 한 그루가 우리 집 블록 전체에 그늘을 드리우고 있다. 직경이 1미터 가까이 되는 큰 나무라 이웃 2층집이 작게 보였다. 나는 늘 이 나무를 자세히 관찰하였다. 날이 갈수록 가지에는 날개가 달린 빨간 씨앗들이 잔뜩 매달렸다. 잎은 이미 시들어서 돌돌 말리기 시작했다.

노동절이 지나자마자 나는 산파들이 보통 '몸이 가벼워진다' 라고 말하는 현상을 경험하기 시작하였다. 임신복이 점점 몸에 끼고 있었지만 기분은 더욱 상쾌해졌다. 아기가 골반뼈로 내려가기 시작했다. 아기가 내려갈수록 기분이 더 나아졌다. 갈비뼈와 횡경막에 가해지는 압력이 없어지면서 숨쉬기가 한결 편해졌다. 시간이 거꾸로 흐르는 것 같았다. 몸이 더 가벼워졌을 뿐 아니라 나와 아기가 다시 합쳐지는 기분이 들었다. 우리는 서로에게 너무나 밀착되어 있어서 아기가 움직이면 나도 같이 움직여졌다. 배가 이쪽에서 저쪽으로 불룩 나왔다가 들어가곤 했다. 가장 최근 진단 때 산부인과 간호사는 손을 상반신 위아래로 움직이면서 "온통 아기 차지네요"라며 웃었다. 1월 이후로 체중이 19킬로그램 늘어났다. 나는 무슨 답을 듣고 싶은지 확신하지 못하면서 "아기가…… 큰가요?"라고 물었다. 간호사는 "글쎄요, 대략 2.7킬로그램 정도 되겠어요"라고만 말하였다.

아기와 나는 신체적으로 더없이 밀접해졌다. 그러나 나는 우리가 곧 분리될 것임을 점점 느끼고 있었다. 우리를 서로에게 연결시키고 있는 것들은 모두 끊어져야만 한다. 이런 예상은 어느 날인가 늦여름 오후에 단풍이 든 것을 처음 발견하였을 때처럼 불가사의한 의혹으로 나를 채웠다.

분만 시계

들쥐에서 코끼리에 이르기까지 포유동물의 임신 기간은 3주에서 2년까지 다양하지만 대부분 봄에 출산한다. 일부 종은 출산 시기를 날씨가 따뜻하고 먹이가 풍부할 때로 맞추기 위해서 짝짓기 시기를 엄격하게 제한한다. 어떤 종은 착상을 늦추기도 한다. 이는 임신이 시작되기에 좋은 시기를 기다리며 수정된 난자가 한동안, 어떤 때는 몇 달 동안도 떠돌아다닌다는 이야기다. 봄에 출산한다는 원칙에 예외적인 두 존재는 인간과 곰이다. 북극곰은 모두 크리스마스 무렵에 태어난다. 하지만 새끼들은 어미가 동면할 때 태어나기 때문에 봄이 될 때까지 굴 밖으로 나갈 수 없다. 따라서 실질적으로 유일한 예외는 인간뿐이다.

몇 세기 전까지만 해도 12월에 어부들이 바다에서 돌아와 주로 9월에 태어난 이들이 많았던 북유럽인들을 제외하고는 대부분의 사람들이 낮이 점점 길어지는 봄에 태어났다. 그러나 산업화가 진행되면서 봄은 더 이상 출산 피크가 아니다. 미국의 경우, 이제 사람들 대부분의 생일이 가을에 몰려 있다. 이런 현상을 잘 설명할 수 있는 이론은 없다.

계절과 상관없이 분만을 시작하게 만드는 것이 무엇인지에 대한 적절한 설명도 없다. 최근 한 연구에서 지적된 것처럼 "여러 가지 생화학적 데이터에도 불구하고, 인간의 분만에 대한 키워드는 모호한 채로 남아 있다." 달리 말하면, 우리는 분만이라는 과정이 한 변화가 다른 변화를 일으키고 이로 인해 또 다른 변화가 일어나는 생화학적 변화들의 연속임은 알고 있지만, 산꼭대기에서 첫 번째 돌을 굴러 떨어뜨리는 것이 무엇인지는 아무도 모른다는 것이다. 실제로 이런 현상들을 촉발시키는 것이 아기, 산모, 태반 중 하나일 텐데도 말이다. 궁극적으로 누가 혹은 무엇이 출산 시기를 조절하는지는 아무도 알지 못한다.

1960년대까지는 엄마의 호르몬인 옥시토신이 분만을 개시하는 것으로 생각되었다. 이로 인해 합성 호르몬인 피토신이 만들어지고, 피토신은 오랫동안 진통을 일으키는 데 쓰인다. 만약 옥시토신이 분만 개시제라면 출산 과정의 주동자는 엄마가 될 것이다. 그러나 축사에서 관찰된 사실이 연구자들로 하여금 이야기가 좀 더 복잡한 게 아닌지 의심하게끔 만들었다.

새끼 양의 시상하부를 포함한 뇌에 기형이 있을 경우, 엄마 양은 진통을 시작하지 않았다. 이런 이상한 사실로 인해 실지로 태아가 출생 시기를 결정하는 게 아닌가 하는 의혹을 갖게 됐다.

아마도 궁극적으로는 태아가 출산의 주동자일 것이다. 양에 대한 다양한 실험으로 이를 확인했다. 신호들의 발생 순서는 대략 다음과 같다. 새끼 양이 태어날 준비가 되면 시상하부에서 태아 뇌하수체로 신호를 보내고, 이것이 태아의 콩팥 위에 있는 부신으로 신호를 보낸다. 일단 신호에 의해 자극된 부신은 태아의 폐가 공기주머니에서 물을 빼내어 호흡 준비를 시키는 호르몬을 만들어낸다. 코르티솔이란 이 호르몬은 태반을 가로질러 엄마 양의 프로게스테론을 에스트로겐으로 전환시킨다. 이런 호르몬 전환으로 인해 자궁 수축이 일어난다.

당연히 사람에게도 같은 이야기가 적용될 것이라고 믿고 싶어했다. 정말 그렇다면 여러 가지 신비한 현상들이 설명될 수 있을 것이다. 예를 들면, 무뇌증을 가진 아기는 보통 예정일을 넘겨서 출산될 것이다. 태아의 뇌에 없는 부분에 주 제어 장치가 위치하고 있다면 말이다. 그러나 사실은 그렇지가 않다. 인간의 경우에는 코르티솔로 인해 분만이 시작되지 않는다. 오히려 태반 에스트로겐 생성을 증가시키는 데에 다른 화합물이 사용된다. 그리고 이 화합물은 태아의 부신에서 나오기는 하지만 태아의 뇌가 단독으로 이를 제조하는 것이 아니라, 태아의 뇌하수체와 태반이 공모해서 만들어낸다.

이런 복잡한 작용 기제는 최종적으로 호주의 로저 스미스와 대학원생인 마크 맥클린에 의해 밝혀졌다. 이들은 사람의 태반이 분만 시작 시기를 조절하는 일종의 시계처럼 작용한다는 것을 입증하였다. 그러나 "음, 그럼 하느님은 누가 만드셨지?"라고 묻는 아이처럼, 무엇이 태반의 가장 중요한 호르몬 타이머를 최초로 만들었는지, 무엇이 이것을 얼마나 만들지를 제어하는지 반문할 수 있을 것이다. 스미스는 "이런 재미있는 질문들의 해답은 아직 밝혀지지 않고 있다"고 인정했다.

확실하게 알아야 할 몇 가지 사실이 있다. 진통의 시작은 태반 호르몬인 프로게스테론에 의해 억제된다. 이 호르몬의 목적은 자궁의 근육층이 맑은 날 호수 표면처럼 조용하고 느슨한 상태를 유지하게 만드는 것이다. 또한 태반에 의해 만들어지는 에스트로겐은 잔잔한 수면에 파문을 일으키려고 하지만 솜씨 좋은 프로게스테론에 의해 차단된다. 양과 마찬가지로 사람의 진통은 일단 프로게스테론이 주도권을 놓고, 에스트로겐 쪽으로 힘의 균형이 기울어지면서 시작된다. 그러나 에스트로겐이 최종 승자가 되었다고 해도, 이것만으로는 완전히 무르익은 진통이라는 큰 소동을 일으킬 수 없다. 여기에는 엄마의 뇌하수체에서 만들어진 옥시토신의 도움이 필요하다. 따라서 엄마와 태반이 함께 출산 과정을 시작하는 셈이다.

그러나 자궁은 근육 섬유가 팽팽하게 잡아당겨질 때까지 옥시토신에 반응하지 않는다. 이런 반응은 아기의 몸이 어느 정도 커졌을 때만 일어난다. 더욱이 자궁 수축은 효소 단백질이 경부의 콜라겐 섬유를 완전히 용해시킬 때까지 거의 일어나지 않는다. 이렇게 경부를 부드럽게 만드는 효소들은 프로스타글란딘이라 불리는 화합물에 의해 제조되는데, 이 물질은 태반에 의해 만들어진다. 그렇다면 무엇이 프로스타글란딘이 만들어지게 하는가? 바로 아기다. 보다 구체적으로는 자궁 경부에 놓인 아기 머리에 가해지는 압력의 증가다. 결국 인간의 분만은 일방적인 명령 체계를 따르는 것이 아니다. 무엇이 분만을 일으키는지를 결정하는 것은 산사태가 일어나기 쉬운 산 정상에 오르는 길을 찾는 것보다 빨리 흐르는 강의 발원지를 찾는 것과 비슷하다. 최초의 발원지에서 발견한 것은 서로 맞물려서 흘러드는 작은 천과 샘들이다.

아기 맞을 준비

9월 둘째 주가 시작될 때, 나는 임신한 이래로 가장 컨디션이 좋은 상태가 되었다. 힘이 넘쳤다. 동시에 나는 새로운 사실을 깨달았다. '내가 아기를 가지다니!' 1월 이래 늘 느꼈던 사실이지만 강조점이 달라졌다. 임신 7개월째까지는 주어인 '내가'가 강조되었다. 그런 다음 출산 교육 수업이 다가오자 내 관심은 동사인 '갖다'로 옮겨졌다. 이제 예정일을 2주 앞두게 되자 갑자기 목적어인 '아기'가 중요해졌다. 가정 분만에도 부적합해 보이는 이 아파트가 곧 갓난아기의 집이 될 것이다. 그리고 아기에게도 어느 정도는 물건이 필요할 것이다.

나는 집 안을 정리하는 데 전념했다. 바닥을 문지르고 찬장을 청소했다. 신발장을 정리하고 신발 구두창을 바꿨다. 옷장을 정리하고 커튼을 새로 달았다. 부엌칼을 갈고 양념 병에 이름을 붙였다. 가구를 새로 배치하고, 잘 쓰지 않는 물건들을 지하실 창고로 추방시켰다. 수표를 정산하고, 도서관에서 빌린 책들을 반납하고, 오래전에 예약했던 동물병원 치과에 개를 데려갔다. 나는 남편이 해야 할 일들을 적은 리스트를 세 페이지나 뽑았다. 이 리스트는 자동차 오일을 가는 것으로 시작해서 기저귀 교환대를 찾는 것으로 끝이 났다.

남편이 밖으로 나가자, 나는 선견지명이 있는 친구들이 벌써 몇 달 전에 준 아기 옷들을 세탁하기 시작했다. 해가 드는 곳에 빨래를 널면서 나는 깜짝 놀랐다. 옷들이 모두 너무 작고, 복잡한 똑딱단추들로 가득해서 도대체 용도가 무엇인지 알 수가 없는 옷도 있었다. 파자마? 상의 속옷? 수영복? 희미해진 꼬리표를 읽어보려고 했지만 거기 쓰인 6M, 2T, NB-3M 같은 알쏭달쏭한 사이즈가 정말이지 혼란스러웠다.

나는 아기 돌보기에 대한 책을 열심히 읽었고, '아기용품' 이라는 단어가 무슨 뜻인지 사전에서 찾아보기까지 했다. 창문 밖에서는 가을바람이 나뭇가지 사이로 불고 있었고, 작은 나뭇잎 몇 개가 지붕 위로 떨어졌다.

조산과 저체중의 환경적 요인

계절적 패턴과 생화학적 근원이란 측면에서 보면 인간의 출생 시기는 풀리지 않은 미스터리다. 조산이 좀처럼 없어지지 않는 문제만 아니었더라면 출생 시기는 좀더 즐거운 신비가 됐을 것이다. 정상적인 진통을 시작하게 하는 원인이 무엇인지 완벽하게 이해하지 못하기 때문에 자발적인 조기 진통을 일으키는 원인이나 이를 방지하는 방법을 완전히 알 수 없다. 비록 신생아에 대한 의술의 진보 덕택에 조산한 아기들도 살 수는 있지만, 아직도 조산은 선천성 기형 다음으로 영아들의 주된 사망 원인이다(열 번의 출산 중 한 번은 임신 37주 미만의 조산이다. 기형에 의해 유발된 것이 아닌 신생아 사망의 75퍼센트가 조산에 의한 것이다. 조산은 또한 정신 발달에 영향을 미칠 수 있다. 임신 28주 이전에 태어난 초등학교 아이들은 유급하거나 특수교육을 받을 확률이 세 배나 높다). 또 조산으로 인해 장애가 생길 수 있고, 일부 장애의 경우는 상태가 너무 심해서 모든 대가를 치르면서 갓난아기를 살리는 것이 가치가 있는 일인지 회의하는 사람도 있다.

미국에서 태어나는 아기들의 약 10퍼센트는 예정일보다 2주 전(이것이 조산의 공식적 정의이다)에 태어나고 있고, 이 비율은 점점 증가하고 있다. 이 자료를 조심스럽게 조사한 이들은 조산 비율의 증가가 의학적 관행의 변화나 임신 연령이나 산전 관리 같은 변수 때문이 아니라고 말한다. 조산의 3분의 1은 감염에 의한 것으로 여겨지고, 나머지 3분의 2는 원인을 알 수 없다.

자궁과 태반이 호르몬을 교란하는 화학물질에 의해 아주 심하게 피해를 입는다는 사실이 알려져 있다. 때문에 최근에는 때 이른 진통을 유발시킬 수 있는 환경물질에의 노출을 살펴보는 쪽으로 관심이 옮겨갔다. 예를 들어 임산부의 자궁은 PCB의 특별한 표적인 듯 보인다. 진통 중인 여성의 자궁 근육에서 추출된 지질에서 태아나 산모의 혈액에서보다 훨씬 더 높은 수치의 PCB를 발견할 수 있었다. 이러한 발견으로 PCB가 출산 시기에 미치는 영향에 대한 추가 조사에 박차가 가해졌다. PCB는 쥐에서 분리된 자궁 근육 조각을 수축시키는 것으로 드러났다. 또한 업무상 PCB에 노출된 여성들의 경우에 조산 비율이 높았다. 인간에 대한 사례를 검토한 국립과학아카데미가 내놓은 최신 보고서는 "전체적으로 이들 연구는 출산 전에 PCB에 노출되면…… 임신 기간이 짧아지는 것을 보여주고 있다"고 결론지었다.

미시건 대학에서 수행된 일련의 실험을 통해 이런 효과를 가져오는 명백한 메커니즘이 밝혀졌다. 자궁 조직에 PCB가 들어가면 칼슘 이온들을 근육 세포내의 특정한 통로로 이동시키는 화학적 메신저들의 생산이 증가된다. 그 결과 세포로 유입된 칼슘이 수축을 촉진시킨다. 또한 PCB는 아라키돈산이라 불리는 화합물의 방출을 촉진한다. 이 물질은 자기 스스로 자궁을 수축시킬 수 있다. 또한 프로스타글란딘을 만드는 물질이기도 하다.

출산 시기 문제와 밀접한 연관이 있는 것이 태아의 크기이다. 여기서 중요한 것은 키가 아니라 몸무게이다. 길이 성장이 초기(임신 5개월 동안)에 일어나고, 무게 성장이 나중(8개월 말이 지나서)에 일어나기 때문이다. 따라서 임신 7개월째인 태아의 신장은 이미 태어날 때에 가깝지만, 몸무게는 몇 분의 일 정도밖에 되지 않는다. 그렇다면 조산아들은 예정일 가까이에 태어난 아기들보다 훨씬 더 가벼울 것이 확실하다.

그러나 조산과는 별개로 미국에서는 저체중아의 출생 비율이 높아지고 있다. 달을 다 채우고도 비정상적으로 체중이 적은 아이들이 태어나는 비율이 높아지고 있는 것이다. 여기서 말하는 저체중이란 2.5킬로그램 미만을 의미한다. 이 문제를 다른 식으로 설명하면, 보다 많은 아기들이 출산 시기에 비해 작게 태어나고 있다는 이야기다. 이런 아기들은 성장 지연, 공식적인 표현으로는 자궁 내 발육 지체로 고통 받고 있다. 영아 사망과 질병의 위험이 높은 저체중아는 당뇨병, 고혈압, 심장질환과 같은 성인병의 위험을 갖고 있다. 작은 머리 크기는 인지력 저하와 학교 성적 부진과도 비례한다.

조산뿐만 아니라 만삭으로 태어났지만 체중 미달인 아기들의 비율이 최근 증가하는 것도 풀리지 않는 미스터리다. 쌍둥이 출산의 증가가 이런 저체중아가 늘어난 한 원인이기도 하지만, 한 명만 출산하는 경우에도 저체중아의 비율이 커지고 있다. 또한 이런 현상은 저체중아 출산 위험이 가장 낮은 20세에서 34세까지 산모들 사이에서도 증가하고 있다. 음주 · 흡연 · 약물 남용 모두 저체중아의 출산 원인과 관련되어 있는 것으로 알려져 있으며, 연구자들은 이밖의 다른 환경적 요인들도 일정한 역할을 하지 않을까 추정하기 시작했다.

독일을 예로 들면 임신한 근로자들 중에서 직업적으로 목재 방부제에 노출된 이들이 임신 연령으로는 설명되지 않는 저체중아 출산과 관련되어 있었다. 식수 오염과 저체중아 출산과의 연관성이 밝혀지기도 했다. 식수원이 드라이클리닝 액으로 오염되었던 노스캐롤라이나의 경우 임신 연령에 비해 작은 아기가 태어날 확률이 높았다. 제초제로 상수도가 오염됐던 아이오와에서도 유사한 패턴이 발견되었다. 이런 패턴은 식수 소독 물질의 부산물인 트리할로메탄으로 수돗물이 심하게 오염되었던 뉴저지와 콜로라도에서도 발견되었다.

독성 폐기물 부지 근처에 사는 것과 저체중아 출산 사이에 연관성이 있음을 밝혀낸 다른 연구들도 있다. 이중 특정 지역에 쓰레기가 버려지던 동안에는 출산된 신생아의 체중이 감소되었다가 쓰레기 투기 문제가 사라진 후에는 신생아 체중이 정상으로 돌아온 것을 추적한 연구가 가장 눈에 띈다. 이런 보고서는 최소한 세 편이 존재한다. 하나는 뉴욕의 나이아가라 폭포에 이웃한 독성 화합물 쓰레기장 위에 지어진 러브 운하에서 나온 자료이다. 오염이 최대였던 시기에 러브 운하에 살았던 엄마들에게서는 상당히 높은 비율의 저체중아가 태어났다. 이런 변화는 다양한 복합인자(흡연, 교육, 임신 기간, 출산 순서)로는 설명되지 않았다. 오염원의 노출이 감소되자 신생아들의 체중이 회복되었다.

연구진들은 오클라호마의 팅커 공군 기지 근처에 사는 가족들 사이에서도 유사한 패턴을 발견했다. 비행기의 관리와 페인트를 벗겨내는 작업으로 인해 공기 중에서 용매에 노출되었을 가능성이 매우 높았던 1956년에서 1967년까지 기간 동안, 기지 근처에 사는 산모들은 오클라호마의 다른 곳에 사는 산모들보다 세 배나 많은 저체중아를 낳았다. 나중에 용매 방출을 줄이도록 기지 운영이 바뀐 뒤로는 신생아의 체중이 회복되었다.

세 번째이자 가장 포괄적인 연구 결과는 뉴저지에서 나왔다. 여기서는 미국 내에서 가장 높은 등급의 독극물을 폐기하는 리파리 매립지 근처에서 태어난 아기들에게 초점을 맞추었다. 원래 자갈 채굴장이었던 리파리는 땅 위의 6평방 헥타르의 구멍에서 출발했다. 그 다음 1958년부터 서서히 액체 화합물 폐기물이 매립되기 시작하였다. 중금속, 세제, 페인트가 포함된 폐기물은 결국 인근 호수로 흘러 들어가고 대기 중으로 증발되었다. 화합물이 가장 많이 누출된 1971년에서 1975년 사이에 이 지역 부모들에게서 태어난 아기들은 멀리 떨어진 곳에서 태어난 아이들보다 두 배나 더 많은 저체중 비율을 보였다. 이 기간 전후에는 리파리에서 살던 가족들이 다른 곳에 비해 체중이 더 나가는 아기를 낳았기 때문에 이런 차이는 특히 중요하다. 매립지가 폐쇄된 후에는 리파리 부근의 출생아 체중이 극적으로 회복되었다. 이와는 대조적으로 오염된 지역에서 멀리 떨어진 곳의 신생아 체중은 떨어지거나 증가하지 않았다. 다른 연구처럼 여기서도 임신 연령, 산전 관리, 교육 수준, 다른 개인적 위험 요소들의 차이가 모두 반영되어 보정되었다.

물보다 치명적인 공기

이 세 연구를 살펴볼 때, 임산부들이 독성 화합물에 노출되는 것은 물보다는 공기에 의한 것으로 여겨진다. 다른 광범위한 연구에서는 쓰레기 매립지와 별로 상관없는 곳에서도 공기 오염이 태아의 성장에 실제적인 영향을 미칠 수 있음을 보여주고 있다.

베이징과 로스앤젤레스가 각각 이런 연구의 대상지다. 베이징의 경우, 1988년과 1991년 사이에 네 곳의 도시 구역에서 모든 임산부의 출산 기록을 조사하고, 이들을 같은 기간 동안 같은 지역에서 나온 일일 대기 오염

자료와 비교하였다. 그 결과 대기오염에 가장 많이 노출된 산모들이 임신 기간을 채운 후에도 2.5킬로그램 미만의 아이를 낳을 위험이 가장 높다는 사실이 밝혀졌다. 임신 말기 석 달 동안의 공기 오염으로 저체중아 출산을 가장 잘 예측할 수 있었다. 중국 여성들은 담배를 피는 경우가 거의 없어 흡연은 여기에 작용하지 않는 것으로 가정되었다.

유사하게 로스앤젤레스에서는 1989년과 1993년 사이에 일산화탄소 관측 지점 부근에 살았던 엄마들이 달을 채우고 출산한 12만 5,000명의 아기들 전원에 대한 출생 기록을 분석하였다. 여기서는 임신 막달 동안 높은 수준의 일산화탄소에 노출되면, 산전 관리, 인종, 학력과 같은 복합 인자들을 조절한 후에도 저체중아 출산 위험이 상당히 증가하는 것으로 드러났다.

보건 연구자들에게 검은 삼각지로 알려진 산업화된 동유럽 지역에 대한 여러 가지 보강 연구가 나왔다. 이 지역에는 체코, 폴란드, 구 동독이 포함된다. 체코에서는 공기 오염이 관측됐던 67개 지역에서 1991년에 태어난, 쌍둥이가 아닌 모든 아기들이 조사되었다. 연구자들은 조산뿐만 아니라 저체중아 출산이 공기 오염 지수와 연관되어 있음을 밝혔다. 그러나 캘리포니아와 중국에서의 발견과는 달리, 임신 말기가 아니라 임신 초기에 노출되면 위험이 더 높아졌다. 북 보헤미아 지역에서도 비슷하게, 임신 초기에 높은 수준의 공기 오염에 노출된 경우, 자궁 내 성장 지연 위험이 증가되었다.

아기들의 몸무게를 감소시키는 공기 오염은 무엇일가? 그리고 왜 일부 연구에서는 초기 오염 노출이 결정적이라고 하고, 다른 이들은 출산 직전의 오염 노출이 결정적이라는 것일까? 이런 질문에는 아직까지 정답이 없다. 공기 오염은 한 가지 종류의 화합물 때문이 아니다. 황산염으로 가득한 안개, 부유하는 입자들, 일산화탄소, 중금속, 산화질소, 오존, 휘발성 유기 화합물이 온통 섞여 있다. 주 오염원이 자동차 배기가스(로스앤젤레스처럼)인지, 석탄을 태우는 산업 과정(동유럽처럼)인지에 따라 오염물의 상대적 배합 비율이 다르다. 일부 성분은 태아의 헤모글로빈을 마비시킬 수 있고, 다른 것들은 태반의 기능을 망칠 수 있다.

이런 불확실성에도 불구하고, 우리는 단독으로도 태아의 발달에 지독한 악영향을 끼치는 대기 오염 물질 성분 중 적어도 하나는 알고 있다. 이것은 하나의 화합물이 아니라, 다환식 방향족 탄화수소, 즉 PAH라 불리는 부류의 화합물이다. 방향芳香이라는 기묘한 중간 이름에서 이들이 발견된 역사를 엿볼 수 있다. PAH는 아니스나 바닐라와 같은 향기로운 식물에서 처음 분리되었다. 모든 PAH가 향을 갖고 있는 것은 아니지만, 이들 모두는 일련의 육각형 고리를 이루고 있는 긴 탄소 사슬을 갖고 있다. 일부는 천연물이고, 일부는 실험실에서 합성되었고, 다른 하나는 유기물질을 태울 때 우연히 생성된다. 이 마지막 부류가 항상 인간의 건강에 유해하다. 연소 과정의 부산물로 형성된 PAH는 내분비계를 방해하고, 간의 효소를 변화시키고, 암을 일으킬 수 있다. 이런 이유로 흡연이 암을 일으키고, 불에 탄 고기, 훈제 생선, 야외 바비큐가 권장되지 않는 것이다. PAH는 휘발유 · 나무 · 디젤 연료 · 석탄 · 석유가 연소될 때 형성되기 때문에 도시의 공기 어디에나 존재한다.

PAH가 어떻게 태아의 성장을 저해하는지를 앞서 기록한 이는 분자 유행병학자인 프레데리카 페레라였다. 콜롬비아 대학교의 보건과 교수였던 페레라는 태아에 노출된 PAH를 직접적으로 측정한 뒤, 이들 노출이 손상과 어떤 관련이 있는지를 기록했다. 실제로 PAH는 인간의 염색체에 들러붙기 때문에 태아에 유해한 다른 공기 오염 물질들보다 사례를 연구하기가 더 수월하다. 페레라는 백혈구에서 DNA 부가물이라 불리는 PAH 점착의 갯수를 세어서 노출을 정량화했다.

폴란드에서의 연구를 통해서 페레라를 비롯한 그녀의 연구진은 공기 오염이 심하면 엄마와 아기 모두에게서 이런 부가물의 수가 늘어난다는 사실을 밝혀냈다. 게다가 높은 수치의 PAH 부가물을 가진 신생아는 체중, 키, 머리 둘레가 모두 작었다. 또한 신생아가 엄마들보다 항상 높은 수치의 부가물을 갖고 있다는 것을 밝혀내었다. 이는 공기 오염으로부터의 손상을 막는 데 사용하는 일부 방어 메커니즘이 태아에게는 없음을 의미한다.

이것은 흔한 공기 오염이 태반을 통과하여 태아 발달을 손상시킨다는 첫 번째 분자학적 증거였다.

두 번의 신호

9월 셋째 주는 더운 여름 날씨였다. 나는 선풍기를 켜고 빨래를 계속하고 있었다. 집안일이 이렇게 즐거웠던 적이 없었다. 어릴 적 친구인 게일 윌리엄슨(그녀는 내과 전문의이자, 소아과 의사이면서 아이 엄마이다)이 전화로 안부를 물어왔다.

"그런지 얼마나 되었니?"

"음, 한 일주일 정도."

"임신 말기에 힘이 솟구친다는 것은 일반적으로 그 주 안에 진통이 시작될 거란 걸 의미해."

"그렇지만, 예정일까지 12일이나 남았는걸. 첫애는 보통 늦는다던데."

"일주일 이상 청소했다는 사람은 네가 처음이야."

다음 날 아침, 잠옷 바람으로 설거지를 하고 있을 때, 내부 깊이 숨겨진 부분에서 뭔가 이상한 일이 벌어지고 있음을 느꼈다. 수돗물을 잠그기도 전에 계란 흰자 같은 것이 발 사이로 바닥에 철썩 떨어졌다. 무엇인지 깨달을 때까지 잠시 멍하니 눈만 깜박이며 그걸 바라보았다.

"여보!"

"왜 무슨 일이야? 왜 그래?"

남편은 부엌으로 밀고 들어오던 진공청소기를 뛰어넘어 달려왔다. 나는 바닥을 가리켰다.

"이게 뭐야?"

"확실치는 않은데 점액 마개 같아."

"뭐라구?"

"맙소사, 시작됐어. 정말이네, 게일 말이 맞았어! 믿을 수 없어."

놀란 나는 이제 거의 울먹이고 있었다.

"자기야, 이게 뭔지 설명해줘야지. 병원에 전화를 해야 해?"

나는 마침내 위를 쳐다보고 심호흡을 한 후 웃음을 터트렸다.

"이건 마개야. 점액 마개. 자궁 경부 입구를 막고 있던 거지. 아홉 달이나 거기 있던 게 떨어져 나왔다는 건 진통이 곧 시작된다는 걸 의미해."

"계속? 아니면 간간이?"

"간간이 올 거야. 하지만 정확한 건 잘 모르겠어."

나는 이번 주에 휴가였던 쉴라에게 전화를 걸었다. 다행히 그녀는 휴가를 욕실을 단장하는 데 보내고 있었다. 나는 그녀가 소매를 걷어붙이고 타일을 걷어내는 장면을 상상했다. 그녀는 내 설명을 주의 깊게 듣더니 몇 가지 질문을 한 후, 마음을 가라앉히고 일상생활을 계속 하면서 수시로 연락하라고 말했다. 점액 마개가 떨어지는 것은 진통이 시작되는 신호일 수도 있고 아닐 수도 있다.

다음 날 새벽 5시에 깨어났다. 거의 해가 떴다. 등이 아팠다. 내가 앉자 어떤 경련이 앞쪽으로 뻗어왔다. 화장실에 가고 싶었다. 소변을 보기 시작할 때 뭔가가 내 눈길을 끌었다. 불을 켰다. 변기 속 물이 빨간색이었다. 생리혈처럼 진한 색이 아니라 밝은 석류색이었다. 아기를 제자리에 잡고 있던 조직이 풀리기 시작하였다. 이것이 출산이 임박했음을 알리는 또 다른 신호인 소위 이슬이었다. 나는 이것을 보면서 과거를 회상했다. 막 첫 생리가 시작된 열세 살 때 나는 변기를 뚫어져라 쳐다보면서 앞으로의 삶이 이전과는 절대 같지 않으리라는 것을 깨달았다. 지금처럼 세상이 평화로운 회색 공기에 잠겨 있는 이른 아침에 벌어진 일이었다.

나는 먼저 캐나다에 있는 자넷에게, 그다음으로 베스이스라엘 병원의 당직 산부인과 의사에게, 마지막으로 쉴라에게 전화를 했다. 자넷은 시트 밑에 플라스틱 천을 깔라고 가르쳐주었다. 침대에 있을 때 양수가 터지면, 단백질이 풍부한 양수가 매트리스를 망칠 수 있기 때문이다. 그동안 자넷은 보스턴으로 오는 버스를 탔다. 산부인과 의사는 경련이 정기적인 수축으로 진행될 수도 있고 중단될 수도 있으며, 중단되는 경우 실제 진통은 앞으로도 며칠 동안, 아니면 한 주 또는 두 주 동안 다시 시작되지 않을 수도 있다고 말했다. 쉴라는 "내 생각에는 48시간 안에 아기를 낳을 거예요"라고 말했다.

그러나 그날 밤 하버드 광장에서 자넷을 만나서 근처 식당에서 호밀빵과 러시아 스프를 먹고, 그녀를 친구네 집에 바래다줄 때쯤 수축이 중단되었다. 집으로 돌아온 나는 자넷의 말대로 캠핑 여행 때 사용하던 방수천을 매트리스 위에 폈다. 접힌 주름에서 소나무 이파리 몇 개가 나왔다. 나는 많은 밤을 이 나일론 천 위에서 보냈다. 때로는 산 위에서, 때로는 강 근처에서, 때로는 폭우 중에, 한 번은 곰 무리 중에서. 그러나 침실에서 사용한 적은 없었다. 시트를 깔고는 산간 오지로 하이킹을 간 셈 치자고 중얼거렸다. 기대 없이 받아들이자. 오솔길을 따라 불빛을 바라보자. 구름에 시선을 고정시키자.

지난 이틀 동안 두 번의 신호가 왔다. 다음 신호가 언제 오건, 인정하고 환영해야 했다. 날씨는 때로는 서서히 바뀌고, 때로는 순식간에 바뀐다.

호모 사피엔스의 출산

인간의 출산과 비교해보면 다른 포유동물의 진통과 분만은 아무것도 아니다. 어미 쥐는 몇 초 간 수축을 지속한 후 자기 입으로 새끼들을 끄집어낸다. 고양이는 두 번 수축하면 태어나고, 코끼리는 3분 만에 나온다. 다른 영장류는 이보다는 좀더 고통스럽지만 인간에 비할 바는 아니다. 출산 시 비명을 지르는 것으로 알려진 고릴라는 18분 내지 30분 동안 진통을 한다. 다람쥐원숭이는 두 시간까지 진통을 한다. 그러나 많은 영장류 동물학자들이 지적하는 것처럼 다른 종, 특히 야생동물들의 출산에 걸리는 시간은 실제로 아무도 모른다. 사람의 진통 역시 초기 단계에는 비교적 통증이 덜해서 행동이 크게 달라지지 않는다. 우리는 단지 언제 수축을 느끼기 시작하였다고 말로 표현할 수 있기 때문에 진통의 시작 시점을 기록할 수 있는 것이다. 그럼에도 불구하고, 대부분의 연구자들은 사람의 진통이 다른 영장류보다 서너 배는 더 길다는 데 동의한다.

많은 이들은 인간의 출산이 이렇게 어려운 이유를 아기의 머리가 크기 때문이라고 추정하고 있다. 이는 여러 가지 이유 중 하나일 뿐이다. 모든 영장류는 몸 크기에 비해 큰 머리를 갖고 있다. 그러나 대부분의 경우 두개골이 넓기보다는 길어서 이마가 산도를 따라 내려온다. 그 결과 원숭이는 얼굴이 위를 향한 채 태어난다. 이런 배열을 하고 있기 때문에, 어미 원숭이는 아기가 밖으로 보이면 아기를 자기 가슴 쪽으로 잡아당길 수 있는 것이다. 그러나 인간의 경우, 정수리가 진행 쐐기로 작용하기 때문에, 얼굴을 아래쪽으로 향하고 태어난다. 이때 엄마가 출산 중인 아기를 자기 가슴 쪽으로 잡아당기면 아기가 다칠 것이다. 또한, 산모가 아기의 얼굴을 볼 수 없어서 아기가 나올 길을 쉽게 열어줄 수 없다. 이런 두 가지 이유로 인해서 산파들과 발생인류학자인 웬다 트레바탄은 출산 시 시중을 들어주는 것은 최소한 백만 년 이상 지속된 인간의 유산 중 일부이며, 산파가 세상에서 가장 오래된 직업이라고 믿는 것이다.

인간의 출산이 오래 걸리는 데에는 머리만큼이나 엉덩이 구조도 큰 원인이다. 네발 달린 포유동물과 손을 이용해서 걷는 영장류는 천골, 즉 척추 끝에 있는 평평하고 굵은 삼각형 모양의 뼈대가 치골 위에 높이 위치해서 태아가 쉽게 빠져나올 수 있다. 두 다리로 직립하는 자세는 반대로 천골이 반대쪽에 위치하는 좁은 치골을 필요로 한다. 이로 인해 아기가 태어날 때에는 두 개의 탄력 없는 뼈 표면 사이를 동시에 빠져나와야만 한다. 따라서 다윈 학파의 견해에서 보자면, 출산의 고통은 이브가 지은 죄의 대가가 아니라, 인간이 도구를 만들고 불을 지피고 예술품을 만들어내고 악기를 연주하고 다른 현명한 활동을 할 수 있도록 손을 해방시킨 직립보행 때문이다. 우리가 타이핑할 수 있고 손을 흔들어 인사할 수 있도록 수천 년 동안 산고를 겪어온 선조 어머니들에게 감사를 보낼 일이다.

직립보행은 출산에 또 다른 영향을 미친다. 자궁의 전체 무게는 나중에 아기가 나오도록 열려져야만 하는 자궁 경부와 회음부라는 구조물에 의해 유지되어야 하는데, 이런 상황을 다른 동물들과 비교해보자. 임신한 양이나 소의 경우, 태어나지 않은 태아는 복부 근육이라는 그릇 안에 매달려 있고, 산도는 찻주전자의 주둥이처럼 위쪽에 안전하게 위치하고 있다. 부하를 견딜 필요가 없는 조직을 통해 태아를 밀어내는 것은 훨씬 더 쉬운 일일 것이다.

다행히도 진화를 통해 공학적 문제의 일부가 해결되었다. 우리 호모 사피엔스들에게는 모순적인 요구 사항을 동시에 존재할 수 있게 해주는 두 가지 비범한 장치가 있다. 먼저 아기들은 반쯤 접히는 머리를 갖고 태어난다. 태아의 머리가 엄마의 골반을 통과하는 동안에 두개골 판이 서로 겹쳐진다. 두 번째로, 여성들의 자궁 근육은 포유동물 중에서 가장 강력하다. 이 자궁 섬유 속에 좁은 골반을 통해 아기를 밀어내는 힘이 담겨 있다.

임신과 출산 사이

다음번 신호가 올 때까지 오래 기다릴 필요는 없었다. 나일론으로 덮인 침대에서 잠든 지 오래지 않아 나는 젖은 채로 깨어났다. 웅덩이를 이룰 만큼은 아니었지만 확실히 젖어 있었다. 일어서면 흐르는 것이 중단되었고, 누우면 다시 시작되었다. 최근에 서 있을 때마다 새어나오던 소변이 아닌 것은 확실했다. 또 느낌도 소변 같지가 않았다. 이건 콘택트렌즈 세척액처럼 미끈거리고 정액이나 바다 냄새가 났다. 손가락에 액체를 묻혀서 문질러보았다. 이것이 양수의 촉감일까? 잠이 쏟아진 나는 이 시간에 다른 사람을 깨우지는 않기로 했다. 밤에는 모두 쉬어야지. 아침이 되면 알아보자.

나는 늦게까지 잤다. 추분이었던 다음날은 날씨가 맑고 온화했다. 축축한 시트를 제외하고는 더 이상 변화의 징조는 없었다. 나는 임신과 출산의 중간 지점에 있는 것 같았다.

할리우드 영화에서처럼 양수가 터졌다고 해서 반드시 출산이 시작되는 것은 아니다. 이 놀랄 만한 사건은 일반적으로 진통이 본격적으로 시작되는 중에 일어난다. 그러나 열 명 중 한 명꼴로 자궁이 수축되기 전에 양막이 터지거나 다른 이유로 샌다. 공식적으로는 양막 조기 파열이라 불리는 이런 현상을 경험하는 대부분의 여성의 경우, 24시간 이내에 자발적인 진통이 시작된다. 진통이 시작되지 않는 극소수는 시간이 흐를수록 감염 위험이 높아지기 때문에 산부인과 의사들을 초조하게 만든다. 대단하지는 않아도 위험하기는 하다.

임신 기간 동안 내가 만난 거의 모든 엄마들이 자신의 진통 경험에 대해 얘기해주었는데, 그중 두 명이 조기 파열을 경험했다. 두 경우 모두 계획된 가정 출산이었다. 그중 네 번째 아기를 낳은 40세의 산모는 양수가 새는 채로 2주가 지난 후에 산파의 도움을 받아 집에서 건강한 여자아이를 낳았다. 첫아이를 출산한 40세 산모의 경우, 양막이 파열된 지 사흘이 지나자 열이 나서 산파와 함께 병원을 찾았는데, 양수가 터진 후에도 분만을 시도하지 않았다면서 분개한 의사의 손에 의해 제왕절개를 받았다. 결국 아기는 무사하였고, 영웅적인 의료행위에 대해서 고마움을 표해야만 했다.

나는 쉴라에게 전화를 걸었다. 그녀는 목욕과 성교를 하지 말라고 했다. 대신 오래 걷고 유두를 자극하라고 권했다. 이 두 가지 행동은 모두 자궁 수축을 촉진시키는 것으로 알려져 있다. 아기가 태어나야 할 시기였다. 남편과 나는 십대 연인들처럼 걸음을 자주 멈추면서 산책을 했다. 우리는 서머빌의 언덕을 오르내렸다. 축구장과 교회를 지나 빵집, 비디오 가게, 양로원, 과일 가게, 담배 가게, 스파게티 전문점, 웨딩드레스 숍, 중고차 판매점, 마침내 수녀원까지 걸어갔다. '봐라, 아가야. 이 도시가 너를 환영하려고 기다리고 있단다. 경이로움과 부조리함으로 가득 찬 세상이란다. 아가야, 나오렴. 어서 나오렴.'

아무 일도 일어나지 않았다.

나는 전날처럼 따뜻한 액체가 떨어지는 느낌에 주기적으로 잠을 깨면서 그날 밤을 보냈다. 다음 날 아침, 우리는 서머빌에서 약 16킬로미터 떨어진 미들섹스펠스 숲으로 갔다. 우리는 호수 표면을 미끄러지는 왜가리들과 단풍이 물든 떡갈나무와 단풍나무를 지켜보았다. '봐라, 바람과 나무와 물이 너를 부르잖니. 아가야, 나오렴. 지금 우리가 어디에 있든지 밖으로 나오렴.'

여전히 아무 일도 일어나지 않았다.

그날 밤 나는 아기와 내가 떨어지는 꿈을 꾸었다. 아기가 혼자 숲에 있었고, 나는 멀리 떨어진 도시에 있었다. 나는 남의 차를 빌려 타고 갔지만, 중간에 고장이 나고 말았다. 내가 기어올라간 소풍 테이블이 경주차로 변했지만 나는 운전할 줄 몰랐다. 눈보라가 쳤다. 결국, 나는 걸어가서 아기를 찾아냈다. 아기는 차가왔지만 아직까지 살아 있었다. 우리는 병원으로 뛰어갔다.

다음 날 아침 담당 산부인과 의사에게 전화를 했더니 당장 진찰을 하자고 했다. 나는 베스이스라엘 병원으로 갔다. 명랑한 의사는 기운을 북돋아 주었다. 비자극 검사 결과 아기의 상태는 양호했다. 자궁 경부가 1센티미터 열려 있었다. 그러나 여전히 자궁 수축 신호는 없었다. 그러나 24시간 이상 양수가 새어나왔기 때문에 자발적으로 진통이 시작되지 않을 경우, 오후에는 진통을 유도하기를 권했다. 불운하게도 내 담당 의사는 그날 밤 당직이 아니었다. 그러나 의사는 피토신 투여에 대해 자신이 할 바를 알고 있는 쉴라가 함께 있을 거라며 나를 안심시켰다. 그녀는 우리에게 행운을 빌어주었고 밖으로 나가면서 나를 안아주었다. 검사실이 갑자기 매우 조용해졌다. 남편과 나는 서로를 쳐다보았다. 나는 환자가 되고 있었다. 우리 아기는 우리가 결코 만난 적이 없는 의사에 의해 오늘밤 태어날 것이다. 우리는 언제 내려야 할지 모르는 의학적 출산이라는 기차에 올라타 있었다.

집으로 돌아온 나는 마음을 단단히 먹었다. 우리 산책하자. 남편에게 말했다. 우리는 한때 워싱턴 장군이 영국군의 이동을 감시했던 언덕 꼭대기의 탑으로 올라갔다. 경치를 보며 쉼 없이 탄성을 지른 뒤 다시 집으로 돌아왔다. 남편이 춤을 추자고 제안해서 전축을 켰다. 패티 스미스, 롤링 스톤즈. 시끄러웠다.

오후 4시가 되자 마침내 나는 포기했다. "가방을 싸자." 남편에게 말했다. 나는 마지막으로 몇 군데 전화를 하기로 했다. 그런데 우편물들을 넘겨보면서 전화기 옆에 서 있는 바로 그때, 미끄러운 액체가 분출되어 바닥을 적셨다. 15분이 지나지 않아서 나는 수축을 느꼈다. 뭔가 심한 생리통 같았다. 1분 동안 지속되다가 사라졌고, 10분 후에 다시 시작되었다. 그런 다음 다시 사라졌다.

진통의 느낌

남편과 내가 병원으로 향했을 때는 밤 10시였다. 친구네 집에 묵고 있던 자넷은 잠을 좀 잔 뒤에 우리와 합류하기로 했다. 보스턴 거리에는 이상하리만치 차가 없었다. 우리는 그 이유를 펜웨이 공원의 조명을 보고서야 알 수 있었다. 월드시리즈에서 레드삭스 팀이 연장전에 들어갔다. 덕분에 우리는 병원 주차장에서 차(새로 튜닝하고, 오일을 갈고, 유아용 카시트가 정확하게 장착되어 있는)를 댈 공간을 찾을 수 있었다. 주차장 연결 통로로 가기보다는 밖에서 병원 현관으로 들어가기로 했다. 청명하고 따뜻한 밤이었고 이미 초승달이 높이 떠 있었다. 오래전부터 농부들 사이에는 달이 차오를 때 태어난 아기는 강하고 빨리 큰다는 말이 전해지고 있다. 나는 이 말을 믿기로 했다.

우리는 웃고 있는 쉴라를 만났다. 그녀는 휴가를 진통하는 산모 옆에서 보내는 것에 심란해하지는 않는 것 같았다. 그녀는, "집에서 아침을 먹을 수 있게 보내주기만 하세요"라며 농담을 건넸고, 산부인과 의사와 잘 얘기해서 좀 더 시간을 벌어보라고 나를 격려해주었다. 정기적인 수축이 있건 없건 간에, 양수가 새는 바람에 나는 이미 다른 의학적 분류에 속하게 되었다. 내가 언제 입원해야 하는지에 대한 결정은 진통이 진행 중인지가 아니라, 파열이 시작된 지 얼마나 경과하였는지에 달려 있었다. 쉴라를 제외한 어느 누구도 저절로 진통이 일어나게 한 성공적인 나의 노력에 감명받지 않았다. 꽤 친절하긴 하지만, 내가 언덕을 오르고 패티 스미스의 노래에 맞춰 춤을 춘 노력에는 아무런 관심이 없는 작고 조용한 당직 의사도 마찬가지였다. 그는 자러 가는 길이었고, 아기가 나올 준비가 되면 다시 돌아올 것이다.

그다음 마취과 의사가 모르몬교 선교사처럼 부드러운 말투로 열심히 마취를 권하려고 방문했다. 쉴라는 팔짱을 끼고 조용히 서 있었다. 확실히 그녀 때문에 마취과 의사는 불편해했고 말할 때마다 그녀를 쳐다보았다. 전반적인 병력을 말해달라고 부탁한 뒤, 그는 내 이빨에 대해 물었다. 가공한 의치가 있나요? 틀니는? 충치를 셀 수 있게 입을 벌려주세요.

이상한 나라의 앨리스가 된 순간이었다. 예상치 않는 합병증으로 인해 수술할 경우를 대비해서 마취과 의사가 이런 정보를 필요로 할 것이라고 어림짐작은 했지만, 그의 질문과 나의 정신 상태는 서로 어긋나 있었다. 그는 나의 과거에 대해 알고 싶어했고, 나는 현재의 감각에 빠져 있었다. 그는 나의 신체적 문제점들에 대해 듣고 싶어했고, 나는 용기와 지구력에 대해 얘기하고 싶어했다. 그는 가상의 응급 상황을 가정했고, 나는 축복과 휴식을 원했다. 지루하게 밀고 당기는 대화 속에서, 병원에 입원하는 행위가 출산에 적대적인 것이라고 가정 출산 옹호자들이 주장하는 이유를 분명하게 알게 되었다.

나의 치과 병력에 만족한 마취과 의사는 다양한 마취 선택 사항들을 제시하기 시작했다. 그때 쉴라는 마취 의사가 경막외 마취에 대한 설명을 넘어 이를 장려하는 수준에 이르렀다고 판단했다. 병원 방침에 어긋나는 일이었다.

"그런 말을 하시면 안 되죠."

그녀는 의사의 말을 가로막으면서 말했다. "그렇게 말하는 것은 허용되지 않아요. 그리고 우리는 마취 서비스가 필요 없을 거예요." 쉴라는 단호히 결론짓고는 그의 팔꿈치를 잡고 문 쪽으로 향했다. 경호원이자 경비원인 쉴라 덕분에 실내 공기가 상당히 느긋해졌다.

그러나 피토신 주사를 피할 수는 없었다.

"피토신을 안 맞을 수는 없을 것 같네요."

진통을 시작하게 만든 성과에 뿌듯함을 느끼고 있던 나는 놀랐지만, 거부할 생각이 들지는 않았다. 심지어 왜라는 의문도 떠오르지 않았다. 마취과 의사와의 결전이 나의 마지막 저항이었다. 힘을 비축할 필요가 있음을 느낀 나는 충돌을 피하고 지시에 따르면서 남들 말을 믿기로 하였다. 자정이 지나자 정맥 주사가 들어왔다. 내 자궁 경부는 4센티미터 열렸고, 5분 30초마다 진통이 왔다. 나는 창문 근처의 안락의자에 앉았다. 쉴라는 출산을 시작하기에는 이 의자가 좋다며 나를 안심시켰다.

그리고 여기서 나는 진통의 수축이 어떤 느낌인지 알게 되었다. 진통은 꽉 조이는 밴드처럼 옆구리에서부터 왔다. 진통은 힘과 강도가 점점 더 세져서 말 그대로 숨이 멎을 것 같았다. 출산 안내서에서는 모두 수축을 절정 사이에 휴식이 있는 파도처럼 설명하고 있지만, 나에게는 코르셋이 주기적으로 조였다가 풀리는 것 같았다. 잠시의 휴식 시간이 나에게는 전열을 정비할 기회였다. 나는 쉴라와 남편에게 수축이 이렇게 수평으로 조이는 게 아니라 밑으로 당기는 압력일 것이라 짐작했다고 말했다. 또 이 단계에서 걸어다니기를 원하리라 예상했지만 실제로는 흔들리는 안락의자에 만족하고 있었다.

쉴라는 창밖의 야경을 보라고 했다. 눈에 들어오는 걸 하나 찾아보라고 말했다. 수축이 더욱 심해지면서 내가 선택한 불빛을 찾아서 관심을 창밖으로 돌렸다. 골반이 꽉 조이는 바이스에 물려 있는 것처럼 느껴졌다. 인간 자궁이 가진 불균등한 힘을 떠올린 것은 그때였다. 내 몸의 힘은 정말 놀라왔다. 내가 잡혀 있는 힘은 바로 내 자신의 근육에 의해 생긴 것이다. 나는 조이면서 조임을 당하고 있었다. 조임을 당하는 느낌이 압도적이었지만, 진짜 진통의 고통이란 무의식중에 힘을 다해 쥐어짜는 일이다.

수축이 더 심하게 나를 조이면 보스턴의 스카이라인이 밀려왔다. 압력이 사라지면 멀어져갔다. 나는 리드미컬하게 밤하늘로 날아갔다가 돌아오곤 했다. 나는 이런 느낌을 쉴라와 남편에게 말하고 싶었지만 더 이상 완전한 문장을 말할 수가 없었다. 다리가 떨리기 시작했다. 내가 눕혀달라고 하자, 쉴라는 매트리스 중간에 무릎을 꿇고 앉아서 수직으로 일으켜 세운 침대 머리를 붙잡고 있으라고 했다.

그런 다음 그녀는 남편을 침대 뒤쪽에 서게 하여 눈을 마주보게 하였다. 그녀는 우리에게 '아웃(out)' 이라는 주문을 주었다. 수축이 다가오는 것을 느낄 때마다 우리는 손을 꼭 잡고, 눈을 마주보면서 압력이 가라앉을 때까지 아웃을 반복해서 말했다. 그 단어는 나를 즐겁게 해주었다. "아웃, 아웃, 아웃." 때로는 빠르게 때로는 느리게 말했다. 더 많이 말할수록 더 편해졌다. '아웃', 얼마나 완벽한 음절인가. 신음 같은 긴 모음에서 단호한 자음까지 모든 소리를 시험해봤다. 어떻게 벌어진 입술이 다시 줄어드는지, 턱이 닫히면서 혀가 얼마나 서서히 올라가는지 알게 됐다. "아웃, 아웃, 아웃." 나는 내 목 뒤에서 이빨 뒤로 펴지는 소리의 형태를 들었다. 나는 각 알파벳의 모양을 보았다. 끝없는 원인 O, 머리핀 모양의 U, 교차되는 T. 아웃은 폭우 속의 피난처였다. 아웃은 얼음 아래의 공기방울이었다. 아웃은 역을 출발하는 기차였다. 아웃은 꼭대기 층의 침대였다. "아웃, 아웃, 아웃."

그리고 통증이 왔다. 여전히 쥐어짜지고 있는 가운데 뭔가가 등에서 안쪽으로 밀어내고 있었다. 아팠다. 쉴라가 침대 위로 올라와서, 나를 태클하는 풋볼 선수처럼 안고 반대 방향으로 압력을 가해주었다. 통증이 가라앉았다. 나는 '아웃' 이라는 단어를 찾아 헤매다가 남편의 눈에서 이것을 발견했다. 아웃은 청색이다. 아웃은 호수 바닥이다. 물고기들이 아웃이라는 단어 사이를 헤엄친다. 아웃에는 평화가 있다. 아웃은 해방이다. 아웃은 사랑이다. 아웃은 신이다. 이런 식으로 우리 셋은 밤새 아웃을 외치고 있었다.

심하게 떨리는 통증이 뼈를 타고 내려오자 나는 정신을 잃었다. 신체적인 고통으로 치면 이보다 더 격렬한 통증도 경험한 적이 있다. 망치에 찍힌 손가락이 더 아프다. 등의 경련이 더 아프다. 치열 교정 또한 아프다. 그러나 나는 결코 이보다 더 심오한 통증을 느껴보지 못하였다. 성당을 채우는 파이프 오르간 소리 같았다. 지진 같았다.

1989년 샌프랜시스코, 사무실 현관에 서 있었는데 배 갑판처럼 바닥이 흔들렸다. 저쪽 편에 있는 동료의 눈을 들여다보니 그 또한 앞뒤로 흔들거리는 현관에 서 있었다. 그의 이름은 페데리오였다. 우리는 서로를 거의 몰랐다. 파일 캐비넷이 왈칵 열려서 복도로 쏟아졌다. 내가 죽기 전에 마지막으로 보는 사람이 그가 될 것 같았다. 그도 같은 생각을 하고 있다는 걸 알았다. 그런데, 지진이 멈췄다.

1995년 유타. 두 명의 친구와 함께 등산을 하고 있었다. 정상 가까이 봉우리 사이에서 발견한 파란 호수에는 구름이 가득했다. 단순한 구름이 아니었다. 올라갔다 내려갔다를 반복하는 눈 구름이었다. 이 아름다움에 넋이 나간 우리는 너무 오래 머물렀다. 산을 내려오기 시작했을 때, 우리는 발밑에서 노호하는 소리를 들었다. 태양이 녹인 산 위쪽의 눈이 밀려 내려와 우리가 밟고 서 있는 눈이 무너지기 시작했다. 당황한 우리는 엎드려서 경사면을 따라 거미처럼 기어가기 시작했다. 아래쪽에는 떨고 있는 미루나무가 단단한 대지에서 우리를 부르고 있었다. 마침내 미루나무에 도착한 우리는 일어나서 울다 웃다를 반복했다.

저 멀리 남편의 목소리가 들려오는 쪽을 향했다. 이제는 다른 목소리가 들렸다. 쉴라가 나에게 함께 계속하라고 재촉했다. 내 목에서부터 소리가 올라오는 것 같았다. 그런 다음 입술이 열리고, 혀가 입천장을 발견하고, 그 소리는 단어가 되었다. "아웃, 아웃, 아웃." 나는 남편의 눈에서 내 몸속으로 다시 들어갔다. "아웃, 아웃, 아웃. 아웃." 그리고 말은 살이 되었다.

서서히 방에 사람들이 차 있다는 것을 알게 되었다. 구석에서 산부인과 의사가 손을 씻고 있었다. 하버드 의대생이 산파에 대해 썼던 논문에 관해 잡담을 나누고 있었다. 전화를 받고 자넷이 도착했다. 빛이 흐려졌다. 침대 위에 스포트라이트가 켜졌다. 자궁 경부가 완전히 열렸다고 쉴라가 말해주었다. 1단계를 해냈다.

나를 통과하는 거대한 힘

부인과 진료실에 걸려 있는 해부학 차트를 연구해보거나, 종종 책상을 장식하고 있는 플라스틱으로 된 3차원 인체 모델을 살펴본 적이 있다면, 자궁과 질이 실제로는 서로 수직을 이루고 있다는 것을 알 수 있을 것이다. 자궁은 직장을 향해 아래쪽 뒤쪽으로 기울어져 있고 질은 치골을 향해 아래쪽 앞쪽으로 기울어져 있다. 이들은 거의 90도를 이룬다. 이런 배열로 인해 출생하는 아기는 카우보이 부츠에 발을 집어넣는 것처럼 심한 커브 길을 돌아야만 한다.

머리를 아래로 향하고 옆으로 누운 아기는 얼굴을 엄마의 직장을 향해 아래로 향하도록 몸을 4분의 1 정도 회전해서 이 문제를 해결한다. 이렇게 되면 턱이 가슴 쪽으로 당겨져 가장 좁은 부위인 정수리가 길을 만들게 된다. 마침내 질 입구에서 머리가 보이기 시작하면 몸 전체가 내부에서 회전하면서 다시 옆을 향한다. 이 두 번째 회전으로 인해 어깨 위쪽이 치골 아래에서 미끄러져 나오고 어깨 아래쪽이 직장 앞쪽을 통과한다. 인간의 출산은 현관을 통해 큰 가구를 들여오는 것과 비슷하다. 먼저 한 방향을 축으로 돌린 다음 여러 부분이 통과할 수 있도록 다른 방향으로 다시 돌리는 것이다.

쉴라가 회음부 마사지를 시작하였을 때, 나는 이에 대해 생각하고 있었다. 회음부에 뜨거운 압박붕대와 따뜻한 오일이 발라졌다. "우리는 회음부 절개를 원하지 않아요"라고 쉴라는 특정인을 지정하지 않고 큰 소리로 선언했다. 나는 의사가 이 말을 알아듣기를 바랐다. 이때쯤 되자 불편하고 지쳤지만 특별한 통증은 없었다. 뜨거운 압박붕대는 놀랄 만한 진정 효과가 있었다. 오일을 바르던 쉴라는 내 목소리에서 투덜거리는 소리가 들리면 내가 아기를 밀어낼 준비가 된 것으로 알겠다고 말하였다.

'밀어내라구? 지금?' 나는 그럴 마음이 없었다. 내 본연의 자리로 돌아가기에는 이 휴식 시간을 너무 즐기고 있었다. 조금만 더 머물러있으면 안 될까. 사실, 나는 집에 가고 싶었다. 아니면 최소한 모두 함께 아웃을 외치던 곳으로 돌아가고 싶었다. 쉴라가 침대 머리를 낮춰 반쯤 기울어지게 한 뒤, 등 뒤에 베개를 조절해주었다. 그녀는 허벅지를 꽉 잡고 가슴 쪽으로 당기라고 했다. "심호흡을 하고, 참고, 내쉬고."

쉴라와 남편이 서로 이야기를 나눴다. 남편이 내게 기대서 이 개념을 선禪 스타일의 용어로 설명해주었다. 지금까지는 터널을 지나가는 바람처럼 고통이 통과하도록 놔둬야 했다. 이제부터는 의식을 놓치지 말고 고통을 밀어내야 한다. 돌파 외에는 다른 방법이 없다.

나는 아기를 밀어냈다. 다른 사람들은 자기 자리를 지켰다. 자넷은 내 머리 곁에 서서 턱을 잡아당기라고 계속 말했다. 남편은 오른쪽에 있었다. 쉴라는 침대 발치와 다른 쪽 사이를 왔다 갔다 하고 있었다. 의사와 간호사들은 코러스처럼 조용히 배경에 서 있었다.

진통 중에 참아야 할 욕구가 억누를 수 없는 갈망이 되는 시기가 있다는 생각은 내 경험으로는 옳지 않다. 내가 보기에 그런 강한 충동은 갈망이라기보다는 반사적이다. 토하고 싶은 욕구와 비슷하다. 이를 참을 수도 있고 토할 수도 있고 토하는 것을 조장할 수도 있다. 그렇지만 이를 꼭 갈망이라고 하지는 않을 것이다. 그리고 토할 때처럼, 나는 이런 강한 충동이 좀 더 쌓이게 두었다.

재빨리 밀어내는 데에는 고유한 리듬과 추진력이 있다. 나는 지시받는 것을 중단하고 상황을 설명하기 시작했다. "잠깐만, 잠시 쉴게요. 좋아요. 와요. 오케이…… 지금!" 일단 밀어내는 것이 생각하던 것만큼 아프지 않다는 것을 발견하게 되자, 나는 모든 망설임을 떨쳐냈다. 나는 다시 한 번 나를 통과하는 힘에 놀랐다. 동시에 늘어나 있는 질 입구 조직들이 욱신거리면서 타오르기 시작했다. 다행히 곧 감각이 무뎌졌다.

쉬고 밀어내고 쉬고 밀어내기를 계속했다. 그때 나는 두 명의 의사가 함께 외치는 소리를 들을 수 있었다. "와! 저기 머리카락이 보여요!" 몸을 구부려서 나오기 시작한 아기의 머리를 만져보라고 누군가 말했다. 나는 그 말에 따랐지만 그럴 기분은 아니었다. 나는 누군가가 내민 거울을 치우라고 했다. 너무 심란했다. 내가 얼마나 힘들어하는지 보이지 않아요?

바로 그때, 아무런 경고도 없이 밀어내기를 중단하라는 지시를 받았다. 침대 발치에서는 회음부 절개를 할 것인지 말 것인지에 대해 논쟁이 벌어졌다. 내게는 이런 토론이 우물 밑바닥에서 들려오는 소리처럼, 끊어졌다 이어졌다 하는 라디오 드라마처럼 아득하게 들렸다. 세 마디 중 한 마디 정도만 알아들을 수 있었다.

나는 "절개하느니 차라리 1도 정도 찢어지는 게 나아요"라고 외쳤다. 그리고 의사가 고개를 젓는 것을 보았다. "제 생각에는…… 그 정도 찢어지지 않을 것 같아요." 그는 외국 영화의 한 장면에 등장하는 사소한 인물 같았다. 또다시 토론이 시작되었다. 번역이 잘못된 영화 자막을 보고 있는 것 같았다.

"좋아요. 그럼 해요." 이건 내가 그 후 몇 달 동안 저주하게 될 결정이었다. 가위가 질로 미끄러져 들어오는 것을 느끼자마자 나는 그 사실을 깨닫게 되었다(나는 출산 후 6개월 동안 성교 시 통증과 요실금을 겪어야만 했다. 2년이 지난 뒤에도 나는 여전히 요실금과 둔해진 성감으로 괴로워하고 있다. 이런 위험을 모두 알고 있었음에도 불구하고 내가 이 과정에 동의한 것은 진통 중인 임산부들이 얼마나 취약한지, 분만 중 의사의 제안이 얼마나 큰 힘을 갖고 있는지를 증명하는 것이라고 생각한다. 내가 다시 한 번 더 아이를 낳는다면, 매우 다른 출산 장소를 찾아볼 것이다).

그러나 후회할 시간이 아니었다. 나는 거대한 억압된 욕구를 참고 있었고, 밀어내려는 깊고 깊은 욕망이 밀려왔다. 그리고 또 한 번, 누군가가 머리가 나왔다고 말했다. 그리고 또 한 번, 눈 녹은 물이 폭포처럼 산 아래로 떨어지는 듯한 뭔가가 나를 통과해 나갔다. 갑자기 내 내부에 공간이 생겼다. 커다란 안도감이 밀려왔다. 누군가가 "산드라, 아래를 봐요, 아기를 안아봐요"라고 말했다. 내 손에 작고 완벽한 몸이 모습을 드러냈다.

제멋대로인 풍부한 검은 머리카락이 삐죽삐죽 나 있었다. 태지에 덮인 거무스레한 피부는 최상품 로션처럼 매끄러웠다. 내가 초등학교 1학년 때 찍은 사진에서 보았던 입술이 거기 있었다.

'오, 넌 누구니?' 신비함으로 가득 찬 검은 두 개의 눈동자가 열리면서, 이렇게 되물었다.

'당신은 누구세요?'

9월 25일 오전 2시 56분이었다.

3부
수유

나는 인간의 먹이 사슬의 마지막 생태학적 고리를 보여주고자 한다. 두려움 대신 용기를, 침묵 대신 대화를 이끌어줄 말들을 찾고자 한다. 한편에서는 젖이 화학적 불순품이라고 하고 다른 한편에서는 엄마와 아이 사이에 존재하는 신체의 성찬이라고 말한다. 이들 두 가지를 한꺼번에 말할 수는 없을까? 한쪽을 무시하지 않고 다른 한쪽을 살펴볼 수는 없을까? 「모유의 딜레마」 중에서

맘마, 엄마를 먹인다

가슴 크기

나는 이제까지 본 중에 가장 훌륭한 젖가슴을 뉴욕 주 북쪽 지방의 고산 지대 염소에게서 보았다. 눈처럼 희고 부드럽게 떨리는 젖가슴. 의기양양하게 곧추선 두 개의 젖꼭지……. 빈약한 가슴이 불만인 여성들이 자기 가슴에 갖다 붙이고 싶어 할 정도로 아름다웠다.

내 가슴은 그렇지 못했다. 내 경우에는 가슴이 작다고 말하는 것조차 과장이었다. 이제 막 젖꼭지가 티셔츠를 통해 돋아 올라 보이기 시작하는 초등학교 6학년 아이의 가슴에 가까웠다. 언젠가 한 의사가 내게 말해준 '봉우리' 정도의 가슴이었다. 그 의사가 나의 연인이었기에 한때 그 용어를 사랑했지만 나와 내 가슴 봉우리에 대한 그의 환상이 지겨워지자 나는 그와 그 용어를 버렸다. 나는 또다시 스스로를 가슴 없는 여성으로 생각하기 시작했다. 이로 인해 오히려 콤플렉스에서 해방될 수 있었다. 비록 사춘기에는 그 빈약한 가슴에서 전혀 자유롭지 못했지만.

열네 살에는 하느님을 믿지 않는다고 말할 만큼 내 빈약한 가슴이 잔인하게 느껴졌다. 그러나 20대 후반이 되면서 나는 두 가지 사실을 발견했다. 첫째는 가슴 크기에 전혀 개의치 않는 재미있는 남자들이 많다는 것이고, 둘째는 이들 중 일부는 내 젖꼭지에 아주 열광했다는 것이다. 어느 프랑스 남자가 말했던 것처럼 섹스를 하게 되면 열정만 남는다. 이런 의외의 사실로 인해 나의 빈약한 상반신에 대해 남아 있던 모든 의혹이 사라졌다. 출렁이는 가슴 언덕이 아니라 어깨뼈의 곡선에 매혹된 남편을 만난 이후, 나는 가슴에 대한 모든 문제에 완전히 무심해졌다.

누구나 젖을 먹일 수 있다

가슴 안에는 나무가 있다. 이 나무의 가지는 가슴 안쪽으로 들어갈수록 수가 증가한다. 가지 끝에는 소엽이라 불리는 과일 같은 구조물이 달려 있다. 이 소엽 안에서 젖이 만들어진 후, 도관이라 불리는 가지를 타고 젖꼭지로 흘러 내려온다. 흔히 젖꼭지를 수도꼭지나 정원의 호수처럼 생각한다. 실제로 소의 젖샘은 이런 식으로 디자인되어 있다. 소에게는 여러 관으로부터 흘러나온 우유를 젖꼭지를 통해 외부세계로 운송하는 큰 운하가 있다. 쥐와 염소의 유선도 이러하다. 하지만 인간의 젖꼭지에는 여러 지점에 10내지 15개의 관이 있으므로, 오히려 물뿌리개의 잔구멍 뚫린 덮개와 비슷하다.

진통 중에 아기를 밀어내고자 하는 강한 충동처럼 흔히 수유를 본능적인 행동이라고 생각할 수 있을 것이다. 대부분의 포유동물은 그러하다. 그러나 인간의 경우 수유는 엄마와 아기 모두가 배워서 익혀야만 하는 행동이다. 그리고 탱고처럼 파트너와 함께 연습해야만 숙련될 수 있다. 자신이 원하는 만큼 연구는 할 수 있지만(나는 임신 막달에 수유 강의에 등록하였다), 결국은 무도회장에 나와서 할 수 있는 최선을 다할 수 있을 뿐이다. 많은 여성들이 젖을 먹이는 데 실패하는 것은 단지 우유병과 분유 때문만은 아니다. 중세의 한 프랑스 시인은 막 아기를 낳았지만 젖먹이는 방법을 모르는 여인에 대해 노래하고 있다. 미국의 남북전쟁 전 남부 지방 부유한 백인 여성들도 젖먹이기에 어려움을 겪자, 노예인 유모에게 의존하곤 했다.

이런 현상은 인간에게만 국한된 것은 아니다. 다른 원숭이가 새끼에게 젖 먹이는 것을 본 적이 없는 원숭이들은 자신의 새끼에게 젖을 먹일 수 없다. 이러한 침팬지와 고릴라에게 젖먹이는 것을 학습시키기 위해, 젖먹이는 엄마와 그 아기들이 동물원에 초청되기도 한다.

수유 옹호자들의 가장 큰 업적이라면 아마 일부 여성들은 수유를 할 수 없다는 널리 퍼진 고정관념에 대한 도전일 것이다. 가장 오래되고 권위 있는 라 레체 리그(La Leche League, 모유 먹이기 운동을 벌이는 세계적인 민간단체. 1956년 모유의 우수성을 체험한 일곱 명의 어머니에 의해 발족됐다. 현재 전 세계 20여 개 국에 지부를 두고 있으며, 미국에서만 3,000개의 그룹이 활동 중이다. 매년 모유에 대한 학술회의를 개최하며, 75만 명의 여성의 수유 문제를 돕고 있다. www.lalecheleague.org.)에서는 본질적으로 모든 엄마들은 아기를 먹이는 데 필요한 해부학적 구조를 지니고 있고 이를 사용하는 방법을 배울 수 있는 능력을 갖고 있다고 주장한다. 이들의 입장에서 보면 수유 과정에서 발생하는 장애는 모두 극복 가능한 것일 뿐이다. 이 단체를 이끄는 이들은 수유에 문제가 생기는 원인이 엄마 몸 내부의 본질적인 결함이 아니라 변화될 수 있는 외부 조건에 의한 것이라고 말한다. 모유가 적절하게 공급되지 않는 것은 가슴이 잘못된 탓이 아니라 엄마가 피로하고 초조해하기 때문이고 아기에게 자주 젖을 빨리지 않기 때문이다. 아기에게 일어나는 산통이나 발진은 엄마 젖에 대한 알레르기 반응이 아니라, 엄마가 먹은 음식 중 특정한 음식(유제품, 브로콜리, 콩 등) 때문이고, 엄마가 이런 음식을 먹지 않으면 해결된다.

수유에 관한 문헌을 살펴보다가 나는 크게 안심할 수 있었다. 젖의 생산량이 가슴의 크기와는 아무 상관이 없다는 사실이 여러 곳에 쓰여 있었던 것이다. 이런 비연관성이 일리가 있는 것이 새끼에게 젖을 먹이는 능력처럼 번식에 필수적인 사항이 가슴 크기처럼 변덕스러운 속성과 관련되지는 않을 것이기 때문이다. 따라서 젖을 만드는 샘(소엽과 이들이 망상 구조를 이루는 관)은 똑같은 비율로 분배되어 있다. 브래지어의 컵 크기와는 상관없이 모든 여성은 거의 동일한 양의 샘 조직을 가슴에 갖고 있다. 여성의 가슴 크기는 거기에 얼마나 많은 지방과 연결 조직이 들어 있는가에 따른 함수이다. 그러나 이들 조직은 젖을 만드는 측면에서는 거의 아무런 직접적인 역할을 하지 않는 것처럼 보인다. 정상적인 상황에서 수유를 하는 동안 가슴의 지방은 물질대사가 되지 않기 때문이다.

아기 몸무게가 줄다니

잘생긴 젊은 소아과 의사가 염려하고 있다. 태어난 지 48시간 뒤 사랑스러운 나의 아기, 페이스의 체중이 10퍼센트나 줄었다. 3.7킬로그램으로 태어난 아기가 이제는 3.4킬로그램이다. 이 정도의 체중 감소는 통상적인 것이지만, 소아과 의사들이 보고 싶어하는 최대 체중 감소량은 10퍼센트 정도이다. 건강관리기구 규정에 따라 페이스와 나는 병원에서 퇴원할 예정이었지만, 의사는 내일 진료실을 방문할 테니 아기의 체중을 다시 재보자고 제안하였다. 친절한 의사는 아기를 검사할 때 남편과 나에게 아기를 담요로 싸는 방법을 가르쳐주었다.

"사람마다 자기 나름의 방식이 있겠지만, 제 방식은 이렇습니다." 의사는 담요를 내 옆의 침대에 편 후, 그 위에 페이스를 올려놓으며 즐거운 표정으로 말했다. "먼저 이쪽 모서리를 아래로 접은 다음, 반대쪽 모서리를 이렇게 접고……" 약간 서투른 시범이 더욱 즐거운 모양이었다. "그리고 이제 이걸 위로 가게 접고, 이런 식으로 감싸고, 여기를 감싸면 되죠. 어라, 아기가 브리또(야채와 고기 등을 버무려 밥을 지어 밀가루 전병에 싸먹는 포대기 모양의 멕시코 요리-옮긴이 주)가 됐네." 그는 좋아라 아래를 내려다보며 웃었다. 그의 눈은 충혈되어 있었고 수염이 길게 자라 있었다. 아마도 어제 밤에 당직 근무를 섰나보다. 그가 조금 걱정스러워보였다.

"가슴은 어때요?" 나가는 길에 그가 물었다. "건드리면 따뜻한가요? 젖이 차는 느낌은 아직 없어요?"

"아뇨."

"음. 뭐, 걱정하지 마세요. 보통 출산한 지 사흘이 지나야 젖이 나온답니다."

문이 닫히자 나는 잠옷 단추를 풀어보았다. 아무 차이가 없었다. 젖꼭지를 눌러보았지만, 아무것도 나오지 않았다. 여러 엄마들이 나에게 처음에는 임신 기간 동안, 다음에는 출산 후에 가슴이 커질 테니 준비하라고 말했다. 아마 내가 태어나서 처음으로 브래지어를 해야 할 필요가 생길지도 모른다고 이야기해주기도 했다. 그런 일은 일어나지 않았다. 또 속았다.

나는 알고 있는 모든 생물학 지식을 잊어버리고 눈물을 터뜨렸다. '나는 실패했어, 실패했어. 실패한 엄마야.' 내가 흐느끼자 남편이 간호사를 불렀다.

낮이건 밤이건 몇 시간마다 신생아실 간호사들이 수유에 대해 강의를 했고, 아기를 정확하게 안는 방법, 아기 입을 벌리게 하는 방법, 아기의 입술이 내 젖꼭지를 꼭 물게 하는 방법, 아기를 젖에서 떼내어 다른 쪽 젖을 먹이는 방법 등을 보여주었다. 그들은 모두 훌륭한 선생님이었지만 페이스는 점점 체중이 줄어들고 있었고, 아직도 나는 젖이 나오지 않았다. 나에게는 유방이 없었다. 그러니 젖도 없었다. '실패야, 실패. 나는 실패자야.'

그 전날 아침에 온 간호사 중 한 명이 들어왔다. 그리고 페이스가 나에게 달라붙어 젖을 빨기 시작한다.

"뭐가 문제예요?"

"나에게는 가슴이 없는데 어떻게 젖을 먹이겠어요?"

나는 여전히 훌쩍이고 있었다.

"누구나 다 젖샘을 갖고 있어요. 이제까지 젖샘이 없는 여자를 본 적은 없답니다."

가슴의 발달

가슴은 출생 시 완전 발육되지 않은 상태로 존재하는 몇 안 되는 인간 기관 중 하나이다. 가슴 외의 다른 기관에서는 이와 같은 크기, 형태, 기능의 극적인 변화를 볼 수 없다. 이 모든 일은 태아가 쌀 한 톨만한 크기인 임신 6주의 여자 태아에게서 시작된다. 이때 유선 봉오리가 외배엽층에서부터 올라온다. 태아가 6개월이 되면, 미래에 젖샘이 될 대부분의 구성 단위들인 젖꼭지 · 소엽 · 지방 층 · 관, 심지어 수유 시 젖이 밖으로 나가는 것을 돕도록 만들어진 관 주위 근육까지 자리를 잡게 된다.

유방은 사춘기 때까지 이런 형태를 유지하다가 사춘기가 되면 난소 에스트로겐의 영향으로 관들이 나누어지고 성장한다. 소녀에게 첫 번째 배란이 일어나면 프로게스테론이 분비되면서 소엽이 봉우리지기 시작한다. 그러나 이런 활동 중 어느 것도 겉으로는 드러나지 않는다. 가슴이 발달하기 시작한다고 말할 때, 우리는 단지 젖꼭지 아래의 지방이 점점 축적되는 것을 인지할 뿐이다. 지방 축적 또한 에스트로겐의 지시에 따른 것이다.

사춘기가 지나면 생리주기에 따라 가슴의 크기가 변한다는 사실을 많은 여성들이 알게 된다. 유방은 배란 후 11일째쯤에 가장 커지고 생리가 시작되면 줄어든다. 팽창과 수축이 거의 서로 균형을 이루지만 가슴은 이전 생리주기가 시작될 때로 돌아가지는 않는다. 새로운 구조물이 싹 트고 젖샘은 점점 더 정교해진다. 마치 쉼 없이 증축되면서도 한 달에 한 주만 공사를 하는 집과 같다. 이런 식으로 35세쯤 될 때까지 여성의 가슴은 유유히 계속 발달된다.

임신 중에는 이런 속도가 더욱 빨라진다. 태반 호르몬인 락토겐의 도움을 받아 프로게스테론은 관을 더욱 발달시키고 에스트로겐은 관의 길이를 늘인다. 에스트로겐은 또 가슴의 지방 함량을 높여 가슴 크기를 증가시킨다. 하지만 나의 경우에는 가슴 안에서 이런 현상이 일어난다 하더라도 거의 눈에 띄지 않을 정도였다. 임신 중기가 되면 소엽은 실제로 젖을 분비하는 단위인 세엽으로 분화되기 시작한다. 한편 뇌하수체에서 분비되는 호르몬인 프로락틴의 농도가 증가한다. 이 호르몬은 젖 생산을 시작하라는 지시를 내린다. 그러나 태반이 왕국을 지배하는 동안에는 프로락틴의 화학적 신호가 세엽을 활성화시키기 전에 프로게스테론에 의해 차단된다. 젖이 만들어지지 않는 것이다.

일단 아기가 태어나고 태반이 배출되면 프로락틴은 마침내 젖 생산 메시지를 젖샘에 전달할 수 있다. 그러나 프로락틴에 대한 봉쇄 조치가 풀릴 정도로 프로게스테론 농도가 떨어져야 하기 때문에 젖이 만들어지기까지는 출산 후 12시간 내지 며칠이 소요된다. 이 기간 동안 대규모 파괴와 재건축 작업의 일환으로 혈류가 자궁에서 가슴으로 향한다. 이 동안 아기는 참을성 있게 기다린다. 완전히 달을 채우고 태어난 아기는 젖을 먹건 안 먹건 5일 정도 지탱할 만한 충분한 체액을 갖고 태어난다.

수유도 배워야 한다

수유 상담자는 조금도 걱정하지 않았다. 출산한 지 나흘이나 지났는데도 여전히 젖이 나오지 않고 페이스의 체중이 태어났을 때보다 10퍼센트나 줄었는데 말이다. 상담을 맡은 리사는 나를 안락의자에 앉히고는 내가 페이스에게 젖먹이는 것을 관찰했다. 그녀는 아기의 부드러운 꿀꺽 소리를 들으려고 내 가슴 가까이에 머리를 댔다. 보통 때처럼 페이스는 몇 번 짧게 젖을 빨고는 잠들어버렸다. 아기는 젖이 나오는지 마는지 관심이 없었다. 착한 아기였다. 너무 착한 것 같았다.

리사는 모든 것이 정상이라며 나를 안심시켰다. 그렇지만 조치가 필요했다. 리사는 우리가 해야 할 일들을 종이에 적기 시작하였다. 먼저 페이스가 잠에서 깨어나 배고픔을 느끼기 전까지 젖샘을 자극하기기 위해 최신 유축기를 빌려야 했다. 유축기로 몇 방울의 젖이라도 모아 몇 십 그램의 분유와 섞어서 수유 보조기에 부어야 한다. 그런 다음 리사가 내게 필요한 장치라면서 보여준 것이 정맥 주사용 주머니였다. 정맥 주사용 주머니에 수유 보조기의 우유를 부으면 스파게티 면보다 얇은 부드러운 플라스틱 관을 통해 우유 방울이 떨어진다. 그 정맥 주사용 주머니의 열린 관 끝을 내 젖꼭지에 테이프로 붙여 우유가 흘러나오게 하면 페이스는 젖을 빨 때 더 많은 보상을 받게 될 것이다. 그렇게 되면 아기는 더 오래 젖을 빨 것이다. 더 많이 젖을 빨수록 내 가슴에서는 더 많은 젖이 만들어질 것이다. 내 젖으로만 보조기를 채울 수 있게 되면 분유가 필요 없어지고, 몇 주 지나지 않아서 그 수유 보조기마저 필요 없어질 것이었다. 이때가 되면 우리는 행복한 모유 수유 모녀가 될 것이다.

그동안 나는 페이스에게 세 시간마다 젖을 먹이고 그 사이에는 젖을 짜야 한다. 만약 아기가 깨지 않으면 자명종을 맞춰놓아야 한다. 모유를 먹는 것이 아기에게 익숙해질 때까지 우유병과 고무 젖꼭지를 물리지 않는 것도 중요한 일이다. 그리고 젖은 기저귀 수를 계산해야만 한다. 24시간 동안 8~10장의 기저귀를 적신다면 아기는 탈수되지 않은 것이다.

남편과 나는 서로를 쳐다보았다. 이상야릇한 얘기였지만 할 수 있을 것 같았다. 어찌할 바를 모르는 채 집에서 이틀을 보낸 후여서 뭔가 계획이 있는 건 좋은 일이었다. 남편이 기저귀 가방, 물병, 아기 캐리어를 주섬주섬 챙기고 내가 블라우스 단추를 잠그는 동안, 리사가 페이스를 안고 있었다. 그녀는 아기를 나에게 넘겨주면서 환하게 웃었다.

"아기가 엄마를 닮았네요."

"전 입양아예요."

나는 솔직하게 말했다. 이건 습관이었다. 나는 사람들이 나와 나의 엄마가 닮았다고 주장하는 것을 에누리해서 듣는 습관에 너무 익숙한 바람에 페이스와 나의 관계를 깜박했다. 내 회음부 절개 부위가 나와 페이스의 관계를 증명하는데도 말이다. 이 상처 때문에 너무나 고통스러웠다.

리사는 나를 잠시 관찰하더니 천천히 대답하였다. "나도 그래요." 그녀는 나에게 자기 젖을 먹여 키운 여덟 살짜리 딸아이의 사진을 보여주었다. 밝은 눈에 입을 크게 벌리고 웃는 모습이 정말 엄마의 축소판이었다.

그때 나는 리사가 아기와의 생물학적 연대감을 유지할 수 있도록 엄마들을 돕는 자기 직업에 헌신하게 된 것이 우연이 아님을 알게 되었다. 내가 그런 관계를 진정으로 갈망하는 것이 우연이 아닌 것처럼.

내게서 나온 네 몸. 내 몸에서 너에게로 흘러들어간 것들. 처음에는 피였다. 이제는 젖이다. 이건 엄마와 아기를 이어주는 살아 있는 끈이다. 물론 나는 양엄마를 너무나 사랑하지만 이런 유대 관계는 이전에 한번도 가져보지 못한 것이다. 나는 지금의 페이스보다 더 어렸을 때 생모와 헤어졌다. 오늘 열두 번째 울음이 터져나왔다.

젖의 변화

젖도 가슴처럼 자신의 역사를 갖고 있다. 유선은 임신 중기부터 모유 수유 옹호자들이 '액체 금'이라고 격찬하는 진한 황색 액체를 생산한다. 초유라고 불리는 이 물질보다 더 추앙받는 인간의 체액은 없을 것이다. 여기에는 단백질과 지용성 비타민이 풍부하고 다량의 항체, 성장 촉진 물질, 살아 있는 면역 세포가 들어 있다. 또한 장에 남아 있는 태변이 배설되는 것을 돕는 하제가 들어 있다(부모들을 깜짝 놀라게 만드는 태변은 태아의 첫 번째 대변에서 나오는 검고 끈적끈적한 물질이다. 아홉 달 동안 장에 축적된 이 물질에는 죽은 피부 세포, 양수, 몸의 털, 담즙, 혈액, 점액이 포함되어 있다). 종종 임신 마지막 주에 몇 방울의 초유가 가슴에서 저절로 새어나오기 시작하는 경우도 있다. 그러나 대부분의 엄마들은 수유가 끝났을 때, 젖꼭지와 아기 입 사이에 늘어진 끈적끈적하고 반짝이는 실 같은 같은 물질 외에는 출산 후에 초유를 보지 못한다. 초유는 하루에 한 숟가락 정도만 만들어진다.

일단 혈액에서 프로게스테론이 없어지고 프로락틴이 주도권을 장악하게 되면 젖의 합성과 분비가 열 배로 급격히 증가한다. 이처럼 젖 생산량이 급격히 증가하기 때문에 젖이 나오는 것을 엄마들이 알게 되는 것이다. 이 시기에는 종종 유방이 뭉치고 크기가 다시 엄청나게 커지게 된다. 이런 변화는 젖이 너무 많아서 그런 것이 아니라 일종의 부종(피하 조직의 틈에 조직액 혹은 림프액이 많이 괴어 몸 전체 혹은 일부가 부어오른 상태—옮긴이 주)이다. 젖이 관에서 새어 나와 세포 사이의 공간에 쌓인 것이다. 그러면 주위의 가슴 조직이 일시적으로 부어오른다. 며칠 지나면 크기가 줄어들고 다시 가슴이 부드러워진다.

다음 주 동안 젖은 초유에서 과도기 젖(이 젖은 녹은 버터 색깔을 띤다)으로 바뀌면서 색이 연해지고 묽어져 최종적으로 숙성된 젖이 된다. 부피가 늘어남에 따라 당과 지방 함량이 증가하고, 항체 농도와 단백질 농도가 떨어진다. 생산되는 젖의 부피는 결국 하루에 약 900밀리리터 정도 된다. 모유 수유를 하는 전 세계 엄마들의 젖 생산 수치는 이에서 크게 벗어나지 않는다. 물론 중요한 예외가 있기는 하다. 매우 마른 여성들의 경우 젖의 지방 함량이 낮기 때문에 이를 보충하기 위해 젖의 부피가 5~15퍼센트 증가한다. 쌍둥이와 세 쌍둥이 엄마들의 하루 젖 생산량은 이의 두 배에서 세 배에 달한다. 1930년대의 일부 유모들은 하루에 거의 3.7리터의 젖을 생산할 수 있었다. 놀라운 일이다.

하루 생산량이 안정된 뒤에도 엄마의 젖은 여전히 유동적이다. 특정한 시기와 바이오리듬에 따라 성분이 달라진다. 젖의 지방 함량은 아침에 가장 낮고 밤에 가장 높고 저녁에는 그 중간이다. 젖의 조성은 한 번 수유하는 동안에도 달라진다. 가슴 앞부분에 저장된 젖에는 물과 당 함량이 높고 지방이 낮다. 이 젖은 수유 초기 몇 분 동안 아기의 목마름을 진정시키고 재빨리 칼로리를 공급한다. 아기가 관에 저장된 젖을 먹는 동안 가슴 뒤쪽에서는 다른 젖이 앞쪽으로 몰려온다. 이 두 번째 젖은 30퍼센트가 지방이어서 아기의 위에 더 오래 머무른다. 이 때문에 많은 엄마들이 젖을 먹으면 아기가 잠을 잘 자게 된다고 믿고 있다.

젖이 흐른다

페이스가 태어난 지 닷새째의 날씨는 여름 같았다. 일년 내내 지저분한 옆집 마당의 넝쿨에서 올해 마지막으로 장미가 피었다. 너무나 피곤해서 경련이 시작되고 있었다. 자명종과 플래시, 주사기와 펌프, 튜브를 젖꼭지에 어떻게 해야 가장 잘 붙이는가에 대한 이야기로 밤을 샌 뒤, 나는 뭘 해야 될지 모르는 상태였다. 제프와 페이스는 거실에서 함께 낮잠을 자고 있었다. 나는 발을 질질 끌면서 자넷이 튜브와 수유 보조기를 소독하고 있는 거실로 나왔다. 싱크대 위에 얹혀 있는 유축기를 보고 순간적으로 자동차 변속장치로 착각했다. '왜 변속장치가 커피 분쇄기 옆에 놓여 있는지 물어봐야지' 라고 생각하고 막 질문을 하려던 순간 깨달았다. 사물을 인식하고 반응할 때까지 시간이 걸리는 탓에 무력감을 느꼈다. 의자에 앉았다가 다시 일어섰다. 회음부 절개 부위가 정말 아팠다. 좌욕을 해야 할 듯싶었다. 다시 젖을 짜야 할 듯싶었고 뭔가를 먹어야만 할 듯싶었다.

우리가 집으로 돌아온 후부터 빨래를 하고 설거지를 하고 젖은 기저귀 수를 세는 일꾼이 된 자넷이 돌아서서 나를 보았다.

"한숨 자지 그래요. 여기 일은 다 괜찮아요." 나는 돌아서서 발을 질질 끌며 침실로 돌아갔다. 페이스 없이 누워 있으려니 기분이 이상했다. 늘 검은 머리의 아기가 내 옆에서 평화롭게 숨쉬고 있었는데 단지 5일 만에 이렇게 되다니. 나는 곧 잠들었다.

내 가슴이 두 개의 코카콜라 병으로 변하는 꿈을 꾸었다. 누군가가 그 병들을 흔들려고 하고 있다. 눈을 떴을 때 나는 침대에 있었지만 여전히 꿈에서 깨지 못하고 있었다. 가슴에서 거품이 이는 소리가 났다. 나는 꿈에서 탈출하려고 일어나 앉았다. 잠옷 앞부분이 젖어 있었다. 당황한 나는 욕실로 가서 옷을 벗었다. 거울에 창백하고 혼란스러운 얼굴이 비쳐졌다. 얼굴 아래로 커다란 가슴 한 쌍이 있었다. 유방이 쇄골부터 겨드랑이까지 커져 있었다. 가슴이 뜨거웠고, 덩어리가 잡혔으며, 단단했다. 잠이 확 달아나는 것을 느꼈다. 여기에 내 젖이 있구나.

프로락틴은 모유 수유를 가능하게 만드는 두 가지 결정적인 뇌하수체호르몬 중 하나일 뿐이다. 다른 하나는 옥시토신으로 분만 시 선두적인 역할을 하는 호르몬이다(옥시토신의 기능은 다양한데, 여성이 오르가슴을 느끼는 데도 일조한다). 프로락틴이 젖을 만들고, 옥시토신은 그 젖을 흐르게 한다.

뇌하수체는 가슴에서 먼 뇌 아래쪽에 위치하기 때문에, 언제 젖을 분비해야 하는지에 대해 메시지를 신속하게 받아야 할 필요가 있다. 뇌가 사용하는 통신 장비는 젖꼭지 주변의 착색된 부분인 유륜에서 출발하는 네 번째 늑간신경이다. 아기가 젖을 빨기 시작하면 유륜 밑 근육의 수축으로 젖꼭지가 단단해져 아기가 물기 쉬워진다. 유륜의 오돌토돌한 샘에서 분비되는 오일 같은 윤활유는 아기가 빨 때 생기는 마찰로부터 젖꼭지를 보호할 뿐만 아니라, 유선이나 아기가 진균이나 박테리아에 감염되는 것을 막는 천연 항생제 역할을 한다.

그러나 유륜의 가장 중요한 역할은 젖이 필요한 때를 뇌가 알도록 해주는 것이다. 아기가 젖을 빨기 시작한 지 약 30초가 지나면 일반 순환계로 분비된 옥시토신이 유선관에 도달해서 이를 둘러싼 상피 근육층을 수축하게 만든다. 그러면 관 아래의 소엽에서 젖이 밀려나와 젖꼭지의 물뿌리개 덮개로 살포되어 아기의 입으로 들어가게 된다. 그동안 옥시토신 분자는 여전히 엄마의 혈류를 통해 순환하면서 평온하고 행복한 느낌이 들도록 생리학적 변화를 일으킨다. 마치 오르가슴 후에 그런 것처럼 말이다. 이런 일련의 과정은 스트레스, 피로, 초조함에 의해 방해를 받는다. 섹스할 때 그런 것처럼 말이다.

얼얼하고, 따뜻하고, 화려하다

계획은 성공했다. 냉장고에는 젖을 짜둔 병이 가득했다. 아기는 자란다. 엄마는 기뻐한다. 그렇게 피곤하지만 않다면 더욱 기쁘고 행복했을 것이다.

페이스와 나의 신체적 연결이 다시 재정립되고 재구성되었다. 하루에 10~12번, 우리는 하나가 되었다. 마치 연인과 함께 있는 것처럼 우리가 함께 있을 때에는 온 세상에 우리 둘뿐인 것 같았다. 아기와 나는 내가 만들어낸 작은 거품 속으로 들어갔다. 우리가 떠나온 외부세계는 이제 우스꽝스럽고 자극적이고 저속하고 기적이 존재하지 않는 곳으로 보였다. 그냥 이 흔들의자, 이 침대, 이 소파에 머무른 채 풍부한 젖 속에 파묻히고 싶었다. 나는 너무 자랑스러웠다. 우리는 해냈다. 먼저 출산 과정을 통과했고, 지금은 젖 먹이기라는 탱고를 배우는 중이다.

젖을 먹이기 시작하면 처음에 페이스는 미식가가 스프를 맛보는 것처럼 찔끔거리며 먹는다. 그런 다음 눈을 감고 완전히 갈색이 된 유륜 주위에 입을 꽉 붙이고는 열심히 빨기 시작한다. 나는 옥시토신이 도달하기를 기다리는데 이 느낌은 벨벳 커튼이 가슴 안으로 떨어지는 것 같다. 얼얼하고, 따뜻하고, 화려하다. 이를 수유 전문가들은 유즙 분비 반사라고 부른다. 입 가장자리로 젖이 삐져나오자 아기는 유방을 더 꾹 누른 채 꿀꺽 꿀꺽 젖을 빤다. 뭔가 말할 게 생각난 것처럼 빨기를 중단하고 내 눈 쳐다보기를 주기적으로 반복한다. 그러나 다시 정신없이 빨아댄다. 아기의 손이 다른 쪽 젖꼭지를 스치게 되면 그쪽 젖을 자신이 먹기 전까지 잡아두려는 듯 꼭 쥔다. 다 먹고 나면 샴페인 병에서 코르크 마개가 날아가는 소리를 내면서 젖꼭지에서 입을 떼고는 입을 작은 O자 모양으로 만든다. 그리고는 술 취한 선원이 항구에서 푹 쓰러지는 것처럼 팔을 쫙 뻗고는 내 가슴에 머리를 떨어뜨린다. 아기는 종종 젖이 다시 차는 소리를 듣는 양 내 젖꼭지를 귀에 넣은 채 몇 시간씩 누워 있는다. 내 가슴을 이보다 더 즐긴 이는 없었다. 페이스는 식사 손님, 나는 고깃국이다.

젖을 빠는 것은 단순히 음압을 만들어내는 흡인과는 다르다. 빨대로 물을 먹는 경우는 그냥 빨기만 하는 흡인에 해당한다. 그러나 젖은 빠는 것은 유아들만이 할 수 있는 복잡한 행동이다. 여기에는 세 가지 행동이 동시에 작용한다.

먼저 혀로 젖꼭지와 유륜의 아래쪽을 친다. 동시에 아기의 잇몸이 유륜 바로 아래에 있는 유선관의 확 퍼지는 젖 구멍을 누른다. 이 이중 동작으로 인해 앞쪽의 젖이 빨려나오고 뇌하수체에 메시지가 보내져 옥시토신에 의한 젖 방출 반사가 자극되면서, 동시에 프로락틴에 의해 세엽에서의 젖 생산이 가속된다. 그동안 아기의 입술과 볼의 근육들은 젖꼭지를 아기의 위쪽 입천장과 목구멍 뒤쪽으로 끌어당기는 흡인력을 만들어낸다. 이 같은 동작에 의해 만들어진 진공으로 인해 엄마의 젖꼭지는 보통 때보다 폭은 절반으로 가늘어지고, 길이는 두세 배 늘어난다.

수학자들은 이런 배열을 면밀하게 살펴보았다. "우리는 사람의 젖꼭지의 변형과 흐름의 수학적 모델을 설명하려 한다. ……우리의 모델은 준 선형의 다공성 탄성에 근거하고, 이에 의해 젖꼭지는 액체로 포화된 원통형 다공성 탄성 물질로서 모델링되었다. 우리는 유아들이 젖을 빠는 것을 흉내 내어 주기적 축 방향 흡입 압력차를 가하였다." 이들은 많은 페이지를 계산으로 채웠고, 결국 다음과 같은 결론에 도달했다. "젖을 빠는 동안 유아가 가하는 압축력과 흡입력은 똑같이 중요하다." 이는 실제적으로 아기가 젖을 빠는 것을 정확하게 흉내 낼 수 있는 기계란 없다는 것을 뜻한다.

유축기는 단지 리드미컬한 흡입을 만들어낼 뿐, 이와 연동된 찌르기와 압축은 제공하지 못한다. 그렇다면 유축기로는 한 달 된 신생아가 빨아낼 수 있는 양의 일부밖에 짜낼 수 없다는 이야기다. 아기가 하루에 열 장의 기저귀를 버리는 한 엄마는 유축기보다 더 많은 젖을 만들어내고 있는 것이다.

엄마를 먹는다

페이스는 소비자고 나는 소비재다. 아기에게 젖을 물리는 동안 세상사는 내 관심 밖으로 밀려난다. 코앞에 아직 읽지 않은 신문이 놓여 있지만 그 근처에도 갈 수 없다. 아기에게 젖을 물리는 황홀감이 밀려오자마자 갈증이 느껴진다. 물 역시 손에 닿지 않는 곳에 있다. 남편을 불렀지만 빨래를 하러 지하실에 내려가 있다. 이제는 하루에 네 시간에서 여섯 시간 동안 아기를 안고 있느라 손목이 저리다. 재채기를 할 때마다 소변이 새어나왔다. 이런 종류의 문제에 해결책을 제공할 수 있는 책들 역시 손이 닿지 않는 선반 위에 있다. 물이 끓는 주전자가 미친 듯이 소리를 내고 있지만 내가 할 수 있는 것은 아무것도 없다. 전화벨이 울리지만 나는 아무것도 할 수 없었다. 이틀 동안 샤워를 못했지만 나는 아무것도 할 수 없다.

진화생물학자에 따르면 젖을 먹이는 것은 엄마를 먹이는 것이다. 이 목적을 위해서 모든 동물들의 유선은 기본적인 구조와 기능을 공유하고 있다. 그러나 이들의 수와 위치는 매우 다양하다. 마다가스카르에 살고 있는 고슴도치처럼 생긴, 곤충을 먹는 포유동물은 24개의 젖을 갖고 있어 최대 유선 보유자이다. 일반적으로 젖의 수는 대략 그들이 낳는 새끼 수의 두 배이고, 두 개가 최소한의 수치이다. 돼지와 쥐는 12개를 갖고 있다. 주머니쥐는 특이하게도 13개를 갖고 있다. 많은 포유동물의 경우 젖이 아랫배를 따라 두 줄로 위치하지만, 유선은 사타구니나 가슴에 그 위치가 한정된다. 물에 사는 설치류인 뉴트리아는 등에 젖을 갖고 있다.

일반적으로 박쥐나 영장류처럼 새끼들을 상체에 안는 포유동물들의 젖은 가슴에 있지만, 서서 젖을 먹이는 소 · 말 · 양 · 염소 같은 동물들의 젖은 사타구니를 감싸고 있다. 설명할 수 없는 일이지만 어미 코끼리는 가슴에서 젖을 먹인다. 온순한 바다의 소로 불리는 해우의 가슴 부분에 위치한 젖은 젖을 먹이면서 동시에 숨을 쉴 수 있게 하기 위한 배열이다. 바다에 사는 다른 포유동물들은 수중에서 새끼의 입으로 모유가 분출되게 하는 젖을 갖고 있다. 여기에는 고래, 돌고래, 해마가 포함된다.

역사가에 따르면 유방을 의미하는 라틴어 '맘마(mamma)'는 1579년에 처음 영어 단어로 등장했다. 아마도 처음에는 아기들이 저절로 말하는 '맘-마'라는 음절에서 나왔을 것이다. 이 단어는 많은 다른 문화권에서 어머니를 의미하는 단어로 사용되고 있다.

나는 젖이다. 내 젖이 곧 나다. 페이스가 나를 찾으며 우는 것은 젖을 찾아서 우는 것이고, 젖을 물기를 원하는 것이다. 나는 먹히고 있다. 이보다 더 살아 있음을 느낀 적이 없었다. 나는 먹히고 있다. 이보다 더 해체됨을 느낀 적이 없었다. 젖 먹이는 것이 전부였다. 아기가 침대 옆에서 버둥거리기 직전에 눈이 떠진다. 아기를 가슴으로 끌어당겨 기저귀가 젖었는지 확인한다. 이런 일에 점점 도가 트기 시작했다. 다시 우리는 함께 잠들었다.

나는 6주 동안 하혈을 했다. 실제로는 혈액이 아니라 산후에 자궁이 분해되어 배출되는 오로惡露다. 인간의 자궁에는 자기 분해력이 있어서 자신이 만들어낸 효소로 조직을 분해시킨다. 아기를 바깥세상으로 밀어내는 데 사용되었던 과다한 자궁의 근육들은 소멸되어야만 한다. 태반의 깊은 뿌리가 남긴 구멍에 고여 있던 혈액 또한 소멸되어야만 한다.

아기는 엄마를 먹는다. 엄마는 자신을 먹는다. 모두가 잔치를 하러 엄마의 몸으로 온다.

젖먹이동물

스웨덴의 식물학자이자 분류학자인 카롤루스 린네는 1758년에 따뜻한 피를 갖고 있고 털이 많은 동물들에게 젖먹이동물(Mammalia, 포유류)이라는 이름을 붙였다. 이 명명이 주의를 끈 것은 2,200년 전에 처음 생명체 분류를 시도한 아리스토텔레스 이래로 계속 통용돼온 네발동물과는 확실히 달랐기 때문이다. 이 무리의 절반, 즉 암컷만 젖이라는 특징을 갖고 있는 것을 알아차린 라이벌과 동료들은 즉각 린네의 결정을 비웃었다. 많은 이들은 여성이 갖고 있는 기관의 이름을 따서 동물 부류를 지칭함으로 인해 여성 기관의 명예를 추켜세웠다는 이유로 공공연하게 린네의 제안을 거부했다. 그러나 젖먹이동물, 즉 포유류란 명칭은 어떻게든 유지되어왔다.

젖샘의 근원에 대해서는 알려진 것이 거의 없다. 가슴은 화석을 남기지도 않았고, 살아 있는 파충류들에게는 이와 같은 기관이 없다. 유선은 외배엽 구조로부터 발생한 것으로 생각된다. 가슴이 변형된 땀샘이라는 통상적인 개념은 너무 단순화된 것이다. 세포 구조적 측면에서 보자면, 유선은 땀샘 못지 않게 기름샘과도 공통점이 많다.

뿐만 아니라 모든 종의 수컷에게는 유선이 존재하지만 결코 기능하지 않는 사실도 이상하다(이는 절대적인 것은 아니다. 젖이 가득 찬 유선을 가진 말레이시아의 수컷 과일박쥐가 잡힌 적이 있다. 이들 수컷이 실제로 젖을 새끼에게 먹였는지는 아무도 모른다). 수컷의 가슴이 발육되지 않고 남아 있는 정도도 매우 다양하다. 인간 남성의 경우 잘 형성된 젖꼭지와 관을 갖고 있다. 인간 남성들은 심지어 프로락틴에 의한 젖꼭지 자극에도 반응한다. 비록 그 빈도가 여성에 비해 훨씬 떨어지지만 남자들 역시 유방암에 걸릴 수 있다. 정반대의 사례가 설치류인데, 수컷에게는 관과 젖꼭지가 없다.

우리가 알고 있는 것은 아마도 수유로 인해 포유동물이 공룡의 뒤를 이어 지구를 점령할 수 있었을 거라는 사실이다. 최소한 두 명의 유명한 발생학자들, 다니엘 블랙번과 캐롤라인 폰드가 가슴으로 인해 포유류가 막대한 성공을 이루었다고 믿고 있다. 가슴 덕분에 파충류들이 발을 딛기 두려워한 북극과 같은 지역을 포함한 생태계에서 살아갈 수 있었기 때문이다. 또한 캐롤린 폰드가 지적한 것처럼 젖을 먹이는 경우에는 갓 태어난 새끼들에게 먹일 적당한 음식을 찾으러 엄마가 나다닐 필요가 없다. 새끼들 또한 먹이를 찾는 데 에너지를 소비할 필요가 없기 때문에 더욱 빨리 성장할 수 있다. 에너지뿐만 아니라 칼슘과 같은 중요한 미네랄도 엄마의 몸에 장기간 저장해두었다가 주위 환경에서 이런 물질들을 즉각 구할 수 없는 경우에 젖을 통해 새끼에게 전달할 수 있게 된다. 아기에게 필요한 식단의 모든 메뉴가 항상 이용 가능한 경우도 있지만, 그렇지 못한 경우도 있다. 따라서 젖은 음식 부족에 대한 저장 창고로도 기능한다.

생물학자들은 유선이 젖먹이동물이 출현한 아주 초창기에, 아니 젖먹이 생명체가 태어나기 전에 거의 확실하게 만들어졌다고 생각한다. 이러한 가정의 가장 강력한 증거는 오리너구리와 가시개미핥기가 포함되는 단공류單孔類라 불리는 이상한 젖먹이동물의 존재다. 단공류는 알을 낳지만 수유하기 때문에 가슴이 태반보다 진화의 시간표에서 더 오래전 사건이라는 것을 의미한다.

아기 엄마는 어디 있어요?

페이스는 생후 3주가 되자 잠에서 깨어났다. 조용한 평온함이 사라지고 예민한 고집이 나타났다. 왜 그런 것일까? 나는 아기가 급성장기를 통과하고 있다고 생각했고 그래서 젖을 먹이기 쉽도록 셔츠 단추를 풀어놓고 있었다. 그러나 하루 종일, 심지어 젖을 먹고 난 후에도 아기는 여전히 뭔가를 원하고 있었다. 달리 표현할 방법이 없어서인지 끊임없이 울어대는 것으로 내 가슴을 찢어놓았다.

자넷은 집으로 돌아갔고, 남편과 내가 이 문제를 해결해야만 한다. 뭘 해야 할지 침착하고 신중하게 의논하려고 했지만 목소리가 들리지 않을 정도로 페이스가 큰 소리로 우는 바람에 손을 흔들고, 몸짓을 하고, 입술을 읽는 것으로 의사소통을 대신할 수 밖에 없었다. 갖고 있는 육아 관련 책들에서 '울음' 부분을 뒤져서 가능한 원인을 확인해봤지만 아무 소용이 없었다. 새벽 4시가 되어서야 남편은 아직 시도해보지 않은 마지막 항목을 우연히 발견하였다. "아기를 데리고 산책하시오."

그는 '커피 마시러 나가' 라고 쓴 종이 메모를 들었다. 그런 다음 페이스를 아기 캐리어에 넣고 문 쪽으로 향했다. 곧아 떨어지기 전, 나는 기차 기적소리처럼 멀어져가는 아기 울음소리를 들었다. 출산 후 처음으로 나는 혼자가 되었다.

한편 서머빌의 유니온 광장에 있는 24시간 도넛 가게 안으로 면도도 안 하고 세수도 안한 남자가 잠든 아기를 목에 매달고 들어섰다. 그때가 새벽 4시 20분이었다. 두 명의 택시 운전수를 빼면 가게는 텅 비어 있었다. 탈진한 남자는 카운터로 가서 큰 사이즈의 커피와 도넛을 주문했다. 종업원은 진하게 마스카라를 바른 눈을 모으며 말했다. "그런데 아기 엄마는 어디 있는 거죠?"

아기 냄새

포유동물들 중에서도 인간의 젖이 갖는 특징이라면 줄줄 흐르는 성질이다. 실제로 인간의 젖이 포유동물의 젖 중에서 가장 묽고, 단백질 함량이 가장 낮다. 이는 우리 인간에게 주어진 형벌처럼 보인다. 인간의 아기는 모든 포유동물 중에서 출생 시 가장 통통하게 태어나지만 가장 느리게 성장하는 종 중 하나다.

포유동물의 젖에 들어 있는 영양분의 함량이 수유 스타일을 결정한다. 새끼들을 보금자리에 두고 풀을 뜯거나 사냥을 해야 해서 자주 젖을 물리지 못하는 동물들이 가장 영양이 풍부한 젖을 갖고 있다. 드물게 둥지로 돌아올수록 한 번에 농축된 영양을 제공해야만 한다. 토끼는 네 시간마다 젖을 먹인다. 토끼 젖의 10퍼센트는 지방이다. 사자는 여덟 시간마다 젖을 먹인다. 사자 젖의 19퍼센트가 지방이다. 엄마가 새끼 곁에 있어 젖을 자주 먹이는 경우는 젖에 영양분이 적다. 이런 부류에는 영장류뿐 아니라 풀을 뜯는 동물들이 포함된다. 그래서 소와 사람의 젖에는 지방이 4퍼센트 정도밖에 들어 있지 않다.

솔직하게 말하면 모유는 전혀 아름답지 않다. 깨끗한 우유에 비해서 엄마의 젖은 병에 부어놓으면 흐릿하고 칙칙하고 뿌옇다. 게다가 모유는 흰색도 아니다. 모유는 오래된 속옷처럼 노란 빛이 도는 회색이다. 젖을 한 시간 정도 병에 담아두면 위쪽에 얇은 크림 거품이 형성되고 아래쪽에는 연한 푸른색의 액체가 남는다. 이래서 아마 직장에 다니는 엄마들이 젖을 짜는 일뿐만 아니라 보관하는 데도 프라이버시가 존재하지 않는다고 불평하는 것이리라. 이런 엄마들은 모두가 공동으로 사용하는 직원용 냉장고에 모유 병을 두는 것이 불편하다고 말한다. 젖을 먹이기 전까지는 나도 이점을 이해하지 못했다. '우유를 선반에 올려놓는다고 이상하게 생각하는 사람은 없잖아? 그런데 왜 자기 몸에서 나온 젖은 이상하게 생각해야 하지?' 그러나 지금은 우리 집 냉장고에 유축기로 짠 젖이 담긴 병을 넣을 때조차 겨자나 올리브 통 뒤편에 숨겨두는 내 모습을 발견하게 된다.

모유에 대한 집단적인 결벽증은 겉모양에 대한 오해보다 더 깊을 듯싶다. 모유는 아름답지 않고, 냄새는 100배나 더 나쁘다. 엄마가 된 누군가의 경우를 기록한 최근 모유 수유 책자에 따르면, 이런 것을 손자에게 먹일 수 없다고 단호하게 선언하면서 모유를 넣어놓은 병을 건드리지도 않는 시어머니도 있다고 한다. 모유에 대한 혐오감이 무엇에서 비롯됐건 간에 비교적 새로운 문화적 장면임에는 분명하다. 박물관에는 젖을 먹이는 성모 마리아의 그림이 가득하고, 그녀의 젖은 자비와 신성함의 상징이다. 중세시대에는 성모 마리아의 젖이라고 주장하는 액체가 담긴 병들이 가톨릭 성물함에 가득했다. 고대에는 어머니의 젖을 만병통치약으로 생각하여 귀머거리 · 폐병 · 변비 · 열병의 치료약으로 성인들에게 다양하게 처방되었다.

심지어 '은하수(milkyway)' 라는 말도 별 무리가 젖이 밤하늘을 가로질러 뿜어져 나온 모양과 닮았다고 해서 붙여진 것이다. 자코포 틴토레토의 유명한 그림인 〈은하수의 기원〉은 이 이야기를 축복하고 있다. 이 그림은 제우스의 아내인 헤라가 반쯤 누운 자세로 어린 헤라클레스에게 물리던 젖을 빼서 우주로 뿜어내는 광경을 보여주고 있다. 위쪽으로 올라간 젖은 우주의 별이 되고, 땅으로 떨어진 젖은 백합이 되었다. 양수검사 결과를 기다리고 있던 임신 4개월째에 대영박물관에서 이 그림을 직접 본 적이 있다. 헤라의 두 개의 젖꼭지에서 분수처럼 흰색 포물선을 그리며 젖이 사방으로 흩뿌려지는 것을 지켜보면서 '너무 말도 안 되게 과장했네' 라고 생각하며 웃었다. 그러나 이 그림은 사실적이다. 틴토레토는 일곱 명의 아이들에게 헌신적인 아버지였다. 아마 그는 젖의 방출 발산에 대해 어느 정도는 알고 있었을 것이다.

백합과 별이라. 나는 젖을 짜놓은 병을 냉장고 뒤쪽에서 끄집어내서 와인 잔에 붓고 숟가락으로 휘저은 뒤 맛을 조금 보았다. 처음 알게 된 것은 젖이 여러 배 희석시킨 연유처럼 아주 달다는 사실이었다(연유가 초기에는 젖 대용품으로 시판되었으므로 사실 놀랄 일은 아니다). 처음의 단맛이 없어지자 사향 냄새, 흙 냄새가 혀끝에 맴돌았다. 마지막에는 아기의 숨결에서 나는 연하고 신비한 향이 남았다.

똑같은 양의 지방을 함유하고 있지만, 인간의 젖에는 소젖(우유)에 비해 거의 두 배의 당분, 즉 락토즈가 들어 있다. 또한 비타민 A, C, E, K가 더 많이 들어 있다. 그러나 우유에는 인간의 젖보다 단백질이 세 배 더 들어 있고 염분도 더 많다. 송아지는 생후 두 달이 되기 전에 체중이 출산 시의 두 배가 되기 때문에 아기보다 더 많은 단백질을 필요로 한다. 인간의 경우 체중이 두 배가 되려면 반년이 걸린다.

단백질의 유형도 다르다. 구체적으로는 유장과 응유의 비율이 서로 다르다. 유장은 락트알부민으로 요구르트의 위쪽에 떠 있는 액체이다. 응유는 카세인이란 단백질로 시골에서 파는 치즈의 상당 부분을 차지한다. 모유에 비해 우유에는 응유가 두 배, 유장이 3분의 1 정도 들어 있다. 그렇기 때문에 신생아에게는 가공되지 않은 우유는 먹이지 않도록 권고되는 것이다. 높은 농도의 단백질과 염이 아기의 신장에 부담을 주고, 위에 크고 단단한 기포를 형성해서 경련의 원인이 되기 때문이다.

집 안에 갇히다

아주 어린 아기를 둔 엄마들은 격렬한 운동을 계속하고 있는 셈이다. 잠을 잘 수 없는 것이 큰 문제다. 아기가 없는 이들에게도 수면 부족은 낯선 일이 아니다. 그러나 출산 전까지 나는 순진하게도 뭔가 신비한 모성애 호르몬이 분비되어 엄마를 어떤 상태든 견딜 수 있는 슈퍼우먼으로 만들어 주리라고 생각했었다. 그런데 새벽 2시까지 깨어 있는 것이 예전과 마찬가지로 끔직한 일이라는 것을 알고 놀랐다. 나의 경우에는 누적된 수면 부족이 물건을 못 찾는 증세로 나타났다. 심지어 그냥 쳐다보기만 하면 되는 코앞의 물건도 마찬가지였다. 그래서 선반 위의 양념통, 싱크대 위의 칼, 식기건조기 안에 들어 있는 샐러드 접시를 쉽게 찾을 수 있었던 때에 비해 저녁 식사 준비에 시간이 두세 배 걸렸다. 다른 한편으로는 사용하는 단어의 수가 줄어들었다. 그래서 우리 부부의 대화는 다음과 같은 식이었다.

"자기야, 혹시 화장지 못 봤어?"

"그게…… 당신 바로 위에 있는데."

수면 부족의 직접적인 결과는 제때에 후딱 해치워야 하는 일상적인 활동들을 처리하는 속도가 점점 느려진다는 것이다. 해야 할 일들과 실제로 해놓은 일들 사이의 괴리감으로 인해 만성적인 좌절감을 맛보았다.

그러나 실제로는 수면 부족이 전부가 아니었다. 보다 심각한 것은 항상 주의를 기울이고 있어야 한다는 사실이다. 단순히 새벽 2시에 깨어 있기만 하면 되는 것이 아니라 그 시간에 복잡하고 범상치 않은 문제들을 계속해서 풀어내야만 한다(예를 들어, '왜 아기의 응가가 이렇게 파랗지?'). 항상 주의를 기울여야만 하기 때문에 '사고 박탈'이라고 부를 수밖에 없는 다른 종류의 문제가 생겼다.

내가 엄마가 아닐 적에는 매우 바쁜 일과를 보낸 날일지라도 옛날 기억을 떠올리며 즐거워한다든지 대화 내용을 떠올려본다든지 아니면 단순한 공상을 즐길 수 있는 순간이 있었다. 화장실을 갈 때, 옷을 입을 때, 우편물을 열어볼 때, 개에게 먹이를 줄 때 이런 기회가 있었다. 하지만 지금은 이런 기회가 모조리 몰수되었고, 의식적 사고가 박탈되었다. 아기의 소리에 귀를 기울이고, 아기가 아직도 숨쉬고 있는지 걱정하고, 배고파서 우는 건지 아파서 우는 건지 구별하려고 애쓰고, 아기가 죽을 수도 있는 다양한 상황을 상상하느라 머리가 꽉 찼다. 아빠들이 "산책이라도 좀 하지 그래?" 라고 말하는 것처럼, 누군가 갓 엄마가 된 이들에게 짧은 자유시간을 제안하면 그동안 억눌렸던 생각들이 한꺼번에 터져나온다. 거의 정신병처럼 느껴질 만큼.

마침내 예상이란 것이 불가능한 상태가 되어버린다. 아기가 잠이 들고, 집 안이 평화로워진다고 하자. 그러나 아기가 두 시간을 잘지 2분을 잘지는 아무도 모른다. 따라서 짧은 감사 편지를 써야 할지, 같이 낮잠을 자야 할지, 아니면 보험 청구서 같은 문제를 처리하는 것이 더 좋을지 알 수가 없다. 내가 틀렸다고 생각할 때마다 좌절감을 맛보았고, 계속되는 좌절감으로 인해 점차 대책 없는 혼란 상태가 되었다.

아기가 깨어 있을 때면 전혀 다른 일을 처리할 수 없다. 두세 시간마다 젖을 먹여야만 한다. 이 간격은 처음 젖을 먹이기 시작할 때부터 다음 젖을 먹이기 시작할 때까지다. 아기가 한 시간 동안 젖을 먹으면, 다음번 젖을 먹을 때까지 내게는 한 시간밖에 없다. 이 시간 동안 아기에게 트림도 시켜야 하고, 나도 화장실에 가야 한다. 물병도 채워놔야 한다. 기저귀도 갈아줘야 한다. 목욕도 시켜야 한다. 그러다 보면 갑자기 또 젖먹일 시간이 된다.

빨래 한 무더기가 세탁되었지만 말리지 못한 채 있고, 두 무더기의 빨래거리가 세탁기에 들어갈 준비를 하고 있고, 한 무더기는 세탁된 후 말려지긴 했지만 아직 개지 못한 상태다. 우편물 중 절반은 뜯어보지도 못했다. 아홉 개의 청구서 중 세 개만 요금을 냈다. 두 개의 다른 청구서는 발송할 준비는 되었지만 우표를 사와야 했다. 다른 네 개의 청구서는 아직 열어보지도 못했고, 그중 하나는 라디에이터 뒤에 떨어져 빗자루로 꺼내야 하는데 아기를 안고는 못할 일이다. 열일곱 개의 전화 메시지 중 세 개에만 답했다. 고양이는 밥을 줬지만 개밥은 주지 못했다. 여덟 개의 화분 중에 여섯 개에만 물을 주었다. 그릇 몇 개는 설거지했지만 나머지는 싱크대에 쌓여 있다. 절반만 마친 일들의 리스트가 기하급수적으로 늘어나고 있었다.

다른 엄마들이 나의 숨쉴 구멍이었다. 모두들 이런 절망스러운 상황의 해결책이 매일 집 밖으로 나가는 것이라는 데 동의했다. 아기를 데리고 나가건 아니건 무슨 일이건 얼마나 짧은 시간이건 상관없이.

수유의 그늘

그럼 왜 린네는 젖먹이동물이라는 이름을 붙인 것일까? 나는 그가 진화의 역사를 구상하면서 암컷의 가슴이 지니고 있는 힘을 이해했던, 당시로서는 일종의 선견지명을 가진 페미니스트라 생각하고 싶었다. 그러나 사실은 그런 것 같지 않다. 린네의 견해는 오직 진보에 대한 더 큰 차원의 정치적 의제의 일부였던 것이다.

린네가 세상의 모든 동물에 이름을 붙인 걸작 『자연의 체계』를 편집하고 있을 때, 유럽에서는 유모에 대한 논쟁이 뜨거웠다. 유모는 18세기에는 흔한 관행이었고, 특히 파리에서는 유아 대부분이 태어난 첫 해에는 전문적인 유모에게 맡겨 길러졌다. 린네는 유모를 법적으로 금지하고 여성들이 자기 아이에게 젖을 먹이게 하자는 캠페인에 적극적으로 참가했다. 틴토레토처럼 린네도 일곱 명의 아이를 두었는데 모두 그의 아내가 젖을 먹여 키웠다. 개업의였던 린네는 '포유동물'이란 단어를 만들어내기 직전, 유모들의 아동 학대와 죄악을 비난하는 논문을 저술했다. 그의 주장 중 하나는 유모 제도로 인해서 아이들이 초유를 먹을 수 없게 된다는 것이었고,

그는 이 초유가 장에서 태변을 배출시키는 것을 도와준다고 정확하게 주장하였다.

그러나 린네가 유모를 반대한 데에는 생물학적 근거 이상의 이유가 있었다. 그는 상류층 아이들이 미천한 출신인 유모의 젖에 의해 타락한다고 경고했다. 고귀한 태생의 여성들이 가정에서 아이를 사랑하고 젖을 먹여 주는 엄마로서의 올바른 위치로 돌아갈 것을 요구하기 위해서 자연법칙에 근거해 호소했던 것이다. 그는 들판의 동물을 닮으라고 역설하였다. 이런 충고가 남성들에 의해 직접 여성들에게 가해졌을 때는 항상 불안감이 조성되었다. 유모 반대 캠페인은 사회적으로 성장하고 있던 여성들의 영향력을 통제하고 집 밖에서 활동할 기회를 단축시키려는 사회적 숙청 운동의 일부분이었다.

린네는 그가 젖먹이동물이라고 부른 동물 무리에 호모 사피엔스(지혜로운 인간)로 명명된 우리 인간을 확고하게 끼워 넣음으로써 정치적 전쟁터에 새로운 인물로 등장했던 것이다.

모유의 기적

빵과 물고기의 기적

어머니는 새 신부였을 때 자궁외 임신으로 한쪽 나팔관이 파열되서 응급 수술을 받았다. 의사에게서 다시는 임신할 수 없을 것이라는 이야기를 들은 부모님은 목사님에게 도움을 청하러 갔다. 목사님은 이웃 도시에 있는 감리교 입양원으로 부모님을 안내했고, 그곳의 사회사업가들은 인근 도시의 병원에서 태어나자마자 버려진 생후 3개월 된 나를 소개했다. 당시 나는 네 시간마다 150그램의 분유를 먹었고, 3분의 1을 접어서 양쪽을 핀으로 고정시킨 기저귀를 차고 있었고, 하루에 세 번 정기적으로 낮잠을 잤다. 밤에 깨지 않고 잠을 잤기 때문에 나는 매우 협조적인 아기로 인식되었다. 적어도 가족들의 이야기에 따르면 그랬다.

부모님은 교회에 다니던 산드라 밀러라는 십대 소녀의 이름을 따서 내 이름을 지었다. 부모님이 보시기에는 이 소녀가 매우 밝고 외향적이고 행복해 보였다고 한다. 나는 이런 새로운 정체성을 갖고 세례를 받았다. 어린시절의 대부분을 주일학교에서 보냈고 여름에는 성경학교에 참가했다. 십대가 되어 견진성사 수업을 받았고 신약성서 퀴즈대회에 나갔다. 그리고 매년 크리스마스 연극에서 성모 마리아 역을 맡았다. 대학에 갈 때가 되자 70여 킬로미터 떨어진 감리교 계열 대학으로 진학하는 것을 자연스럽게 고려하게 됐다. 그래서 일리노이 주 웨슬리안 대학으로 진학하게 된 것이었다.

이 대학에서 나는 감리교와 작별하게 되었다. 그건 대단하지도 의식적이지도 않은 결정이었다. 마지막으로 교회에 간 것이 언제인지 기억하지 못한다는 것조차 알지 못한 채 그냥 몇 년이 지나가 버렸다. 그럼에도 불구하고 신앙이 없는 남편과 얼마 전에 이야기를 나누다가 내가 예전에 암송했던 성경 구절들을 지금도 잊지 않고 있음을 발견했다.

성경 구절들은 젖을 먹이는 동안 내게 다시 돌아왔다. 「마태복음」 14장을 살펴보자. 여기에는 예수가 '멀리 떨어진 황량한 곳'을 향해 배를 타는 장면이 있다. 5,000명의 신봉자들이 합류해서 오랫동안 예수는 외롭지 않았다. 예수는 낮 동안 내내 병자들을 치료했다. 밤이 되자 제자들이 예수에게 사람들이 모두 배가 고프니 군중을 해산시켜 집으로 보내야 한다고 말하였다. 예수는 그러기 전에 먼저 자신이 축복한 빵 다섯 덩어리와 물고기 두 마리로 사람들을 먹이도록 지시하였다. 놀랍게도 모두가 배불리 먹은 후에도 남은 음식이 열두 바구니에 가득 찼다.

내가 젖을 먹이면서 가장 많이 생각하는 것이 바로 이 가득 넘친 바구니였다. 6주째가 되자, 페이스는 평화로운 예전의 모습을 되찾았다. 이제는 거의 예상 가능한 패턴에 따라 먹고 자기만 한다. 지금은 웃기도 한다. 사는 게 한결 쉬워졌다. 나는 다시 매일 샤워를 했다. 편지도 쓰고 설거지도 하고 세탁물도 갰다. 무엇보다도 페이스의 체중이 4.4킬로그램이나 나갔다. 소아과 의사의 말에 따르면 '잡초처럼 성장' 한 것인데, 젖을 먹이는 엄마들에게 이보다 기쁜 말은 없을 것이다. 아기가 크면서 젖의 양도 늘어나서 더 이상 유축기가 필요 없게 되었다.

아기가 젖을 더 많이 먹을수록 엄마가 젖을 더 많이 만들어낸다는 것은 수유라는 일상의 기적이다. 젖의 비율과 양을 잴 필요는 없다. 배고픔이 풍부한 음식을 만들어낸다. 여기에는 끝이 없다. 내가 갖고 있는 모든 것을 줌으로써 내가 줄 수 있는 것이 더 많아진다. 가슴은 점점 비워지는 식품 저장소가 아니라 저절로 차는 그릇이다. 모유 수유 안내 책자에서는 이 현상을 공급과 수요의 법칙이라고 불렀다. 나는 이것을 빵과 물고기의 법칙이라 생각하기로 했다. 그대는 기적을 의심하느뇨?

병을 치료하는 능력

병을 치료하는 능력은 모유만이 가진 또 다른 신비한 능력이다. 모유를 먹은 아기들은 입원하거나 사망하는 비율이 낮다. 이런 아기들은 호흡기 감염, 내장 감염, 요도관 감염, 중이염, 세균성 뇌수막염에 더 적게 걸린다. 이런 아기들의 경우, 가장 무서운 질병인 유아급사증후군(SIDS, 요람사라고도 불리며, 신생아가 호흡 장애를 일으킬 만한 자세로 잠을 자다가 돌연 질식사하는 것으로, 주로 생후 3~5개월 사이에 발생한다.—옮긴이 주)이 훨씬 적게 나타난다. 또한 정기적인 면역 과정에 반응해서 더 많은 항체를 생성한다. 이런 경향은 가난한 나라뿐만 아니라 산업화된 잘사는 나라에서도 그대로 나타난다.

심지어 모유를 먹는 아기들은 우유병을 빠는 아기들과 숨쉬는 것부터 다르다. 우유병을 빠는 아기들은 분유를 먹는 동안 숨쉬는 횟수가 줄어들고 숨을 더 길게 내쉰다. 이런 변화로 인해 우유병을 빠는 동안 산소 흡수가 감소되는데, 모유를 먹는 경우에는 이런 현상이 나타나지 않는다. 아마도 가슴에서 우유를 빨아내는 메커니즘이 인공 젖꼭지와는 다르기 때문일 것이다. 이런 차이는 또한 우유병을 빠는 아기들에게서 귀 감염이 높은 이유를 설명할 수 있다. 우유병을 빠는 동안 귀와 코를 연결해주는 좁은 터널인 유스타키오관이 적절하게 닫히지 않아서 코의 분비물과 분유가 관으로 역류할 수 있다. 이와는 대조적으로, 엄마의 젖을 먹는 아이들은 더 빠르고 더 격렬하게 젖을 빨아야 하기 때문에 유스타키오관이 꼭 닫히게 된다.

모유 수유가 유아의 건강에 미치는 장점을 보고하는 연구들은 선뜻 받아들이기가 쉽지 않다. 젖을 먹는 아이들과 우유병을 빠는 아이들은 영양 공급 방법 외에 여러 면에서 처한 상황이 다르기 때문이다. 미국에서 젖을 먹이는 엄마들은 우유병을 빨리는 엄마들보다 더 부유하고 교육을 많이 받았다. 이들은 또한 담배도 더 적게 피운다. 정확한 연구라면 이런 사회적 인자들을 계산해서 결과를 보정해야만 할 것이다.

1998년에 발표된 가장 설득력 높은 연구에서는 모유 수유 촉진 프로그램 전후에 걸쳐 뉴멕시코에 거주하는 2,000명의 유아들을 조사하였다. 프로그램 실시 이전에는 유아들의 16퍼센트만이 모유를 먹었지만, 실시 이후로는 55퍼센트가 모유를 먹었다. 프로그램 실시 이후, 유아 폐렴 발생이 3분의 1로 떨어졌고, 내장 감염이 15퍼센트 감소한 것으로 나타났다. 또한 연구자는 "아주 적은 양의 젖만을 먹은 아이들의 질병 발병 빈도가 증가한 원인은 모유 공급 부족으로 인한 것이다"라고 결론을 내렸다.

모유의 건강 증진 효과는 젖을 뗀 후에도 오래 지속된다. 모유와 분유를 먹인 600명의 아기들을 학교에 들어갈 때까지 추적한 스코틀랜드의 연구에 따르면 호흡기 질병의 경우, 발병을 감소시키는 모유 수유의 효과가 최소한 일곱 살까지 지속된 것으로 밝혀졌다. 또 젖을 먹은 일곱 살짜리 아이들은 혈압이 상당히 낮았다. 이런 차이는 체중, 엄마의 혈압, 경제적 수준 같은 인자들을 보정한 후에도 여전히 유지되었다.

따라서 모유 수유는 단순히 감염성 질병으로부터 아기를 보호하는 것 이상의 이점을 제공한다. 다양한 연구 결과, 유아기에 젖을 먹은 아이들의 경우에 알레르기, 천식, I형 당뇨병, 만성 장질환인 크론씨 병, 궤양성 대장염, 소년기 류마티스 관절염이 더 적게 생긴다는 사실이 일관되게 나타나고 있다. 이 같은 다양한 질병들은 모두 면역 반응 이상이라는 공통된 원인을 갖고 있다. 크론씨 병의 경우는 항체가 젖 단백질과 대장 내의 박테리아 층을 공격해서 감염과 궤양이 생긴다. 궤양성 대장염은 면역 시스템이 내장 표피 자체를 공격해 손상을 일으켜 대장암 위험이 증가하고, 심한 경우에는 대장 전체를 수술로 완전히 제거해야만 한다(흥미롭게도 화학적으로 대장염을 일으킨 쥐에게 사람의 젖을 먹이면 대장염이 치유된다). 류마티스 관절염의 경우 항체가 관절부의 연결 조직을 외부 단백질로 오인하고 공격해서 발병한다. I형 당뇨병의 경우 췌장 혹은 보다 구체적으로는 인슐린을 생산하는 췌장 세포가 항체의 공격을 받아서 생긴다.

모유가 어떻게 이런 질병의 발생을 억제하는지는 명확하게 밝혀지지 않았다. 그러나 분유를 먹는 것과 당뇨병 사이의 상관성에 대해서는 일부가 밝혀지기 시작했다. 우유에 남아 있는 소의 인슐린 구조는 인간의 인슐린과 매우 유사하지만 동일하지는 않다. 유아의 면역 시스템은 종종 분유에 들어 있는 낯선 인슐린 단백질에 대해 항체를 생성하기 시작한다. 종종 몇 년 후에 이들 항체가 사람 몸속에서 인슐린을 만들어내는 췌장 세포를 공격한다. 한 연구에서는 분유를 먹은 아이들의 10퍼센트에게 당뇨병과 관련된 것으로 알려진 항체 종류가 형성된 것으로 드러났다. 이는 이런 아이들이 당뇨병에 걸릴 위험이 높다는 것을 의미한다. 최근의 다른 연구에서는 대부분의 엄마가 모유를 수유하는 쿠바와 5퍼센트 미만의 엄마들만 모유를 수유하는 푸에르토리코를 대상으로 당뇨병의 발생 비율을 비교했다. I형 당뇨병 발생 빈도는 푸에르토리코가 쿠바보다 열 배나 더 높았다.

젖은 비만이나 암의 위험으로부터 아기를 보호해준다. 생후 12개월이 되면 젖을 먹은 아기들은 분유를 먹은 아기들보다 체중이 적게 나간다. 이런 차이는 부분적으로는 분유가 고칼로리 함량을 가지고 있는 데 기인한다. 반면 젖을 먹은 아기들은 이유식을 시작한 후에도 자신의 칼로리 섭취를 계속 낮은 수준으로 조절한다. 이런 이점은 오래도록 유지된다. 독일에서 최근 이뤄진 연구에서는 1년 동안 젖을 먹은 아기들은 두 달 미만으로 젖을 먹은 아기들보다 학교에 다닐 때 비만해질 가능성이 4분의 1밖에 안 된다는 사실을 밝혀냈다.

신중하게 실행된 여러 연구에서 분유를 먹은 아이들은 여섯 달 이상 젖을 먹은 아기들보다 호지킨 림프종에 걸릴 확율이 상당히 높다는 것을 발견하였다. 청소년과 젊은이들에게 가장 흔한 암인 호지킨 림프종은 면역성을 제공하는 주된 물질이 있는 관과 결절이 광범위한 네트워크를 이루고 있는 림프 시스템에 생기는 암이다. 최근 이론에 따르면, 젖을 먹은 아기들의 경우, 모유에 있는 미확인 성분들이 면역 시스템을 위협하는 암을 억제하는 것으로 나타났다.

새끼에게 좋은 것이 어미에게도 좋은 법이다. 젖을 먹이면 엄마의 건강도 향상된다. 젖을 먹임으로써 옥시토신이 계속 높은 수준으로 유지되면 자궁이 임신 전의 자두만 한 크기로 좀더 빨리 돌아가게 된다. 프로락틴 농도가 가장 높은 밤에도 계속 수유를 하면, 높은 프로락틴 농도가 배란을 억제해서 최소한 석 달, 종종 더 오랜 기간 동안 자연적으로 피임이 된다(반드시 그런 것은 아니다). 또한 젖을 먹인 엄마들은 자궁암과 폐경 전 유방암이 발생하는 비율이 낮다. 아이슬란드에서 이뤄진 최근 연구에 따르면, 젖을 먹이면 40세 이전에 유방암에 걸릴 확률이 상당히 감소된다고 한다. 더 오래 젖을 먹일수록 더 오래 유방암으로부터 안전하다. 그러나 모유 수유와 폐경 후 유방암의 상관 관계는 명확하지 않다. 일부 조사는 장기간 모유를 먹인 여성들의 폐경기 후 유방암 발병이 어느 정도 감소되었음을 보여준다. 중국의 엄마들을 대상으로 한 최근 연구에 따르면, 한 아이에게 24개월 이상 수유한 엄마들은 유방암에 걸릴 확률이 절반으로 떨어진 것으로 나타났다.

여러 조사자들이 모유가 가진 건강 증진 효과를 경제적 용어로 표현하고자 했다. 그중 하나를 예로 들면 생후 1년 동안 모유를 먹여서 호흡기 질병, 귀 감염, 내장 질병에 걸릴 확률이 감소되는 것만 쳐도 아기 한 명당 331~475달러의 의료비가 절감된다(여기에 더해 분유 대신 젖을 먹임으로써 연 평균 1,000달러의 분유 값이 절약된다. 경제학 세계에서 모유는 공짜 점심과도 같다). 물론 이 계산에는 당뇨병, 알레르기, 천식, 비만, 류마티스성 관절염, 림프종, 백혈병, 대장염, 크론씨 병, 유방암, 난소암 등의 위험 감소로 절약되는 금액은 포함되지 않았다.

만찬에서 젖 먹이는 방법

7주가 지나자, 나는 누워 있으면서 걸어다니면서 전화를 하면서 신문을 보면서 목욕을 하면서 한 손으로 컴퓨터를 치면서도 페이스에게 젖을 먹일 수 있게 됐다. 한 달 전만 해도 차 한 잔 마실 여유가 없었는데 말이다. 나는 이제 손님들의 방문을 맞이할 준비가 되었지만, 너무 오랫동안 전화를 받지 않고 녹음 메시지에도 답을 하지 않았기 때문에 더 이상 전화벨이 울리지 않았다. 나는 방 건너편에서 전화기를 바라다보면서 '울려라' 하고 명령을 내렸다. 그런데 갑자기 전화벨이 울리는 바람에 깜짝 놀랐다.

일리노이 웨슬리안 대학 학장의 비서에게 걸려온 전화였다. 동부 해안으로 여행을 간 학장이 내일 저녁에 열리는 보스턴의 하버드 클럽에서 뉴잉글랜드 지역의 몇 명 안 되는 졸업생들을 방문한다는 것이었다. 비서는 남편과 내가 참석할 수 있는지 물어보았다.

'당연히 가야지. 이렇게 신날 수가. 오, 이런.' 나는 느리게 대답했다. "그런데 저…… 제가 갓난아기를 데려가야만 하는데 괜찮을까요?" 물론 괜찮다는 상쾌한 대답이 왔다.

"음, 그리고 젖을 먹여야 하는데 문제없을까요?"

"제가 다시 연락드리죠."

"예, 감사합니다."

"예, 안녕히 계세요."

전화벨이 다시 울리기를 기다리면서 방 안을 뱅뱅 돌았다. '그런데, 내가 왜 그런 말을 한 거지? 내가 아기에게 젖을 먹이는데 왜 허락을 받아야 해? 혹시, 내가 젖을 먹이면 다른 참석자들이 당황할까?' 허세를 부리기는 했지만 아직까지 나는 소아과 진료실의 대기실을 제외하고는 공공 장소에서 젖을 먹이려고 시도해본 적이 없었다.

전화벨이 울렸다. "예, 물론 괜찮습니다." 학장이 확실히 괜찮다고 말했다고 했다. '세상에, 고마워요.'

나는 보석으로 치장한 여자들과 마티니 잔을 든 남자들로 가득 찬 내실로 들어설 때까지 두려워하지 않았다. 이 파티가 모금을 위한 것이라는 추측은 할 수 있었지만 학비 융자금 연기 신청만 했던 내가 왜 이 모임에 초대되었는지 알 수 없었다. 다행히 페이스는 평온하게 잠이 들어 있었다. 은발의 학장이 다가와서 제프와 악수하고는 아기를 칭찬했다. "정말 예쁘게 생겼네!" 나는 웨이터들이 테이블에 내올 요리를 준비하고 있는 식당을 바라보았다. 식탁 위의 이름표 앞마다 열 벌의 은식기가 놓여 있었다.

스프가 나올 때까지는 만사가 순조로웠다. 스프가 나오자 페이스가 드디어 잠에서 깨어나 자기도 밥을 먹어야겠다고 결심했다. 학장이 막 새로 건립되는 도서관에 대해 이야기하기 시작했다. 훌륭한 저녁 만찬에서 아기에게 젖 먹이는 방법에 대해 책에서 읽은 대로, 재킷을 벗은 나는 남편으로부터 한 손으로 솜씨 좋게 아기를 받아들었다. 다른 손으로는 냅킨을 어깨 위로 드리워서 아기의 머리를 가리는 작은 텐트를 만들었다. 그런 다음 손을 안에 넣어 블라우스 단추를 두 개 풀었다. 아기가 꼭 잡고 젖을 빨기 시작했다. 완벽했다.

나는 곧 내 딸아이가 젖을 먹을 때마다 새로운 고집을 부리게 될 거라는 사실을 알게 되었다. 페이스는 젖을 먹는 동안 머리에 커버가 드리워지는 것을 참지 못했다. 마구 버둥거리는 바람에 내 어깨에 걸친 냅킨이 스프 접시에 떨어졌고, 이로 인해 스프 스푼이 접시에서 튀어나가 그 옆에 줄지어 있던 다른 스푼으로 떨어졌고 스프가 테이블 중간의 장식물에 쏟아졌다. 계속 거칠게 움직이며 걷어차던 페이스가 블라우스 단춧구멍 사이로 발을 집어넣는 바람에 단추가 두 개 더 열렸다. 아기의 발꿈치에 걸린 블라우스의 앞쪽 가장자리가 팔 쪽으로 밀려 내려왔고, 나는 가슴 양쪽이 완전히 드러난 거의 벌거벗은 상태로 테이블에 앉아 있었다. 은식기가 짤랑거리는 소리로 인해 모든 눈들이 학장을 떠나 제프가 자기 냅킨을 벗어 던져준 우리 쪽을 바라보았다. 그리고 모든 눈들은 곧장 연설의 박자를 놓치지 않은 학장 쪽으로 다시 돌아갔다. 그 뒤로 아무도 우리 쪽을 보지 않았다.

저녁 식사의 나머지 부분은 무사히 지나갔다. 비서의 말처럼, 물론 괜찮았다.

엄마의 백혈구

멸균된 자궁을 벗어난 아기는 즉각 주변을 배회하고 있는 세균, 바이러스, 진균(이들 대부분은 질병을 일으킨다)과 맞닥뜨리게 된다. 그러나 신생아는 완전히 성숙하려면 적어도 2년이 걸리는 기본적인 면역 시스템으로만 무장되어 있다. 얼핏 보면 이런 상황은 진화상의 끔찍한 실수처럼 보인다. 초기의 생존에 면역성이 얼마나 중요한 문제인데 왜 면역 시스템이 확고하게 발전되지 않은 채 태어나는 것일까? 모든 포유동물은 갓 태어났을 때 면역적으로 불완전하다는 것이 밝혀졌다. 이는 인간에게 좋은 동료들이 있을 뿐 아니라, 아마도 그럴 만한 이유가 있을 것임을 의미한다.

이제까지 나온 가장 그럴듯한 가설은 기본적으로 모든 것을 한꺼번에 다 할 수는 없다는 것이다. 만약 유아가 실행 가능한 면역 시스템을 갖추는 것 같은 대형 프로젝트를 연기할 수 있다면, 여기에 쓰이는 자원을 뇌나 폐를 성숙시키는 등의 다른 프로젝트에 보낼 수 있을 것이다. 연기된 면역 프로젝트가 젖을 통해서 아기에게 전달되는 물질에 의해 보완될 수만 있다면 이는 더할 나위 없이 좋은 계획이다. 엄마로부터 물질을 얻을 수 있다면, 스스로 만드느라 에너지를 투자할 필요가 없는 것이다.

인정 많은 양육자로서 좋은 평판을 가진 사람의 젖은 아주 효과적인 암살자이기도 하다. 젖은 편모충, 트리코모나스 원생동물, 이질 아메바, 대장균 같은 세균과 접촉하여 이들을 죽인다. 이런 능력은 살아 있는 무기와 살아 있지 않은 무기 모두에서 나온다. 젖에 있는 살아 있는 무기는 백혈구이다. 이는 두 명의 연구자들이 초유를 원심 분리한 튜브에서 나온 조직 조각에 백혈구가 우글거리고 있다는 것을 발견한 1966년에 알게 된 사실이다. 다시 말하면 젖이 살아 있다는 사실이 발견된 것이었다(정확하게 말하면, 이들 살아 있는 세포들은 1844년에 우연히 현미경을 사용했던 사진작가에 의해 처음 발견되었지만 이때는 아무도 관심이 없었다).

이제 우리는 젖에 있는 백혈구가 실제로 대식세포, 림프구, 호중구라는 세 가지 종류로 구성되어 있음을 알게 되었다. 이들은 협동하기도 하고 독립적으로 작용하기도 한다. 대식세포는 인간의 몸 내부에 속하지 않은 이물질들을 삼켜서 파괴시키는 청소부이다. 아울러 외부에서 들어온 물질을 가공해서 림프구가 이를 인식해 없앨 수 있도록 만든다. 림프구는 항체를 만들고, 바이러스로 감염된 세포를 파괴하는 두 가지 다른 업무를 수행한다. 호중구는 조직이 손상되거나 감염되었을 때의 염증 반응에 반응해서 침입한 세균을 둘러싼 후 효소와 과산화수소를 이용해서 죽인다.

인간의 젖에 존재하는 살아 있지 않은 면역 요소에는 인터페론, 리소자임, 항체, 소염제 등이 포함된다. 인터페론은 바이러스의 증식을 막아 이를 무력화시킨다. 리소자임은 세균을 작은 조각으로 자른다. 항체는 병원균이 내장관에 달라붙는 것을 방지하고, 병원균이 만드는 독소에 결합한다. 일부 젖에 함유된 항체는 특정한 통로를 통해 내장관을 통과해서 아기의 혈류 내로 들어가 순환한다.

항체가 젖으로 들어가는 길을 찾는 방법은 환상적인 스토리다. 이 이야기는 모든 면역학적 기억이 저장되는 장腸에서 시작된다. 보다 구체적으로는 소장과 결부된 림프 조직의 특정 부분 내에서 시작된다. 여기에는 B-세포 림프구, 즉 흔히 말하는 기억세포로 가득 차 있다. B-세포는 복수심으로 가득한 킬러다. 이들 각각은 과거에 만난 특정 병원균을 기억하고 이에 대한 항체를 만드는 방법을 지시한다. 여성이 젖을 먹이기 시작하면, B-세포 림프구들이 내장에서 젖으로 이동하여 다량의 항체가 젖으로 분비된다. 이런 식으로 엄마는 아이에게 자신이 살아오면서 극복해낸 다양한 질병(여기에는 엄마가 어렸을 적 백신 주사를 맞았던 일부 질병이 포함된다)에 대한 일시적인 면역성을 전달하게 된다. 또한 기억세포는 젖을 먹이는 동안 엄마가 노출된 새로운 병원균에 대한 항체가 젖에 가득 차도록 만든다. 그래서 젖을 먹이는 엄마가 독감에 걸리더라도, 젖으로 인해 아기가 독감에 걸리지는 않는 것이다.

생후 8주가 됐을 때, 페이스의 오른쪽 눈에서 눈물이 과하게 나오는 것을 남편이 발견했다. 우리는 이 문제를 소아과 의사에게 얘기했다. 의사는 아마도 누관이 막혀서 그런 것 같고, 이런 현상은 보통 6개월쯤 되면 저절로 낫는 흔한 문제라고 말했다. 우리는 관을 막고 있는 막이 열리도록 잡아당기기 위해 누관을 마사지하는 방법을 배웠다. 페이스는 기꺼이 마사지를 견뎠지만, 문제는 계속돼 아기의 눈이 곧 빨갛게 충혈되었다. 어느 날 아침 잠에서 깨어났을 때 아기의 두 눈이 모두 끈적끈적한 황색 고름으로 막혀 있는 것을 발견하고는 깜짝 놀랐다. 결막염이었다.

소아과 의사가 처방한 항생제 크림을 바르자 황색 분비물은 금방 없어졌지만, 아기의 눈 주위는 여전히 빨간 상태였다. 내가 약을 바를 때마다 아기는 아파서 울었다. 소아과 의사는 연고 자체가 눈을 화학적으로 자극하기 때문에 계속 염증이 생기는 것이라고 말했다. 이 말은 엄마의 가슴을 찢어놓기에 충분한 말이었다. 결국 항생제 사용을 중단했다. 그리고 사흘이 지나자 다시 끈적끈적한 분비물이 나왔다. 우리는 악순환을 겪고 있었다.

소아과 의사는 다른 방법을 제시했다. 눈에 국소적으로 젖을 발라보라는 것이었다. 나는 조사를 좀 해봤다. 젖을 이용해서 눈의 감염을 치료하는 것은 기원전 1500년까지 거슬러 올라간다. 당시 이집트의 의사가 이를 처방했다. 고대 수메르인들과 11세기 바그다드 사람들도 이 방법을 지지했다. 나는 먼저 내 눈에 시험을 해봤다. 젖은 눈을 진정시키는 느낌을 주었는데, 체온과 같은 온도여서 젖이 눈에 들어갔는지 거의 알아차릴 수 없었다. 나는 페이스에게 이 방법을 시도했다. 아기 또한 꺼려하지 않았다. 그래서 매번 젖을 먹이기 전에 나는 젖 몇 방울을 눈에 넣어주었다. 이틀만에 모든 증상이 사라졌다. 아기의 눈은 맑아지고 다시 반짝거렸다. 나는 두 달 후에 마침내 누관이 열릴 때까지 매일 아기의 눈에 젖을 떨어뜨렸다. '내가 해냈어. 내가 널 치료했단다!'

젖은 아기가 상처받기 쉬운 생후 몇 달 간 일시적인 면역성을 제공해주는 것 이상의 역할을 한다. 젖은 아기가 스스로 자신의 고유한 면역 시스템을 만드는 것을 돕는다. 이런 현상의 가장 중요한 증거 중 하나는 흉선에서 찾게 됐다. 유아와 아이들의 흉선은 가슴의 대부분을 채우는 큰 스펀지 같은 덩어리로서, 폐와 심장 위쪽에 위치하며 목으로 연장되어 거의 갑상선까지 이어진다. 흉선은 백혈구들에게는 일종의 최종 학교다. 혈액 속에 있는 미성숙된 림프구가 이곳으로 이동해 T-세포라 불리는 완전한 기능을 갖춘 킬러로 양성된다. B-세포와는 대조적으로 T- 세포는 항체를 만드는 복잡한 일을 하지 않고 대신 몸에 없는 외부 단백질을 가진 모든 세포들을 일망타진한다. 몇몇 연구에 따르면 젖을 먹은 아기들은 분유를 먹은 아기들보다 흉선이 더 크고 T-세포의 반응이 더 우수한 것으로 나타났다.

젖이 유아의 면역 시스템에 어떻게 작용하는지에 대해서는 이제 막 밝혀지기 시작했다. 예를 들면 아기의 면역 시스템에 있는 세포들의 바깥쪽 막에 엄마의 젖에 있는 신경 펩티드라고 불리는 물질에 대한 수용체가 있다는 사실을 알게 됐다. 그러나 아직까지 이 발견이 무슨 의미를 갖는지는 알지 못하는 상태다. 엄마의 젖에서 발견되는 특정한 열쇠로 열리는 아기 내부의 잠겨진 문을 발견했지만, 왜 무슨 목적으로 만들어진 문인지 모르는 것이다. 또한 젖이 갖고 있는 면역세포 자체가 아기의 면역성을 촉발시키는 역할을 한다는 사실도 알게 됐다. 예를 들면 엄마의 식세포食細胞는 유아의 B-세포가 항체를 만들도록 화합물을 분비한다. 젖에 존재하는 다른 화합물은 면역 반응의 특정 부분을 억제하는 작용을 하는데, 젖을 먹는 아기들에게 알레르기가 더 적은 것은 이 때문인 듯하다.

본질적으로 유아들은 필수적인 생명 유지 시스템의 거의 대부분을 갖고 태어난다. 태어난 지 몇 분 이내에 아기는 혼자서 숨을 쉴 수 있다. 며칠 안에 스스로 먹는 방법을 배운다. 그러나 혼자서 감염에 저항하고, 해로운 침입자와 관대한 침입자를 구별하고, 내 몸의 물질과 외부에서 온 물질을 구분하는 데에는 1년 이상이 걸린다. 이런 과도기 동안 가슴은 태반으로부터 양육자이자 교사의 역할을 넘겨받을 완벽한 준비를 갖춘다. 이전에 태반이 그랬던 것처럼 가슴은 아기의 발달을 안내하고 지시할 화학적 신호의 흐름을 천천히 아기의 혈류로 보낸다.

어떤 측면에서 보면, 젖을 먹이는 것은 임신보다 아기와 더욱 친밀한 관계를 만들어준다. 태반에서는 엄마의 혈액을 아기에게 직접 전달하지 않지만, 젖은 엄마의 백혈구를 아기에게 직접 전달한다. 내가 페이스에게 젖을 먹일 때마다 내 혈액 속에 있는 살아 있는 세포들이 아기의 혈관을 순환하도록 보내진다. 이를 통해서 나는 너를 위험에서 지키고, 너는 내가 과거에 겪은 고통에서 배울 수 있으리라. 모든 아이를 가진 엄마들이 지니는 소망이 실현된다.

엄마와 나

페이스가 2개월이 된 어느 날, 나는 고향에서 추수감사절을 지내기 위해 가방을 꾸렸다. 공항에 도착하자마자 나는 내가 젖을 먹인다는 사실에 감사했다. 우리가 타려던 아침 비행기는 결항되었고, 다음 비행기는 기계적인 문제가 있어 한 시간 동안 게이트 앞에 앉아 있어야만 했다. 근처에 있던 아기 엄마는 갖고 있던 분유가 모자라지 않을지 섞을 물을 어디에서 구할 수 있을지 아이스박스의 얼음이 녹지는 않을지 걱정을 했다. 그 엄마에게 마음이 쓰였다. 내 경우는 단지 가방에 들어 있는 기저귀 수가 문제였지만, 그것만으로도 24시간은 버틸 수 있었다.

마침내 목적지에 도착하였을 때, 나는 페이스를 데리고 꼬마 신부처럼 내가 자란 집 현관에 들어섰다. 이 장면은 내가 보고 또 보았던 장면(젊었을 적 엄마가 새로 입양한 딸을 데리고 처음 집에 들어서는 광경)을 찍은 홈 비디오를 재연하는 것 같았다. 집의 내부는 전혀 달라지지 않았지만 나에게는 아주 낯설게 보였다. 한때는 아기 때 썼던 방과 반대쪽에 있는 부모님의 침실과의 거리가 너무나 멀게 느껴졌었는데, 대학교에 입학하기 위해 집을 떠날 때쯤에는 이 거리가 너무 가깝다고 생각했다. 나는 부모님 방의 큰 침대에 누워서 (TV 수상기, 계단, 피아노, 욕실 문을 지나) 저 먼 곳에서 들리는 아기의 숨소리에 귀 기울이는 광경을 상상해보았다. 한밤중에 두 방 사이를 오가려면 얼마나 많이 걸어야만 했을까? 나와 내 여동생까지, 엄마는 얼마나 자주 여기를 왔다 갔다 했을까?

엄마는 웃었다. "오, 아마 수천 번은 될걸. 내가 이 침대를 쓰면서 늘 '내 침대 한쪽을 쓰게 할걸. 어쨌든 내가 아기 침대에 들어가서 잘 수는 없으니까' 라고 생각했던 게 기억나는구나."

엄마는 방 사이의 거리와 상관없이 자신이 어디에 있건 아이가 어느 방에 있건 아기가 기침하는 소리를 들을 수 있었다고 했다. 엄마가 가진 이런 능력에 대해 레이더 귀라느니 머리 뒤에 귀가 달렸다느니 많은 농담이 있지만 이건 정말 진지한 문제다. 뇌의 일부분은 아기가 태어난 순간부터 한시도 경계의 의무에 태만할 수 없다. 이는 엄마가 무엇을 하고 있더라도 심지어 자고 있는 경우라도 뇌의 일부분이 활동하고 있다는 것을 뜻한다. 나는 엄마에게 내가 자책감을 느끼는 부분이 바로 이러한 모성애의 크기라고 말했다. 엄마는 부모가 되는 어려운 일에 완벽히 준비된 사람은 없는 법이라고 말씀해주셨다.

나는 엄마 이야기의 상당 부분에 동의했다. 우리는 비록 완전히 다른 의미로 엄마와 딸이 되었지만, 갑자기 나는 엄마를 많이 이해하게 됐다고 느꼈다. 엄마는 할머니가 낳은 여섯 명의 아이 중 셋째였다. 할머니는 자식들을 모두 집에서 낳았고, 모두 일 년씩 아니면 그 이듬해까지 젖을 먹여 키우셨다. 어머니는 할머니가 동생들에게 젖을 먹이는 것, 아이들이 주일에 교회 좌석에서 젖을 빠는 것, 헛간에서 농장 가축들이 젖을 먹는 것을 보면서 자랐다. 그러나 어머니는 전화 속의 낯선 이가 "당신에게 적당한 아기가 있어요"라고 말하는 목소리를 듣고 어머니가 되었다.

나는 임신과 출산이 아닌 다른 힘에 의해 결합된 가족에서 자랐고, 젖을 먹이는 광경을 본 적이 없었다. 성인이 된 후에도 여자 친구들이 내 앞에서 아기에게 젖을 먹이면 나는 예의 바르게 시선을 피했다. 나는 다른 이들이 젖을 먹이는 것도 보지 못한 채 내 딸아이에게 젖 먹이는 법을 배웠다. 따라서 엄마는 한 집 가득 아이를 낳은 할머니가 젖을 먹여 키운 아기였고, 나는 아이를 낳아본 적이 없는 여성이 분유를 먹여 키운 아기였다. 엄마와 나 모두 자기 어머니의 경험을 배우지 못한 채 아이를 키우게 된 셈이었다.

이런 차이에도 불구하고 엄마와 나는 페이스에 대해 야단법석을 떨면서, 아기에게 작은 목소리로 노래를 불러주고 낮잠과 기저귀에 대해 이야기를 나눴다. 엄마는 내가 페이스에게 젖 먹이는 것을 자세히 지켜보았다.

"아랫입술 밀어 넣는 거 보여요? 잘 밀착되려면 평평하게 펴져야 해요. 그래서 아기 턱을 이렇게 아래로 밀어내면 입술이 다시 나오는 거예요. 보이죠?"

"다른 쪽 젖을 먹여야 할 때인지 어떻게 아는 거니?"

"삼키는 속도가 느려지기 시작하면 젖을 바꿔요. 지금은 많이 빨라졌지만, 젖 먹이는 데 한 시간씩 걸린 적도 있었다니까요. 이제는 20분이면 양쪽 젖을 다 먹어요."

엄마는 특히 내가 길게 설명한 젖의 질병 예방 작용을 높이 평가했다. 우리 엄마가 아기를 위한 미생물학에 몰두하게 되면 집이 실험실로 바뀌곤 했다. 요리는 화학 실험이고, 가사 일은 일종의 소독 과정이었다. 손은 외과 의사들처럼 꼼꼼하게 씻어야 했고, 아픈 사람은 재빨리 건강한 이들로부터 분리시켜 접시도 따로 사용하게 했다. 나중에야 나는 다른 집 아이들은 아파도 타월을 같이 쓰고, 설탕 접시에 숟가락을 넣기 전에 혀로 핥기도 한다는 사실을 알게 되었다. 상상도 할 수 없는 일이었다! 이런 비위생적 행동은 우리 집에서는 결코 일어나지 않았다. 따라서 오늘날 많은 엄마들처럼 우리 엄마가 보기에는 우유병과 고무 젖꼭지들은 자연산 젖꼭지보다 깨끗하고 우수한 것이었다. '분유' 라는 단어조차 과학적 뉘앙스를 풍기고 있었다.

"이제야 생각이 드는 건데, 너랑 네 여동생이 앓았던 알레르기가 모두 분유 때문이었나 보다. 너희 나이 또래의 많은 아이들에게 알레르기가 있었어. 우리 세대에는 알레르기가 있는 사람이 없었거든. 알레르기란 이전에는 들어보지 못했던 것이었어."

잊고 있었던 어린시절의 기억이 갑자기 떠올랐다. 코막힘, 아침마다 먹던 작은 알약, 애완동물 금지와 깃털 베개 사용 금지.

"언제부터 제게 알레르기가 생겼어요?"

"정확하게는 기억 못하겠고, 육아일기를 보면 찾을 수 있을게다."

엄마에게 육아일기란 처음 머리를 자른 날이나 세례 선물들을 기록한 것이 아니라 질병, 치료와 증상, 처방된 약을 적어놓은 것이다. 마치 약학 잡지의 사례 연구 결과를 기록해놓은 것 같았다. 덕분에 나와 내 여동생 모두 아장아장 걷기 시작할 때쯤 만성비염이라는 알레르기가 생겨서 어린시절 내내 항히스타민제를 복용해야 했다는 걸 알게 됐다.

그것 말고도 더 있었다. 우리 모두 이상한 소화 통증으로 고통을 겪었는데, 전자 뇌수 엑스레이 사진을 왕창 찍은 후에 비정상적인 뇌파(미주신경 아래쪽에서 과도한 전기 방출로 위장에 괄약근 경련을 일으키는 것으로 생각됨)로 진단받았다는 것을 알게 됐다. 이 병으로 인해 우리는 다일랜틴이라는 발작 치료제를 처방받아 어른이 될 때까지 계속 복용했다. 심지어 여동생

줄리는 돌도 되기 전에 진정제인 페노바르비탈을 복용해야만 했다. 밤에 한 시간마다 깨어나 울었기 때문인데, 이는 위경련과 가스 때문인 것으로 여겨졌었다. 네 살이 되었을 때 나는 강력한 '격한 감정' 때문에 진정제 토라진을 매일 복용했다. 일곱 살 때에는 간이 심각하게 감염되어 병원에 일주일이나 입원했다.

나는 정말로 놀라움을 금치 못했다. 이 모든 사건들을 잊고 있던 엄마도 놀랐다. 그러나 엄마는 곧 자신의 결정을 변명했다.

"내가 소아마비와 페니실린의 시대에 성장했다는 걸 기억하렴. 약들은 특효가 있었어. 소아과 의사가 처방전을 써주면, 나는 그걸 의심하지 않았어."

"엄마, 아무도 엄마를 비난하지 않아요. 모유 수유가 가능했더라면 달랐을지 몰랐잖아요. 게다가 엄마에게는 선택의 여지가 없었고요. 나는 페이스에게 젖을 먹일 기회가 있어서 기쁠 뿐이에요. 페이스에게 알레르기는 아마 없을 거예요. 위 문제도 없을 거구요."

"난 너랑 네 동생이 유전적으로 상관이 없는데도 똑같은 문제를 그렇게 많이 갖고 있는지 늘 궁금하게 생각했단다."

"그랬군요."

젖당과 올리고당

아기의 소화 시스템도 면역 시스템처럼 늦게 발달된다. 특히 내장은 출생 후에 느리게 성숙되는데 아마 그 과정에 까다로운 균형 문제가 있기 때문인 것 같다. 내장은 한편으로는 음식 분자들을 통과시킬 수 있어야 하고, 다른 한편으로는 질병을 일으키는 생명체들이 침입할 수 없는 벽으로 버티고 서 있어야만 한다. 내장은 투과성을 갖고 태어나지만 점차 세균 침입에 대한 방어벽을 구축하게 된다. 여기서도 젖은 영구적인 방어 시스템의 구성을 감독하면서 임시 시스템을 설정하는 역할을 한다.

이를 위해서 젖은 내장의 성장 속도를 증가시킨다. 또한 젖에 있는 성분들은 소장 세포의 특정한 유전자의 스위치를 켜고, 이로 인해 면역 조직을 발육시키는 단백질 신호가 나오게 된다. 달리 말하자면 젖은 유아의 소화관이 내벽 보호 시스템과 발생 중인 면역 시스템 사이의 통신 네트워크를 구축하는 것을 돕는 듯하다. 이 연결의 상세한 세부 사항이 이제 막 밝혀지기 시작하고 있다.

일시적 보호 시스템의 결정적 수훈자는 세균 자신이다. 유산균과 비피더스균은 출생 후 젖을 먹은 아기의 장에 거주하게 되는 공생 유기체다. 새로운 서식지에 자리 잡은 이들 세균은 장에서의 산소 공급을 고갈시키고 다량의 산을 만들어내 좀 더 해로운 미생물들이 이곳에 자리 잡는 것을 억제시킨다. 이와는 대조적으로 분유를 먹는 아기들의 장에는 질병 퇴치 능력이 있는 유기체가 적고, 대신 부패성 유기체가 많은 세균들이 발달하게 된다.

젖에 존재하는 올리고당이라고 불리는 특정한 다당류는 내장이라는 정원을 비옥하게 만들어준다. 분유에는 없는 이들 물질은 유아가 소화할 수는 없지만 대장에 있는 이로운 세균의 먹이가 된다. 또한 이 올리고당들은 장을 그냥 통과하기도 하지만 이들 대부분은 호흡관의 점막에 자리 잡아서 나쁜 의도를 가진 미생물들이 부착하지 못하게 만든다.

젖 속에 있는 당 중에서 소화가 아주 잘되는 젖당의 존재가 올리고당들의 활성을 방해한다는 사실이 흥미롭다. 젖은 이들의 농도를 서로 높이고 낮추면서 이런 문제를 해결한다. 오후에는 젖 속 올리고당들의 농도가 높아지고 젖당의 농도는 낮아진다. 이들 두 가지 유형의 당이 서로 상반되게 작용하기 때문에 젖당 함유량이 높은 분유에 올리고당류를 첨가하는 것은 권장되지 않는다. 더욱이 인간의 젖에는 130가지 이상의 올리고당들이 들어 있는데, 제조 공정상 이렇게 다양한 종류는 만들어낼 수 없다. 실험을 해봤더니 올리고당류가 풍부한 분유로는 젖당처럼 풍부한 양의 비피더스균을 생산할 수 없었다. 연구자들은 "인간의 젖에 포함된 올리고당들은 젖을 먹여야 하는 130가지 이유를 제공한다"는 결론을 내렸다.

아기의 응가에 대해 얘기해보자. 페이스의 응가는 프랑스 겨자와 비슷한 색깔과 점도를 갖고 있다. 냄새는 나지 않는다. 아니, 따뜻한 요구르트 같은 냄새가 희미하게 난다. 이건 객관적인 사실이지, 내 아기라서 이렇게 느끼는 것이 아니라고 확신한다. 또한 대변 냄새를 기꺼이 참는 부류에 속하지 않는 우리 엄마도 페이스의 응가에서 냄새가 나지 않는다고 했다. 남편과 나는 여행 중일 때에도 천 기저귀를 사용했기 때문에 냄새가 나면 틀림없이 풍겼을 것이다(천 기저귀는 확실히 아기에게 건강상의 이점을 제공한다. 여러 브랜드의 일회용 기저귀가 유독한 혼합 화합물을 호흡기로 방출한다. 최근 연구에 따르면 일회용 기저귀로부터 방출된 공기에 노출된 쥐에게 천식류 반응과 같은 호흡기 문제가 생겼다. 또한 천 기저귀를 사용하면 피부가 차가운 상태로 유지된다. 남자 아기의 경우, 플라스틱이 대어진 일회용 기저귀는 음낭의 온도를 상당히 증가시켜 고환의 정상적인 생리적 냉각 기작이 손상된다. 연구자들은 어린 시절에 고환의 온도가 높으면 정자 수의 감소나 다른 생식 문제가 생길 수 있다고 생각한다).

이와는 대조적으로 분유를 먹는 아기들의 대변에서는 장에 있는 부패성 유기체들 때문에 상당히 고약한 냄새가 난다는 평이 일반적이다. 또한 분유가 소화가 덜되기 때문에 응가 양이 더 많다. 한편 젖은 완전히 소화되기 때문에 대변으로 나오는 것이 훨씬 적다. 작은 축복이다.

페이스가 일단 이유식, 특히 단백질을 먹기 시작하면 상황이 완전히 바뀔 거라는 얘기를 들었지만 추수감사절인 지금까지는 아기 응가를 찬양하고 싶다. 응가는 전혀 불쾌한 것이 아니다. 식물이 압출된 것 같다. 기저귀 가는 건 일도 아니다. 정말로.

친밀한 관계

생후 석 달이 되자 페이스의 얼굴에 표정이 나타나기 시작했다. 내가 방으로 걸어 들어가면 아기는 눈을 크게 뜨고 나를 뚫어지게 쳐다본다. 내가 블라우스 단추를 풀면 아기는 기뻐서 옹알거리며 플라멩코 댄서처럼 손을 머리 위로 흔들어대기 시작한다. 젖을 먹는 동안에는 손바닥으로 내 가슴을 톡톡 치면서 즐겁게 옹알거린다. 이런 아기의 행동들을 어리석은 엄마들이 갖는 낭만적인 짐작이라고 생각하지 않도록 〈뉴잉글랜드 의학저널〉에서 젖 먹는 아기들에 대해 설명해놓은 부분을 살펴보자. "몸 전체가 열망의 신호를 보여준다. 손, 발, 손가락, 발가락의 리드미컬한 움직임이 젖을 빠는 리듬과 함께 일어날 수 있다. 남자아기의 경우 성기가 발기하는 경우도 흔하다. 젖을 다 먹고 나면 만족스러운 성적 관계가 끝났을 때처럼 이완 상태가 된다."

나는 이런 표정을 보면 이성을 잃는다. 손이 떨리고 주변의 소리들이 더 이상 들리지 않는다. 나는 초기의 혹독한 시련에서 벗어나 새로운 종류의 사랑을 배우게 되었다. 아기를 위해서 가진 돈을 다 쓰고 아기를 위해서 내 삶을 포기할 수 있을 것 같다. 아기를 위해서라면 무기를 들 수도 있고 모든 적에 맞서서 아기를 보호할 것이다. 이건 너무나 원초적이고 광범위한 종류의 사랑이어서 다른 어른을 이렇게 사랑했다면 아마 정신과 치료를 받아야 할 것이다. 남편은 반쯤은 농담으로 이것을 일종의 '치명적인 매혹' 이라고 말했다. 이것이 아기를 향한 것일 때에는 '태고의 매혹' 이라고 불려야 할 것이다. 남편도 이런 애정을 느끼는 것을 보면 젖을 먹이는 것만으로 이 같은 사랑이 만들어지는 것은 아니라는 것을 알면서도 나에게는 내 몸으로 아기를 먹이는 것이 더할 나위 없는 기쁨이다.

이번에도 내가 과장하는 게 아닐까 의심하지 않도록, 미국에서 수유에 관한 최고의 전문가 중 한 사람인 루스 로렌스의 생각을 알아보겠다. 소아과 의학박사인 그녀는 뉴욕에 있는 로체스터 대학병원의 모유 및 수유 연구센터 소장이다. "임상적으로 증명된 의학적 장점에 더해 젖을 먹이는 행위는 아기를 위해 뭔가 특별한 것을 할 수 있는 능력을 여성들에게 제공한다. 젖을 빠는 아기와 엄마의 관계는 가장 강한 인간관계로 여겨진다. 모든 영양소를 제공하기 위해 가슴에 아기를 안고 젖을 먹이는 것은 태아가 자궁 속에 있는 것보다 훨씬 더 심오한 심리적인 경험을 만들어낸다."

모유 수유와 지능

생의 첫해 동안 인간 뇌의 무게는 두 배 이상 늘어난다. 이런 두드러진 성장 촉진에 젖이 뭔가 특별한 기여를 할 것으로 생각할 수 있다. 확실히 그렇다는 증거가 여럿 있다. 예를 들면 실험실 환경에서 모유를 먹은 3개월 된 아기는 분유를 먹은 아기들보다 특히 팔을 더 활발하게 움직였다.

세 살 반이 되면 최소한 6주 동안 젖을 먹은 아기들은 걸으면서 팔을 흔들고 서서 몸체를 돌리는 등 보다 거침없이 움직인다. 다른 연구에 따르면 젖을 먹은 아이들은 보다 성숙하고 튼튼하며 발달 시험에서 더 높은 점수를 받았다. 학습 장애가 일어날 확률이 더 적고, 7~8세 때 아이큐 테스트에서 더 높은 점수를 얻었다.

그러나 이런 차이가 정말 모유 수유로 인한 것일까? 단순히 젖을 먹인 엄마들의 양육 방법이 뛰어나거나 교육 문제에 보다 신경을 많이 쓰고 있거나 아이들의 뇌 발달 활동에 시간과 돈을 더 많이 들였기 때문은 아닐까? 실제로 한 연구에서는 사회경제적 요소를 보정했더니 아이큐 점수 차이가 사라졌다. 그러나 대부분의 연구에서는 상당한 차이가 남아 있었다.

이런 주장을 비판적으로 보기 위해서 최근 연구에서는 지능과 모유 수유 사이의 연관성을 발견하려고 시도했던 모든 연구 결과들을 재분석했다. 이런 연구는 20여 가지가 있었다. 가족의 규모, 출생 순서, 아버지의 학력, 어머니의 학력, 사회적 계층 같은 인자들을 조절하고 나니 모유를 먹은 아이들이 분유를 먹은 아이들보다 여전히 아이큐가 3~5점 정도 높은 것으로 나타났다. 이런 차이는 열다섯 살까지도 지속되었다. 같은 연구자는 6개월짜리 아기들 사이에서 인지 능력에 상당한 차이가 나타난다는 사실을 입증하기도 했다.

모든 연령 그룹에서 지능 점수가 모유 수유의 양과 밀접한 관련이 있는 것이 확실했다. 즉, 젖을 먹은 기간이 길수록 분유를 먹은 아이들과의 점수 차이가 컸다. 그리고 인지력뿐만 아니라 그 이상의 것까지 영향을 받는 것이 명확했다. 젖을 먹은 아기들은 시력이 보다 빨리 발달하고, 운동 기능을 더 일찍 익히고, 감정이나 행동상의 문제가 적었다.

다른 최근의 연구들도 이런 결과를 지지하고 있다. 뉴질랜드에서는

1,000명의 아이들을 출생부터 18년 간 추적 조사했다. 연구자들은 젖을 먹이게 되면 사회경제적 상황과 건강 상태에서의 차이를 보정한 후에도 인지력이나 학습 성과가 좋다는 사실을 알게 되었다. 가장 극적인 결과는 18개월 이상 젖을 먹은 아기들이 젖을 먹지 않은 아기들보다 평균 시험점수가 상당히 높았다는 점이다. 이들은 읽기와 수학 점수가 높았고 학교에서 낙제하는 일이 적었다.

출생 초기에 플라스틱 관을 통해 수유한 조산아들을 상대로 한 조사도 있다. 수유관을 통해 엄마의 젖을 먹은 조산아들은 같은 방식으로 분유를 먹은 아기들보다 18개월째에도 여덟 살 때에도 발육이 빨랐다. 이 경우에는 수유 방법을 제어할 수 있었기 때문에(다른 연구에서는 불가능한 상황이다) 젖이냐 분유냐가 유일한 변수로 작용했다.

그렇다면 젖이 유아의 뇌에 제공하는 특별한 것은 무엇일까? 정확한 것은 아무도 확신할 수 없지만 몇몇 후보자가 있다. 하나는 시알산이라 불리는 당인데, 뉴런의 가지인 수상돌기를 만드는 데 필요한 물질이다. 시알산은 특히 젖에 풍부해서 분유보다 다섯 배나 많이 들어 있다. 다른 두 후보자는 불포화 지방인 DHA와 아라키돈산이다. 이들 모두 젖에는 흔하지만 분유에는 아예 없거나 거의 없는 물질이다. 이들이 뇌 발달에 직접 관련되어 있을 가능성에 대한 가장 강력한 증거는 죽은 아이들(슬픈 일이지만)의 검시 결과에서 나왔다. 짧은 생애 동안 젖을 먹은 아기들의 경우 분유를 먹은 아기들보다 뇌 조직에 이런 지방산의 농도가 훨씬 더 높았다.

다시 세상 속으로

페이스가 생후 4개월이 되었을 때 나는 다시 일을 시작했다. 내 경우에 일이란 가르치고 글을 쓰고 조사하고 여행하고 강연하는 잡다한 일들을 뜻한다. 이제는 대부분의 가사를 남편이 떠맡았다. 우리는 해야 할 일들을 정확하게 나누지 않고 매일 즉석에서 결정했다. 도서관에 있는 경우 나는 몇 시간마다 젖을 먹이러 집에 왔다. 세 시간짜리 강의에 페이스가 젖 먹는 시간이 포함된 경우에는 남편이 아기를 데려왔고, 생물학과 건물 휴게실에서 15분 동안 젖을 먹이는 휴식 시간을 가졌다.

LA에서 열린 과학 세미나에 참석할 때는 남편이 페이스를 데리고 동행했고, 나는 세미나 중에 호텔 방으로 돌아와 젖을 먹였다. 솔트레이크 시에서 강의를 할 때에는 아기를 그곳 동료 교수의 조교에게 잠시 맡기기도 했다. 남편이 대학에서 열리는 예술 관련 회의에 참석하러 LA로 갔을 때에는 닷새 동안 아기와 함께 집에 머물렀다. 뉴욕 맨해튼 한복판에서 회의가 열렸을 때에는 아기를 데리고 회의에 참석하였고, 보스턴 도심에서 열린 회의 때에는 남편이 페이스와 함께 회의실 뒤쪽에 앉아 있었다. 집에서는 밤에 내가 아기와 함께 글을 쓰고 남편은 내 뒤에서 잠을 잤다. 몇몇 일들은 아주 잘 처리되었지만 일부는 정말 끔찍했다. 하루는 잘 되었다가 다음날은 엉망이 되어버렸다.

이러는 동안 나는 몇 가지 사실을 알게 되었다. 첫 번째 사실은 아기와 함께 자면 만사가 훨씬 쉬워진다는 것이다. 같은 침대를 쓰는 것이 가장 편하다. 이렇게 하면 같이 자고, 안아주고, 먹이는 게 가능하다. 아기와 하루 종일 떨어져 있는 날은 같이 자는 것이 유일하게 함께 하는 시간을 제공한다. 같이 자게 되면 페이스가 급성장기를 거치는 동안 우리 중 누구도 완전히 잠에서 깨지 않고 밤에 젖을 먹일 수 있다.

엄마와 아기가 같이 자는 습관을 칭송하는 책들이 많다. 같이 자면 신뢰감, 친밀감, 안정감이 길러지고, 유아 급사 증후군이 방지된다고 주장한다. 반대로 같이 자는 것을 비판하는 책들도 많다. 같이 자게 되면 의존심과 나쁜 수면 습관이 생기고 경계를 설정할 수 없게 된다고 주장한다. 또한 사고로 질식사 할 위험도 있다. 그러나 질식사를 피하려면 어떻게 해야 한다는 실질적인 충고를 제공하는 책은 거의 없다. 내가 스스로 고안한 방식은 남편과 내 베개를 세로로 세워서 둘 사이에 베개가 없는 공간을 만드는 것이다. 페이스는 이 공간에 누워서 아기용 담요를 덮고 잔다(호텔에 묵는 경우 매트리스와 침대 머리판 사이의 틈에 타월을 채워넣었다). 페이스가 버둥거리면서 먹을 것을 찾으면 페이스를 가슴으로 끌어당겨 먹이고 다 먹으면 다시 밀어내었다. 버둥거리지만 먹는 걸 원하는 게 아닌 경우에는 부드럽게 다독여주면 다시 잠들었다.

밤이 새도록 아기와 나는 우리가 함께 느끼는 다양한 수면 단계를 오르내렸다. 아무도 복도 끝에 있는 방에서 혼자 울 필요가 없었다. 우는 소리가 들리는 방을 향해 차가운 복도를 걸어갈 필요도 없었다. 아무도 새벽 3시에 반쯤 정신이 나가 있는 상태로 흔들의자에 앉아 우는 걸 멈추게 할 필요가 없었다. 우리 모두가 밤에 누워서 잘 수 있었다.

내가 관찰한 두 번째 사실은 떠도는 소문과는 달리 대부분의 사람들이 공공 장소에서 젖을 먹이는 엄마들에게 친절하다는 점이다. 레스토랑, 회의장, 화랑, 공원, 서점, 공항 터미널, 도서관 어디서도 아무도 나에게 뭐라고 하지 않았다. 다른 여성들은 페이스와 나에게 따뜻한 격려의 미소를 보내주었다. 대부분의 남자들은 우리를 모르는 척했다. 한편 아기의 시끄러운 울음소리에는 온갖 종류의 불평이 터져 나왔다. 아기의 입을 잠잠하게 하는 데 젖을 먹이는 것보다 더 좋은 것은 없다는 점이 그나마 다행이었다.

세 번째 사실은 젖먹이 엄마들에 대해서 사람들 개인적으로는 호감을 보이지만 문화 전반적으로는 이를 수용하지 않는다는 것이다. 누군가와 젖을 먹이는 관계에 있는 존재라는 것은 결혼이나 고용, 심지어 임신과 같은 사회 관계에서도 공식적으로 인정되지 않는다. 엄마의 젖만으로 목숨을 부지하는 아기와 그 아기를 먹이는 엄마가 있다는 생각이 새로운 일, 여행, 도시 계획, 사업 준비 같은 데에 아무런 영향을 미치지 못했다. 젖을 먹이게 되면 생명을 구하고, 질병을 방지하고, 아이들이 더 똑똑해짐에도 불구하고 이를 보호하는 특별한 조치나 이를 장려하기 위한 공공 정책은 거의 없었다. 자치권을 숭배하는 나라에서 젖을 먹이는 행위는 서로 의존하는 개인 사이에 생태학적인 결합일 뿐이었다.

나는 비행기에서 젖을 짜려고 할 때 이런 마지막 결론에 이르렀다. 공공장소에서 아기에게 젖을 먹이는 것과 젖을 짜는 것은 별개의 문제다. 그때 나는 강연회에 참석하였다가 집으로 돌아가는 길이었는데, 페이스와 처음으로 하룻밤 떨어졌을 때였다. 첫 번째 비행기의 지연으로 간신히 연결편으로 갈아타는 바람에 화장실에서 젖을 짤 시간이 없었다. 비행기가 이륙하자 기류가 흔들리는 바람에 안전벨트를 풀고 작은 기내 화장실에도 갈 수가 없었다. 마지막으로 젖을 짠 지 몇 시간이나 지나버려 가슴이 돌덩이처럼 단단해지고 팔 쪽으로 통증이 퍼지고 있었다. 다행히 1등석에 앉아 있었던 나는 옆 좌석에 앉은 승객을 흘낏 보았다. 회색 정장을 한 은발의 신사가 신문에 코를 박고 있었다. 승무원이 커피를 건내주었다. 머리 위 비디오 모니터에서는 퍼팅 기술을 알려주는 골프 강좌가 상영되고 있었다. 전동식 유축기는 수화물로 보내진 짐 속에 들어 있었고, 수동 유축기는 머리 위 선반에 있었다. 나는 창가 좌석에 앉아 있었다.

이때야말로 하버드에서 교육받은 엄마 의사인 질 스타인이 추천한 수동 유축기를 사용할 때라고 생각했다. 그녀는 손으로 젖을 짜는 건 거의 잊혀진 기술이지만, 어떻게 하는지 알아두지 않으면 아기와 떨어져 있을 때마다 기계 장치에 의존하게 된다고 말했다. 질은 지난 주에 전화로 적절한 방법을 내게 설명해주었다. 그녀가 강조한 기법은 손가락이 젖으로 젖은 상태를 유지하라는 것이었다. 그렇게 해야 젖을 짤 때 마찰이 지방으로 인해 줄어든다.

그래서 나는 커피를 다 마신 뒤 자는 척하면서 코트를 어깨에 둘렀다. 코트 속에서 셔츠 단추를 열고 한 손으로는 빈 커피 잔을 쥐고, 다른 손으로는 가슴을 마사지하면서 젖을 짜기 시작했다. 나는 느긋하게 사랑스러운 아기 얼굴과 체취를 떠올리며 아기의 발이 내 팔을 밀어대고 있다고 생각하였다. 젖이 나오기 시작했다.

170그램 정도의 젖을 짜낸 나는 회색 신사를 흘낏 보았다. 여전히 신문을 읽고 있었다.

분유를 권장하는 사회

1997년, 미국 소아과학회에서는 유아 수유에 대한 새로운 정책을 발표했다. 분유보다 우수한 모유의 가치를 인식하고, 모든 아기들에게 최소한 1년 동안 엄마 젖을 먹일 것을 공식적으로 권고했다. 이 정책이 20세기의 전환기에 나왔더라면 대부분의 엄마들이 이를 따랐을 것이다.

오늘날 미국은 세계에서 가장 모유 수유율이 낮은 국가 중 하나이다. 절반 정도의 엄마만이 출산 시 젖을 먹이려고 시도하고, 20퍼센트만이 여섯째 달까지 계속 모유를 먹인다. 아기가 돌이 될 때까지 계속 젖을 먹이는 비율은 너무 낮아서 통계에 잡히지도 않는다. 실제로 모유 수유는 1980년대부터 쇠퇴하고 있다. 1980년대에는 6개월 동안 젖을 먹이는 비율이 60퍼센트였는데, 오늘날에는 24퍼센트밖에 안 된다. 그럼에도 불구하고 지금의 초라한 수치는 20퍼센트밖에 안됐던 1958년보다는 확실히 나아진 것이다.

엄마들이 정확한 정보를 알고 있고 수유 선택권을 갖고 있다면, 아기 발육을 지연시키고 질병과 사망 위험이 있으며 한 해에 추가로 1,000달러의 비용을 지불하게 만드는 열등한 음식을 아기에게 먹일 리가 없다고 생각한다. 그러나 미국 소아과학회의 권고를 따르기로 결정한 미국의 엄마들은 위압적인 장애물에 직면해야만 한다.

이 장애물은 대부분의 의료보험 정책에 따라 엄마와 아기들이 퇴원해서 집으로 돌아가야 하는 시간인 출산 후 48시간부터 시작된다. 젖은 출산 후 72시간부터 나온다. 생물학적으로 말하면 이는 이제 막 엄마가 된 여성들이 아기와의 태반 관계는 끊어졌지만 유방 관계가 아직 확립되지 않았을 때 병원에서 나와야 함을 뜻한다. 젖을 먹이는 것은 배워야 하는 기술이고, 집에서 이들을 도와줄 수유 전문가를 두고 있는 엄마들은 거의 없다. 때문에 처음 엄마가 된 이들은 이런 강제적인 퇴원으로 동물원에서 태어나서 자식에게 젖 먹이는 법을 알 길이 없는 침팬지와 똑같은 상황에 처하게 된다.

내 경우에는 수유에 도움을 얻기 위해서 신생아를 뒷좌석에 태운 채 보스턴의 러시아워를 빠져나가야 했고, 클러치를 밟을 때마다 회음부를 바느질한 실밥이 더 깊게 살을 파고들고 소변이 시트로 흘러내리는 바람에 눈물이 줄줄 흘러내렸었다. 페이스는 금요일에 태어났고, 일요일에 병원에서 집으로 돌아왔으며, 월요일에 도움이 필요하다는 것을 알았다. 그나마 다행인 것은 마침 화요일이 일주일에 한번 무료 수유 전문가가 베스이스라엘 병원에 오는 날이었다.

일단 모유 수유에 익숙해지더라도 또 다른 문제가 기다리고 있다. 의사와 간호사들은 모유 수유에 대해서는 거의 훈련을 받지 않은 탓에, 종종 모유 수유가 장점보다는 문제점이 더 많다는 식의 태도를 보이곤 한다. 아기에게 유선염이나 신생아 황달이나 이가 나는 문제가 생기면 모유에 대한 정보가 없는 의사들은 해결책을 찾는 데 도움을 주기보다는 분유를 먹일 것을 권고한다. 1995년의 연구에 따르면 개업의 중 약 3분의 1만이 흔히 일어나는 모유 수유 문제를 어떻게 관리하는지 설명할 수 있는 것으로 드러났다. 대부분의 의사는 자신들의 임상 경험상 모유 수유를 매우 부적절한 것으로 생각했다.

이러한 이유로 소아과학회의 권고에도 불구하고 대부분의 의사들이 유아용 카시트, 금연, 금주처럼 예방의학 차원에서 모유 수유를 환자에게 장려하지 않는다. 실제로 모유 수유하는 환자들을 돕는 데 있어서 의사들의 태도는 그들이(또는 그들의 아내들이) 아기에게 젖을 먹인 적이 있는가에 달려 있다. 나는 다시 한 번 운이 좋았다. 페이스의 담당 소아과 의사는 젖을 먹인 엄마였다. 그녀는 초기부터 나를 꾸준히 격려해줬고 병원에서 나의 수유 상담에 정기적으로 답해주었다. 그녀는 페이스의 몸무게가 출생 시 체중으로 다시 회복되었을 때 함께 기뻐해주었다. 그때 그녀는 이렇게 말해주었다. "당신은 정말 큰일을 해낸 거예요."

엄마들이 다시 일을 시작하게 되면, 계속 젖을 먹이기 위해 넘어야 할 장애물이 너무 많다. 유급 출산휴가는 차라리 간단한 문제다. 현장 육아의 경우 젖 먹는 아기와 젖 먹이는 엄마가 서로 몇 킬로미터씩 떨어져 지내기도 한다. 화장실 한 칸의 두 배도 안 되는 젖을 짤 수 있는 사적인 공간도 발견하기 힘들다. 이 상황을 엄마들이 열 달 동안 완전 유급 출산휴가를 받고, 젖 생산이 연간 식량 생산 통계에 포함되고(2000년에는 870만 킬로그램이었다), 모유 수유 비율이 선진국 중에서 가장 높은 노르웨이와 비교해보자. 노르웨이에서는 평균 모유 수유 기간이 9.5개월이고, 80퍼센트의 아기들이 생후 6개월에도 여전히 젖을 먹고, 70퍼센트가 돌까지 젖을 먹는다.

무엇보다도 미국의 엄마와 아기들은 분유가 정상적인 것이고 모유 수유는 더 이상 존재하지 않는 것처럼 표현하는 대중 매체에 둘러싸여 있다. 유축기 회사가 만든 최근의 모유 수유 장려 TV 광고는 맨살이 드러나지도 않고 젖꼭지가 등장하지도 않았는데도 그 내용 때문에 여러 TV 방송국에서 방송이 중단되었다.

물론 대중 매체에서는 전통적으로 분유가 가득 들어 있는 우유병을 유년기의 상징으로 취급한다. 페이스가 태어난 지 몇 주 지나지 않아서, 남편과 나는 우유병이 그려진 포장지에 들어 있는 아기 선물, 정면에 우유병과 고무 젖꼭지 그림이 그려진 카드, 심지어는 우유병 모양의 반짝이는 분홍색 크리스마스 장식을 받았다(젖을 먹이는 가슴 그림이 늘어서 있는 포장지에 싸인 신생아용 선물이나 젖을 빨고 있는 아기가 그려진 카드를 상상해보라). 심지어 아이들 책에서도 분유를 권장하고 있다. 페이스가 갖고 있는 책 중에서 가장 진보적인 책(여러 인종의 등장인물이 나오고, 전통적인 성 역할을 제시하지 않고, 생태학적 주제를 다룬) 중 하나에도 밤에 깬 아기가 우유병을 물고 있는 그림이 실려 있다. 아주 어린 아기들을 위한 인기 있는 카드 책에서는 물체를 확인하기 위한 단순한 흑백 실루엣만을 보여준 그림이 실려 있다. 흔들 목마, 바나나, 고무 오리, 단추, 그리고 아기 우유병.

우유병

페이스가 태어난 지 6개월째 되던 3월의 따뜻한 날이었다. 우리는 이웃 놀이터로 산책을 가서 아이들이 정글짐에 기어오르는 것을 구경했다. 그때 나는 모유 수유의 절정에 도달해 있었다. 페이스는 태어날 때 체중의 두 배가 되어 있었고, 나는 두 배 이상의 젖을 만들어냈다. 이제 페이스는 앉을 수 있고 토끼 이빨이 두 개 나서 이유식을 먹기 시작했다. 이제 아기가 내 몸을 거치지 않고 다른 자연세계로부터 직접 칼로리를 섭취하게 되면서 내 젖의 공급량도 서서히 줄어들 것임을 알고 있다. 나는 모성이란 오랫동안 천천히 아기를 놓아주는 일임을 깨닫기 시작했다. 출산은 그 첫 출발일 뿐이다.

그동안 페이스는 언제 젖에 무심했냐는 듯이 열광적으로 젖을 빨아대고 있었다. 아이들을 지켜보는 것을 끝낸 페이스는 간식을 먹으려고 가슴을 더듬었다. 나는 재킷을 벗고는 바람을 피해 몸을 돌렸다. 엉클어진 머리에 끈 없는 신발을 신은 여섯 살짜리 아이가 내 행동에 관심을 보이더니, 우리가 뭘 하고 있는지 보려고 저쪽 미끄럼틀에서 달려왔다. 자리에 꼼짝 않고 선 그 아이는 오랫동안 젖 먹는 모습을 지켜보았다.

"저게 아기예요?"

나는 그렇다고 얘기해주었다.

"와!" 아이는 크게 소리를 질렀다. "얘는 아줌마 찌찌가 우유병인 줄 아나 봐요!"

용기와 대화

먹이 사슬의 마지막 고리

내가 태어나기 2년 전 구 소련은 세계 최초의 인공위성인 스푸트니크 1호를 우주로 쏘아 올렸다. 이어서 살아 있는 개를 태운 스푸트니크 2호가 발사됐다. 스푸트니크 3호에는 사람이 탔다. 미국은 국립과학아카데미를 설립해서 이런 업적들을 따라잡기에 급급했다. 5년 후, 미국의 생물학자인 레이첼 카슨이 『침묵의 봄』이라는 책을 출판했다. 이 책은 인간의 기술, 특히 화학 살충제로 인한 생태학적 결과에 대한 경고로 베스트셀러가 됐다. 내가 막 세 살이 됐을 때였다.

스푸트니크 호나 『침묵의 봄』을 기억하기에 난 너무 어렸지만, 두 가지 모두 내 교육에 심오한 영향을 미쳤다. 내가 다니던 작은 공립 초등학교에서 과학은 가장 선호되는 과목이 됐다. 심지어 미술 수업에서도 행성이라는 주제를 다루어서, 우리는 모두 태양계 같은 것을 그렸다. 읽기 책이나 사회 과목 책들은 여기 저기 테이프가 붙여져 있고 속지에 전 소유자의 이름이 쓰여진 낡은 책이었지만, 과학 책들은 놀랍게도 새 책이었다. 과학 책의 첫 장은 항상 원자와 분자의 구조에 대한 것이었고 마지막 장은 항상 생태학에 관한 것이었다. 학기가 끝나기 전에 과학 책의 진도가 끝까지 나갈 것 같지 않아서 나는 철자법 연습 시간이나 비가 와서 수업이 없는 지겨운 시간에 책 뒷페이지들을 보곤 했다.

나는 생태학적 먹이 사슬을 나타낸 정교한 흑백 그림들에 가장 매료되었다. 어떤 해의 교과서에서는 에너지 화살표가 태양에서 풀로, 풀에서 소로, 소에서 젖으로 흘러갔다. 다른 해에는 태양에서 규조류로, 규조류에서 갑각류로, 갑각류에서 빙어로, 빙어에서 고등어로, 고등어에서 참치로 흘러갔다. 이 그림 맨 위에는 우유를 마시는 사람과 참치를 먹는 사람이 각각 그려져 있었다. 동시에 (정확하게 언제인지는 모르겠지만) 생물학적 독성 농축이라는 개념이 도입되었다. 이것은 물론 염소계 살충제와 같이 수명이 긴 독성 화합물은 환경으로 방출될 때 희석되지 않고 잔존한다는 레이첼 카슨의 중요한 요점이었다. 독성 물질은 먹이 사슬을 따라 위로 올라갈수록 점점 많이 농축된다. 빙어에서 고등어로, 고등어에서 참치로, 참치에서 사람으로.

대학에서 생태학을 공부하기 전이었지만 내게는 이 현상의 기본적 근거가 명확하게 보였다. 이런 생물학적 독성 농축은 대부분의 초등학교 과학책 첫 번째 페이지에 나오는 두 가지 물리학 법칙을 따른다. 즉, 물질은 만들어지거나 파괴될 수 없다는 원리와 한 가지 유형에서 다른 유형으로 전환될 때마다 사용할 수 있는 에너지의 일정량이 항상 줄어든다는 명제였다. 이 명제들을 종합해보면, 먹이 사슬 위쪽으로 올라가면 올라갈수록 소비 개체가 적어지게 된다. 이는 이들이 먹이로부터 섭취, 사용할 수 있는 칼로리(에너지)가 적어지기 때문이다. 그러나 분해되지 않는 오염물(물질)의 양은 달라지지 않는다. 따라서 수가 적은 위쪽 부류의 생물이 아래쪽에 있는 부류의 생물을 먹게 되면, 많은 것들 사이에 분산되어 있던 독성이 소수 개체의 체내에 모이게 된다. 이런 농축 과정은 수학적으로도 설명할 수 있으며, 나는 이를 푸는 방정식에 오랜 시간 매달리곤 했다. 일반적으로 난분해성 독성 화합물은 먹이 사슬을 하나 올라가면 10~100배 농축된다.

내가 대학원생으로서 의과대학 예과생들에게 생물학을 가르칠 때에는 먹이 사슬과 생태학의 논제들이 다시 한번 책 뒤쪽으로 좌천되었고, 봄 학기가 끝날 즈음에 거기까지 진도가 나가는 일은 거의 없었다. 내가 생물학적 농축이라는 개념을 나와 계속해서 연결시킬 수 있었던 것은 실험실 밖 유리 상자에 걸려 있던 노란 포스터 덕분이었다. 거기에는 바닷가의 DDT 흐름이 그려져 있었고, 모든 화살표들은 또 다시 근육질의 남성으로 표현된 사람에게 집중되었다. 그 당시 생태학 세미나에서 들었던 한마디 말로 인해 나는 이 포스터를 더욱 자세히 살펴보게 되었다. 교수는 빈정대는 억양으로 말했다. "사람이 먹이 사슬의 맨 꼭대기를 차지하는 게 아니에요. 젖먹이 아기들이 최상부에 있답니다."

물론이다! 참치 샌드위치와 우유가 모두 소화된 뒤에도 여기 포함된 오염물을 농축시킬 기회는 여전히 남아 있다. 이는 젖먹이는 엄마의 가슴 안에서 일어난다. 초등학교에서 대학원까지 내가 공부했던 모든 도면에서와 마찬가지로, 게시판에 그려진 인간의 먹이 사슬에는 진정한 최종 소비자가 빠져 있었다. 마지막 가장 위쪽의 빠진 고리는 젖먹이 아기다.

왜 먹이 사슬에서 이 마지막 고리가 빠졌을까? 젖먹이는 엄마로서 나는 아직도 이점이 궁금하다. 20년이 지난 지금까지 나는 인간의 먹이 사슬의 꼭대기에 젖먹이 아기가 그려진 교과서나 포스터를 본 적이 없다. 아마 이는 모유 수유에 대한 문화적 거부를 반영하는 것이리라. 생태학적 세계 속에서 젖을 먹는 아기가 차지하는 독특한 위치를 이해하지 못한다면, 공개적인 대화를 통해 젖 속에 들어 있는 농축된 난분해성 독성 화합물이라는 매우 실질적인 문제에 대한 정보를 얻는 것이 어려워질 수 있다.

모유의 딜레마

난분해성 유기 오염물(POP)은 인간의 모든 음식 중 젖을 가장 많이 오염시키고 있다. 사람의 젖에는 소젖보다 10~20배나 더 높은 농도의 유기염소계 오염물이 들어 있다. 실제로 인간의 젖에 들어 있는 화학적 오염물의 전반적인 농도는 시판되는 음식을 규제하는 법적 기준치를 초과할 때가 많다. 1996년 어떤 뛰어난 연구자는 "모유를 분유처럼 관리한다면 독성 물질이나 유해 물질에 대한 미국 식품의약국 조치를 쉽게 위반할 것이므로, 모유는 절대로 시판될 수 없을 것이다"라고 결론지었다.

생물학적 농축이라는 냉엄한 현실은 젖을 먹는 아기들이 부모들보다 음식을 통해 독성 화합물에 더 많이 노출된다는 것을 의미한다. 평균적으로 산업화된 국가의 젖을 먹은 아기들은 부모들보다 매일 체중 0.45킬로그램당 50배나 많은 PCB를 섭취하게 된다. 이는 염소계 오염물의 특정한 종류인 다이옥신의 경우도 마찬가지다. 이 정도의 노출은 세계보건기구에서 결정한 성인들의 최대 허용 한계를 으레 초과한다. 예를 들면 젖을 먹는 영국의 아기들은 매일 허용 기준치의 17배에 달하는 PCB와 다이옥신을 섭취하고 있는 셈이다.

젖을 먹는 아기들은 분유를 먹는 아기들보다 특정한 독성 화합물에 더 많이 노출된다. 분유에는 난분해성 유기 오염물이 젖에 비해 상당히 적게 들어 있다. 또한 분유는 소에서 나온 전유보다 덜 오염되어 있다. 분유에 들어 있는 지방은 참깨, 옥수수, 종려야자, 코코넛 같은 식물성 오일에서 나온 것이고, 이들 식물은 젖을 먹이는 엄마나 우유를 생산하는 소보다 먹이 사슬 아래쪽에 있다. 실제로 1998년에 독일에서 생후 11개월 된 아기들을 조사해봤더니, 모유를 먹은 아기들이 분유를 먹은 아기들보다 체내에 10~15배 더 많은 유기 염소계 오염물을 지니고 있었다. 또 다른 연구에서는 젖을 먹은 아기들과 분유를 먹은 아기들의 유기 염소 섭취량이 20배나 차이가 났다.

난분해성 유기 오염물은 수명이 매우 길기 때문에, 이들 차이는 유아기를 지나도 지속된다. 네덜란드의 연구자들은 세 살 반 된 아이들의 PCB 수준을 조사했다. 최소한 6주 이상 젖을 먹은 아기들의 혈청에는 분유를 먹은 아기들에 비해 거의 네 배 이상의 PCB가 들어 있었다. 그리고 더 오래 젖을 먹은 경우 체내 부하량이 더 높았다. 다른 연구에서도 엄마의 젖을 더 많이 먹은 아기의 조직에는 유기 염소 화합물 농도가 일관되게 더 높은 것으로 나타났다. 심지어 25세가 되어도 어렸을 때 젖을 먹은 남녀는 더 높은 수준의 유기 염소 화합물을 몸속에 지니고 있었다. 네덜란드의 연구자들은 체내에 있는 유기 염소 화합물의 12~14퍼센트가 젖에서 온 것으로 추정한다.

그러나 아직까지 이런 연구 결과에 대한 공식적인 논의가 이루어지지 않고 있다. 이들 결과는 다른 많은 연구에 의해 보강되고 있고 이들 중 일부는 몇 년 전부터 발표되고 있다. 젖의 오염물에 대한 초기 보고서는 1951년에 나왔다. 그 당시 워싱턴에 살고 있는 흑인 어머니의 젖에서 처음으로 DDT가 발견됐다. 젖에 들어 있는 PCB는 1966년에 처음 발견되었는데, 스웨덴의 연구자가 죽은 독수리의 조직에서 이 화합물의 흔적을 발견한 후 자기 아내의 젖을 시험해보면서 밝혀진 사실이다. 1981년에 이르자 연구자들은 엄마의 젖 속에 들어 있는 200가지 화학적 오염물을 확인하였다. 오늘날 DDT는 여전히 전 세계를 통틀어 사람의 젖에서 가장 광범위하게 발견되는 오염물이며, PCB는 산업화된 국가에 살고 있는 엄마의 젖에서 가장 흔하게 발견되는 오염물이다. DDT와 PCB 말고도 젖에 들어 있는 흔한 오염물로는 방염제, 살진균제, 목재 방부제, 흰개미 살충제, 방충제, 화장실 악취제거제, 전선 절연재, 드라이 클리닝 액, 가솔린 증기, 쓰레기 소각장의 화학적 부산물 등이 포함된다.

내 연구실 선반에는 인간의 젖에 들어 있는 환경 화학물질을 조사한 보고서들이 무더기로 쌓여 있다. 모두 합치면 큰 서류가방을 가득 채울 정도이다. 그러나 젖을 먹이는 엄마들이 이에 대해 알고 있는 경우는 거의 없다. 인간의 먹이 사슬을 보여주는 대중적인 그림에 젖을 먹는 아이들이 빠져 있을 뿐만 아니라, 우리 스스로도 젖의 오염이라는 논의에서 제외되고 있다. 일부 연구자들은 보건 당국자와 모유 수유 옹호자들이 이런 문제를 공론화하면 엄마들이 겁을 먹고 젖을 먹이지 않게 될 뿐이라고 변명하고 있다. 그러나 비밀 유지가 국민 건강 증진의 훌륭한 전략이 될 수는 없다. 존재 자체를 인식하지 못하는 문제를 우리가 어떻게 해결할 수 있겠는가?

이 책의 뒷부분인 이곳에서 나는 인간 먹이 사슬의 마지막 생태학적 고리를 보여주고자 한다. 두려움 대신 용기를, 침묵 대신 대화를 이끌어줄 말들을 찾고자 한다. 한편에서는 젖이 화학적 불순물이라고 하고, 다른 한편에서는 엄마와 아이 사이에 존재하는 신체의 성찬이라고 말한다. 이들

두 가지를 한꺼번에 말할 수는 없을까? 한쪽을 무시하지 않고 다른 쪽을 살펴볼 수는 없을까?

통나무집

페이스가 9개월이 되었을 때, 우리는 서머빌 언덕 꼭대기의 복잡한 아파트에서 나무가 울창한 뉴욕의 이타카 외곽 골짜기에 있는 통나무집으로 이사를 했다. 이리로 옮겨오면서 나는 대학과 도서관 이용하는 것이 편해졌고, 남편은 저렴한 작업실 공간을 갖게 됐다. 다섯 시간만 버스를 타면 맨해튼으로 갈 수 있게 되었다. 페이스에게는 맘껏 기어 다닐 공간이 생겼다. 그러나 이런 모든 이유를 넘어선 큰 바람이 있다면 사물의 근원에 더 가까이 살고 싶다는 것이었다.

물론 나는 성인이 된 후 대부분의 시간을 도시에서 행복하게 살았다. 하지만 이런 도시생활은 나에게 등장인물과 곁가지 이야기가 너무 많은, 스릴 만점이지만 복잡해서 머리가 아픈 영화처럼 느껴졌다. 그리고 나는 전원생활 대부분을 잘 꾸려갈 수 있었다. 아주 짧은 시간 내에 하수관, 방풍림, 과수원, 우물의 위치를 알 수 있게 되었다. 나무의 구조와 바람이 부는 방향을 읽어낼 수 있었다. 나의 직관은 전원세계에서 더 잘 작용했다. 숲에서는 생각이 맑아지고, 황금방울새가 나뭇가지 사이에서 까딱거리는 것을 즐길 수도 있다. 이 전나무 수풀은 사슴이 잠자리로 삼기에 딱 좋은 장소라고 생각하는 순간, 발밑에 납작하게 밟힌 풀이 있는 것을 발견하기도 했다. 나무가 쓰러진 부근의 해가 드는 장소에는 왜 블랙베리가 없을까 궁금해하는 순간, 갑자기 블랙베리가 보이기도 했다. 내 딸도 이 자연과 나와 같은 만남을 가질 수 있으면 좋겠다.

우리가 빌린 통나무집 뒤쪽 숲에는 블랙베리, 사슴, 황금방울새가 있었다. 우물은 단풍나무 옆에 있었다. 하수가 흘러가는 동쪽 늪에는 종종 왜가리와 올빼미가 날고, 근처에는 너도밤나무와 참피나무가 무성했다. 벚나무와 스트로부스 소나무는 집 부근의 고지대를 좋아했다. 가로로 난 가지의 수를 세면 스트로부스 소나무의 나이를 추정할 수 있다. 벚나무 껍질은 감자 칩을 쌓아놓은 것처럼 보였다. 어린 너도밤나무는 겨울 내내 잎을 떨어뜨렸다. 꿀벌은 참피나무 꽃을 특히 좋아했다.

페이스가 말한 첫 번째 단어는 '나무'였다. 뒤뜰에서 담요에 싸여 젖을 먹고 있던 페이스는 햇빛이 부서지는 소나무와 잎이 무성한 단풍나무를 가리키면서 "나무, 나무"라고 내 가슴에 대고 속삭였다. 나는 페이스의 말을 들으면서 햇빛, 공기, 물을 가지고 우리 모두가 먹을 음식을 만들어내는 경이로운 나뭇잎의 광합성 작용에 대한 간단한 강의를 하기도 했다. 어떤 때는 그냥 웃기만 했다.

우리가 통나무집으로 이사한 지 일주일이 지나지 않아서 기기 시작한 페이스는 곧 능숙하게 기어 다녔다. 이로써 거침없는 탐험의 시대가 시작되었다. 우리 부부의 첫 번째 작업은 곳곳에 차단벽, 창살, 자물쇠, 걸쇠를 설치하는 것이었다. 남편과 나 또한 마루에 엎드려 기어 다녔다. 우리는 페이스의 눈높이에서 캐비닛, 계단통, 전기 코드 구멍, 화장실 변기, 창문 문지방을 바라보면서 사고를 예방하고 위험을 막으려고 노력했다. 남편과 나는 주의를 기울여야만 할 또 다른 잠재적 위험을 발견할 때마다 안도의 한숨을 쉬며 "후회하는 것보다 안전한 것이 낫지"라고 말했다.

페이스가 자신의 힘으로 내게서 더 많이 멀어질수록 다시 젖을 먹으러 돌아오는 것이 신기하기만 했다. 젖을 먹고는 더 멀리 진출하기 위한 힘을 얻었다. 아기와 나는 더 이상 한 몸이 아니었고, 서로 얽혀 공생하는 생명체도 아니었다. 나는 항구, 도착지, 발사대, 고속도로 중간의 휴게실이 되었다. 그러나 아직까지는 젖이 중력처럼 강력하게 우리를 연결시켜 주었다.

오염된 달걀

1999년 6월이었다. 매일 아침 나는 플라스틱 상자에 놓인 신문을 가지러 페이스를 데리고 밖으로 나갔다. 벨기에의 식량 위기가 국제면 주요 기사였다. 다이옥신과 PCB로 오염된 달걀들이 슈퍼마켓 진열대에서 수거되어 소각장으로 보내졌다. 이 달걀들이 어떻게 오염되었는지 정확하게 모르고 있지만, 문제는 동물의 사료까지 거슬러 올라간다. 주된 가설에 따르면, 누군가 지난해 겨울 어느 때에 사용된 튀김기름을 넣는 재활용 통에 산업용 기름을 버렸다. 그런 다음 기름 회사가 이 오염된 기름을 동물 사료 제조업자에게 팔았고, 동물 사료 제조업자는 이를 곡물과 섞어서 전국의 농장에 팔았다. 3월이 되자 벨기에인들은 양계장에서 달걀이 부화되지 않고 병아리들에게 신경 질환이 생기며 암탉이 폐사한다는 사실을 알아차리기 시작했다. 실험실에서 조사한 결과 PCB와 다이옥신 오염 수준이 법정 기준치의 1,500배에 달했다. 그러나 정부는 6주 동안 이런 사실을 대중에게 알리지 않았고, 적절한 조치도 취하지 않았다.

신문에서는 매일 새로운 리콜 조치가 발표되었다. 닭으로 인해 달걀도 폐기 리스트에 올랐다. 그다음에는 돼지, 송아지, 소, 우유, 치즈. 그다음에는 밀크 초콜릿, 마요네즈, 쿠키, 달걀 국수, 햄, 그리고 버터로 만든 모든 제품까지. 조사 결과, 일부 오염된 동물 사료가 프랑스와 네덜란드까지 유통된 사실이 밝혀졌다. 미국은 유럽 전역에서 고기, 달걀, 가금류 제품의 수입을 금지했다. 6월 중반이 되자 이 스캔들로 벨기에 내각이 무너졌다. 그러나 이런 극적인 조치조차 너무 사소하고 너무 늦은 것이었다. 오염된 식품의 대부분이 이미 소비되었다. 조사자들은 태아, 유아, 어린이들의 경우 이런 노출의 영향이 최소한 10년은 갈 것이며, 단 한 개의 달걀에 담긴 다이옥신 양이 세 살 된 아이의 체내 부하량의 20퍼센트에 달한다고 주장했다. 유아와 아이들의 면역, 신경, 행동에 나타날 효과는 "예상은 되지만 측정할 수는 없다."

내가 전기 코드 구멍에 덮개를 씌우고 있는 동안, 페이스는 위성처럼 내 주위를 맴돌았다. 나는 임신 기간 동안 먹은 모든 달걀에 대해 생각해봤다. 지난주에 사온 수입 치즈는 어떨지 궁금해졌다. 그러나 무엇보다 젖을 먹이는 벨기에 엄마들이 걱정스러웠다.

다이옥신 미스터리

다이옥신은 수수께끼투성이다. 지구상에서 가장 독성이 강한 화합물로 불리지만, 다이옥신 분자가 무엇인지 인체 내에서 정확히 어떻게 작용하는지에 대해 일치된 의견이 없다. 이건 산업적 물질이지만 고의로 제조된 것은 아니며(실험실에서 사용하기 위한 경우를 제외하고는) 알려진 목적도 없다.

다이옥신은 화학적 구성과 생물학적 반응성이라는 두 가지 측면에서 정의할 수 있다. 화학적으로 말하면, 75가지 다이옥신이 존재한다. 모두 자전거처럼 생긴 이들 물질은 두 개의 튼튼한 탄소 고리가 산소 틀에 의해 유지되고 있다.

그러나 형태가 아니라 기능에 근거한 다른 정의가 있기 때문에 화학적 다이옥신이 모두 다이옥신인 것은 아니다. 그리고 다이옥신이 아닌 일부 화합물이 다이옥신이라 불리기도 한다. 생물학적으로 말하면, 다이옥신은 아릴 탄화수소 수용체라 불리는 신체 내부의 분자와 결합해서 이를 활성화시키는 임의의 외래 물질을 뜻한다. 이 정의에 따르면 75가지 화학적 다이옥신 중에서 오직 7개, 그리고 추가로 209개의 PCB 중에서 12개, 푸란으로 알려진 135개의 화합물 중에서 10개가 이에 해당된다(푸란은 화학적 다이옥신과 유사하지만, 탄소 고리를 함께 유지하는 산소의 수가 하나 적다). 따라서 생물학적 관점에서 보자면 29개의 다이옥신이 존재하는 셈이다.

이들이 모두 동일한 효과를 가진 것은 아니다. 이들의 독성은 아릴 탄화수소 수용체에 얼마나 단단하게 결합할 수 있는가에 달려 있다. 가장 집요한 것은 TCDD라 불리는 특정한 다이옥신이다. 사람들이 보통 다이옥신이라고 말할 때는 이것을 의미하는 것이고, 이 물질은 합성된 물질 중에서 가장 유독한 분자라고 이야기된다. 아릴 탄화수소 수용체를 끌어들이는 엄청난 힘을 지니고 있는 TCDD는 거의 탐지되지 않을 만큼 미미한 수준인 1조 분의 얼마 수준에서도 체내 생체 과정을 변화시킬 수 있다. 단 하나의 생물학적 시료에 이 다이옥신이 존재하는지를 시험하는 데만도 이틀이라는 시간과 고해상도 질량 분광기라는 고가의 장치가 필요하다. 이를 시험할 수 있는 실험실은 미국에서도 열 손가락 안에 꼽힌다.

아릴 탄화수소 수용체 자체는 1976년에야 발견되었지만, 오래전부터 여기저기에서 볼 수 있었던 것으로 여겨진다. 이 단백질 복합체는 원숭이, 고래, 설치류, 오리, 악어, 도롱뇽, 연어, 칠성장어에서 확인되었다. 이 중 1억

5천만 년 전부터 살고 있었던 척추동물과 무척추동물 모두의 공통된 조상인 칠성장어는 지금의 아릴 탄화수소 수용체가 들어 있는 유전자를 갖고 있었다.

이 수용체가 실제로 무슨 일을 하는지는 정확하게 알려져 있지 않지만 중요한 몇 가지 활동은 확인되었다. 특정한 세포 신호가 이 수용체를 통해 전파된다. 그리고 이 신호가 위험한 화학적 물질의 물질대사를 감독하는 것들을 포함하여 여러 유전자를 조절한다는 것이 알려졌다. 따라서 다이옥신은 아릴 탄화수소 수용체와의 연락을 통해 우리 몸의 해독 시스템을 파괴한다.

다이옥신은 다른 종류의 파괴도 행할 수 있다. 다이옥신에 노출시킨 실험실 동물은 생식력이 감소되고 자궁내막증이 악화되며 선천성 기형이 발생하고 간이 손상된다. 또한 생식기 발육에 변화가 생기고 성장이 지연되며 갑상선 기능에 이상이 생기고 학습 장애가 생기며 면역세포의 반응성이 감소된다. 통제된 실험이 가능하지 않아서 인간에게 어떤 효과를 미치는지에 대해서는 알려진 것이 별로 없다. 그러나 다이옥신이 인간의 갑상선에 영향을 미치고 면역 시스템을 약화시키고 선천성 기형을 일으키며 포도당 대사를 방해해서 당뇨를 일으킨다는 증거가 나오고 있다. 다이옥신은 조사된 모든 호르몬 시스템을 교란시켰다. 그리고 암도 유발한다. 1997년 세계보건기구(WHO)에서는 TCDD를 증명된 발암 물질로 규정했다.

다이옥신이 정확하게 어디에서 발생하는지 아무도 모른다는 점도 미스터리다. 이미 알려진 근원에 의해 계산된 양의 두 배 정도가 현재 대기 중에서 비를 통해 지표면으로 떨어지고 있다. 쓰레기 소각장, 특히 염소계 플라스틱을 태우는 소각장이 주된 생산지로 알려져 있다. 다이옥신은 또한 특정한 화합물, 예를 들면 살충제를 제조할 때 부산물로 발생한다. 일부는 금속을 제련할 때, 특히 오래된 구리 와이어에서 벗겨진 플라스틱 피복을 태우는 폐기물 처리 중에 발생한다. 뒤뜰에서 쓰레기를 태우는 것도 또 다른 원인이다. 일부 연구자들은 흔히 쓰이는 목재 방부재가 증발되면서 대기 자체가 다이옥신을 만들어내는 것에 대해서도 의심하고 있다.

그러나 어떻게 만들어지건 간에 다이옥신은 하늘에서 떨어져서 우리에게 침입한다. 풀잎이 이를 흡수하고, 소가 먹은 다음, 우리가 먹는다. 바다의 조류도 이를 흡수하고, 갑각류가 먹고, 물고기가 먹은 다음, 우리가 먹는다. 이끼의 딱딱하고 두꺼운 잎이 이를 흡수하고, 순록이 먹은 다음, 우리가 먹는다.

그런 다음 우리는 그 다이옥신을 우리 아기들에게 먹인다.

누나부트의 엄마들

누나부트는 캐나다의 신생 지역이다. 세계에서 가장 높은 곳에 자리 잡은 곳이다. 나무가 전혀 없는 이 지역은 1999년 노스웨스트 지역에서 분할되어 나왔다. 여기에는 캐나다의 극지대 군도의 얼어붙은 섬 대부분이 포함되고, 허드슨 만을 가로질러 그린란드에서 멈춘다. 누나부트는 이누이트(흔히 에스키모라 불린다. 에스키모란 '날고기를 먹는 사람'이라는 뜻이므로 이들은 이누이트라는 단어를 더 선호한다—옮긴이 주)들의 고향이다. 이누이트란 그들의 언어로 '우리 땅'을 의미한다. 누나부트와 그 경계의 500킬로미터 이내에는 알려진 다이옥신 근원지가 없다. 그러나 그곳에 살고 있는 이뉴잇 엄마들의 젖에는 남쪽에 살고 있는 캐나다 엄마들의 젖에 비해 평균 두 배나 많은 다이옥신이 들어 있다. 이런 사실 자체는 그다지 낯설지 않다. 앞서 살펴본 것처럼 난분해성 유기 오염물은 종종 제트 기류를 타고 이동한 뒤 찬 날씨로 인해 응축되어 떨어지기 때문에 북쪽 지역에서 농축되는 것은 흔한 일이다.

뉴욕 퀸즈 대학의 자연시스템생물센터 소장인 배리 커몬너 박사와 그의 동료들은 최근 누나부트에서 발견된 다이옥신의 다양한 근원지를 캐나다, 미국, 멕시코로 추적해보았다. 북미에 있는 4만 4,000개의 다이옥신 근원지로부터 다이옥신 방출 지도를 만든 다음, 이들이 누나부트에 도달할 때까지 시간과 공간을 추적한 것이다. 이들은 핵 사고 후의 방사선 경로를 모의 실험하기 위해 고안된 컴퓨터 프로그램을 이용했다. 컴퓨터는 1년 동안 매 시간마다 방출을 추적했다.

결과가 나오자 모두 놀랐다. 4만 4,000개의 근원지 중 누나부트를 오염시키고 있는 다이옥신의 대부분을 차지한 것은 단지 600개였다. 허드슨 만에 있는 한 공동체에 떨어지는 다이옥신의 3분의 1 이상이 남쪽에 있는 단 19개의 근원지로부터 왔다. 누나부트에 떨어지는 모든 다이옥신 중 약 4분의 3이 미국에서 왔고, 이들 대부분은 미국 동부와 중서부의 시설에서 나온 것이었다. 주된 원인 중에는 세 곳의 쓰레기 소각장, 철 소결 공장, 2차 구리 제련소가 있었다. 이들은 내가 이름을 아는 곳에 위치하고 있었다. 아이오와의 에임즈, 펜실베이니아의 해리스버그, 미네소타의 레드 윙, 인디아나의 게리, 일리노이의 하트포드.

하트포드는 매디슨 카운티의 미시시피 강 부근에 위치하고 있다. 구리 제련소의 고향인 이곳은 일리노이 주에서는 익히 알려진 오염원이었다. 가장 최근에는 몇 명의 직원과 최소 한 명의 관리인이 공모해서 미시시피 강의 지류로 독성 물질을 흘려보내는 비밀 파이프라인을 설치하였음에 대해 양심선언을 했다. 그리고 그후 받게 된 무거운 처벌에 대해 무죄를 주장했다. 이 파이프는 그들이 잡히기까지 10년 동안 사용되었다.

누나부트의 엄마들은 그들의 젖에 다이옥신을 들어가게 만든 다양한 다이옥신 방출 시설들과 만날 계획을 짜고 있다고 말했다. 그들이 일리노이주의 구리 제련소 관리자에게 연락하기를 원한다면 어렵지 않게 그를 찾을 수 있을 것이다. 이 책을 쓰고 있을 때 그는 자택 연금을 선고받았다.

모유 오염의 지리적 요인

모유 오염은 전 세계에서 보고되고 있다. 나는 그중에서도 호주 · 캐나다 · 홍콩 · 인도 · 요르단 · 뉴질랜드 · 사우디아라비아 · 스칸디나비아 · 우간다 · 우크라이나 · 미국 · 짐바브웨에서 나온 보고서, 파리 · 마드리드 · 리우데자네이루에서 나온 보고서, 카스피 해 유전 근처의 마을에서 나온 보고서들을 가지고 있다. 서로 다른 연구실에서 오염 측정을 위한 서로 다른 방법을 사용하고 있고, 이들 방법도 시간이 흐르면서 달라지기 때문에 그 결과를 단순 비교하기는 힘들다. 그럼에도 불구하고 동일한 지역적 패턴이 광범위하고 일관되게 나타나고 있다.

그중 하나는 앞서 언급한 북쪽으로 오염물이 이동하는 것과 별개로, 다이옥신과 PCB 농도가 산업화된 지역에서 살고 있는 엄마들의 젖에서 가장 높게 나타나는 경향이 있다는 사실이다. 많이 오염된 산업 지역일수록 다이옥신 농도가 더 높다. PCB 농도는 이를 제조하면서 동시에 사용하는 국가에서 가장 높고, 수입은 하지만 제조하지 않는 호주와 같은 국가에서는 더 낮았으며, 농업 위주의 개발도상국가에 살고 있는 여성의 젖에서는 전혀 검출되지 않을 때가 많았다. 유럽에서는 헝가리와 알바니아가 젖에 함유된 PCB와 다이옥신의 농도가 가장 낮은 것이 밝혀졌다.

DDT가 농업에서 모기 방역용으로 사용처가 바뀌면서, 개발도상국의 도시에 사는 엄마들의 젖 중 DDT 오염이 시골에 사는 엄마들을 능가했다. 유럽 국가 중에서는 우크라이나에서 젖 중에 포함된 염소계 살충제 수준이 가장 높은 것으로 보고됐다. 1980년대 미국에서는 다른 지역에 비해 남동부 지역 엄마의 젖에 흰개미 구제에 사용되는 살충제(클로르데인, 헵타클로르, 디엘드린)가 높은 농도로 들어 있었다(이들 살충제는 지금은 사용이 금지되었지만 20년 간 토양에 잔류한다).

지역적 생태 또한 중요한 역할을 한다. 스칸디나비아 반도에서 이런 종류의 오염을 만들어내는 것으로 알려진 노르웨이의 마그네슘 공장 부근에 살고 있는 엄마들의 젖에서 가장 높은 농도의 푸란이 발견됐다. 그리고 캐나다에서는 5년 동안 시립 소각장 가까이에 살았던 엄마의 젖에서 높은 농도의 PCB가 발견되었다. 하와이에서는 헵타클로르 살충제를 뿌린 파인애플의 잎을 젖소에게 먹이기 시작한 후, 1979년과 1983년 사이에 엄마들의 젖에 들어 있는 살충제 농도가 3배가 되었다. 오염 기간 동안 여성이 유제품을 많이 섭취할수록 젖에 들어 있는 헵타클로르 농도가 높았다.

가사일도 젖의 오염에 일정한 역할을 한다. 호주에서는 집에 흰개미 살충제를 처리했는지에 따라 디엘드린과 헵타클로르가 젖에서 얼마나 많이 발견될 것인지를 예측할 수 있었다.

물론 지역적 효과도 무시할 수 없었다. 누나부트 여성들이 그보다 남쪽에 사는 여성들보다 더 높은 수준의 다이옥신을 갖고 있을 뿐만 아니라, 캐나다 북동부에 살고 있는 엄마들의 젖에는 남쪽에 살고 있는 엄마들의 젖보다 10배나 더 많은 탁소펜(면화에 사용되는 살충제—옮긴이 주)이 들어 있었다. 탁소펜 잔류물은 스웨덴 엄마들의 젖에서도 검출됐다. 흰개미 살충제인 클로르데인은 핀란드 엄마들의 젖에서도 발견되었는데, 핀란드 국경 안에서 이 물질은 전혀 사용된 적이 없었다.

UN회의장의 젖병

1999년 9월, 페이스가 돌이 되기 얼마 전쯤 나는 UN대표들을 놀라게 만들었다. 내 젖 한 병을 회의장에 돌린 것이다. 이 일은 이렇게 벌어졌다.

노동절 연휴 직전에 제프와 페이스와 나는 POP에 대한 UN협약이 조율되고 있는 제네바로 떠났다. 특정한 난분해성 유기 오염물을 국제적 차원에서 규제하기 위한 법적 구속 장치 마련을 위해 열리는 3차 정부간 협상위원회에 참가한 것이었다. 물론 회담에 참가하는 것은 나였고 남편과 아기는 박물관, 야외 카페, 스위스 국립서커스 같은 다른 일정이 있었다. 페이스는 곧 자기 식단에 크로와상 같은 메뉴를 첨가했고, '보알라(Voilà, 불어로 '여기 있습니다' 라는 의미－옮긴이 주)' 라는 단어를 자기 어휘에 추가했다.

그동안 나는 122개국 UN대표들 앞에서 할 연설을 준비했다. 나는 또 협상을 지켜보면서 강력한 조약문이 나오도록 로비를 벌이는 세계 시민단체 연합체인 '국제 POP 제거 네트워크' 의 미팅에도 참가했다. 이 단체들은 난분해성 유기 오염물이 그 자체의 성질상 위험하고, 안전한 취급이 불가능하고, 정치적 국경선을 무시하므로 세계 어느 곳에서도 제조되거나 사용되지 않아야 한다는 확신으로 연대했다. 제네바 시의 다른 곳에서는 유예기간을 연장하고, 예외 조항을 추가하고, 협정서의 문구가 부드럽게 표현되길 희망하는 화학산업 관련 단체들이 전략 회의를 갖고 있었다.

나는 이누이트족 엄마, 미국 원주민 어부, 필리핀 활동가, 네덜란드의 소아과 의사, 미국 생물학자와 러시아 화학자의 주장을 들으려고 여러 워크숍에 참석했다. 알래스카의 파멜라 밀러는 오염된 군기지 문제를 제기하려고 이곳에 왔다. 내가 임신 7개월이었을 때 몬트리올에서 열린 협정서 협상의 첫 번째 회동이 막 끝났을 때 본 이후 처음 만난 것이었다.

여성 대표그룹의 전략 회의에서 참석자들은 자신들이 원하는 최종 협정서 내용에 대해 설명했다. '공동의 미래를 위한 유럽 여성'이라는 단체에서 온 대표는 우리가 UN 대표들을 만날 때 다음과 같은 세 가지 질문을 명심해야 한다고 제안했다. 협정서가 생식生殖의 건강성을 보호할 수 있는가? 젖의 오염을 종식시킬 수 있는가? 아이들을 POP로 인한 피해로부터 보호해줄 수 있을 것인가?

그동안 나는 UN 대표들에게 전할 공식 의견서를 작성하느라 원고를 찢고 또 찢으며 고민하고 있었다. 강의 준비에 이렇게 노심초사해본 적이 없었다. 내 일은 정말 단순한 것이었다. 나는 POP가 생식 건강에 미치는 영향에 대한 최근 과학적 연구를 요약해서 제시하는 세 명의 패널 중 마지막 연설자였다. 우리 패널의 다른 연설자들은 존경받는 두 명의 연구자로 모두 남자였다. 이들은 현재의 상태를 그래프와 차트, 참고문헌으로 가득한 슬라이드 쇼로 보여줄 것이다. 나는 젖의 오염이라는 문제에 대해 보다 구체적으로, 보다 개인적인 입장에서 말해달라는 제안을 받았다.

나는 젖을 먹이는 엄마로서, 동시에 증거에 냉정한 생태학자로서 말하고 싶었다. 그러나 개인적 측면과 학자적 측면을 어떻게 균형 잡을 것인가?

포럼이 열리는 날 아침까지도 나는 여전히 뭘 말해야 할지 자신이 없었다. 아침을 먹으면서도 택시를 탄 뒤에도 여전히 그랬다. 유리 칸막이에 앉아 있는 어두운 정장 차림의 사람들이 내가 말하는 것을 여러 나라의 언어로 동시통역해서 반짝이는 테이블 위에 놓여 있는 헤드셋으로 흘려보내기 위해 준비가 한창인 강당의 큰 문을 열고 들어갈 때까지도 여전히 그랬다.

다행히도 나는 일찍 도착했다. 새벽부터 그때까지 페이스에게 젖을 먹이지 않았기 때문에 젖이 아파오기 시작하여 젖을 짜러 화장실에 갔다. 컵에 절반쯤 찬 젖을 평소처럼 변기에 버리려고 하다가 망설였다. 젖은 지구상에서 가장 오염된 인간의 음식일 수 있지만 여전히 아기들에게는 성찬과도 같다. 바로 그때 이런 생각이 떠올랐다. 이 협정서 초안을 협상하러 온 각국 대표 대부분이 아마도 이전에 인간의 젖을 본 적이 없을 것이라는 생각이다. 나는 병뚜껑을 닫아 책가방에 넣었다.

연설할 차례가 되었을 때, 나는 젖이 든 병을 회의장에 돌렸고, 대표들이 잠깐씩 병을 손에 쥐고 있는 모습을 지켜보았다. 몇몇은 아주 자세히 들여다보았고, 몇몇은 눈을 피했고, 몇몇은 미소를 지었다.

그런 다음, 나는 먹이 사슬에 대한 이야기를 시작했다.

또 다른 변수들

지리적 영향 외에도 많은 요소들이 엄마 젖의 화학적 오염 수준에 영향을 미친다. 가장 중요한 것은 엄마의 나이다. 이전에 젖을 먹인 아이들의 수와 젖을 먹인 총 기간 역시 중요하다. 출산 전후로 늘어나고 빠진 체중과 식사 습관 역시 중요하다.

왜 그런지 이해하기 위해서는 먼저 화학적 오염물이 어떻게 젖에 들어오게 되는지 자세히 살펴볼 필요가 있다. 수은이나 납 같은 중금속은 젖의 단백질에 결합한다. 다른 화합물은 젖의 지방 방울 안에 갇히게 된다. 유아의 건강에 가장 큰 위협을 가하는 것으로 여겨지는 것이 이런 지용성 오염물이다.

젖에 포함된 지방 방울 중 60퍼센트 이상은 복부나 엉덩이, 허벅지 같은 엄마의 몸 전체에 퍼져 있는 지방세포로부터 나오며, 30퍼센트만 엄마의 식사에서 나온다(나머지 10퍼센트는 유선 내부에서 만들어진다). 이 비율은 엄마가 잘 먹고, 자신과 아기에게 필요한 에너지를 맞추기 위해서 매일 풍부한 칼로리를 섭취하는 경우에도 변함없이 유지된다. 이는 지방세포 조직이 젖 생산을 위해 지방 제공을 요청받는 경우, 평생 축적된 지용성 오염물이 젖으로 이동한다는 것을 뜻한다. 엄마의 지방 퇴적물에 들어 있는 화합물 중 일부가 젖을 통해서 아기에게 전달될 수 있는 것이다.

일단 혈류로 분비된 지방세포 분자는 여기에 녹아 있는 POP와 함께 가슴으로 이동한다. 가슴에 도달하면 오염물은 지방세포 분자에서 풀려나와 혈액과 가슴의 유선세포 사이에 있는 세포 차단벽을 통과한다. 일단 차단벽을 통과한 오염물은 만들어지고 있는 유지방 방울에 모이게 된다. 이렇듯 오염물이 혈액에서 젖으로 이동하는 것은 태반을 통한 이동보다 더욱 효율적이다. 태반 혈액으로 침투한 유기 염소 화합물의 약 10~20배가 젖으로 들어가게 된다. 일단 젖에 들어간 유기 염소 화합물은 아기의 소화관에 의해 쉽게 흡수된다. 아기의 기저귀를 분석해보면 배출되는 오염물은 거의 없다. 실험실 동물을 상대로 실험해봐도 같은 결과가 나온다. 10시간 동안 젖을 먹은 쥐의 새끼는 젖을 빨기 전보다 혈액 중 DDT 양이 5배나 증가했다.

POP는 우리가 분해시킬 수 있는 것보다 더 빨리 몸속에 축적된다. 따라서 엄마의 나이가 많을수록 젖 중의 POP 농도가 높다. 다른 조건들이 모두 같다면, 45세에 처음 엄마가 된 이의 젖에는 20세에 처음 엄마가 된 이보다 상당히 많은 오염물이 들어 있을 것이다.

이전에 젖을 먹인 총 기간도 젖에 들어 있는 POP 농도를 결정하는 데 영향을 준다. 더 오래 젖을 먹일수록 체지방에 들어 있는 화학적 오염물이 더 많이 없어질 것이고, 따라서 젖이 더 깨끗할 것이다. 6개월 동안 젖을 먹이고 나면 젖에 들어 있는 유기 염소 화합물의 농도가 처음보다 20퍼센트 낮아진다. 18개월이 되면 처음의 절반 수준으로 떨어진다. 3년 동안 쌍둥이에게 젖을 먹인 미국 엄마의 젖을 관찰하였더니, 젖을 뗄 때쯤 엄마 자신의 몸에 남아 있는 다이옥신의 부하량이 69퍼센트로 낮아졌다. 달리 말하면 젖을 먹이는 동안 엄마가 자신이 평생 축적한 다이옥신의 3분의 1을 자신의 두 아이들에게 나눠줬다는 이야기다.

따라서 첫째 아이가 동생보다 젖에 들어 있는 화학적 오염물을 더 많이 받게 된다. 핀란드에서 나온 한 연구 결과에 따르면, 셋째 아이는 첫째 아이에 비해 70퍼센트 정도의 PCB와 다이옥신에 노출되는 것으로 밝혀졌다. 여덟 번째, 아홉 번째, 열 번째 아이는 단지 20퍼센트에만 노출된다. 따라서 여성이 아이들에게 젖을 더 많이 먹일수록 젖에 들어 있는 POP 양은 감소된다. 다른 조건이 모두 똑같다면 한 자녀를 둔 40세 엄마의 젖에는 네 번째 아이에게 젖을 먹이는 40세 엄마보다 더 많은 오염물이 들어 있을 것이다.

수유 기간 동안 엄마의 식사는 젖에 들어 있는 오염물에 거의 영향을 미치지 않는 것으로 보인다. 하지만 그때까지의 식습관은 상당히 중요하다. 일반적으로 오랜 기간 동안 생선과 해산물을 먹은 여성의 오염이 가장 높고, 고기를 먹은 엄마들은 다소 낮고, 오랜 기간 동안 채식을 한 엄마들의 경우는 더 낮다. 간단히 말하면 먹이 사슬에서 더 높은 위치의 생물을 먹을수록 젖에 들어 있는 오염물이 더 많다. 예를 들면 온타리오 호수에서 잡힌 물고기를 먹은 여성의 젖에는 그 지방에서 나는 생선을 먹지 않는 뉴욕 주 북부 지역에 살고 있는 여성보다 더 많은 오염물이 들어 있다. 매사추세츠 주 뉴베드포드의 해안 도시에 살고 있는 엄마들에게서도 유사한 패턴이 나타났다. 스웨덴의 연구자들은 젖에 들어 있는 유기 염소 오염물이 동물성 식품(버터, 우유, 달걀, 고기, 치즈)을 많이 먹는 식습관과 강한 연관성이 있다는 사실도 발견했다.

디디와 매

1999년 12월, 내가 페이스에게 준 크리스마스 선물은 뒤뜰에 있는 새 모이통이었다. 나는 모이통을 엉겅퀴, 해바라기 씨, 소기름으로 채워놓았다. 식사를 하면서 페이스가 선물을 좋아하길 바라는 마음에 아기 식탁의자를 창가에 두었다. 페이스는 박새가 밥을 먹을 때 자기도 밥을 먹는 것을 좋아했다. "디디!"라고 소리치면서 페이스는 고구마 조각을 입에 넣었다.

페이스는 박새를 좋아했다. 15개월 된 페이스는 상당히 훌륭한 새 관찰자가 되어서 하하(동고비)와 디디(박새)를 쉽게 구별했다. 동고비와 박새는 함께 움직이지만 외모와 특성을 쉽게 구별할 수 있어서 겨우 말을 하는 아이도 다른 이름으로 불렀다. 나는 개인적으로 검은 방울새를 좋아하는데, 이들은 수줍고 우아하게 땅 쪽에서 조용히 퍼덕거린다. 페이스는 아직까지 이들에게는 이름을 붙여주지 않았다. 먹이통에 어색하게 접근하는 딱따구리에게도 이름을 지어주지 않았다. 그러나 페이스는 집게손가락으로 정수리를 두드리면서 딱따구리가 먹이를 쪼는 것을 흉내 내어 딱따구리의 도착을 알렸다.

싱크대에서 설거지를 하는데 페이스가 우는 소리가 들렸다. 내가 달려가자 페이스는 창문을 가리켰고 무슨 일인지 내다보니 매 한 마리가 휙 하고 날아가는 것이 보였다. 매가 페이스가 가장 좋아하는 디디를 채어갔나? 이미 사라지고 없었다. 페이스는 훌쩍이기 시작했다.

"뭘 봤는데 그래, 아가야?"

부드럽게 물어봐도 묵묵부답이었다.

"찌찌!"

마침내 페이스는 젖을 의미하는 단어를 말했다.

나는 스웨터 단추를 풀고 우리가 한 몸이 된 것처럼 느껴질 때까지 함께 흔들의자에 앉아 있었다. 창 밖에는 눈이 내리기 시작했다. 흩어진 작은 새들은 곧 돌아올 것 같지 않았다. 하루하루 지나면서 언어가 페이스와 나 사이에 새로운 결합을 만들어주었다. 그러나 이런 경우에는 달리 해줄 말이 없었다. "엄마 매도 아기들에게 먹이를 주어야 한단다"라고 말할 수 있겠지만, 아직은 그럴 때가 아니었다. 그래서 나는 다른 쪽 젖을 물려주고는 겨울 오후의 어스름이 내리고 어두워질 때까지 그대로 흔들의자에 앉아 있었다.

모유 모니터링 프로그램

젖에 들어 있는 오염물이 시간이 지남에 따라 증가하는지 감소하는지를 알아보기 위해서는 젖을 모니터링할 수 있는 프로그램이 필요하다. 이상적인 것은 표준화된 방법을 이용하여 많은 어머니들에게서 정기적으로 젖을 수집하고 분석하여 기록하는 것이다. 뉴질랜드뿐만 아니라 유럽 각국에서 이런 프로그램을 시행하고 있다. 그러나 미국에는 없다. 예전에는 있었지만 국가 차원의 모유 모니터링 프로그램은 1978년에 없어졌다. 미국에서 모유의 오염 추세에 대해 알고 싶은 내용은 여기저기 흩어져 있는 개인 차원의 연구 결과에서 얻을 수밖에 없었다. 캐나다에서는 1967년 이래로 여섯 가지 주요 모유 조사를 실시해서 좋은 정보를 얻고 있다.

여러 모니터링 프로그램 중에서 스톡홀름에 있는 모유센터가 가장 좋은 표준을 제공한다. 여기서는 60년 간 체계적으로 젖을 수집하면서 좋은 소식들을 많이 내놓고 있다. 이곳 조사에 따르면, 난분해성 유기 오염물이 금지되었을 때 젖의 오염물 농도는 신속하게 급격히 떨어지기 시작했다. 스웨덴의 조사에 따르면, 1972년과 1992년 사이에 젖의 유기 염소 오염물 감소 경향이 뚜렷해졌는데, 이 기간은 유럽 각국에서 PCB와 여러 가지 살충제의 사용과 제조를 금지했던 시기다. 다른 국가에서도 유사한 경향이 나타났다. 독일에서는 1986년과 1997년 사이에 유기 염소 오염물이 살충제의 경우 80~90퍼센트, PCB의 경우 60퍼센트 감소했고, 이런 감소치는 네덜란드, 덴마크, 영국에서도 일치했다. 이런 경향은 이 기간 동안 식품에 함유된 유기 염소 오염물이 감소된 것과 동일했다. 캐나다 자료에 따르면 1967년과 1992년 사이에 모유에의 살충제 잔류물이 감소되었다. 미국에서 나온 자료는 이런 결론을 이끌어내기에는 너무 모호한 듯 여겨진다.

다이옥신의 경우도 희망적인 경향을 보여주고 있다. 유럽에서는 1980년대 후반부터 다이옥신 배출을 엄격히 규제했고, 덕분에 젖이 깨끗해졌다. 1997년의 다이옥신 평균 섭취량은 1989년의 절반이고, 젖 중에 들어 있는 다이옥신은 이탈리아와 리투아니아를 제외하고 믿을 만한 데이터를 가진 거의 모든 지역에서 감소했다. 1988년과 1993년 사이에, 유럽 연합국 엄마들의 젖 속 평균 다이옥신 농도는 매년 약 8퍼센트 감소하여 총 35퍼센트가 줄어들었다. 미국 엄마들의 젖 중 다이옥신에 대해 이용할 수 있는 데이터는 분석하기에 너무나 피상적이어서 아마 유럽에서 나타나는 수준 정도로 감소했으리라고 추정할 수밖에 없다.

그러나 걱정스러운 소식도 만만치 않다. 젖에 포함된 오염물의 감소 추세가 지지부진해지거나 답보 상태에 머물고 있다. 게다가 젖 중의 일부 난분해성 유기 오염물의 농도는 여전히 증가하고 있다. 한 가지 부류가 PBDE인데, 유럽과 미국에서 방염제로 널리 사용되는 물질이다. PBDE는 컴퓨터, TV 수상기, 실내 내장재, 러그, 커튼, 자동차 내부 장식에서도 발견된다. 제품이 사용되는 기간 동안 이 물질이 점점 주위 환경으로 흘러나와 먹이 사슬로 들어간다. 여기서도 생선 소비가 이 물질에 노출되는 주된 경로가 된다. 화학적 구조가 PCB와 비슷한 PBDE는 탄소 프레임에 염소 원자가 아닌 불소가 박혀 있고 탄소 고리 사이에 산소 원자가 하나 박혀 있는 것이 다르다. 그러나 이런 차이가 PCB 같은 독성을 없애주는 것은 아니다. PBDE는 PCB와 유사하게 갑상선 기능과 신경 발달을 방해하고 암을 일으킬 수 있다. 스웨덴의 조사에 따르면 젖 중의 PBDE 농도는 5년마다 2배로, 즉 기하급수적으로 증가하고 있다. PBDE의 비율은 미국 엄마들의 젖에서도 증가하고 있는 것으로 추정되지만, 모니터링 프로그램이 없어 확신할 수는 없다.

불길하게도 1999년에 캐나다의 연구자들은 젖에서 완전히 새로운 부류의 산업 화합물인 방향족 아민을 발견했다. 사진 현상, 염료, 플라스틱 발포체, 가황 고무, 살충제, 약제의 제조에 사용되는 이 물질은 탄소의 둥근 고리(그래서 '방향족' 이라 불린다)와 질소를 함유하고 있고, 모두 암모니아(그래서 '아민' 이다)에서 유래되었다. 이 그룹에서 잘 알려진 화합물로는 아닐린이 있다. 비록 캐나다 엄마들의 젖에서 검출된 이들의 농도는 지금의 POP 수준과 유사하지만 방향족 아민은 훨씬 더 짧은 반감기를 갖고 있다. 즉 이들은 체내에서 보다 빨리 분해되고 배출된다. 이는 사람이 이 물질에 노출된 것이 최근의 일이고 진행 중에 있다는 사실을 뜻한다. 그러나 그 근원이 무엇인지 언제 그리고 어떻게 노출됐는지는 여전히 풀리지 않은 미스터리다. 방향족 아민은 발암물질이다.

모두가 잠든 밤에

나는 아기가 아장아장 걸을 때까지 젖을 먹이리라 생각한 것은 아니었지만, 그렇다고 그때까지 젖을 먹이지는 않겠다고 작심한 것도 아니었다. 처음 젖 먹이는 법을 배우던 시기에는 얼마나 오래 젖을 먹여야 하는지 확실하게 알지 못했다. 페이스가 포대기에 돌돌 싸여 있을 때, 내 옆자리에서 젖을 물리고 있던 엄마가 떠올랐다. "다른 쪽!"이라고 말하면서 두 살짜리 아이가 엄마의 블라우스 아래에서 화난 얼굴을 하고 튀어나왔다. 끔찍했다고까지 말할 정도는 아니었지만, '아이가 젖에 대해 말할 수 있게 될 때쯤에는 그만 먹여야지' 라고 결심했다.

아장아장 걷는 아이들이 하는 모든 행동이 처음 엄마, 아빠가 된 이들에게는 무섭고 이상해 보일 수 있다. 옹알거리며 허공에 대고 너무나 우아하게 손을 흔드는 자신의 조그마한 아기와 비교해보면, 아장아장 걷는 아이들은 위험한 거인처럼 보인다. 마치 자기 아기는 결코 그런 존재가 되지 않을 것처럼 말이다. 아장아장 걷는 아이의 부모가 작은 아기에 대해 갖는 느낌이 이와 정반대인 것은 아니다. 물론 최근 소아과 진찰실에서 갓난아기를 자랑스러워하는 부모들을 보면서 막연한 동정심을 느끼기는 했지만 말이다. 난 그때 갓난아기가 너무 작고 무관심한 듯 보였다.

2000년 7월, 몇 달 동안 밤새 푹 자거나 가끔 새벽에 한 번 정도만 깨던 페이스가 요즘은 매일 몇 시간마다 깨서 오랫동안 젖을 먹었다. 젖을 먹으면 다시 자는 게 아니라 잠이 더 깨는 것 같았다. 새벽 3시에 아기가 침대로 뛰어올라와, 댄스 음악과 책 읽기를 요구했다. 일상적인 목록(이가 나나? 아파서? 스트레스? 급성장기인가?)을 점검한 뒤 가능한 원인들을 다 제거하고 나서, 이제는 엄마 위주의 정책으로 키우기 시작할 때라고 마음먹었다. 새로운 정책은 밤은 젖을 먹이는 시간이 아니라 잠을 자는 시간이라는 것이다.

다음 날 밤, 나는 아기를 침대에 눕히면서 규칙들을 설명했다. 밤에는 해가 지고, 엄마 · 아빠 · 아기 · 박새 · 딱따구리가 모두 자러 가고, 우리도 아침까지 계속 자야 하는 거란다. 엄마 찌찌도 밤에는 자러 간단다. 페이스는 알아듣는 것처럼 보였다.

새벽 2시에 페이스가 내게 얼굴을 들이밀자 엄마 젖은 자고 있다고 저녁 때 했던 말을 상기시켜주었다. "일어나, 찌찌! 일어나!" 아기는 고래고래 소리를 질렀다.

"기억하지? 밤에는 자는 거야."

아기는 격렬하게 팔다리를 휘둘렀다. 화가 나서 소리를 마구 질러댔다. 페이스는 해가 뜨고 새들이 노래해야 한다고 했다. 이제 어떻게 하지? 나는 노래를 불러주고, 마사지를 해주고, 흔들어주고, 마루를 같이 걷기도 했다. 고함 소리는 더 커졌다. 두 시간이 지난 후, 우는 아기들을 달래는 마지막 방법이 떠올랐다. '아기를 데리고 밖으로 나가라.' 나는 잠들어 있는 대지를 보여주려고 아기를 담요로 돌돌 말아서 발코니로 나갔다.

그러나, 밖에는 아무것도 자고 있지 않았다. 보름달이 하늘 높이 떠 있었고, 개똥벌레들이 풀밭 위를 날아다녔다. 황소개구리가 늪지에서 울고 있었고, 올빼미가 귀신처럼 눈을 빛내며 울고 있었다. 나무들이 물방울을 똑똑 떨어뜨렸고, 나뭇가지들이 툭 하는 소리를 냈다. 온 세상이 저녁 식사를 하거나 짝짓기를 하느라 분주했다.

그러나 이 모든 드라마가 페이스에게는 정반대의 효과를 가져왔다. 페이스는 밤하늘을 보며 매료되었다.

"달님도 자?"

"그럼."

"개구리도 자?"

물론 그렇지.

"비도 자?"

그럼, 아마 그러겠지.

그런 뒤 페이스는 갑자기 내 어깨에 머리를 기대더니, 곧 잠들어버렸다.

이보다 더 놀라고, 더 겸허해지고, 더 다행스럽고, 더 행복하고, 더 사랑에 빠진 적이 없었다. 잠에서 완전히 깬 나는 문에 기대앉아 밤의 축제를 지켜보며 경이로운 마음으로 해가 뜨기를 기다렸다.

모유는 해로운가?

젖에 오염물이 존재한다는 연구 결과를 보고하는 것은 젖이 아이에게 해를 미친다는 증거가 있다고 보고하는 것과는 다른 일이다. 해를 미친다는 증거를 제공하기가 훨씬 더 어려운 일이다. 원칙대로 라면 오염되지 않은 젖을 먹은 아기들을 오염된 젖을 먹은 아기들과 비교해야 하는데, 오염되지 않은 젖이란 존재하지 않기 때문이다. 가장 좋은 방법은 심하게 오염된 젖을 먹은 아기들을 덜 오염된 젖을 먹은 아기들과 비교하는 것이다. 심하게 오염된 젖을 먹은 아기들은 태어나기 전에 탯줄을 통해서도 많은 오염물을 전달받았을 것이기 때문에, 오염물에의 산전 노출과 젖에 의한 노출의 상대적 효과를 분리시켜 연구해야 한다. 이런 연구는 상당히 드물기는 하지만, 몇 가지가 있어 살펴보고자 한다.

좀 더 조심스럽게 통제할 수 있는 동물 연구에서도 POP에 오염된 젖이 새끼들에게 구조적, 기능적, 행동적 문제점을 일으킨다는 사실을 일관되게 보여주고 있다. 또한 이런 부정적인 효과들이 인간의 젖에 보이는 정도의 오염 수준에서도 야기될 수 있다. 예를 들면 젖먹이 때 인간의 젖에서 발견되는 전형적인 PCB 혼합물에 노출된 원숭이의 경우, 학습 능력과 새로운 기술을 배우는 능력이 오염물에 노출되지 않은 원숭이에 비해 감소되었다. 오염물에 노출된 원숭이의 혈액과 지방에서는 산업화된 국가에 살고 있는 사람들에게서 발견된 정도의 PCB 농도가 발견된 반면, 이들보다 학습 능력이 높은 대조군 원숭이에게서는 그 보다 훨씬 낮은 PCB 농도가 발견되었다.

젖의 오염에 대해 언급하고 있는 모유 수유에 대한 대중적인 안내 책자는 드문 듯하다. 설령 이 문제를 인지하고 있다고 하더라도 그 잠재적인 위험에 대해서는 무시한다. 내 서재에 있는 세 권의 안내서 중 한 권에서는 "엄마의 젖을 통해 전달될 수 있는 오염물의 양은 너무 작아서 생물학적으로 의미가 없다"고 쓰여 있었다. 다른 책에서는 "엄마 젖의 환경 오염물질이 아기에게 해를 미쳤다는 사례가 보고된 적은 없다"라고 적혀 있었다. 세 번째 책에서는 단순히 "나쁜 영향이 관찰되지 않았다"라고만 언급하고 있었다. 그러나 생물학 문헌은 이렇게 낙천적이지 않다. 예를 들면 한 연구자가 1998년에 쓴 저술을 보면, "인간의 젖에 함유된 다이옥신의 독성 농도가 비교적 낮은 국가에서도 엄마의 젖을 먹은 아기들에게서 생화학적, 면역학적 그리고 신경학적 변형이 관찰되었다"고 쓰여 있다. 이제는 인간에 대한 사례를 살펴보도록 하자.

미국에서는 기본 수치 수준인 젖 오염물이 건강에 미치는 영향을 조사한 연구가 많다. 이들은 최소한 단기간에 벌어지는 몇 가지 문제를 보고했다. 예를 들면 노스캐롤라이나의 모유와 분유 프로젝트에서는 1978년과 1982년 사이에 태어난 930명의 아기들을 연구했다. 연구자들은 엄마의 혈액, 탯줄 혈액, 엄마 젖의 PCB와 DDT 대사 산물을 측정했다. 그런 다음 유아에서 10세까지의 아기들의 정신적 신체적 발달 상태를 조사했다. 산전 노출이 있는 경우 일시적 발달 지체에 대한 증거가 일부 나왔지만, 젖 노출로 인한 손상의 증거는 발견할 수 없었다. 유사한 결과가 뉴욕과 매사추세츠에서 발견되었다. 여기서도 산후 노출이 아니라 산전 노출이 발달 시험 성적이 낮은 것과 연관되어 있었다. 따라서 산전 발달 기간 동안 발생한 노출이 훨씬 더 적더라도 젖에 의한 노출보다 아이의 능력에 더 많은 영향을 미친다는 점이 드러났다.

북부 퀘벡에 살고 있는 이누이트 사람들을 대상으로 이뤄진 연구도 비슷한 결론에 도달했다. 산전 POP 노출량이 중이염에 걸리는 비율과 연관이 있었다. 즉 탯줄에 높은 농도의 POP가 들어 있었던 한 살짜리 아기들에게 귀 감염이 흔히 발생했다. 많은 POP가 면역 억제제로 알려져 있었고, 이누이트 아이들은 이제까지 기록된 것들 중에서 가장 높은 POP 신체 부하량을 갖고 태어나기 때문에 이는 그리 놀라운 일이 아니다. 1940년 이전에는 알려져 있지 않던 만성 중이염이 이누이트 사람들 사이에는 만성적인 소아과 문제가 되었다. 그리고 이로 인해 아이들 중 4분의 1이 한쪽이나 양쪽 귀 모두 청력에 문제를 가지고 있었다.

한편 모유를 먹은 아기들을 분유를 먹은 아기들과 비교하였을 때, 비록 독성 화합물의 신체 부하량은 높았지만 감염성 질병이 일어날 위험이 더 크지는 않았다. 따라서 젖에 의한 염소계 화합물에의 노출은 (최소한 분유를 먹은 아이들과 비교하였을 때) 이누이트 아이들 경우에서 만큼 감염을 일으키지는 않았다. 물론 연구에 참여한 이누이트 엄마들은 모두 독성 화합물에 노출되었다. 따라서 그녀들의 젖에는 모두 면역 억제 화합물이 포함되어 있었다. 만약 그들의 젖에 면역 억제 화합물이 들어 있지 않았다면 이들 엄마의 젖이 질병을 보다 완전하게 보호할 수 있었을지는 알 수 없다.

네덜란드에서 진행 중인 일련의 연구 결과는 이와 다르다. 1989년에 시작된 이 조사는 PCB와 다이옥신에 주로 초점을 두었으며, 1990년과 1992년 사이에 태어난 400명 이상의 아이들을 추적 조사했다. 반은 모유를 먹었고 반은 분유를 먹었다. 여기서 연구자들은 분유를 먹여서 산전에만 노출된 아이들 집단을 모유 수유를 통해 산전 및 산후에도 노출된 집단과 비교할 수 있었다. 엄마들의 PCB의 혈액 농도는 임신 막달에 측정하였다. 그런 다음 출생 시 탯줄 혈액을 수집했다. 그리고 젖도 수집하여 분석했다. 그런 다음 아이들을 출생 후 2주에서부터 초기 유년기까지 다양한 방식으로 시험하였다. 모유를 먹은 아기들과 분유를 먹은 아기들 모두 산전에 PCB에 노출되면 많은 문제점이 생겼다. 탯줄 혈액의 PCB 농도가 높을수록 신경학적 발달 상태, 심리행동 점수, 인지력이 더 낮았고, 반응 시간이 더 느리고, 집중력 문제가 더 많이 발생했다.

그러나 모유 수유에 의한 노출이 주는 영향은 보다 미묘했다. 생후 18개월이 되자 젖을 먹은 아기는 더 높은 노출 수준에도 불구하고 신경학적 시험에서 높은 점수를 받았다. 모유 수유로 인한 노출은 인지 능력과도 상관이 없었다. 실제로 어렸을 때 젖을 먹은 3년 6개월 된 아기는 분유를 먹은 아이보다 언어 인지력 시험에서 더 높은 점수를 받았다. 그러나 젖에 가장 높은 농도의 PCB와 다이옥신이 들어 있던 엄마의 젖을 먹은 생후 7개월 된 아기들의 경우, 움직임과 근육 활동 점수가 분유를 먹은 아기들과 비슷했다. 이런 불리한 조건은 시간이 지나감에 따라 결국에는 사라졌다. 그러나 세 살 반이 되자 체내에 가장 많이 PCB를 갖고 있던 아기들은 이에 상응하여 집중력에 더 많은 문제를 나타냈다. 이 발견은 산전 노출뿐만 아니라 모유 수유에 의한 노출이 아이의 집중력에 해를 미칠 수 있음을 보여준다.

네덜란드의 연구자들은 또한 면역 발달에 대해서도 조사했다. 여기서는 명확한 효과를 찾아냈다. 아이들이 생후 18개월이 되자 연구자들은 젖을 먹은 아이들의 일부 면역세포에서 감염에 저항할 수 있는 능력이 감소됨을 보여주는 미묘한 변화를 알아차렸다. 생후 18개월에는 병에 걸릴 확률에 별 영향이 없었다. 그러나 세 살 반이 되자 상황은 바뀌었다. 높은 PCB 신체 부하를 가진 아이는 수두에 걸릴 확률이 여덟 배나 높았고, 복합성 귀 감염을 앓을 확률이 세 배나 높았다. 연구자는 "귀 감염에 대한 모유 수유의 긍정적인 효과가 PCB 노출의 부정적인 효과에 의해 반감된다"고 결론지었다. 달리 말하면, 일부 네덜란드 여성들의 젖에는 면역 증강력을 손상시키기에 충분할 만큼 높은 농도의 PCB가 들어 있었던 것이다.

핀란드에서 행해진 조심스러운 추적 조사 또한 언급할 만하다. 1980년대 초기에 핀란드의 치과 의사는 반점이 생긴 약한 어금니 때문에 치과에 오는 아이 환자의 수가 늘고 있음을 알게 됐다. 이런 치아는 기계적으로 손상되었거나 부식된 것이 아니라, 처음부터 치아의 에나멜 층에 구멍이 있는 채로 잇몸에서 나오는 듯 보였다. 의사는 왜 그런지 이유를 찾았다.

의학 문헌에서는 초기의 다이옥신 노출이 인간과 동물 모두에게서 치아 발육을 파괴할 수 있다고 적혀 있었다. 따라서 그 여의사는 여섯 살에서 일곱 살 사이의 아이들이 어렸을 때, 세계보건기구 연구의 일환으로 젖 성분을 분석했던 그 아이들의 엄마들을 추적했다. 그 결과 놀라운 패턴을 발견했다. 젖에 들어 있는 가장 높은 농도의 다이옥신에 노출된 아이들이 가장 심한 치아 문제를 갖고 있었던 것이다. 연구가 계속 진행됐다. 동물 배아에서 치아 조직을 연구한 결과, 다이옥신이 상피 성장 인자라 불리는 단백질의 수용체 부위를 간섭하는 것으로 드러났다. 이 물질은 치아에서 에나멜 피복이 형성되는 것을 안내하도록 돕는 역할을 한다. 다이옥신은 이 단백질의 수용체 수를 변화시킴으로써, 성장 인자가 메시지를 정확하게 보내는 것을 방해해 치아가 완전히 광물화되지 못하게 만든다.

네덜란드에서도 치아 발육에 대해 조사했다. 핀란드의 연구와는 대조적으로, 여기서는 이런 이상이 발견되지 않았다. 그러나 핀란드의 아이들이 평균 10.5개월 동안 젖을 먹은 데 비해 네덜란드의 아이들은 젖을 먹은 기간이 평균 약 3개월로 훨씬 적었다. 핀란드의 연구 결과가 특히 중요한 것은 영향을 받은 치아 성분들이 모두 출생 후 약 6~12개월 사이에 형성되므로 혼선을 줄 가능성이 있는 산전 다이옥신 노출 인자를 제거할 수 있었기 때문이다.

4H클럽 품평회

2000년 뉴욕 북부 지방의 여름은 기록상으로 가장 기온이 낮고 습했다. 8월인데도 이 지역 호수는 수영하기에 너무 차가웠다. 마침내 해가 쨍쨍하게 나서 더운 토요일이 오자 페이스와 나는 시골의 4H클럽 품평회에 갔다. 이건 훌륭한 아이디어였다.

어렸을 때 나는 4H클럽을 사랑했고, 회원으로써 상당히 빛나는 경력을 쌓았다. 암석 수집품과 바느질 작품(손으로 꿰맨 단춧구멍과 평평한 공그르기 솔기로 완성된 공주풍의 미니 드레스) 모두 파란 리본을 받았다. 그러나 지질학과 바느질에서의 내 업적이 어떠하건 농업 분야의 명성과는 비교할 수조차 없다는 것을 알고 있었다. 매년 열리는 4H의 품평회는 누구보다 농장 아이들을 위한 것이다.

변한 것은 거의 없었다. 목재 조각과 복숭아 통조림이 있는 테이블에는 관람객이 거의 없었고 공터 끝 쪽의 축사에는 사람들이 구름처럼 몰려 있었다. 그 건물에서 나는 소 울음소리가 페이스의 흥미를 끌어서, 우리도 그쪽으로 걸어갔다. 많은 소와 양, 심지어 라마까지 가끔 우리 통나무집 근처 목초지에서 풀을 뜯었지만, 페이스가 그들을 가까이에서 본 적은 아직까지 없었다. 페이스는 완전히 넋을 잃었다. 페이스가 소에 대해 처음 알아차린 것은 커다란 응가였다. 그 다음에 알아차린 것은 커다란 찌찌였다. 크고, 크고, 진짜 큰 찌찌! 염소에게도 비슷한 게 있었고 두 마리 양에게도 있었다. 페이스는 곧 모든 동물의 젖꼭지를 세기 시작했다.

"토끼 찌찌?" 리본으로 우리를 장식한 토끼장 쪽으로 간 페이스가 물었다. 나는 엄마 토끼는 찌찌를 갖고 있지만 아주 작다고 설명해주었다. 가금류 전시회에 가자 "꼬꼬 찌찌?"라고 물었다.

나는 주저하다가 척추동물의 분류법에 대해 짧게 설명하고, 젖먹이동물이라는 개념을 소개하였다. 페이스는 당황한 것처럼 보였다. 나는 아주 많이 설명해주었다. 그러는 동안 챔피언 암탉 세 마리를 가진 소년이 암탉들에게 먹이를 주고 싶은지 물어봤다. 페이스는 암탉들이 옥수수를 열심히 쪼고 있는 것을 조용히 지켜보았다. 마침내 페이스는 "찌찌 없어"라고 한숨을 쉬며 말했다.

우리는 큰 동물들이 있는 진열대의 다른 쪽으로 돌았다. 갑자기 페이스가 멈춰 섰다. 데이지라는 이름을 갖고 있는 갈색 젖소를 가리키며 "맘마 나와?"라고 물었고, 데이지의 송아지를 가리키며 다시 "맘마 나와?"라고 물었다. 또 염소를 가리키며 "맘마 나와?"라고 물었다. 아이의 눈이 빛났다. 나를 가리키며 "엄마. 맘마 나와!"라고 외쳤다.

헬렌 켈러가 '물'이라는 단어를 배웠을 때와 같은 통찰의 순간, 페이스는 자기 셔츠를 살펴보았다. "페이스, 맘마 나와!" 의기양양해진 페이스가 목청껏 외쳤다.

"페이스, 맘마 나와!"

모유는 안전한가?

대중적인 언론이건 과학 문헌이건, 젖의 오염에 대한 모든 논의에서는 항상, "그럼에도 불구하고 모유 수유가 아이에게는 가장 좋다"라는 식의 안심성 문구들이 따라온다. 달리 말하면 이 책에서 설명된 엄마의 젖이 가지고 있는 건강 증진의 장점들을 모두 더한 뒤 이 장에서 설명된 독성 화합물에 의해 생겨나는 가능한 위험을 모두 빼더라도 여전히 젖이 건강에 더 이롭다는 것이다. 이에 동의하는지 동의하지 않는지를 묻는다면, 나는 동의한다고 말하겠다. 나는 대부분의 경우처럼 모유를 먹이는 것이 먹이지 않는 것보다 낫다고 믿는다. 이것이 나의 신조가 아니었다면 딸아이에게 2년이나 젖을 먹이지는 않았을 것이다.

그리고 나는 이런 종류의 위험과 이점 분석이 젖의 화학적 오염 문제에 대해서는 도움이 안 된다고 믿고 있다. 이런 식으로는 해답이 나오지 않는다. "위험보다 장점이 더 많으니까 그냥 계속 젖을 먹이세요"라는 흔한 권고는 젖이 너무나 오염돼서 분유만큼이나 많은 위험을 갖게 될 때까지 엄마들은 아무것도 하지 말아야 한다는 말이다. 달리 말하면 미국에서 분유처럼 젖이 매년 4,000명(이 수치는 모유를 먹이지 않아서 발생한 감염성 질병으로 인한 유아 사망의 연간 수치를 전문가가 가장 잘 추정한 수치이다)의 유아를 죽일 때까지 그냥 보고만 있으라는 소리다. 위험과 이점 분석은 한 가지 위험(모유 수유)이 다른 위험(분유 수유)보다 적은 한, 우리의 아이들을 위험하게 할지라도 더 적은 위험을 받아들여야만 한다는 소리다. 이런 식의 편협하고 모순적인 잣대로는 우리 아이들에게 산업 독성을 먹이는 것을 허용할 수는 없다는 당위적인 명제가 나올 수가 없다.

또한 위험과 이점을 평가하는 데 있어 과학적 지식은 너무 빈약하다. 초창기에 등장한 위험 평가 중 하나에서는 감염성 질병에서 살아남은 경우를 젖에 있는 발암성 화합물의 노출로 인해 추가적으로 발생할 수 있는 암의 사례 수와 비교했다. 면역 작용, 호르몬 파괴, 변화된 뇌 발달 등 다른 자료가 없어서 연구자는 암 이외의 다른 건강 위험에 대해서는 고려하지 못했다. 이들의 결론은 오염된 젖으로 인해 암으로 사망한 아이가 분유로 인한 감염으로 죽은 아이보다 적기 때문에 젖이 낫다는 것이다. 살고 죽은 생명을 세는 데에 굉장한 노력을 기울인 덕분인지 이 연구는 아직도 널리 인용되고 있다. 많은 이들이 이 연구를 젖이 완전히 안전하다는 의미로 잘못 해석하고 있는데, 이는 이 연구의 의도나 결론이 아니다.

이 연구 이후로 암 이외의 문제점에 대해서도 위험 평가를 계산하려고 시도했지만, 여기서는 젖을 먹는 짧은 기간 동안 높은 수준의 오염물에 노출된 것이 남은 인생 동안의 낮은 수준의 노출로 상쇄된다고 가정했다. 이제는 이러한 가정에 의문이 생기고 있다. 최근의 한 보고서에서는 다음과 같이 말한다. "매우 높은 수준으로 짧은 기간 노출된 결과가 훨씬 낮은 수준으로 장기간 노출된 결과와 다른가에 대해서 살펴봐야만 한다. 특히 짧은 기간 높은 수준의 노출이 유아의 신경학적, 신체적, 지적 발달에 결정적인 시기인 경우는 더욱 그렇다."

과학자들이 분석에 더 많은 변수를 집어넣으려고 할수록 분석 결과는 더욱 모호해진다. 따라서 모유가 가진 장점과 위험을 비교 평가하려는 연구자들은 더욱 어려운 결론에 도달하게 되었다. "오염된 젖의 위험성을 무시하는 주장은 더 이상 유효하지 않다." "공식적으로는 젖이 안전하다고 말하고 있지만 성장과 발달에 있어서 다이옥신이 미치는 효과에 대해서는 여전히 알려지지 않은 요소들이 많다." 물론 젖의 오염에 대한 체계적인 기록이 없는 미국에서는 위험과 이점 평가를 시도할 수조차 없다. 이런 상황에 대해 2001년에 실시된 연구는 다음과 같은 결론에 도달했다. "비록 다른 국가의 연구 결과로부터 자료를 모을 수는 있지만, 미국에서 조사된 젖에 대한 자료가 부족하기 때문에 모유 수유로 인한 유아들의 오염물 노출과 위험 이점 평가, …… 그리고 이들 위험과 이점을 분유를 수유하는 경우와 비교하기에는 우리의 능력을 신뢰하는 데 한계가 있다."

게다가 단순한 모니터링 자료의 부족을 넘어서는 복잡함이 존재하고 있다. 예를 들면 흔한 몇몇 화학 오염물이 (아마도 프로락틴을 억제함으로써) 젖 생산을 방해하는 것으로 여겨지는 증거들이 많이 나타나고 있다. 노스캐롤라이나와 멕시코에서 수행된 연구에서는 젖에 높은 농도의 DDT가 들어 있는 여성들은 '더 나쁜 수유 능력'을 갖고 있었고, 이는 이런 엄마들이 살충제 농도가 낮은 엄마들보다 좀 더 일찍 아기 젖을 뗀다는 것을 의미한다. 네덜란드에서도 유사한 발견이 이뤄졌다. 젖에 들어 있는 PCB 농도가 높은 엄마들은 젖을 먹이는 가장 중요한 생후 석 달 동안 젖의 양이 상당히 적었던 것이다. 동물 실험에서도 PCB가 젖을 먹일 수 있는 능력을 방해한다는 것을 보여주고 있어 이런 결과를 더욱 신뢰하게 만든다.

이런 낮은 수유 능력을 위험과 이점 계산식에 포함시킬 수 있을까? 여기서 제기되는 문제점은 오염이 직접적이고 정확하게 계산될 수 있는 독성 위협을 아기에게 가한다는 것이 아니다. 바로 오염이 아기한테서 엄마 젖을 무자비하게 빼앗아버린다는 사실이다. 나는 젖을 먹이는 엄마들 대부분이 위험 평가가 이를 고려하건 말건 간에 실제로 젖을 만들 수 있는 능력을 대한 이런 위협을 심각하게 받아들이리라 생각한다. 지금까지는 그렇지 않았지만 말이다.

수유의 권리를 지키기 위하여

문제는 우리가 아기들에게 확실히 우수하지만 화학적으로 오염된 젖을 먹일 것인가, 아니면 화학적으로 오염되지는 않았지만 확실히 열등한 분유를 먹일 것인가 하는 양자택일이 아니다. 진짜 문제는 확실히 우수한 젖에서 화학적 오염물을 제거하려면 무엇을 해야 하는가 하는 점이다. 이에 대한 대답으로는 기본적으로 두 가지 접근법이 있다. 하나는 엄마들 개개인이 자신들의 사는 방식을 변화시키는 데 초점을 두는 것이고, 다른 하나는 정치적 활동에 나서는 것이다.

생활 방식 변화를 통해 해결을 시도할 때의 문제점은, 젖에 축적된 화합물을 유발한 사람들, 즉 제조자와 사용자가 이미 책임졌어야 할 너무나도 많은 사항들이 모두 엄마에게 미루어진다는 사실이다. 이런 접근은 전혀 효율적이지 않다. 예를 들면 이론적으로 먹이 사슬에서 낮은 곳에 있는 생물을 먹으면 개인의 오염 수준이 낮아진다. 그렇다면 새로 엄마가 된 이들에게는 젖을 보호하기 위한 생활 방식으로 채식주의가 권장될 것이다. 그러나 이런 생각을 지지하는 자료는 거의 없다. 원래부터 채식주의자였던 이들의 젖 속 화학 오염물의 농도는 더 낮을 수 있다. 하지만 수유 기간 중에 식단을 바꾸는 것은 이점이 거의 없는 것으로 여겨진다. 독일 · 우간다 · 미국 · 네덜란드에서 연구된 사실에 따르면, 엄격하게 식물만 먹어야 하고 오랜 기간 동안 채식을 해야만 의미 있을 만큼 오염이 감소됐다. 이건 별로 놀랍지 않은 일이다. 젖에 들어 있는 대부분의 지방이 수유하는 동안 섭취한 음식에서 생긴 것이 아니라, 이전에 비축해둔 지방 비축분에서 나온다는 것을 기억해보라.

설령 누군가가 임신을 계획하기 10년 전부터 매우 엄격하게 채식주의를 지켰다고 하더라도 임신 중에는 이것이 실질적인 선택이 되지 못할 수도 있다. 나도 임신 전에는 행복한 채식주의자였지만 입덧을 하는 임신 초기에는 곡물, 콩, 견과류, 야채 등을 먹을 수 없었다. 임신 기간 동안 내가 먹을 수 있는 유일한 단백질 공급원은 달걀, 우유, 돼지고기뿐이었다. 나는 콩고기에 대해서는 전혀 알 필요가 없었던 것이다. 대신 달걀, 우유, 돼지고기에 들어 있는 다이옥신 수준이 임산부와 곧 모유를 먹일 엄마에게 안전한가를 알 필요가 있었다.

젖의 오염에 대해 걱정하는 엄마들은 종종 젖을 먹이는 동안 체중이 줄지 않도록 하라는 권고를 받는다. 이에 대한 이론적 근거는 젖먹이는 동안 체중이 빠지면 지방이 타면서 지방에 녹아 있는 오염물이 혈액으로 이동하기 때문이다. 이는 납득할 만한 가설이기는 하지만 이를 뒷받침할 만한 데이터가 완전하지 않다. 어떤 연구에서는 체중 손실과 오염 수준 사이의 연관성이 발견되었지만 다른 연구에서는 이런 상관성이 드러나지 않았다.

더욱 과감한 주장은 오염물을 없애기 위해 처음 나오는 젖은 짜서 버리라는 것이다. 이 경우, 여러 데이터가 젖이 더 많이 나올수록 오염물 수준이 서서히 떨어진다는 사실을 일관되게 보여준다. 그러나 실제 생활에서는 이런 권고를 실천할 수 없다. 엄마들은 잠을 자거나 다른 일을 하는 대신 젖을 짜서 버리는 데 많은 시간을 보내야 할 것이다. 젖꼭지 통증이 강해질 것이고, 추가로 젖을 짜게 되면 젖 공급량이 아기가 필요한 양을 초과할 것이다. 그리고 자기의 젖을 독성 폐기물로 취급하는 것을 심리적으로 참을 수 없을 것이다. 물론 내 경우는 페이스가 보다 열심히 젖을 빨 준비가 될 때까지 젖 공급량을 늘리기 위해서 출산 초기에 유축기로 젖을 짜고 젖도 빨렸다. 이 경험은 내가 엄마로서 해야 했던 모든 극한 상황 중에서도 가장 힘들었던 일로 기억된다. 나는 결코 젖을 버리는 것을 해독 방법으로 권하지 않을 것이다.

일부 여성들은 처음 몇 주 동안만 젖을 먹인 후, 아기에게 오염물이 너무 많이 축적되기 전에 분유로 바꾸는 것이 좋은지 궁금해한다. 이런 전략에도 역시 몇 가지 단점이 있다. 하나는 젖은 수유 초기에 가장 심하게 오염되어 있고, 계속 젖을 먹이면 오염량이 점점 줄어든다는 점이다. 또한 분유가 모유보다 POP에 덜 오염되어 있기는 하지만, 납으로 오염되었을 가능성은 더 높다(중금속은 지방이 아니라 우유 단백질에 결합한다는 점을 기억하라).

더욱이 분유 그 자체는 유기 화합물에 오염되지 않았을 수 있지만, 분유를 탈 때 사용하는 물이 오염되었을 가능성이 있다. 중서부 지역에서 수돗물에 탄 분말 분유를 먹는 많은 아기들은 높은 양의 제초제와 질산 비료에 노출되었다. 통상적인 물 처리 과정에서는 이들 오염 물질을 제거할 수 없다. 그러나 가슴에서는 할 수 있다(액상 분유는 농약을 제거하기 위해 여과된 것이지만 분말 분유보다 훨씬 비싸다). 용기도 살펴보자. 인간의 피부는 무독성 물질로 만들어져 있다. 그러나 플라스틱으로 만들어진 아기 우유병, 특히 폴리탄산에스테르로 만들어진 우유병에서는 호르몬을 교란시키는 가소화제가 용기에 담긴 액체로 녹아 나온다. 따라서 실제 상황에서는 우유병으로 먹이게 되면 분유 깡통에 표시되어 있는 성분들처럼 오염이 없는 상태란 불가능하다.

젖의 독성을 감소시킬 수 있는 실질적인 방법이 하나 있기는 하다. 아기를 빨리, 줄줄이 많이 낳는 것이다. 자료에 따르면 이런 출산 스타일이 젖의 오염을 급격히 감소시킬 수 있는 것은 분명하다. 그러나 이런 전략을 사용한다면 오염을 피하기 위해 지불해야 할 비용이 커진다.

그러니 이제는 젖을 정화시키는 다른 전략으로써 정치적 활동에 대해 살펴보자. 모든 생물학적 증거들에 따르면 이 전략은 훌륭하게 작용한다. 1970년대부터 21세기에 들어설 때까지 특정한 결정적인 젖 오염물이 급격히 감소한 것은 DDT 금지, 엄격해진 배출 규제, 소각로 폐쇄, 방출량 감소, 거부권 승인, 알 권리 법률, 재활용 운동, 국가와 지방 차원에서의 강력한 환경법 집행 등의 직접적인 결과이다. 이런 성공에 대해 권위 있는 모유 연구자들은 이렇게 설명했다.

> "DDT 금지로 인해 이들 화합물의 부하가 성공적으로 감소되었고, 몇 년 후에는 눈에 띄게 쇠퇴한 것으로 보인다."(미국)
>
> "산업계의 방출 감소 노력이 주목할 만한 효과를 거두었다."(독일)
>
> "자료에 따르면 DDT와 PCB의 사용에 대한 규제로 인해 인간의 젖에서 검

출된 오염물 수준이 감소된 것으로 나타났다."(스웨덴)

"평생 식사를 조절하면 비교적 낮은 오염 수준을 유지할 수 있다. ……그러나 진정한 그리고 확실한 효과는 전 세계에서 환경 수준을 감소시킬 때에만 기대할 수 있다."(네덜란드)

따라서 젖먹이는 엄마들은 독성 오염을 근원부터 막기 위해 지난 60년 동안 노력해온 전 세계 수많은 이름 없는 시민들에게 큰 빚을 지고 있는 셈이다. 여기에는 공인 변호사, 공중보건 연구가, 기자, 의사, 민선 관료, 과학자, 환경 정책 입안자, 환경공학자, 유기농 재배 농부 등이 포함된다. 또한 시민들을 조직하고 계몽하고 편지를 보내고, 기사를 발표하고 청문회에서 증언하고, 소송을 제기하고 청원서에 서명하고, 이웃들에게 얘기하고, 거리에서 행진하고 시위를 벌이고, 독성 화합물에 대한 대중적 인식을 높여준 평범한 보통 사람들도 포함된다. 이들의 노력 덕택에 아기들에게 먹이는 젖이 오늘날 더 순수해진 것이다.

우리가 이 빚을 갚고 해독 과정을 계속 이어가는 방법은 계속 싸우는 것이다. 가장 시급한 것은 젖 속에서 농도가 여전히 증가하고 있는 PBDE 방염제 같은 화합물에 대한 독성 없는 대체물을 요구하는 것이다. 또한 난분해성 유기 오염물을 전 세계적으로 금지시켜 북부 지역에 사는 엄마들의 젖이 오염물의 최종 퇴적지가 되지 않도록 해야만 한다. 또한 다이옥신을 만들어내는 것으로 알려진 북남미의 4만 4,000개 시설들을 자세히 조사해야 한다. 친구, 이웃, 정치 지도자들을 포함한 모든 사람들에게 인간의 먹이 사슬에 축적될 수 있는 모든 독성 화합물이 엄마들의 젖 속에서 가장 높은 농도에 이를 것이라는 사실을 각성시켜야만 한다. 아울러 젖을 먹이는 것이 위험과 이점 비교식으로 대체될 수 없는 숭고한 모성이란 사실을 인식시켜야 한다. 수유를 인간의 권리로 만들어야 한다. 그래야만 독성 화합물이 그렇게 걱정되면 입 닥치고 분유를 먹이면 될 게 아니냐는 어리석은 모유 · 분유 논쟁을 피할 수 있다.

마지막 노력은 몇몇 막강한 법적 전례에 의해 지지를 받고 있다. 예를 들면, 1989년에 미국 의회에서 채택된 아동 권리 규약에서는 모유 수유를 "가장 높은 건강 수준을 누릴 수 있는" 어린이 권리의 필수 요소로 인정하고 있다. 그리고 내가 살고 있는 주를 포함한 많은 주에서 젖을 먹이는 여성의 권리를 시민권으로 인식하고 있다.

플로리다 오렌지 카운티의 유치원 교사인 자넷 다이크의 사례를 살펴보자. 자넷은 출산 휴가가 끝난 후에도 자기 아들에게 계속 젖을 먹이기를 원했다. 그러나 원장은 점심 시간에 그녀가 유치원을 떠나는 것은 말할 것도 없고, 남편이 유치원으로 아이를 데리고 오는 것도 허락하지 않았다. 분유를 먹는 동안 아기가 약해지고 알레르기가 생기자 그녀는 그해의 나머지 기간 동안 무급 휴가를 내야만 했다. 그녀는 수유는 기본권이며, 사생활의 권리를 규정하고 있는 법률에 의거해 보호받아야 한다고 주장하면서 유치원을 상대로 소송을 제기했다. 지방 법원에서는 동의하지 않았지만 상소심에서는 다르게 판결했고, 결국 자넷은 무급 휴가 기간 동안 임금을 지불받고 직장에 복직했다. "모유 수유는 부모의 보살핌에서 가장 기본적인 요소이다. 엄마와 아이 사이의 관계는 결혼처럼 신성하고 깊은 것이다. 우리는 헌법에 따라 주 정부의 과다한 간섭으로부터 아이에게 젖을 먹이겠다는 여성의 결정이 보호되어야 한다는 결론을 내렸다."

그렇다면 (시판되는 음식물에 대한 오염 수준을 규제하는 법을 일상적으로 위반할 뿐 아니라, 아이에게 젖을 충분히 먹일 수 있는 여성의 능력을 위협할 정도인) 젖의 독극물 오염 또한 이 같은 신성한 관계를 위반한 것임에 분명하다. 젖에 독성 화합물이 존재하면 젖의 우수성이 손상되고, 아이를 치료하고 뇌 발달을 촉진시키는 면역 시스템 발달을 조율하는 능력이 감소된다. 그렇다면 손상되었더라도 젖을 먹이지 않는 경우의 위험보다 모유 수유의 이점이 여전히 크다고 하더라도, 이는 엄마의 인간으로서의 완전한 능력 달성 권리와 무해한 음식과 개인의 안전을 누릴 수 있는 아이의 권리를 침해한 것이다.

더 큰 어머니 품으로

페이스가 두 돌이 된 지 일주일 후, 우리는 뉴저지 해변가 섬 등대 남쪽에 있는 집으로 이사했다. 두 달 동안 남편은 지방예술재단에서 봉사했다. 나는 전업 주부로서 해변에서 노는 것을 빼고는 공식적으로 맡은 일이 없었다.

이곳은 조용했다. 여름 한철 이 섬에 머무는 사람들은 떠났고, 어부들과 그 가족들, 몇몇 술집과 낚시 가게 주인들, 건강한 은퇴자들, 연중 휴가 중인 몇몇 이들만 남아 있었다. 10월 초가 되자 소금기를 머금은 장미들이 여전히 피어 있었고, 딸기 덤불 사이에는 잠시도 가만히 있지 못하는 휘파람새들이 가득했다. 해변의 모래 경사에는 풀냄새가 가득 퍼져 있었고, 이동 중인 왕나비들이 여기에 모여들었다.

나는 바닷가에 산 적이 없었다. 해안의 생태는 페이스뿐만 아니라 내게도 새로운 것이어서 우리는 매일 아침 함께 공부하러 나갔다. 우리의 목적지는 바람에 좌우되었다. 바람이 바다 쪽으로 불면, 모래 언덕으로 가서 만조 때 바닷물에 밀려온 조개를 잡았다. 대합은 백색의 회반죽 받침접시 같았고, 홍합은 정교하게 만든 검푸른 카누 같았다. 해초 무더기 중에는 모서리마다 긴 꼬리가 말려 있는 베개 모양의 물체가 있었다. 이것들은 흔히 '인어의 지갑' 이라고 불리는 바다 홍어 알의 껍질이었다. 폭풍이 지나간 뒤에는 맥주잔만한 쇠고둥, 큰 나선형의 달팽이, 징글 조개라 불리는 반투명한 금색 동전들을 찾을 수 있었다.

바람이 육지 쪽으로 불면, 우리는 따가운 모래와 부서지는 파도를 피해 만을 따라 걸었다. 여기서는 펠리컨과 갈매기를 구별할 수 있었고, 낮게 헤엄치는 가마우지와 높이 나는 거위를 알아볼 수 있었다. 파도가 없는 곳에서는 게 집게, 작은 슬리퍼처럼 생긴 삿갓조개와 같은 다른 보물들을 발견할 수 있다. 뒤편에서는 바람을 막아주는 갈대들이 내는 스스스 하는 소리가 8월의 옥수수 밭에서 나는 소리처럼 들렸다.

그러나 바람이 북쪽에서 불어오면 모래 언덕도 갈대도 방패가 되어주지 못해서, 우리는 바네가트 등대 주립공원을 향해 산책을 했다. 이곳의 작은 숲은 아주 강한 바람도 막아주었다. 우리는 이곳을 마법의 숲이라고 불렀다. 숲 천장은 뾰족뾰족한 서양호랑가시나무 잎사귀와 히말라야 삼목 가지로 이뤄져 있었다. 그 아래로는 이리저리 뱀처럼 꼬인 줄기를 가진 블랙베리 나무와 따뜻한 갈색의 사사프라스 가지가 노란 잎을 뻗고 있었다. 여기서 나는 반질반질한 열매로 유명한 초를 만드는 월계수와 봄에 청어가 잡힐 때 꽃이 피는 채진목을 구별하는 법을 배웠다. 가을에는 불꽃처럼 붉은 색의 포도나무 줄기가 대지에서 올라가 서양호랑가시나무의 큰 줄기를 타고 기어 올라갔다.

페이스는 늘 잡다한 인형들을 데리고 나와서, 서양호랑가시나무 열매, 들장미 열매, 포도들을 먹였다. 진홍색, 오렌지색, 진한 파란색 열매들이 있었다. 덩굴옻나무는 진주처럼 흰 열매를 맺었다. 나는 이 열매들을 가리켰다. "흰색 열매는 먹는 게 아니란다. 알겠지, 아가야." 이건 반드시 지켜야 할 식물학 규칙이다. "흰 열매는 못 먹어"라며 페이스는 자기의 토끼 인형에게 진지하게 명령했다.

이 섬에 살고 있는 다양한 종류의 이름을 배우는 것 말고도 이런 탐험에는 다른 일정이 있었다. 나는 페이스가 젖을 빨지 않고도 잠들 수 있는 법을 배우는 것을 도와주려고 했다. 많은 아이들은 걷기 전에 이런 방법을 배우지만, 무슨 이유에서인지 페이스는 아직 익히지 못했다. 아마 젖을 먹으면 10분이 지나지 않아서 잠이 들기 때문에 다른 방법을 생각하지 않았기 때문일 것이다. 젖을 먹은 페이스는 자러 가는 것을 좋아했다. 그래서 남편과 나는 취침 시간 때문에 밤새 아이와 전쟁을 치른다든지, 아이가 얘기를 하나만 더 해달라고 계속 조른다든지, 물을 한 잔 더 갖다달라느니, 화장실에 한 번 더 가겠다는 등 계속되는 요구를 참아야 한 적이 전혀 없었다. 나의 일과 중 대부분은 페이스가 일단 잠들고 집안일이 정리된 후에 시작되었기 때문에, 이런 상황은 우리를 편하게 해주었고 내게 글을 쓸 수 있는 귀중한 시간을 내주었다.

그밖에도 '장기 모유 수유'로 알려진 철학적 차원의 이점이 있다. 사회학자인 로비 칸의 표현에 따르면 오랜 기간 동안 젖을 먹으면 분리가 아닌 애착에 근거한 아기 발달 모델이 주어진다. 젖을 먹은 아이들은 엄마로부터 배척되는 행동을 통해서가 아니라 엄마와 합치된 속에서 독립성을 획득하게 된다.

그러나 나는 페이스와 연결된 것 일부를 자연세계로 옮겨주고 싶은 갈망이 점점 커지고 있었다. 내가 아니라 파도 소리, 부표 소리, 갈매기 울음소리를 듣고 페이스가 잠들게 만들고 싶었다. 또한 페이스에게서 새로운 융통성과 열정도 느끼고 있었다. 그래서 어느 날 아침에는 낮잠을 잘 시간에 맞춰 집으로 돌아오는 대신 계속 걷기도 했다.

나는 곧 두 가지 사실을 알게 됐다. 아이는 졸리면 안아달라고 한다는 것과 모래밭에서 13킬로그램이나 나가는 아이를 안고 오는 게 쉬운 일이 아니라는 것이었다. 나는 전략을 바꿨다. 아침에 산책을 하고 간식을 먹은 후, 등대 뒤의 포장된 골목길을 따라 유모차를 끌고 나갔다. 나는 이것을 잠자는 길이라고 불렀다. 마른 사사프라스 잎 위로 유모차 바퀴가 슈슈슈 소리를 내면서 지나가게 되고, 특히 내가 〈클레멘타인〉 노래를 불러주면 특효가 있었다. 페이스는 이상하게도 〈클레멘타인〉의 후렴부를 들으면 편안해했다. 곧 눈이 감기고 앞쪽으로 머리가 떨어졌다. 나는 젖을 물리지 않고 재우는 것이 씁쓸한 일이 되리라 생각하기는 했지만 한편으로 해방감을 느꼈다. 우리 둘 다 서로 떨어질 준비가 이미 되어 있었던 것 같았다.

엄마, 유모차, 조는 아이. 겉으로 보기에 이것은 일상적인 장면임에 틀림없다. 그러나 나에게는 이것이 출산, 결혼, 그리고 다른 통과의례처럼 젖 떼기의 시작을 위한 일종의 의식처럼 느껴졌다. 그래서 기념이 되도록 나는 작은 기도를 외웠다. '잘 자라, 아가야. 너를 내 가슴에서 떠나보내 물고기와 함께 조수가 밀려들고, 덤불 속에 새들이 퍼덕이는 세상으로 보내주마.'

방파제 밖으로 나오자, 지나가던 어부들이 우리에게 손을 흔들어주었다. 나도 손을 흔들었다. 그들은 블루피시와 줄무늬 있는 배스를 낚고 있었다. 모두 뉴저지 지역에서 너무 오염된 탓에 아이들, 가임기 여성, 임산부, 젖을 먹이는 엄마들에게 먹지 말라고 주의시키는 생선들이다. 다이옥신, PCB, 클로르데인.

이 세상의 모든 먹거리가 여성들과 아이들에게 안전하게 해주소서. 다시 깨끗한 엄마의 젖이 흐르게 해주소서. 용감하게 행동하도록 해주소서. 그리고 제가 늘 믿음을 갖게 해주소서.

덧붙이는 글

예방 조치에 대한 요구

1998년 1월, 내가 페이스를 가졌다는 사실을 안 지 이틀 후에(이때 페이스는 2주된 배아였고, 나는 여전히 임신의 충격에서 헤어나지 못하고 있었다), 나는 기차를 타고 일리노이 남부에서 위스콘신의 라신으로 갔다. 라신에서는 프랭크 로이드 라이트가 설계한 윙스프레드센터에서 환경 오염 예방 원칙에 대한 첫 번째 전미 회의가 소집되었다. 원칙 자체는 엄마들에게 이미 친숙한 것들이었다. 예방 원칙의 핵심은 위험이 있어 보이는 상황에서 단순히 주의를 기울이는 것만으로는 한계가 있다는 것이다. 이런 신조로 인해 우리는 안전벨트를 매고, 번개가 칠 때에는 풀장에서 나오고, 냉장고 구석에서 발견된 잘 모르는 오래된 음식들은 버리는 것이다. 마찬가지 이유로 우리는 플라스틱 봉지와 성냥갑이 어린아이들 손에 닿지 않도록 한다.

환경에 대한 의사 결정을 하기 위한 수단으로써 예방 원칙은 최소한

1970년대부터 존재해왔다. 이 원칙은 당시 서독의 환경법에 도입되었다. 그러나 브라질에서 열린 1992년 세계정상회담에서 화합물 규제부터 기후 변화에 이르기까지 광범위한 환경 정책에 대한 주요 원칙으로 이 예방 원칙을 확인할 때까지, 이는 미국 쪽에는 거의 알려지지 않았다. 이 회담에서는 다음과 같이 선언했다. "심각하거나 회복 불능의 손상 위협이 있는 곳에서는 완전한 과학적 확신이 없다고 해서 환경 손상을 방지하기 위한 효과적인 조치를 지연시켜서는 안 된다."

회의 참가자들은 예방 조치의 필수 요소들을 확실히 하고, 이들이 실질적으로 이뤄지도록 노력했다. 우리는 환경 손상 여부를 증명하는 부담을 공공 단체가 아니라 손상을 입힐 수 있는 활동을 하는 이들이 맡아야 한다는 데에 뜻을 모았다. 환경에 대한 의사 결정은 공개되고, 공표되고, 민주적이어야만 한다. 또한 해로운 기술에 대한 모든 대안들에 대해 조사가 이뤄져야만 한다.

최종적으로 세계정상회담의 의미를 다시 확인한 우리는 인과 관계가 아직 과학적으로 완전하게 규명되지 못한 경우라도 예방 조치를 취해야만 한다는 믿음에 전원이 동의했다. 특히 과학자들은 가능한 모든 인과 관계들을 규명하는 것이 결코 가능하지 않다는 사실을 직접적인 경험으로 알고 있다. 이유는 여러 가지다. 대조군으로 사용될 수 있는 독성에 노출되지 않은 모집단이 존재하지 않고, 인간을 대상으로 통제된 실험을 하는 것이 허용될 수 없으며, 어떤 사람들은 다른 사람들보다 더 민감하게 반응하며, 화합물들은 다양한 영향을 미치고, 화합물이 다른 화합물들과 예상치 못한 상호 작용을 하기 때문에 실제 변수는 무한하다.

가장 중요한 것은 아무리 우수한 과학적 방법일지라도 위험을 증명하는 과정은 기본적으로 느리기 때문에 예방 조치가 중요하다는 것을 인식하는 것이다. 미나마타의 시민들이 메틸수은에 의해 정확하게 어떻게 중독되었는지를 과학적으로 입증하기 전까지 두 세대 동안 아이들은 영구적인 뇌 손상을 입었고, 일본어에는 '공공 지역 파괴'를 뜻하는 새로운 단어가 등장했다.

1998년 회의 이후로, 예방 원칙은 마른 들판에 지펴진 불처럼 급속도로 퍼져나갔다. 유방암 활동가들은 어려운 치료보다는 유방암 발병을 사전에 막는 데 초점을 둔 예방 원칙을 호소했다. 공립학교에서는 교내에 제초제를 사용하는 데 있어서 이 원칙을 채택했다. 뉴잉글랜드에서는 건강과 환경 단체들이 연합해 매사추세츠 예방 원칙 프로젝트를 만들었다. 이는 아이들의 건강에 대한 법과 규정과 정책에 '후회보다는 안전을'이라는 방식을 구체화하기 위한 것이었다. 그동안 유럽에서는 스웨덴 환경부 장관인 셸 라르손이 시간이 경과함에 따라 인체 조직에 축적되는 모든 화합물들을 금지할 것을 요청했다. 이런 물질들이 건강에 미치는 효과에 대해 알건 모르건 상관없이 본질적으로 위험하다는 근거에서 나온 것이었다. 유럽의회 환경위원회에서 행한 연설에서 라르손 장관은 특히 젖에서 발견되는 생물학적으로 농축된 화합물들을 지구상에서 제거해야만 한다고 언급했다. 그는 "아이들은 자신들의 환경을 만들어낼 수 없습니다. 아이들이 살아가는 환경은 우리가 만들어내는 것입니다"라고 말했다.

가장 극적인 것은, 예방 원칙이 난분해성 유기 오염물에 대한 UN조약에 포함되었다는 것이다. 이 조약은 2000년 12월 남아프리카 요하네스버그에서 최종 승인되었고, 2001년 5월 스톡홀름에서 미국을 포함한 122개국 대표들이 공식적으로 서명했다. 이 조약은 강력한 것이다. 여덟 개의 독성 살충제의 생산 및 사용이 전 세계에서 즉각 금지되었고, 다른 두 개는 사용이 극도로 제한되었다. 2025년에 발효되는 이 조약은 전기 트랜스에서의 PCB 상용을 금지하고 있다(그때까지 누출되지 않는 설비에만 PCB 사용이 허가된다). 다이옥신과 푸란은 즉시 사용량을 줄인 뒤 궁극적으로 금지되고, DDT는 말라리아 구제에 대해서만 엄격하게 제한된 기준으로 사용이 허용된다. 지금은 공식적으로 스톡홀름협약이라 불리는 이 협정에서는 가난한 국가들이 새로운 대체품을 사용할 수 있도록 돈을 대준다. 그리고 다음부터 조약서의 금지 물질 목록에 추가될 화합물은 과학적 증거 차원이 아니라 예방적 조치 차원에서 선택된다. 확실한 후보자로는 태반을 통과하여 젖에 축적되는 화합물이 포함된다.

이 글을 쓰는 시점에서는, 협정서는 아직까지 발효되지 않았다. 이것이 발효되려면 50개국 이상의 나라에서 비준되어야만 한다. 스톡홀름협약이 아직까지 미국 국회를 통과하지 않은 것은 확실하다.(스톡홀름협약은 2001년 5월 22일 우리나라를 비롯해 세계 100여 개국 대표에 의해 채택되었으며, 최소 50개국 이상의 나라에서 국회 비준을 얻어 실시되기에는 적어도 4~5년이 걸릴 것으로 예상되고 있다.—옮긴이 주)

전 세계 어머니들이 예방을 위한 캠페인에 동참해야 할 때다. 이는 부모 또는 예비 부모로서 우리 일상생활에 기본적인 것이고, 우리 모두가 전문가가 되어야만 하는 문제이다. 예방이야말로 우리 자신의 개인적인 의사 결정의 중심부에 있어야만 하고, 우리의 아이들이 위험으로부터 안전해질 수 있도록 꾸준한 노력을 매일 기울어야만 한다. 또한 정치적 의사 결정에 있어서도 예방 법률이 만들어지도록 노력해야 할 필요가 있다.

예방 조치를 위해서는 확고한 목표를 설정한 후, 이를 달성하는 데 필요한 단계들을 만들어내는 것이 필요하다. 이것은 엄마들이 오랫동안 경험해온 것이기도 하다. 아이들이 안전하게 길을 건너도록 만드는 것이 목적이라면, 첫 단계는 멈춰 서는 법과 양쪽을 다 보는 법을 실제로 가르쳐주는 것일 수 있다. 나중 단계에서는 아이에게 마침내 혼자 길을 건너도록 허락해주는 것을 생각해볼 수 있다. 우리 목적이 모든 아이들이 독성 화합물 없이 태어나게 하는 것이라고 가정해보자. 이를 어떻게 달성할 수 있을까? 어떤 단계를 거쳐야 할까? 어떤 순서로 만들어야 할까? 어디에 도달해야 하는 것일까?

환경 정책 입안자들의 정치 무대에서 엄마들의 목소리가 들릴 때(심지어 엄마들이 침묵시위를 할 경우에도), 효과는 더욱 커질 것이다. 2000년 11월, 20명의 여성들이 워싱턴을 향했다. 그곳에서는 미국 환경보호국 과학자문위원회가 다이옥신에 대한 최근 평가서를 판단하기 위해 소집되어 있었다. 이 평가서에는 지금 일반 대중에게서 보이는 것과 유사한 오염 수준에서도 선천성 기형과 생식 문제가 일어날 수 있다는 새로운 증거들이 포함되어 있었다. 여성들은 아무 말도 하지 않았다. 대신 이들은 실제 임산부에게서 본뜬 배 모양의 틀을 옷 위에 걸쳤다. 참가자들에게 태어나지 않은 아기들에게 다이옥신이 유독하다는 것을 상기시키기 위해서, 여성들은 좁은 복도 양 옆에 늘어서고 방청석 맨 앞쪽을 채워서 석고로 본뜬 배를 드러내었다. 일부 참석자는 불편한 기색이 역력했다. 그러나 다른 이들, 특히 여성 과학자들은 감명을 받았다. 여성 과학자 중 한 명은 참가자들 중 한 명에게 '복도에 늘어선 배' 로 인해 계량화된 곡선, 모델, 데이터 이상의 사안으로 이 문제를 토론하게 만들었다고 말했다. 우리들의 실생활이 위험에 처해 있다.

그리고 이 행사를 준비하고 석고 배를 여러 시간 동안 붙이고 있는 행동에 감명 받은 여성 활동가들 중 한 명은 자신도 진짜 경험을 할 준비가 되었다고 생각했다. 그녀는 집으로 돌아가서 임신을 했다.

추천의 글

한 생태학자의 임신과 출산 여정

저는 두 아이의 엄마이자 사십대 산부인과 의사로서 『모성 혁명』을 읽으면서 특별한 감동을 되찾을 수 있었습니다. 주로 당직실 침대에서 지친 몸을 이리저리 뒤척이며 이 책을 읽었습니다. 어느 부분은 고개를 끄덕이며 몸을 바로 일으키게 했고, 어떤 부분은 분만을 도우면서도 계속 생각하도록 저의 뇌를 자극했습니다.

한 여성 생태학자의 임신과 출산의 여정이 저의 그것과는 사뭇 다르기도 하고, 많은 부분에 공감이 가기도 했습니다. 저는 첫아이 임신이 '치프'라고 불리는 레지던트 4년차 때였고, 그 당시 전문의 시험 준비가 한창일 때여서 교과서에 나오는 의학적인 관점에서의 임신 과정을 저의 신체 변화에 맞춰보면서 이것저것 외우고 또 외웠던 일이 지금도 생생합니다. 임신 초기, 아직 몸의 변화로 태아를 느낄 수 없을 때는 초음파 사진을 보고 또 보았고, 임신 과정 중에 시행하는 이런 저런 검사를 스스로 지시를 내리고 결과를 챙겨보는 등, 저자와는 많이 다르지만 아기가 정상으로 태어나기까지의 호기심과 염려는 여느 임산부와 다름이 없었습니다.

임신 사실을 처음 알았을 때의 약간의 흥분과 당황, 멋쩍음 등이 곧 이어지는 신체적, 정서적 변화로 인해 퇴색되어 초기의 기억이 또렷하지 못했었는데, 저자의 이야기를 읽으며 그 감정들이 다시 살아나는 듯했습니다. 임신 초기, 중기, 말기에 걸친 자세한 정보가 개인 경험에 자연스럽게 녹아져 있는 이 글은 우리가 미처 생각해보지 못한 그러나 너무나도 중요한, 생태적으로 위협당하고 있는 태아의 안전에 대해 통찰력 있는 성찰을 보여줍니다.

첫아이의 수유에 실패하고 우울했던 기억도 안타깝게 되살아나고, 둘째를 키우면서 수유의 즐거움을 느꼈던 행복한 기억도 저자와 함께 다시 한번 경험할 수 있었습니다. 그리고 첫아이의 부족한 면을 보면 왠지 미안하고, 작은 아이의 대견한 모습에서는 스스로가 자랑스러워지는 이중적인 감정의 근원이 수유의 성패에 있지 않았나 하는 생각도 들었습니다.

이 책의 가장 흥미로운 부분은 지루할 틈 없이 임신, 출산, 육아의 과정이 자연스럽게 우리 주변의 생태계 변화 및 영향과 함께 흘러 흘러 책의 끝부분까지 이어진다는 점입니다. 그러면서도 인간의 환경 파괴에 대한 무거운 질타가 개인의 반성과 더불어 '나 하나만이라도' 라는 작은 결심으로 이어진다는 점입니다. 이 책은 당장 우리 아이들의 식탁에 어떤 음식이 올라가는지에 관심이 생기고 임신부들의 섭생이 어떠한지 염려하게 만드는, 두 아이의 엄마, 그리고 임산부를 돌보는 산부인과 의사로서의 의무감을 일깨우는 좋은 자극제로 기억될 것입니다.

강남 미즈메디병원 진료부장 이승헌

옮긴이의 글

건강한 아기를 위하여

반년 간 씨름하던 원서를 덮고 이 글을 쓰는 지금, 세 살배기 아이가 뒤뚱거리며 방안을 헤집고 다니고 있습니다. 엄마가 놀아주지 않는다고 씩씩거리기도 하고, 바짓가랑이를 붙잡고 칭얼거리기도 합니다. 그런 아기의 모습에 빙긋, 절로 웃음이 납니다.

'생명은 경이롭다' 라는 말이 너무 상투적으로 들릴지 모르겠습니다. 하지만 아이를 낳아본 여성이라면 그 말의 온전한 뜻을 온몸으로 느낄 수 있을 것입니다. 저 역시 몇 번의 임신을 실패하고 어렵게 아이를 얻었습니다. 한 생명이 피지 못한 동백꽃처럼 툭 떨어져 하혈을 겪을 때의 그 고통은 얼마나 아득하던지요.

여러 번의 고통 끝에 소중한 아기를 얻게 되었습니다. 그래서 저는 예비엄마의 의무감으로 서점을 드나들며 임신과 출산, 수유에 대한 많은 책들을 뒤져보았습니다. 그러나 그 책들은 과학을 공부한 저에게도 생소한 단어들로 가득했습니다. 또 온통 우리 아기에게는 일어나지 말아야 할 무서운 일들이 잔뜩 적혀 있기도 했습니다.

게다가 임신의 경험은 기쁨보다 불안과 초조 그 자체였습니다. 왜 이다지 입덧이 심할까? 혈액검사 결과가 정상일까? 양수검사는 꼭 해야만 하는 걸까? 왜 때가 되었는데도 태동이 없는 거지? 시시때때로 온갖 걱정에 사로잡혔습니다. 조금씩 배가 불러오자 아기가 조금만 많이 움직여도, 조금만 조용해도 너무 초조했습니다.

오랜 기다림 끝에 저는 아기와 얼굴을 마주할 수 있었습니다. 열 달을 품고 기다려온 순간의 감격을 세상 무엇으로 바꿀 수 있을까요. 이 책의 원제인 'Having Faith(믿음을 가지고)' 처럼, 생명과학 전공자인 저에게도 임신은 생명에 대한 한없는 믿음을 갖게 만든 행복한 경험이었습니다.

그러나 기쁨은 다시 불안에 자리를 내주어야 했습니다. 저자처럼 작은 가슴으로 고민했던 저 역시 젖이 나오지 않는다는 사실에 깊은 한숨을 쉬어야 했습니다. 간신히 젖이 나오기는 했으나 턱없이 부족해, 결국 분유를 섞여 먹어야만 했던 우여곡절을 겪었습니다.

이런 임신과 출산, 수유 과정을 겪은 저는 이 책을 쉽게 놓을 수 없었습니다. 비록 서로 처한 환경은 다르지만 '어쩜 이렇게 임신과 출산 과정에서 겪었던 구체적인 상황이 같을 수 있을까' 라는 놀라움 때문입니다. 그리고 불안함과 초조함을 불러일으키는 현상(심한 입덧, 불안한 양수검사, 늦은 태동, 잘 나오지 않는 젖 등)의 원인과 그에 대한 현명한 대처 방법들이 적혀 있는 이 책을 임신 기간에 읽었더라면 얼마나 많은 도움이 되었을까 하는 아쉬움 때문입니다.

저자의 임신 상황은 최악입니다. 30대 중반에 맞은 늦은 첫 임신, 과학자로서 유독물질에 빈번하게 노출되었던 경험, 무엇보다 예기치 못한 암으로 죽음의 문턱까지 갔다가 살아나온 병력. 그런 상황에서 그녀가 겪었을 불안과 초조에 저의 그것을 비교하면 사치라는 생각이 들 정도입니다.

이런 녹녹치 않은 상황에서도 저자는 자기 몸에서 키우고 있는 가냘픈 생명을 꽃피우기 위해 최선을 다합니다. 저명한 생태학자인 저자는 자신이 알았던 과학적 지식들이 불완전한 것이었음을 깨닫고, 건강한 아기를 위해 처음부터 다시 임산부와 태아 그리고 그 둘에 미치는 여러 환경적인 영향들을 공부하기 시작합니다. 그리고 뱃속의 아기를 통해서 엄마 몸이 얼마나 중요한 것인지, 한 생명의 탄생이 얼마나 오묘한 일인지 몸과 마음으로 깨닫습니다.

『모성 혁명』을 읽다보면 '생명에 대한 믿음'을 갖게 됩니다. 이 책은 임산부가 다달이 겪어야 할 목록을 나열한 임신 매뉴얼 북이나 몇 분 간의 진료시간에 단편적으로 전해 듣는 산부인과 의사들의 의학지식이 말해주지 못하는 생생한 경험으로 가득합니다. 그리고 의사들도 명쾌하게 설명해주지 못하는 임신과 출산, 수유에 대한 많은 오해와 무지의 원인을 일깨워줍니다.

진작 이 책을 보았다면 하지 않아도 되었을 그 무수한 걱정들이 새삼 새록새록 떠올랐습니다. 별 생각 없이 먹었던 참치 통조림을 생각하면 소름이 돋고, 모유가 얼마나 큰 선물인지에 대한 구체적인 이야기를 '처음' 접하면서 아이에 대한 미안함도 각별해집니다. 바라건대 다른 많은 예비 엄마들은 이 책을 통해서 저 같은 전철을 밟지 않았으면 좋겠습니다.

마지막으로 이 책에서 놓치지 말아야 할 점은 아기의 건강은 엄마의 건강에서 비롯되고, 엄마의 건강은 자연의 건강에서 시작된다는 저자의 외침입니다. 으레 그렇고 그런, 부처님 가운데 토막 같은 이야기겠거니 짐작하시지는 말기 바랍니다.

아직 우리나라에서는 이런 문제에 별반 관심이 없습니다(이 책을 감수한 산부인과 교수께서는 학계에도 임신과 환경의 문제에 대한 연구는 거의 전무한 상태라고 하시더군요). 아직까지는 아이를 편안하게 낳는 출산의 기술에만 관심이 지대한 듯 여겨져서 안타깝습니다. 산모의 편리를 위한 생각만 앞서고 아이의 건강을 위한 근본적인 노력에는 눈감고 있는 게 아닐까 여겨지기 때문입니다.

이 책을 읽고 난 후에 저는 매연을 내뿜으며 달리는 자동차와 탁한 강물을 보면서, 소독된 수돗물로 밥을 짓고 세제를 넣어 세탁기를 돌리면서 늘 걱정으로 가득합니다. 물론 저 혼자의 걱정만으로는 무엇 하나 달라질 문제가 아닙니다. 또 여성운동가들, 환경운동가들, 정책 입안자들이 이 책을 못 보고 그냥 지나치면 어떡하나 걱정이 되기도 합니다. '그런 분들이 이 책을 읽어주셔야 우리나라 여성들이 안심하고 아기를 낳을 수 있는 세상이 빨리 올 수 있을 텐데' 라는 생각도 해봅니다.

심술을 부리며 보채던 아이가 어느새 새록새록 잠이 들었습니다. 이제 책을 덮고 아이 곁에 누워야겠습니다. 세상의 모든 엄마처럼, 저도 곤히 잠든 아이의 얼굴을 보며 무사히 태어나 준 것이 정말 고맙고, 정말 대견합니다.

찾아보기

ㄱ

가정 출산 233, 240, 272, 276
갑상선 31, 38, 213~214, 327, 360, 373
갑상선호르몬 213~214
겸자 223, 234, 243, 246~248
경막외 마취 223, 231~234, 237~238, 245, 276
고래 180, 201~202, 303, 359
고엽제 143~146
고혈압 181, 261
고환 30, 55, 83, 131, 142, 147, 335
골반 18, 33, 47, 53, 68, 205, 229, 234, 243~244, 247~248, 254, 271, 277
공기 오염 263~266
구개열 31, 41, 147
구루병 243~244
구토 32~34, 36~44
그렉, 맥앨리스터(Gregg, McAlister N.) 59~60, 62, 73, 85
기관 발생(기관형성) 27~29, 31, 41~42, 47, 67, 76, 121, 154
기저귀 140, 158, 295, 298, 302, 304, 312, 315, 329, 331, 335~336, 368
기형등록소 125~127, 129, 131, 133, 146
기형 발생 67, 121, 127

ㄴ

나팔관 17~20, 83, 315
낙태 16, 60, 73, 95, 132
난소 17~18, 37, 53, 293, 321
난자 17~20, 24, 111~112, 121, 142, 146, 226, 255
난포 17~19
납 121, 167~168, 170~177, 187, 206, 367, 388
뇌 17, 29~30, 38, 55~56, 60, 77, 93, 128, 131~132, 138, 161~168, 170, 179, 183, 187~188, 191, 198, 206, 213~214, 256, 299, 324, 330, 337, 339
뇌성마비 73
뇌수종 132, 147
뇌하수체 17, 162, 256~257, 293, 299, 301
뇌하수체호르몬 299
니켈 57
니코틴 → 흡연 참조

ㄷ

다운증후군 94, 98, 109, 112, 141
다이옥신 141, 144~146, 199, 352, 357~364, 369, 372~373, 378~381, 385, 387, 390, 395, 400~401
단지증 64

달걀 357~358, 370, 387
담배 → 흡연 참조
당뇨병 261, 319, 320~321, 360
대식세포 325
댈리, 앤(Dally, Ann) 58, 65
독극물 58, 108, 133~134, 158, 160, 165~166, 196, 262, 391
독성학 67, 142, 170, 172, 208
독성 화합물 7~8, 56, 76~77, 128, 133, 142, 157, 160, 164~166, 204, 262~263, 350~353, 379, 383, 390~392, 401
돌연사 59
드라이클리닝 용액 137, 263
드리, 조셉(DeLee, Joseph) 247~248
디조지증후군 30~31

ㄹ

라 레체 리그(La Leche League) 289
락토즈 310
레오폴드 복부촉진법 205
리소자임 325
린네, 카롤루스(Linnaeus, Carolus) 303, 305, 313~314

ㅁ

마취 139, 223, 231, 233~238, 242~245, 247, 250~251, 275~276
먹이 사슬 8, 76, 107~108, 114, 176~177, 198, 203, 208, 349~351, 353~354, 367, 369, 373, 387, 390
맥브라이드, 윌리엄(McBride, William) 64~65
메틸수은 56, 70~78, 85, 176~181, 183, 185, 187, 207, 399
면역 18, 20, 31, 53~55, 61, 83, 101, 114, 144, 198, 201, 206, 296, 319~320, 324, 326~328, 333, 344, 360, 379, 380, 384, 392
모유 8, 289~290, 295~297, 299, 303, 308~310, 317~321, 333, 337~338, 343~346, 352, 354, 363, 371~372, 376~380, 383~385, 387~389, 391~392, 394
무뇌증 128, 131~132, 141, 165, 256
물고기(생선) 62, 70, 72~73, 75~76, 144, 146, 159, 177~178, 180, 183~191, 200~202, 207~209, 211, 213, 265, 278, 316~317, 361, 369~370, 373, 395
물질대사 33, 52, 207, 214, 290, 360
『미나마타*Minamata*』 69
미나마타병 59, 69~73, 75, 77, 156, 181
미토콘드리아 170

ㅂ

바이러스 58, 60, 62, 240, 324~325
발암 물질 84, 360, 374
배아 15, 20, 27, 29~30, 37, 41~42, 51, 67, 111, 128, 150, 164~165, 381, 397
백내장 59, 141
백신 60~61, 85, 326

백혈구 19, 266, 324~325, 327, 329
부갑상선 31
북극곰 202, 255
분만(출산) 45, 83, 126, 140, 155, 167, 215, 223, 227~230, 233~234, 237~239, 243~244, 248~250, 254~256, 269, 272, 283, 299
분유 81, 289, 294~295, 315, 318~321, 328~329, 331~332, 334~335, 337~339, 343, 346, 352~353, 378~380, 384~386, 388~389, 391
불임 79, 83, 86
브렉스톤 힉스 수축 155
블랙번, 다니엘(Blackburn, Daniel G.) 305
비만 320~321
비자극 검사 215, 217, 273

ㅅ

사산 36, 64, 124, 132, 135, 139
사지 기형 64, 66
산소 52, 76, 93, 150, 157, 214, 216, 318, 334, 359, 373
산욕열 246
산통 → 진통 참조
산파 8~9, 203, 229, 233~234, 240, 242~243, 245~248, 250, 254, 270, 272, 280
살충제 56, 107~108, 114, 119, 127~128, 133~134, 138, 141, 143, 146~150, 156~158, 165, 199, 349~350, 354, 361, 364~365, 372~373, 385, 399
상어 185~186
생리주기 16, 20, 54, 67, 80, 104, 293
생식기 68, 82, 141, 175, 201, 360
생태학 7~8, 88, 145, 168, 342, 346, 349~352, 354, 366
석탄 26, 178, 186, 265
선천성 기형 8, 42, 58~60, 62, 64, 67, 73, 77, 93, 104, 113~114, 119~122, 125~129, 131, 133, 135~139, 142, 144~148, 156, 166, 191, 213, 259, 360, 401
설치류 165, 303, 305, 369
성호르몬 114, 201
소변 13~16, 20, 33, 44, 101, 127, 234, 249, 268, 271, 302, 344
수상돌기 163, 169, 214, 339
수은 56, 72~77, 107, 176~187, 190, 206, 367
수정 19~20, 24, 60, 111, 142, 226, 255
술 → 음주 참조
스미스, 유진(Smith, Eugene) 69, 74, 79
『스미스의 인간 기형 패턴 *Smith's Recognizable Patterns of Human Malformation*』 122
스코폴라민 244~245
스톡홀름협약 399~400
스트레스 97, 120, 159, 233, 235, 238, 300, 375
시냅스 163~164, 169, 214
시알산 339

식수 102, 138, 148~150, 157, 159, 244, 262
신경관 93, 128~129, 131, 136~137, 139
신경아교 163~164
신경전달물질 163~164, 169
심방사이막결손 129
심장 30~31, 36, 45~47, 52~53, 59~60, 103~104, 129, 133, 136~139, 141, 148, 167, 181, 206, 215~217, 239, 261, 327
심장 박동 17, 45, 47, 104, 214~217
쌍둥이 37, 39, 111~112, 234, 261, 264, 297, 369

ㅇ

아라키돈산 260, 339
아트라진 148, 150
아프가, 버지니아(Apgar, Virginia) 125, 202
알레르기 290, 319, 321, 328, 332~333, 391
알코올 → 음주 참조
알파-페토 단백질 93
암 8, 37, 42, 54, 79, 82~83, 96~98, 130, 144, 198, 217, 232, 235, 239~241, 250, 265, 305, 319~321, 360, 373~374, 384, 399
양막 20, 101~102, 272
양막 파열 223, 232, 272
양수 7~8, 93, 99~104, 114, 119, 268, 271~272, 275, 296
양수검사 92~99, 106, 110, 113~114, 119, 305
에릭, 미리암(Eric, Miriam) 39~41, 43
에스트로겐 17~18, 20, 37~38, 40, 81~82, 256~257, 293
에이전트 오렌지 141, 144
연어 200~201, 211
염색체 31, 94~95, 98, 111~115, 119, 141~142, 179, 265
염소계 화합물 107~108, 114, 350, 352~353, 360, 364, 368~370, 372, 379
오메가-3 지방산 187~188, 191
옥시토신 255, 257, 299~301, 320
올리고당 333~335
요도하열 83, 131
용매 137~139, 142, 149, 156~158, 165, 262
원인대 통증 154
유모 289, 297, 313~314
유방암 83, 305, 321, 399
유산 35, 36, 64, 79, 82, 94, 125, 132, 139, 155
유선(젖샘) 288, 292~294, 296, 299~301, 303, 305~306, 345, 368
유전자 30, 83, 93, 98, 111, 113, 119, 121, 128, 134, 360
유전자 검사 97, 110~111, 114
유전적 이상 83, 93, 95, 113, 119, 121, 136
유축기 294, 298, 302, 308, 317, 342~343, 346, 388

음주(알코올, 술) 57, 65, 71, 120, 156~157, 159, 209, 261
인슐린 319~320
인터페론 325
임신 기간 23~24, 37~38, 51, 56, 78, 82~83, 120, 127, 149, 164, 167, 183, 187, 194, 205, 207, 254, 260, 262, 264, 272, 291, 358, 387
임신 진단 13~14, 16, 20
입덧 34~45, 62~63, 65, 155, 387
입양 96~98, 226, 295, 315, 329

ㅈ

자궁 7, 17~20, 24, 29, 33, 41, 51~55, 57~59, 67, 79, 83, 85, 93, 99, 101~102, 114, 142, 150, 154~155, 202, 205, 215~217, 227, 229, 233, 257, 260~261, 264, 270~271, 277, 280, 294, 304, 321, 324, 337
자궁 경부 79, 83, 167, 227~230, 257, 267, 270, 273, 277, 280
자궁내막 18~20, 28
자궁내막증 300
자궁 수축 216, 227, 233, 256~257, 260, 272~273
자궁외 임신 315
자연분만 8, 223, 232~235, 237~239, 243, 249~250
저체중 259, 261, 263~264
점액 마개 267
정신 지체 77, 98, 120, 172, 213
정액 93, 142, 271
정자세포 29, 142
젖당 333~335
젖샘 → 유선 참조
제왕절개 223~224, 230, 234, 272
제초제 143~145, 148, 262, 388, 399
조산 36, 83, 104, 167, 259~261, 264, 339
중금속 57, 72, 165, 263, 265, 367, 388
지능(IQ) 166, 169, 174, 186, 207, 209, 214, 337~338
지방 56, 155, 163~165, 169, 197~200, 202~203, 207, 290, 293, 297~298, 308, 310, 339, 343, 353, 368, 377, 387~388
지방산 187~188, 191, 339
진통(산통) 140, 145~146, 155, 167, 190, 215~217, 222~223, 227~238, 240~249, 251, 255~260, 266~269, 272~276, 281, 283, 288
질 28, 79, 81~82, 229~230, 233~234, 246, 248, 280, 282~283
질산염 150, 156~157
집중력 121, 214, 379, 380

ㅊ

착상 20, 45, 254
참치 180, 182~183, 185~186, 350~351, 406
척추 93, 105, 128, 270
척추이분증 93, 98, 128, 132, 139, 141, 147

청각 장애 61, 182
초유 296~297, 313~314, 325
초음파 45, 99~100, 103~106, 123, 132, 206, 215~217, 233~234
축색돌기 77, 163~164, 169~170, 214
출산 → 분만 참조
출산 교육 222, 230~231, 258
출산 시기 254~255, 260~261
출산 예정일 24~26, 104
출산 휴가 345~346, 391
『출생 전의 삶 *Life Before Birth*』 156
췌장 319~320
『침묵의 봄 *Silent Spring*』 349

ㅋ

카슨, 레이첼 (Carson, Rachel) 349~350
칼슘 30~31, 52, 56, 169, 260, 302
켈시, 프랜시스(Kelsey, Frances) 65~66, 73, 81
콜레스테롤 53, 187~188
크실렌 137, 158
클로로포름 244
클로르데인 199, 364~365, 395

ㅌ

타액과다 32
탈리도마이드 59, 62~69, 76, 81, 83, 113, 125
태반 7~8, 20, 37, 51~59, 61~62, 66, 76~77, 79, 84~85, 131, 138, 156, 168~169, 179, 214, 216, 227, 232, 244, 246, 255~257, 260, 265~266, 293~294, 304, 306, 328~329, 344, 368, 400
태반 호르몬 53, 259, 293
태변 296, 314
『태아 기형의 초음파 진단 *Diagnostic Ultrasound of Fetal Abnormalities*』 123
태아알코올증후군 120, 156
탯줄 52, 55~57, 77, 180~181, 208, 232, 245, 377~379
테스토스테론 17, 131
톨루엔 137, 158
트리클로로에틸렌 137~138
트리할로메탄 262

ㅍ

퍼클로로에틸렌 137
라마즈, 페르디낭(Lamaze, Ferdimand) 250
페인트 128, 138, 141, 168, 170~173, 175, 207, 262, 363
폐경기 81, 251, 321
폐기물 52, 57~58
폐렴 318
풍진 59~60
페레라, 프레데리카(Perera, Frederica) 265~266
프로게스테론 18~20, 33, 37~38, 53, 256~257, 293~294, 297
프로락틴 293~294, 297, 299, 301, 305,

321, 385
프로핏, 마기(Profet, Margie) 41
피토신 223, 231, 233, 255, 273, 276

ㅎ

항생제 299, 326~327
항체 20, 52, 61, 296~297, 317, 319~320, 325~326, 328
핵형 112~113
행동 장애 166, 169, 207~208
헤모글로빈 157, 265
헵타클로르 107, 199, 364
헬펀드, 쥬디스(Helfand, Judith) 70, 80, 83~84
혈압 44, 181, 187, 319
호지킨 림프종 320
호프바우어 세포 66
호흡법 223~224, 230~231, 235
환경 오염 7, 9, 58, 62, 72, 74, 76, 107, 114, 119, 121, 127~128, 131, 133~136, 149, 156~157, 159, 174, 179, 196, 199~200, 259~260, 350, 354, 373, 377, 397~398
황새치 180, 183, 185~186
황체 19~20, 37, 53
황체화호르몬 17
회음부 229~230, 233~234, 247~249, 270, 281, 344
회음부 절개 223, 229~230, 233~234, 241, 248~249, 281~282, 295, 298
흉선 31, 327~328
흡연(담배, 니코틴) 52, 57, 121, 157, 187, 209, 261~262, 264~265, 318
B-세포 326, 328
DDT 107~108, 114, 168, 199~202, 351, 354, 364, 368, 378, 382, 385, 389, 400
DES 59, 79, 81~83, 85, 107, 131
DNA 31, 98, 111, 121, 142, 266
HCG(인융모막생식선자극호르몬) 20, 37~39
PAH(다환식 방향족 탄화수소) 265~266
PBDE(폴리브롬화 디페닐 에테르) 373, 390
PCB(폴리염화비페닐) 57, 114, 199~202, 206~210, 213~214, 260, 352~354, 357, 359, 363~364, 369, 372~373, 377~380, 386, 389, 395, 400
POP(난분해성 유기 오염물) 197~203, 206~207, 210, 352, 365~366, 368~369, 374, 377~378, 388
T-세포 328

모성 혁명

지은이 산드라 스타인그래버
옮긴이 김정은
감 수 궁미경 · 이승헌

초판 발행 2004년 2월 2일
개정판 발행 2015년 5월 30일

펴낸곳 바다출판사
펴낸이 김인호
출판등록일 1996년 5월 8일 **등록번호** 제10-1288호
주소 서울시 마포구 서교동 어울마당로 5길 17(서교동, 5층)
전화 322-3885(편집), 322-3575(마케팅) **팩스** 322-3858
E-mail badabooks@hanmail.net
ISBN 879-89-5561-768-9 03590

*값은 뒤표지에 있습니다.